U0282977

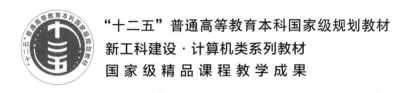

"十二五"普通高等教育本科国家级规划教材

新工科建设·计算机类系列教材

国家级精品课程教学成果

计算机算法设计与分析

（第5版）

◆ 王晓东　编著

电子工业出版社

Publishing House of Electronics Industry

北京·BEIJING

内 容 简 介

本书是"十二五"普通高等教育本科国家级规划教材和国家精品课程教材。全书以算法设计策略为知识单元，系统介绍计算机算法的设计方法与分析技巧，主要内容包括：算法概述、递归与分治策略、动态规划、贪心算法、回溯法、分支限界法、随机化算法、线性规划与网络流等。书中既涉及经典与实用算法及实例分析，又包括算法热点领域追踪。

为突出教材的可读性和可用性，章首增加了学习要点提示；章末配有难易适度的算法分析题和算法实现题；配套出版了《计算机算法设计与分析习题解答（第5版）》；并免费提供电子课件和教学网站服务。

本书适合作为大学计算机科学与技术、软件工程、信息安全、信息与计算科学等专业本科生和研究生教材，可作为 ACM 程序设计大赛培训教材，也适合广大工程技术人员学习参考。

图书在版编目（CIP）数据

计算机算法设计与分析/王晓东编著. —5 版. —北京：电子工业出版社，2018.8

ISBN 978-7-121-34439-8

Ⅰ. ① 计…　Ⅱ. ① 王…　Ⅲ. ① 电子计算机－算法设计－高等学校－教材 ② 电子计算机－算法分析－高等学校－教材　Ⅳ. ① TP301.6

中国版本图书馆 CIP 数据核字（2018）第 120710 号

策划编辑：章海涛
责任编辑：章海涛　　特约编辑：何　雄
印　　刷：河北虎彩印刷有限公司
装　　订：河北虎彩印刷有限公司
出版发行：电子工业出版社
　　　　　北京市海淀区万寿路 173 信箱　邮编　100036
开　　本：787×1092　1/16　　印张：22.5　　字数：570 千字
版　　次：2005 年 1 月第 1 版
　　　　　2018 年 8 月第 5 版
印　　次：2025 年 5 月第 16 次印刷
定　　价：52.00 元

凡所购买电子工业出版社图书有缺损问题，请向购买书店调换。若书店售缺，请与本社发行部联系，联系及邮购电话：（010）88254888，88258888。

质量投诉请发邮件至 zlts@phei.com.cn，盗版侵权举报请发邮件至 dbqq@phei.com.cn。

本书咨询联系方式：192910558（QQ 群）。

前　言

计算机的普及极大地改变了人们的生活。目前，各行业、各领域都广泛采用了计算机信息技术，并由此产生出开发各种应用软件的需求。为了以最小的成本、最快的速度、最好的质量开发出适合各种应用需求的软件，需要遵循软件工程的原则。设计一个高效的程序不仅需要编程技巧，更需要合理的数据组织和清晰高效的算法，这正是计算机科学领域数据结构与算法设计所研究的主要内容。

一些著名的计算机科学家在有关计算机科学教育的论述中认为，计算机科学是一种创造性思维活动，其教育必须面向设计。"计算机算法设计与分析"正是一门面向算法设计，且处于计算机学科核心地位的教育课程。通过对计算机算法系统的学习与研究，理解掌握算法设计的主要方法，培养对算法的计算复杂性正确分析的能力，为独立设计算法并对算法进行复杂性分析奠定坚实的理论基础，对每位从事计算机系统结构、系统软件和应用软件研究与开发的科技工作者都是非常重要和必不可少的。

为了适应 21 世纪我国培养计算机各类人才的需要，本课程结合我国高等学校教育工作的现状，追踪国际计算机科学技术的发展水平，更新了教学内容和教学方法，以算法设计策略为知识单元，系统地介绍计算机算法的设计方法与分析技巧，以期为计算机专业的学生提供一个广泛扎实的计算机算法知识基础。本课程的教学改革实践取得了丰硕的成果，"算法与数据结构"课程被评为国家精品课程。

本书修正了第 4 版中发现的一些错误，并将各章的习题分为算法分析题和算法实现题两部分，增加了算法实践性内容，以期加强教学实践环节。

当今信息技术的发展已从传统的"微软模式"转变到"谷歌模式"，而"谷歌模式"的核心就是大数据和人工智能。它的学科覆盖面广、包容性强、应用需求空间巨大，已成为国际上公认的最具发展前景的学科之一。大数据技术和人工智能技术的兴起，对于大数据中的串和序列算法的要求越来越高。为了适应这种算法需求，应广大读者的要求，在第 5 版中增加了有关串和序列的算法内容。

目前全书共分 9 章。

第 1 章介绍算法的基本概念，并对算法的计算复杂性和算法的描述做了简要阐述。然后围绕算法设计常用的基本设计策略组织了第 2~9 章的内容。

第 2 章介绍递归与分治策略，它是设计有效算法最常用的策略，也是必须掌握的方法。

第 3 章介绍动态规划算法，以具体实例详述动态规划算法的设计思想、适用性及算法的设计要点。

第 4 章介绍贪心算法，它也是一种重要的算法设计策略，它与动态规划算法的设计思想有一定的联系，但其效率更高。按贪心算法设计出的许多算法能产生最优解。其中有许多典型问题和典型算法可供学习和使用。

第 5 章和第 6 章分别介绍回溯法和分支限界法。这两章所介绍的算法适合处理难解问题。其解题思想各具特色，值得学习和掌握。

第 7 章介绍随机化算法，对许多难解问题提供了高效的解决途径，是有很高实用价值的算法设计策略。

第 8 章介绍实用性很强的线性规划与网络流算法。许多实际应用问题可以转化为线性规划和网络流问题，并可用第 8 章中的算法有效求解。

第 9 章介绍在大数据和人工智能中有重要应用的串和序列的算法。

在本书各章的论述中，首先介绍一种算法设计策略的基本思想，然后从解决计算机科学和应用中的实际问题入手，由简到繁地描述几个经典的精巧算法。同时对每个算法所需的时间和空间进行分析，使读者既能学到一些常用的精巧算法，又能通过对算法设计策略的反复应用，牢固掌握这些算法设计的基本策略，以期收到融会贯通之效。在为各种算法设计策略选择用于展示其设计思想与技巧的具体应用问题时，本书有意重复选择某些经典问题，使读者能深刻地体会到一个问题可以用多种设计策略求解。同时通过对解同一问题的不同算法的比较，使读者更容易体会到每一种具体算法的设计要点。随着本书内容的逐步展开，读者也将进一步感受到综合应用多种设计策略可以更有效地解决问题。

本书采用面向对象的 C++ 语言作为算法编程工具，在保持 C++ 优点的同时，尽量使算法描述简明、清晰。为便于学习，我们在每章的章首增加了学习要点提示，在章末配有难易适度的习题，并分为算法分析题和算法实现题两部分，以强化实践环节。为便于教学，本书配套出版了《计算机算法设计与分析习题解答（第 3 版）》，并免费提供电子课件，任课教师登录华信教育资源网 http://www.hxedu.com.cn 免费注册下载。作者还结合国家精品课程建设，建立了"算法设计与分析"教学网站。国家精品资源共享课地址：http://www.icourses.cn/sCourse/course_2535.html。欢迎广大读者访问教学网站，并提出宝贵意见，作者 E-mail：wangxd@fzu.edu.cn。

在本书编写过程中，得到了全国高等学校计算机专业教学指导委员会的关心和支持。福州大学"211 工程"计算机与信息工程重点学科实验室和福建工程学院为本书的写作提供了优良的设备和工作环境。傅清祥教授、吴英杰教授、傅仰耿博士和朱达欣教授参加了本书有关章节的讨论，对本书第 5 版的内容及各章节的编排提出了许多建设性意见。田俊教授认真审阅了全书。电子工业出版社负责本书编辑出版工作的全体同仁为本书的出版付出了大量辛勤的劳动，他们认真细致、一丝不苟的工作精神保证了本书的出版质量。在此，谨向每一位曾经关心和支持本书编写工作的各方面人士表示衷心的谢意！

由于作者的知识和写作水平有限，书稿虽几经修改，仍难免有缺点和错误。热忱欢迎同行专家和读者批评指正，使本书在使用中不断得到改进，日臻完善。

作　者

目　　录

第1章　算法概述

学习要点
- 理解算法的概念
- 掌握算法在最坏情况、最好情况和平均情况下的计算复杂性概念
- 掌握算法复杂性的渐近性态的数学表述
- 了解 NP 类问题的基本概念

1.1　算法与程序

对于计算机科学来说，算法（Algorithm）的概念至关重要。例如，在一个大型软件系统的开发中，设计出有效的算法将起决定性的作用。通俗地讲，算法是指解决问题的一种方法或一个过程。更严格地讲，算法是由若干条指令组成的有穷序列，且满足下述 4 条性质。

① 输入：有零个或多个由外部提供的量作为算法的输入。

② 输出：算法产生至少一个量作为输出。

③ 确定性：组成算法的每条指令是清晰的，无歧义的。

④ 有限性：算法中每条指令的执行次数是有限的，执行每条指令的时间也是有限的。

程序（Program）与算法不同。程序是算法用某种程序设计语言的具体实现。程序可以不满足算法的性质④。例如，操作系统是一个在无限循环中执行的程序，因而不是一个算法。然而，操作系统的各种任务可以看成一些单独的问题，每个问题由操作系统中的一个子程序通过特定的算法来实现。该子程序得到输出结果后便终止。

描述算法可以有多种方式，如自然语言方式、表格方式等。本书采用 C++语言描述算法。C++语言的优点是类型丰富、语句精炼，具有面向过程和面向对象的双重特点。用 C++语言来描述算法，可使整个算法结构紧凑，可读性强。在本书中，有时为了更好地阐明算法的思路，还采用 C++语言与自然语言相结合的方式来描述算法。

1.2　算法复杂性分析

算法复杂性的高低体现在运行该算法所需要的计算机资源的多少上，所需资源越多，该算法的复杂性越高；反之，所需资源越少，该算法的复杂性越低。对计算机资源，最重要的是时间和空间（即存储器）资源。因此，算法的复杂性有时间复杂性和空间复杂性之分。

对于任意给定的问题，设计出复杂性尽可能低的算法是设计算法时追求的一个重要目标。另一方面，当给定的问题已有多种算法时，选择复杂性最低者是选用算法时遵循的一个重要准则。因此，算法的复杂性分析对算法的设计或选用有着重要的指导意义和实用价值。

更确切地说，算法的复杂性是算法运行需要的计算机资源的量，需要时间资源的量称为时间复杂性，需要空间资源的量称为空间复杂性。这个量应该集中反映算法的效率，并从运

行该算法的实际计算机中抽象出来。换句话说，这个量应该是只依赖于要解的问题的规模、算法的输入和算法本身的函数。如果分别用 N、I 和 A 表示算法要解的问题的规模、算法的输入和算法本身，而且用 C 表示复杂性，那么应该有 $C=F(N, I, A)$，其中 $F(N, I, A)$ 是一个由 N、I 和 A 确定的三元函数。如果把时间复杂性和空间复杂性分开，并分别用 T 和 S 来表示，应该有 $T=T(N, I, A)$ 和 $S=S(N, I, A)$。通常，A 隐含在复杂性函数名当中，因而将 T 和 S 分别简写为 $T=T(N, I)$ 和 $S=S(N, I)$。

由于时间复杂性与空间复杂性概念类同，计量方法相似，且空间复杂性分析相对简单些，因此本书将主要讨论时间复杂性。现在的问题是如何将复杂性函数具体化，即对于给定的 N、I 和 A，如何导出 $T(N, I)$ 和 $S(N, I)$ 的数学表达式，从而给出计算 $T(N, I)$ 和 $S(N, I)$ 的法则。下面以 $T(N, I)$ 为例，将复杂性函数具体化。

$T(N, I)$ 应该是算法在一台抽象的计算机上运行所需要的时间。设此抽象的计算机提供的元运算有 k 种，分别记为 $O_1, O_2, \cdots, O_k$，每执行一次这些元运算所需要时间分别为 $t_1, t_2, \cdots, t_k$。对于给定的算法 A，经统计，用到元运算 O_i 的次数为 e_i（$i=1, 2, \cdots, k$）。对于每个 i（$1 \leqslant i \leqslant k$），$e_i$ 是 N 和 I 的函数，即 $e_i=e_i(N, I)$。因此有

$$T(N, I) = \sum_{i=1}^{k} t_i e_i(N, I)$$

式中，t_i（$i=1, 2, \cdots, k$）是与 N 和 I 无关的常数。

显然，不可能对规模为 N 的每种合法的输入 I 都统计 $e_i(N, I)$（$i=1, 2, \cdots, k$），因此 $T(N, I)$ 的表达式需要进一步简化，或者说，只能在规模为 N 的某些或某类有代表性的合法输入中统计相应的 e_i（$i=1, 2, \cdots, k$）来评价其时间复杂性。

本书只考虑三种情况下的时间复杂性，即最坏情况、最好情况和平均情况下的时间复杂性，分别记为 $T_{\max}(N)$、$T_{\min}(N)$ 和 $T_{\text{avg}}(N)$。在数学上有

$$T_{\max}(N) = \max_{I \in D_N} T(N, T) = \max_{I \in D_N} \sum_{i=1}^{k} t_i e_i(N, I) = \sum_{i=1}^{k} t_i e_i(N, I^*) = T(N, I^*)$$

$$T_{\min}(N) = \min_{I \in D_N} T(N, T) = \min_{I \in D_N} \sum_{i=1}^{k} t_i e_i(N, I) = \sum_{i=1}^{k} t_i e_i(N, \tilde{I}) = T(N, \tilde{I})$$

$$T_{\text{avg}}(N) = \sum_{I \in D_N} P(I) T(N, T) = \sum_{I \in D_N} P(I) \sum_{i=1}^{k} t_i e_i(N, I)$$

式中，D_N 是规模为 N 的合法输入的集合；I^* 是 D_N 中使 $T(N, I^*)$ 达到 $T_{\max}(N)$ 的合法输入；$\tilde{I}$ 是 D_N 中使 $T(N, \tilde{I})$ 达到 $T_{\min}(N)$ 的合法输入；而 $P(I)$ 是在算法的应用中出现输入 I 的概率。

以上三种情况下的时间复杂性从某个角度反映算法的效率，各有局限性，各有用处。实践表明，可操作性最好且最有实际价值的是最坏情况下的时间复杂性。

随着经济的发展、社会的进步和科学研究的深入，要求用计算机解决的问题越来越复杂，规模越来越大，对求解这类问题的算法进行复杂性分析具有特别重要的意义，因而要特别关注。在此要引入复杂性渐近性态的概念。

设 $T(N)$ 是前面定义的关于算法 A 的复杂性函数。当 N 单调增大且趋于 ∞ 时，$T(N)$ 一般也将单调增大且趋于 ∞。对于 $T(N)$，如果存在 $\tilde{T}(N)$，当 $N \rightarrow \infty$ 时，使得 $(T(N)-\tilde{T}(N))/T(N) \rightarrow 0$，就说 $\tilde{T}(N)$ 是 $T(N)$ 当 $N \rightarrow \infty$ 时的渐近性态，或称 $\tilde{T}(N)$ 为算法 A 当 $N \rightarrow \infty$ 的渐近复杂性，而与 $T(N)$ 相区别。因为在数学上，$\tilde{T}(N)$ 是 $T(N)$ 当 $N \rightarrow \infty$ 时的渐近表达式。直观上，$\tilde{T}(N)$ 是 $T(N)$

中略去低阶项留下的主项，所以比 $T(N)$ 简单。比如，当 $T(N)=3N^2+4N\log N+7$ 时，$\tilde{T}(N)$ 的一个答案是 $3N^2$，因为这时有

$$(T(N)-\tilde{T}(N))/T(N)=\frac{4N\log N+7}{3N^2+4N\log N+7}\to 0 \text{（当 } N\to\infty \text{ 时）}$$

显然，$3N^2$ 比 $3N^2+4N\log N+7$ 简单得多。

当 $N\to\infty$ 时，$T(N)$ 渐近于 $\tilde{T}(N)$，我们有理由用 $\tilde{T}(N)$ 替代 $T(N)$ 作为算法 A 在 $N\to\infty$ 时的复杂性的度量。由于 $\tilde{T}(N)$ 明显比 $T(N)$ 简单，这种替代则是对复杂性分析的一种简化。进一步考虑到，分析算法的复杂性的目的在于比较求解同一问题的两个不同算法的效率，要比较的两个算法的渐近复杂性的阶不相同时，只要能确定出各自的阶，就可以判定哪个算法的效率高。换句话说，这时的渐近复杂性分析只要关心 $\tilde{T}(N)$ 的阶就足够了，不必关心包含在 $\tilde{T}(N)$ 中的常数因子。所以，常常对 $\tilde{T}(N)$ 的分析进一步简化，即假设算法中用到的所有不同的元运算各执行一次所需要的时间都是一个单位时间。

上面给出了简化算法复杂性分析的方法和步骤，即只要考察当问题的规模充分大时，算法复杂性在渐近意义下的阶。为了与此简化的复杂性分析相匹配，需要引入以下渐近意义下的记号 O、Ω、θ 和 o。

以下设 $f(N)$ 和 $g(N)$ 是定义在正数集上的正函数。如果存在正的常数 C 和自然数 N_0，使得当 $N\geq N_0$ 时有 $f(N)\leq Cg(N)$，则称函数 $f(N)$ 当 N 充分大时上有界，且 $g(N)$ 是它的一个上界，记为 $f(N)=O(g(N))$。这时还说 $f(N)$ 的阶不高于 $g(N)$ 的阶。例如：

① 因为对所有的 $N\geq 1$ 有 $3N\leq 4N$，所以 $3N=O(N)$。

② 因为当 $N\geq 1$ 时有 $N+1024\leq 1025N$，所以 $N+1024=O(N)$。

③ 因为当 $N\geq 10$ 时有 $2N^2+11N-10\leq 3N^2$，所以 $2N^2+11N-10=O(N^2)$。

④ 因为对所有 $N\geq 1$ 有 $N^2\leq N^3$，所以 $N^2=O(N^3)$。

⑤ 作为一个反例，$N^3\neq O(N^2)$。因为若不然，则存在正的常数 C 和自然数 N_0，使得当 $N\geq N_0$ 时有 $N^3\leq CN^2$，即 $N\leq C$。显然，当取 $N=\max\{N_0,\lfloor\sqrt{C}\rfloor+1\}$ 时这个不等式不成立，所以 $N^3\neq O(N^2)$。

按照符号 O 的定义，容易证明它有如下运算规则：

① $O(f)+O(g)=O(\max(f,g))$。

② $O(f)+O(g)=O(f+g)$。

③ $O(f)O(g)=O(fg)$。

④ 如果 $g(N)=O(f(N))$，则 $O(f)+O(g)=O(f)$。

⑤ $O(Cf(N))=O(f(N))$，其中 C 是一个正的常数。

⑥ $f=O(f)$。

规则①的证明：设 $F(N)=O(f)$。根据符号 O 的定义，存在正常数 C_1 和自然数 N_1，使得对所有的 $N\geq N_1$，有 $F(N)\leq C_1 f(N)$。

类似地，设 $G(N)=O(g)$，则存在正的常数 C_2 和自然数 N_2，使得对所有的 $N\geq N_2$，有 $G(N)\leq C_2 g(N)$。

令 $C_3=\max\{C_1,C_2\}$，$N_3=\max\{N_1,N_2\}$，$h(N)=\max\{f,g\}$，则对所有的 $N\geq N_3$，有

$$F(N)\leq C_1 f(N)\leq C_1 h(N)\leq C_3 h(N)$$

类似地，有

$$G(N)\leq C_2 f(N)\leq C_2 h(N)\leq C_3 h(N)$$

因而
$$O(f)+O(g)=F(N)+G(N)\leqslant C_3h(N)+C_3h(N)$$
$$=2C_3h(N)=O(h)=O(\max(f,g))$$

其余规则的证明类似，留给读者作为练习。

应该指出，根据符号 O 的定义，用它评估算法的复杂性，得到的只是当规模充分大时的一个上界。这个上界的阶越低，则评估越精确，结果就越有价值。

关于符号 Ω，文献里有两种定义。本书只采用其中的一种，定义如下：如果存在正的常数 C 和自然数 N_0，使得当 $N\geqslant N_0$ 时有 $f(N)\geqslant Cg(N)$，则称函数 $f(N)$ 当 N 充分大时下有界，且 $g(N)$ 是它的一个下界，记为 $f(N)=\Omega(g(N))$。这时还说 $f(N)$ 的阶不低于 $g(N)$ 的阶。Ω 的这个定义的优点是与 O 的定义对称，缺点是当 $f(N)$ 对自然数的不同无穷子集有不同的表达式，且有不同的阶时，不能很好地刻画 $f(N)$ 的下界。比如，当

$$f(N)=\begin{cases}100 & N\text{为正偶数}\\6N^2 & N\text{为正奇数}\end{cases}$$

时，按上述定义，只能得到 $f(N)=\Omega(1)$，这是一个平凡的下界，对算法分析没有什么价值。然而，考虑到上述定义有与符号 O 定义的对称性，同时本书介绍的算法都没出现上例中的那种情况，所以本书还是选用它。

同样，用 Ω 评估算法的复杂性得到的只是该复杂性的一个下界。这个下界的阶越高，则评估越精确，结果就越有价值。再则，这里的 Ω 只对问题的一个算法而言。如果它是对一个问题的所有算法或某类算法而言的，即对于一个问题和任意给定的充分大的规模 N，下界在该问题的所有算法或某类算法的复杂性中取，那么它将更有意义。这时得到的相应下界称为问题的下界或某类算法的下界。它常常与符号 O 配合，以证明某问题的一个特定算法是该问题的最优算法或该问题的某算法类中的最优算法。

定义 $f(N)=\theta(g,(N))$ 当且仅当 $f(N)=O(g(N))$ 且 $f(N)=\Omega(g(N))$ 时，称为 $f(N)$ 与 $g(N)$ 同阶。

最后，如果对于任意给定的 $\varepsilon>0$，都存在正整数 N_0，使得当 $N\geqslant N_0$ 时有 $f(N)/g(N)<\varepsilon$，则称函数 $f(N)$ 当 N 充分大时的阶比 $g(N)$ 低，记为 $f(N)=o(g(N))$。例如：

$$4N\log N+7=o(3N^2+4N\log N+7)$$

1.3　NP 完全性理论

在计算机算法理论中，最深刻的问题之一是"从计算的观点来看，要解决的问题的内在复杂性如何？"它是"易"计算的还是"难"计算的？如果知道了一个问题的计算时间下界，就知道了对于该问题能设计出多有效的算法，从而可以较正确地评价对该问题提出的各种算法的效率，并进而确定对已有算法还有多少改进的余地。在许多情况下，要确定一个问题的内在计算复杂性是很困难的。已创造出的各种分析问题计算复杂性的方法和工具可以较准确地确定许多问题的计算复杂性。

问题的计算复杂性可以通过解决该问题所需计算量的多少来度量。如何区分一个问题是"易"还是"难"呢？人们通常将可在多项式时间内解决的问题看作"易"解问题，而将需要指数函数时间解决的问题看作"难"问题。这里所说的多项式时间和指数函数时间是针对问题的规模而言的，即解决问题所需的时间是问题规模的多项式函数或指数函数。对于实际遇到的许多问题，人们至今无法确切了解其内在的计算复杂性，因此只能用分类的方法将计

算复杂性大致相同的问题归类进行研究。而对于能够进行较彻底分析的问题则尽可能准确地确定其计算复杂性，从而获得对它的深刻理解。

本书中的许多算法都是多项式时间算法，即对规模为 n 的输入，算法在最坏情况下的计算时间为 $O(n^k)$，k 为一个常数。是否所有的问题都在多项式时间内可解呢？回答是否定的，如一些不可解问题（像著名的"图灵停机问题"）。任何计算机不论耗费多少时间也不能解该问题。有些问题虽然可以用计算机求解，但是对任意常数 k，它们都不能在 $O(n^k)$ 的时间内得到解答。

一般，将可由多项式时间算法求解的问题看作易解的问题，将需要超多项式时间才能求解的问题看作难解的问题。有许多问题从表面上看似乎并不比排序或图的搜索等问题更困难，然而至今人们还没有找到解决这些问题的多项式时间算法，也没有人能够证明这些问题需要超多项式时间下界。也就是说，这类问题的计算复杂性至今未知。为了研究这类问题的计算复杂性，人们提出了非确定性图灵机计算模型，使得许多问题可以在多项式时间内求解。

本书中讨论的许多问题是以最优化问题形式出现的，如旅行售货员问题、0-1 背包问题和最大团问题等。然而对每个最优化问题，都有一个与之对应的判定问题。第 5 章中要讨论的旅行售货员问题是一个典型的最优化问题。

最优化形式的旅行售货员问题可用图论语言形式描述如下。

设 $G=(V,E)$ 是一个带权图，图中各边的费用（权）为正数。图的一条周游路线是包括 V 中的每个顶点在内的一条回路。周游路线的费用是这条路线上所有边的费用之和。旅行售货员问题要在图 G 中找出费用最小的周游路线。

与之对应的**判定形式的旅行售货员问题**可描述如下。

对于给定的带权图 $G=(V,E)$ 和一个正数 d。判定形式的旅行售货员问题要求判定图 G 中是否存在总费用不超过 d 的周游路线。

在一般情况下，判定问题比相应的最优化问题多一个输入参数 d。从直观上看，判定问题要比相应的最优化问题容易求解。从一个最优化问题的多项式时间算法容易得到与之相应的判定问题的多项式时间算法。

所有可以在多项式时间内求解的判定问题构成 P 类问题（Polynomial Problem，多项式问题）。在通常情况下，解一个问题要比验证问题的一个解困难得多，特别在有时间限制的条件下更是如此。P 类问题是确定性计算模型下的易解问题类，而 NP 类问题是非确定性计算模型下的易验证问题类。

为了说明什么是 NP 类问题（Non-deterministic Polynomial Problem，非确定性多项式问题），需要引入非确定性算法的概念。非确定性算法将问题求解分为猜测和验证两个阶段。算法的猜测阶段是非确定性的，给出问题解的一个猜测。算法的验证阶段是确定性的，验证猜测阶段给出的解的正确性。设算法 A 是解一个判定问题 Q 的非确定性算法。如果算法 A 的验证阶段可以在多项式时间内完成，则称算法 A 是一个多项式时间非确定性算法，也称问题 Q 是非确定性多项式时间可解的。

所有非确定性多项式时间可解的判定问题构成 NP 类问题。例如，对于判定形式的旅行售货员问题，容易在多项式时间内验证其解的正确性，因此旅行售货员问题属于 NP 类。

从 P 类和 NP 类问题的定义容易看出，$P \subseteq NP$。反之，大多数的计算机科学家认为，NP 类中包含了不属于 P 类的问题，即 $P \neq NP$，但这个问题至今没有获得明确的解答。也许使大多数计算机科学家相信 P≠NP 的最令人信服的理由是，存在一类 NP 完全问题，即 NPC 类问题。这类问题有一种令人惊奇的性质，即如果一个 NP 完全问题能在多项式时间内得到解决，那么 NP 中的每个问题都可以在多项式时间内求解，即 P=NP。尽管已进行多年研究，目前还没有一个 NP 完全问题有多项式时间算法。

获得"第一个 NP 完全问题"称号的是布尔表达式的可满足性问题，就是著名的 Cook 定理：**布尔表达式的可满足性问题 SAT 是 NP 完全的。**

Cook 定理的重要性是明显的，给出了第一个 NP 完全问题。这使得对于任何问题 Q，只要能证明 Q∈NP，而且可以在多项式时间内将 SAT 变换为问题 Q，便有 Q∈NPC。所以，人们很快证明了许多其他问题的 NP 完全性。这些 NP 完全问题都是直接或间接地以 SAT 的 NP 完全性为基础而得到证明的，由此逐渐生长出一棵以 SAT 为树根的 NP 完全问题树。其中，每个结点代表一个 NP 完全问题，该问题可在多项式时间内变换为它的任一儿子结点表示的问题。实际上，由树的连通性及多项式在复合变换下的封闭性可知，NP 完全问题树中任一结点表示的问题可以在多项式时间内变换为它的任一后裔结点表示的问题。目前，这棵 NP 完全问题树上已有几千个结点，还在继续生长。

下面介绍这棵 NP 完全树中的几个典型的 NP 完全问题。

1. 合取范式的可满足性问题 CNF-SAT

给定一个合取范式 α，判定它是否可满足。如果一个布尔表达式是一些因子和之积，则称它为合取范式，简称 CNF（Conjunctive Normal Form）。这里的因子是变量 x 或 $\bar{x}$。例如，$(x_1+x_2)(x_2+x_3)(\bar{x}_1+\bar{x}_2+x_3)$ 是一个合取范式，而 $x_1x_2+x_3$ 不是合取范式。

2. 三元合取范式的可满足性问题 3-SAT

给定一个三元合取范式 α，判定它是否可满足。

3. 团问题 CLIQUE

给定一个无向图 $G=(V, E)$ 和一个正整数 k，判定图 G 是否包含一个 k 团，即是否存在 $V' \subseteq V$ 和 $|V'|=k$，且对任意 $u, w \in V'$，有 $(u, w) \in E$。

4. 顶点覆盖问题 VERTEX-COVER

给定一个无向图 $G=(V, E)$ 和一个正整数 k，判定是否存在 $V' \subseteq V$ 和 $|V'|=k$，使得对任意 $(u, v) \in E$ 有 $u \in V'$ 或 $v \in V'$，如果存在，就称 V' 为图 G 的一个大小为 k 的顶点覆盖。

5. 子集和问题 SUBSET-SUM

给定整数集合 S 和一个整数 t，判定是否存在 S 的一个子集 $S' \subseteq S$，使得 S' 中整数的和为 t。例如，若 $S=\{1, 4, 16, 64, 256, 1040, 1041, 1093, 1284, 1344\}$ 且 $t=3754$，则子集 $S'=\{1, 16, 64, 256, 1040, 1093, 1284\}$ 是它的一个解。

6. 哈密顿回路问题 HAM-CYCLE

给定无向图 $G=(V, E)$，判定其是否含有一条哈密顿回路。

7. 旅行售货员问题 TSP

给定一个无向完全图 $G=(V, E)$ 及定义在 $V \times V$ 上的一个费用函数 c 和一个整数 k，判定 G

是否存在经过 V 中各顶点恰好一次的回路，使得该回路的费用不超过 k。

算法分析题 1

1-1 求下列函数的渐近表达式：

$3n^2+10n$； $n^2/10+2^n$； $21+1/n$； $\log n^3$； $10\log 3^n$

1-2 试论 $O(1)$ 和 $O(2)$ 的区别。

1-3 按照渐近阶从低到高的顺序排列以下表达式：$4n^2$，$\log n$，3^n，$20n$，2，$n^{2/3}$。又 $n!$ 应该排在哪一位？

1-4 （1）假设某算法在输入规模为 n 时的计算时间为 $T(n)=3\times 2^n$。在某台计算机上实现并完成该算法的时间为 t 秒。现有另一台计算机，其运行速度为第一台的 64 倍，那么在这台新机器上用同一算法在 t 秒内能解输入规模为多大的问题？

（2）若上述算法的计算时间改进为 $T(n)=n^2$，其余条件不变，则在新机器上用 t 秒时间能解输入规模为多大的问题？

（3）若上述算法的计算时间进一步改进为 $T(n)=8$，其余条件不变，那么在新机器上用 t 秒时间能解输入规模为多大的问题？

1-5 硬件厂商 XYZ 公司宣称他们最新研制的微处理器运行速度为其竞争对手 ABC 公司同类产品的 100 倍。对于计算复杂性分别为 n、n^2、n^3 和 $n!$ 的各算法，若用 ABC 公司的计算机在 1 小时内能解输入规模为 n 的问题，那么用 XYZ 公司的计算机在 1 小时内分别能解输入规模为多大的问题？

1-6 对于下列各组函数 $f(n)$ 和 $g(n)$，确定 $f(n)=O(g(n))$ 或 $f(n)=\Omega(g(n))$ 或 $f(n)=\theta(g(n))$，并简述理由。

（1）$f(n)=\log n^2$； $g(n)=\log n+5$ （5）$f(n)=10$； $g(n)=\log 10$

（2）$f(n)=\log n^2$； $g(n)=\sqrt{n}$ （6）$f(n)=\log^2 n$； $g(n)=\log n$

（3）$f(n)=n$； $g(n)=\log^2 n$ （7）$f(n)=2^n$； $g(n)=100n^2$

（4）$f(n)=n\log n+n$； $g(n)=\log n$ （8）$f(n)=2^n$； $g(n)=3^n$

1-7 证明 $n!=o(n^n)$。

1-8 下面的算法段用于确定 n 的初始值。试分析该算法段所需计算时间的上界和下界。

```
while(n>1)
    if(odd(n))
        n = 3*n+1;
    else
        n = n/2;
```

1-9 证明：如果一个算法在平均情况下的计算时间复杂性为 $\theta(f(n))$，则该算法在最坏情况下所需的计算时间为 $\Omega(f(n))$。

算法实现题 1

1-1 统计数字问题。

问题描述：一本书的页码从自然数 1 开始顺序编码直到自然数 n。书的页码按照通常的习惯编排，每个页码都不含多余的前导数字 0。例如，第 6 页用数字 6 表示而不是 06 或 006 等。数字计数问题要求对给定书的总页码 n，计算书的全部页码分别用到多少次数字 $0, 1, 2, \cdots, 9$。

算法设计：给定表示书的总页码的十进制整数 n（$1 \leqslant n \leqslant 10^9$），计算书的全部页码中分别用到多少次数字 $0, 1, 2, \cdots, 9$。

数据输入：输入数据由文件名为 input.txt 的文本文件提供。每个文件只有 1 行，给出表示书的总页码的整数 n。

结果输出：将计算结果输出到文件 output.txt。输出文件共 10 行，在第 k（$k=1, 2, \cdots, 10$）行输出页码中用到数字 $k-1$ 的次数。

输入文件示例	输出文件示例
input.txt	output.txt
11	1
	4
	1
	1
	1
	1
	1
	1
	1
	1

1-2 字典序问题。

问题描述：在数据加密和数据压缩中常需要对特殊的字符串进行编码。给定的字母表 A 由 26 个小写英文字母组成，即 $A=\{a, b, \cdots, z\}$。该字母表产生的升序字符串是指字符串中字母从左到右出现的次序与字母在字母表中出现的次序相同，且每个字符最多出现 1 次。例如，a、b、ab、bc、xyz 等字符串都是升序字符串。现在对字母表 A 产生的所有长度不超过 6 的升序字符串按照字典序排列并编码如下。

1	2	...	26	27	28	...
a	b	...	z	ab	ac	...

对于任意长度不超过 6 的升序字符串，迅速计算出它在上述字典中的编码。

算法设计：对于给定的长度不超过 6 的升序字符串，计算它在上述字典中的编码。

数据输入：输入数据由文件名为 input.txt 的文本文件提供。文件的第 1 行是一个正整数 k，表示接下来有 k 行。在接下来的 k 行中，每行给出一个字符串。

结果输出：将计算结果输出到文件 output.txt。文件有 k 行，每行对应一个字符串的编码。

输入文件示例	输出文件示例
input.txt	output.txt
2	1
a	2
b	

1-3 最多约数问题。

问题描述：正整数 x 的约数是能整除 x 的正整数。正整数 x 的约数个数记为 $\mathrm{div}(x)$。例如，1、2、5、10 都是正整数 10 的约数，且 $\mathrm{div}(10)=4$。设 a 和 b 是 2 个正整数，$a \leqslant b$，找出 a 和 b 之间约数个数最多的数 x。

算法设计：对于给定的 2 个正整数 $a \leq b$，计算 a 和 b 之间约数个数最多的数。

数据输入：输入数据由文件名为 input.txt 的文本文件提供。文件的第 1 行有 2 个正整数 a 和 b。

结果输出：若找到的 a 和 b 之间约数个数最多的数是 x，则将 div(x)输出到文件 output.txt。

输入文件示例	输出文件示例
input.txt	output.txt
1 36	9

1-4　金币阵列问题。

问题描述：有 $m \times n$（$m \leq 100$，$n \leq 100$）枚金币在桌面上排成一个 m 行 n 列的金币阵列。每枚金币或正面朝上或背面朝上。用数字表示金币状态，0 表示金币正面朝上，1 表示金币背面朝上。

金币阵列游戏的规则是：① 每次可将任一行金币翻过来放在原来的位置上；② 每次可任选 2 列，交换这 2 列金币的位置。

算法设计：给定金币阵列的初始状态和目标状态，计算按金币游戏规则，将金币阵列从初始状态变换到目标状态所需的最少变换次数。

数据输入：由文件 input.txt 给出输入数据。文件中有多组数据。文件的第 1 行有 1 个正整数 k，表示有 k 组数据。每组数据的第 1 行有 2 个正整数 m 和 n。以下 m 行是金币阵列的初始状态，每行有 n 个数字表示该行金币的状态，0 表示正面朝上，1 表示背面朝上。接着的 m 行是金币阵列的目标状态。

结果输出：将计算出的最少变换次数按照输入数据的次序输出到文件 output.txt。相应数据无解时，输出−1。

输入文件示例	输出文件示例
input.txt	output.txt
2	2
4 3	−1
1 0 1	
0 0 0	
1 1 0	
1 0 1	
1 0 1	
1 1 1	
0 1 1	
1 0 1	
4 3	
1 0 1	
0 0 0	
1 0 0	
1 1 1	
1 1 0	
1 1 1	
0 1 1	
1 0 1	

1-5　最大间隙问题。

问题描述：最大间隙问题：给定 n 个实数 $x_1, x_2, \cdots, x_n$，求这 n 个数在实轴上相邻两个数之间的最大差值。假设对任何实数的下取整函数耗时 $O(1)$，设计解最大间隙问题的线性时间算法。

算法设计：对于给定的 n 个实数 $x_1, x_2, \cdots, x_n$，计算它们的最大间隙。

数据输入：输入数据由文件名为 input.txt 的文本文件提供。文件的第 1 行有 1 个正整数 n。接下来的 1 行中有 n 个实数 $x_1, x_2, \cdots, x_n$。

结果输出：将找到的最大间隙输出到文件 output.txt。

输入文件示例	输出文件示例
input.txt	output.txt
5	3.2
2.3 3.1 7.5 1.5 6.3	

第2章 递归与分治策略

学习要点

● 理解递归的概念
● 掌握设计有效算法的分治策略
● 通过下面的范例学习分治策略设计技巧：

(1) 二分搜索技术　　　　　　(5) 合并排序和快速排序
(2) 大整数乘法　　　　　　　(6) 线性时间选择
(3) Strassen 矩阵乘法　　　　(7) 最接近点对问题
(4) 棋盘覆盖　　　　　　　　(8) 循环赛日程表

任何可以用计算机求解的问题所需的计算时间都与其规模有关。问题的规模越小，解题所需的计算时间往往也越短，从而也较容易处理。例如，对于 n 个元素的排序问题，当 $n=1$ 时，不需任何计算。$n=2$ 时，只要做一次比较即可排好序。$n=3$ 时只要做两次比较即可……当 n 较大时，问题就不那么容易处理了。要想直接解决一个较大的问题，有时是相当困难的。分治法的设计思想是：将一个难以直接解决的大问题分割成一些规模较小的相同问题，以便各个击破，即分而治之。如果原问题可分割成 k 个子问题，$1 < k \leq n$，且这些子问题都可解，并可利用这些子问题的解求出原问题的解，那么这种分治法就是可行的。由分治法产生的子问题往往是原问题的较小模式，这为使用递归技术提供了方便。在这种情况下，反复应用分治手段，可以使子问题与原问题类型一致而其规模不断缩小，最终使子问题缩小到容易求出其解，由此自然引出递归算法。分治与递归像一对孪生兄弟，经常同时应用在算法设计中，并由此产生许多高效算法。

2.1 递归的概念

直接或间接地调用自身的算法称为递归算法。用函数自身给出定义的函数称为递归函数。在计算机算法设计与分析中，递归技术是十分有用的。使用递归技术往往使函数的定义和算法的描述简捷且易于理解。有些数据结构，如二叉树等，由于其本身固有的递归特性，特别适合用递归的形式来描述。有些问题，虽然其本身并没有明显的递归结构，但用递归技术来求解，可使设计出的算法简捷易懂且易于分析。下面来看几个例子。

【例 2-1】 阶乘函数。阶乘函数可递归地定义为

$$n! = \begin{cases} 1 & n = 0 \\ n(n-1)! & n > 0 \end{cases}$$

阶乘函数的自变量 n 的定义域是非负整数。递归式的第一式给出了这个函数的初始值，是非递归地定义的。每个递归函数都必须有非递归定义的初始值，否则递归函数无法计算。递归式的第二式用较小自变量的函数值来表示较大自变量的函数值的方式来定义 n 的阶乘。

定义式的左右两边都引用了阶乘记号，是一个递归定义式，可递归地计算如下：

```
int factorial(int n) {
  if (n== 0)
    return 1;
  return n*factorial(n-1);
}
```

【例 2-2】 Fibonacci 数列

无穷数列 1, 1, 2, 3, 5, 8, 13, 21, 34, 55, …称为 Fibonacci 数列。它可以递归地定义为

$$F(n) = \begin{cases} 1 & n = 0 \\ 1 & n = 1 \\ F(n-1) + F(n-2) & n > 1 \end{cases}$$

这是一个递归关系式，当 $n>1$ 时，这个数列的第 n 项的值是它前面两项之和。它用两个较小的自变量的函数值来定义一个较大自变量的函数值，所以需要两个初始值 $F(0)$ 和 $F(1)$。

第 n 个 Fibonacci 数可递归地计算如下：

```
int fibonacci(int n) {
  if (n <= 1)
    return 1;
  return fibonacci(n-1) + fibonacci(n-2);
}
```

上述两例中的函数也可用如下非递归方式定义：

$$n! = 1 \times 2 \times 3 \times \cdots \times (n-1) \times n$$

$$F(n) = \frac{1}{\sqrt{5}} \left[\left(\frac{1+\sqrt{5}}{2} \right)^{n+1} - \left(\frac{1-\sqrt{5}}{2} \right)^{n+1} \right]$$

【例 2-3】 Ackerman 函数。并非一切递归函数都能用非递归方式定义。为了对递归函数的复杂性有更多的了解，我们再介绍双递归函数——Ackerman 函数。当一个函数及它的一个变量由函数自身定义时，称这个函数是双递归函数。

Ackerman 函数 $A(n, m)$ 有两个独立的整型变量 $m \geqslant 0$ 和 $n \geqslant 0$，其定义如下：

$$\begin{cases} A(1,0) = 2 \\ A(0,m) = 1 & m \geqslant 0 \\ A(n,0) = n+2 & n \geqslant 2 \\ A(n,m) = A(A(n-1,m), m-1) & n, m \geqslant 1 \end{cases}$$

$A(n, m)$ 的自变量 m 的每个值都定义了一个单变量函数。例如，递归式的第 3 式表示 $m=0$ 定义了函数"加 2"。

当 $m=1$ 时，由于 $A(1, 1)=A(A(0, 1), 0)=A(1, 0)=2$，以及 $A(n, 1)=A(A(n-1, 1)，0)=A(n-1, 1)+2$（$n>1$），因此 $A(n, 1)=2n$（$n \geqslant 1$），即 $A(n, 1)$ 是函数"乘 2"。

当 $m=2$ 时，$A(n, 2)=A(A(n-1, 2)，1)=2A(n-1, 2)$，$A(1, 2)=A(A(0, 2), 1)=A(1, 1)=2$，故 $A(n, 2)=2^n$。

类似地可以推出，$A(n, 3)=2^{2^{\cdot^{\cdot^2}}}$，其中 2 的层数为 n。

$A(n, 4)$ 的增长速度非常快，以至于没有适当的数学式子来表示这一函数。

单变量的 Ackerman 函数 $A(n)$ 定义为 $A(n)=A(n, n)$。其拟逆函数 $\alpha(n)$ 在算法复杂性分析中

会遇到。它定义为：$\alpha(n)=\min\{k|A(k)\geqslant n\}$，即 $\alpha(n)$ 是使 $n\leqslant A(k)$ 成立的最小的 k 值。

例如，由 $A(0)=1$，$A(1)=2$，$A(2)=4$ 和 $A(3)=16$ 推知，$\alpha(1)=0$，$\alpha(2)=1$，$\alpha(3)=\alpha(4)=2$ 和 $\alpha(5)=\cdots=\alpha(16)=3$。可以看出，$\alpha(n)$ 的增长速度非常慢。

$A(4)=2^{2^{\cdot^{\cdot^2}}}$（其中 2 的层数为 65536）的值非常大，无法用通常的方式来表达它。如果要写出这个数将需要 $\log(A(4))$ 位，即 $2^{2^{\cdot^{\cdot^2}}}$（65535 层 2 的方幂）位。所以，对于通常见到的正整数 n，我们有 $\alpha(n)\leqslant 4$。但在理论上，$\alpha(n)$ 没有上界，随着 n 的增加，它以难以想象的速度趋向正无穷大。

【例 2-4】 排列问题。设 $R=\{r_1, r_2, \cdots, r_n\}$ 是要进行排列的 n 个元素，$R_i=R-\{r_i\}$。集合 X 中元素的全排列记为 $\mathrm{Perm}(X)$。$(r_i)\mathrm{Perm}(X)$ 表示在全排列 $\mathrm{Perm}(X)$ 的每个排列前加上前缀 r_i 得到的排列。R 的全排列可归纳定义如下：

当 $n=1$ 时，$\mathrm{Perm}(R)=(r)$，其中 r 是集合 R 中唯一的元素；

当 $n>1$ 时，$\mathrm{Perm}(R)$ 由 $(r_1)\mathrm{Perm}(R_1)$，$(r_2)\mathrm{Perm}(R_2)$，$\cdots$，$(r_n)\mathrm{Perm}(R_n)$ 构成。

依此递归定义，可设计产生 $\mathrm{Perm}(R)$ 的递归算法如下：

```
template<class Type>
void Perm(Type list[], int k, int m) {          // 产生 list[k:m] 的所有排列
    if (k == m) {                                // 只剩下 1 个元素
        for (int i=0; i<=m; i++)
            cout<<list[i];
        cout<<endl;
    }
    else {                                        // 还有多个元素待排列,递归产生排列
        for (int i=k; i<=m; i++) {
            Swap(list[k], list[i]);
            Perm(list, k+1, m);
            Swap(list[k], list[i]);
        }
    }
}
template<class Type >
inline void Swap(Type & a, Type & b) {
    Type  temp= a;
    a = b;
    b = temp;
}
```

算法 Perm(list, k, m) 递归地产生所有前缀是 list[0:$k-1$]，且后缀是 list[$k:m$] 的全排列的所有排列。函数调用 Perm(list, 0, $n-1$) 则产生 list[0:$n-1$] 的全排列。

在一般情况下，$k<m$。算法将 list[$k:m$] 中的每个元素分别与 list[k] 中的元素交换，然后递归地计算 list[$k+1:m$] 的全排列，并将计算结果作为 list[0:k] 的后缀。算法中 Swap() 是用于交换两个变量值的内联函数。

【例 2-5】 整数划分问题。将正整数 n 表示成一系列正整数之和，$n=n_1+n_2+\cdots+n_k$（$n_1\geqslant n_2\geqslant\cdots\geqslant n_k\geqslant 1$，$k\geqslant 1$）。正整数 n 的这种表示称为正整数 n 的划分。正整数 n 的不同的划分个数称为正整数 n 的划分数，记为 $p(n)$。例如，正整数 6 有如下 11 种不同的划分，所以 $p(6)=11$。

6;

$$5+1;$$
$$4+2,\ 4+1+1;$$
$$3+3,\ 3+2+1,\ 3+1+1+1;$$
$$2+2+2,\ 2+2+1+1,\ 2+1+1+1+1;$$
$$1+1+1+1+1+1。$$

在正整数 n 的所有划分中，将最大加数 n_1 不大于 m 的划分个数记作 $q(n,m)$。可以建立 $q(n,m)$ 的如下递归关系。

① $q(n,1)=1$，$n \geq 1$。当最大加数 n_1 不大于 1 时，任何正整数 n 只有一种划分形式，即 $n=\overbrace{1+1+\cdots+1}^{n}$。

② $q(n,m)=q(n,n)$，$m \geq n$。最大加数 n_1 实际上不能大于 n，因此 $q(1,m)=1$。

③ $q(n,n)=1+q(n,n-1)$。正整数 n 的划分由 $n_1=n$ 的划分和 $n_1 \leq n-1$ 的划分组成。

④ $q(n,m)=q(n,m-1)+q(n-m,m)$，$n>m>1$。正整数 n 的最大加数 n_1 不大于 m 的划分由 $n_1=m$ 的划分和 $n_1 \leq m-1$ 的划分组成。

以上关系实际上给出了计算 $q(n,m)$ 的递归式如下：

$$q(n,m)=\begin{cases} 1 & n=1,m=1 \\ q(n,n) & n<m \\ 1+q(n,n-1) & n=m \\ q(n,m-1)+q(n-m,m) & n>m>1 \end{cases}$$

据此，可设计计算 $q(n,m)$ 的递归函数如下。正整数 n 的划分数 $p(n)=q(n,n)$。

```
int q(int n, int m) {
  if ((n<1) || (m<1))
    return 0;
  if ((n==1) || (m==1))
    return 1;
  if (n<m)
    return q(n, n);
  if (n == m)
    return q(n, m-1)+1;
  return q(n, m-1) + q(n-m, m);
}
```

【例 2-6】 Hanoi 塔问题。设 a、b、c 是三个塔座。开始时，在塔座 a 上有一叠共 n 个圆盘，这些圆盘自下而上，由大到小地叠放在一起，各圆盘从小到大编号为 1, 2, $\cdots$, n，如图 2-1 所示。现要求将塔座 a 上的这一叠圆盘移到塔座 b 上，并仍按同样顺序叠置。在移动圆盘时应遵守以下移动规则：

规则 I：每次只能移动一个圆盘；

规则 II：任何时刻都不允许将较大的圆盘压在较小的圆盘之上；

规则 III：在满足移动规则 I 和 II 的前提下，可将圆盘移至 a、b、c 中任一塔座上。

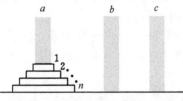

图 2-1　Hanoi 塔问题的初始状态

这个问题有一个简单的解法。假设塔座 a、b、c 排成一个三角形，$a \rightarrow b \rightarrow c \rightarrow a$ 构成一顺时针循环。在移动圆盘的过程中，若是奇数次移动，则将最小的圆盘移到顺时针方向的下一塔座上；若是偶数次移动，则保持最小的圆盘不动，而在其他两个塔座之间，将较小的圆盘移到另一塔座上去。

上述算法简捷明确，可以证明它是正确的。但只看算法的计算步骤，很难理解它的道理，也很难理解它的设计思想。下面用递归技术来解决这个问题。当 $n=1$ 时，问题比较简单。此时，只要将编号为 1 的圆盘从塔座 a 直接移至塔座 b 上即可。当 $n>1$ 时，需要利用塔座 c 作为辅助塔座。此时要设法将 $n-1$ 个较小的圆盘依照移动规则从塔座 a 移至塔座 c 上，然后将剩下的最大圆盘从塔座 a 移至塔座 b 上，最后设法将 $n-1$ 个较小的圆盘依照移动规则从塔座 c 移至塔座 b 上。由此可见，n 个圆盘的移动问题就可分解为两次 $n-1$ 个圆盘的移动问题，这又可以递归地用上述方法来做。由此可以设计出解 Hanoi 塔问题的递归算法如下：

```
void hanoi(int n, int a, int b, int c) {
  if (n>0) {
    hanoi(n-1, a, c, b);
    move(a, b);
    hanoi(n-1, c, b, a);
  }
}
```

其中，hanoi(n, a, b, c)表示将塔座 a 上自下而上，由大到小叠放在一起的 n 个圆盘依移动规则移至塔座 b 上并仍按同样顺序叠放。在移动过程中，以塔座 c 作为辅助塔座。move(a, b)表示将塔座 a 上编号为 n 的圆盘移至塔座 b 上。

算法 hanoi 以递归形式给出，每个圆盘的具体移动方式并不清楚，因此很难用手工移动来模拟这个算法。然而，这个算法易于理解，也容易证明其正确性，且易于掌握其设计思想。

像 hanoi 这样的递归算法，在执行时需要多次调用自身。实现这种递归调用的关键是为算法建立递归调用工作栈。通常，在一个算法中调用另一算法时，系统需在运行被调用算法之前先完成三件事：① 将所有实参指针、返回地址等信息传递给被调用算法；② 为被调用算法的局部变量分配存储区；③ 将控制转移到被调用算法的入口。

在从被调用算法返回调用算法时，系统相应地要完成三件事：① 保存被调用算法的计算结果；② 释放分配给被调用算法的数据区；③ 依照被调用算法保存的返回地址将控制转移到调用算法。

当有多个算法构成嵌套调用时，按照"后调用先返回"的原则进行。上述算法之间的信息传递和控制转移必须通过栈来实现，即系统将整个程序运行时所需的数据空间安排在一个栈中，每调用一个算法，就为它在栈顶分配一个存储区，每退出一个算法，就释放它在栈顶的存储区。当前正在运行的算法的数据一定在栈顶。

递归算法的实现类似于多个算法的嵌套调用，只是调用算法和被调用算法是同一个算法。因此，与每次调用相关的一个重要概念是递归算法的调用层次。若调用一个递归算法的主算法为第 0 层算法，则从主算法调用递归算法为进入第 1 层调用；从第 i 层递归调用本算法为进入第 $i+1$ 层调用。反之，退出第 i 层递归调用，则返回至第 $i-1$ 层调用。为了保证递归调用正确执行，系统要建立一个递归调用工作栈，为各层次的调用分配数据存储区。每层递归调用所需的信息构成一个工作记录，其中包括所有实参指针、所有局部变量以及返回上一层的地址。每进入一层递归调用，就产生一个新的工作记录压入栈顶。每退出一层递归调用，就从栈顶弹出一个工作记录。

图 2-2 是实现算法递归调用的栈使用情况示意，其中 TOP 是指向栈顶的指针。由于递归算法结构清晰，可读性强，且容易用数学归纳法证明算法的正确性，因此它为设计算法、调试程序带来很大方便。然而，递归算法的运行效率较低，无论是耗费的计算时间还是占用的存储空间都比非递归算法要多。若在程序中消除算法的递归调用，则其运行时间可大为节省。因此，有时希望在递归算法中消除递归调用，使其转化为一个非递归算法。通常，消除递归采用一个用户定义的栈来模拟系统的递归调用工作栈，从而达到将递归算法改为非递归算法的目的。仅仅是机械地模拟还不能达到缩短计算时间和减小存储空间的目的，还需要根据具体程序的特点对递归调用工作栈进行简化，尽量减少栈操作，压缩栈存储空间以达到节省计算时间和存储空间的目的。

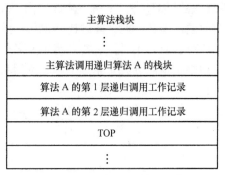

图 2-2　递归调用工作栈示意

2.2　分治法的基本思想

分治法的基本思想是将一个规模为 n 的问题分解为 k 个规模较小的子问题，这些子问题互相独立且与原问题相同。递归地解这些子问题，然后将各子问题的解合并得到原问题的解。它的一般的算法设计模式如下：

```
divide-and-conquer(P) {
    if (|P| <= n0)
        adhoc(P);
    divide P into smaller subinstances P1,P2,…,Pk;
    for (i=1; i <= k; i++)
        yi = divide-and-conquer(Pi);
    return merge(y1, y2, …, yk);
}
```

其中，|P|表示问题 P 的规模，n0 为一阈值，表示当问题 P 的规模不超过 n0 时，问题容易解出，不必再继续分解。adhoc(P)是该分治法中的基本子算法，用于直接解小规模的问题 P。当 P 的规模不超过 n0 时，直接用算法 adhoc(P)求解。算法 merge(y1, y2, …, yk)是该分治法中的合并子算法，用于将 P 的子问题 P1, P2, …, Pk 的解 y1, y2, …, yk 合并为 P 的解。

根据分治法的分割原则，应把原问题分为多少个子问题才较适宜？每个子问题是否规模相同或怎样才为适当？这些问题很难予以肯定回答。但人们从大量实践中发现，在用分治法设计算法时，最好使子问题的规模大致相同，即将一个问题分成大小相等的 k 个子问题的处理方法是行之有效的。许多问题可以取 $k=2$。这种使子问题规模大致相等的做法出自一种平衡（balancing）子问题的思想，几乎总是比子问题规模不等的做法要好。

从分治法的一般设计模式可以看出，用它设计出的程序一般是递归算法，因此分治法的计算效率通常可以用递归方程来进行分析。一个分治法将规模为 n 的问题分成 k 个规模为 n/m 的子问题去解。为方便起见，设分解阈值 n0 为 1，且 adhoc 解规模为 1 的问题耗费 1 单位时间。另外，将原问题分解为 k 个子问题及用 merge 将 k 个子问题的解合并为原问题的解需用 $f(n)$ 单位时间。如果用 $T(n)$ 表示该分治法 divide-and-conquer(P)解规模为|P|=n 的问题所需的计

算时间，则

$$T(n) = \begin{cases} O(1) & n=1 \\ kT(n/m) + f(n) & n>1 \end{cases}$$

下面讨论如何解这个与分治法有密切关系的递归方程。通常可以用展开递归式的方法来解这类递归方程，反复代入求解得

$$T(n) = n^{\log_m k} + \sum_{j=0}^{\log_m n - 1} k^j f(n/m^j)$$

注意，递归方程及其解只给出 n 等于 m 的方幂时 $T(n)$ 的值，但是如果 $T(n)$ 足够平滑，由 n 等于 m 的方幂时 $T(n)$ 的值可以估计 $T(n)$ 的增长速度。通常，可以假定 $T(n)$ 是单调上升的。

另外，在分析分治法的计算效率时，通常得到的是如下递归不等式：

$$T(n) \leqslant \begin{cases} O(1) & n=n_0 \\ kT(n/m) + f(n) & n>n_0 \end{cases}$$

在讨论最坏情况下的计算时间复杂度时，用等号（=）还是用小于或等于号（≤）是没有本质区别的。

以上讨论的是分治法的基本思想和一般原则。下面用一些具体例子来说明如何针对具体问题用分治思想来设计有效算法。

2.3　二分搜索技术

二分搜索算法是运用分治策略的典型例子。给定已排好序的 n 个元素 $a[0:n-1]$，现要在这 n 个元素中找出一特定元素 x。首先较容易想到的是用顺序搜索方法，逐个比较 $a[0:n-1]$ 中元素，直至找出元素 x 或搜索遍整个数组后确定 x 不在其中。这个方法没有很好地利用 n 个元素已排好序这个条件，因此在最坏情况下，顺序搜索方法需要 $O(n)$ 次比较。

二分搜索方法充分利用了元素间的次序关系，采用分治策略，可在最坏情况下用 $O(\log n)$ 时间完成搜索任务。二分搜索算法的基本思想是，将 n 个元素分成个数大致相同的两半，取 $a[n/2]$ 与 x 作比较。如果 $x=a[n/2]$，则找到 x，算法终止；如果 $x<a[n/2]$，则只在数组 a 的左半部继续搜索 x；如果 $x>a[n/2]$，则只在数组 a 的右半部继续搜索 x。具体算法可描述如下：

```
template<class Type>
int BinarySearch(Type a[], const Type& x, int n) {      // 在a[0]<=a[1]<=...<=a[n-1]中搜索x
    // 找到x时返回其在数组中的位置，否则返回-1
    int  left = 0;          int  right = n-1;
    while (left <= right) {
        int  middle = (left+right)/2;
        if (x == a[middle])
            return middle;
        if (x > a[middle])
            left = middle+1;
        else
            right = middle-1;
    }
    return-1;                                             // 未找到x
}
```

容易看出，每执行一次算法的 while 循环，待搜索数组的大小减小一半。因此，在最坏情况下，while 循环被执行了 $O(\log n)$ 次。循环体内运算需要 $O(1)$ 时间，因此整个算法在最坏情况下的计算时间复杂性为 $O(\log n)$。

二分搜索算法的思想易于理解，但是要写一个正确的二分搜索算法也不是一件简单的事。Knuth 在他的著作 "The Art of Computer Programming : Sorting and Searching" 中提到，第一个二分搜索算法早在 1946 年就出现了，但是第一个完全正确的二分搜索算法直到 1962 年才出现。

2.4 大整数的乘法

通常，在分析算法的计算复杂性时，都将加法和乘法运算看作基本运算来处理，即将执行一次加法或乘法运算所需的计算时间看作一个仅取决于计算机硬件处理速度的常数。这个假定仅在参加运算的整数能在计算机硬件对整数的表示范围内直接处理时才是合理的。然而，在某些情况下需要处理很大的整数，无法在计算机硬件能直接表示的整数范围内进行处理。若用浮点数来表示它，则只能近似地表示它的大小，计算结果中的有效数字也受到限制。若要精确地表示大整数并在计算结果中要求精确地得到所有位数上的数字，就必须用软件的方法来实现大整数的算术运算。

设 X 和 Y 都是 n 位二进制整数，现在要计算它们的乘积 XY。可以用小学所学的方法来设计一个计算乘积 XY 的算法，但是这样做计算步骤太多，效率较低。如果将每两个一位数的乘法或加法看作一步运算，那么这种方法要进行 $O(n^2)$ 步运算才能求出乘积 XY。下面用分治法来设计更有效的大整数乘积算法。

将 n 位二进制整数 X 和 Y 都分为 2 段，每段的长为 $n/2$ 位（为叙述简单，假设 n 是 2 的幂），如图 2-3 所示。

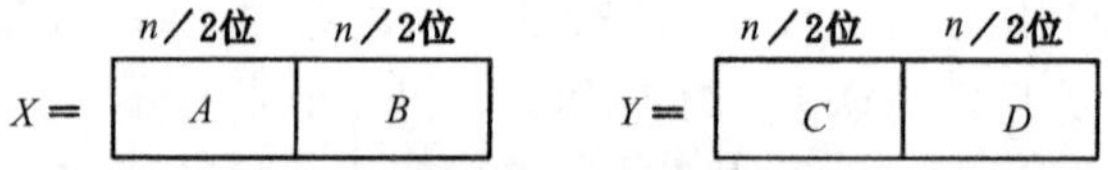

图 2-3　大整数 X 和 Y 的分段

由此，$X=A\times2^{n/2}+B$，$Y=C\times2^{n/2}+D$。这样，X 和 Y 的乘积为

$$XY=(A\times2^{n/2}+B)(C\times2^{n/2}+D)=AC\times2^{n}+(AD+BC)\times2^{n/2}+BD$$

如果按此式计算 XY，必须进行 4 次 $n/2$ 位整数的乘法（AC、AD、BC 和 BD）、3 次不超过 $2n$ 位的整数加法（分别对应式中的 "+"），以及 2 次移位（分别对应式中的乘 2^n 和乘 $2^{n/2}$）。所有这些加法和移位共用 $O(n)$ 步运算。设 $T(n)$ 是 2 个 n 位整数相乘所需的运算总数，则

$$T(n)=\begin{cases} O(1) & n=1 \\ 4T(n/2)+O(n) & n>1 \end{cases}$$

由此可得 $T(n)=O(n^2)$。因此，直接用此式来计算 X 和 Y 的乘积并不比小学生的方法更有效。要想改进算法的计算复杂性，必须减少乘法次数。下面把 XY 写成另一种形式：

$$XY=AC\times2^{n}+((A-B)(D-C)+AC+BD)\times2^{n/2}+BD$$

此式看起来似乎复杂些，但仅需做 3 次 $n/2$ 位整数的乘法（AC、BD 和 $(A-B)(D-C)$）、6 次加减法和 2 次移位。由此可得

$$T(n) = \begin{cases} O(1) & n=1 \\ 3T(n/2) + O(n) & n>1 \end{cases}$$

容易求得，其解为 $T(n)=O(n^{\log 3})=O(n^{1.59})$。这是一个较大的改进。

上述二进制大整数乘法同样可应用于十进制大整数的乘法以减少乘法次数，提高算法效率。如果将一个大整数分成 3 段或 4 段做乘法，计算复杂性会发生什么变化呢？是否优于分成 2 段来做乘法？读者可以通过有关练习得到明确的结论。

2.5 Strassen 矩阵乘法

矩阵乘法是线性代数中最常见的问题之一，在数值计算中有广泛的应用。设 A 和 B 是两个 $n \times n$ 矩阵，它们的乘积 AB 同样是一个 $n \times n$ 矩阵。A 和 B 的乘积矩阵 C 中元素 c_{ij} 定义为

$$c_{ij} = \sum_{k=1}^{n} a_{ik} b_{kj}$$

若依此定义来计算 A 和 B 的乘积矩阵 C，则每计算 C 的一个元素 c_{ij}，需要做 n 次乘法和 $n-1$ 次加法。因此，求出矩阵 C 的 n^2 个元素所需的计算时间为 $O(n^3)$。

20 世纪 60 年代末，Strassen 采用了类似于在大整数乘法中用过的分治技术，将计算 2 个 n 阶矩阵乘积所需的计算时间改进到 $O(n^{\log 7})=O(n^{2.81})$。其基本思想还是使用分治法。

首先，仍假设 n 是 2 的幂。将矩阵 A、B 和 C 中每个矩阵都分块成 4 个大小相等的子矩阵，每个子矩阵都是 $n/2 \times n/2$ 的方阵。由此可将方程 $C=AB$ 重写为

$$\begin{bmatrix} C_{11} & C_{12} \\ C_{21} & C_{22} \end{bmatrix} = \begin{bmatrix} A_{11} & A_{12} \\ A_{21} & A_{22} \end{bmatrix} \begin{bmatrix} B_{11} & B_{12} \\ B_{21} & B_{22} \end{bmatrix}$$

由此可得

$$C_{11}=A_{11}B_{11}+A_{12}B_{21}$$
$$C_{12}=A_{11}B_{12}+A_{12}B_{22}$$
$$C_{21}=A_{21}B_{11}+A_{22}B_{21}$$
$$C_{22}=A_{21}B_{12}+A_{22}B_{22}$$

如果 $n=2$，则 2 个 2 阶方阵的乘积可以直接计算出来，共需 8 次乘法和 4 次加法。当子矩阵的阶大于 2 时，为求 2 个子矩阵的积，可以继续将子矩阵分块，直到子矩阵的阶降为 2。由此产生了分治降阶的递归算法。依此算法，计算 2 个 n 阶方阵的乘积转化为计算 8 个 $n/2$ 阶方阵的乘积和 4 个 $n/2$ 阶方阵的加法。2 个 $n/2 \times n/2$ 矩阵的加法显然可以在 $O(n^2)$ 时间内完成。因此，上述分治法的计算时间耗费 $T(n)$ 应满足

$$T(n) = \begin{cases} O(1) & n=2 \\ 8T(n/2) + O(n^2) & n>2 \end{cases}$$

这个递归方程的解仍然是 $T(n)=O(n^3)$。因此，该方法并不比用原始定义直接计算更有效。究其原因，是由于该方法并没有减少矩阵的乘法次数。而矩阵乘法耗费的时间要比矩阵加（减）法耗费的时间多得多，要想改进矩阵乘法的计算时间复杂性，必须减少乘法运算。

按照上述分治法的思想可以看出，要想减少乘法运算次数，关键在于计算 2 个 2 阶方阵的乘积时，能否用少于 8 次的乘法运算。Strassen 提出了一种新的算法来计算 2 个 2 阶方阵的乘积。该算法只用了 7 次乘法运算，但增加了加减法的运算次数。这 7 次乘法是

$$M_1=A_{11}(B_{12}-B_{22})$$
$$M_2=(A_{11}+A_{12})B_{22}$$
$$M_3=(A_{21}+A_{22})B_{11}$$
$$M_4=A_{22}(B_{21}-B_{11})$$
$$M_5=(A_{11}+A_{22})(B_{11}+B_{22})$$
$$M_6=(A_{12}-A_{22})(B_{21}+B_{22})$$
$$M_7=(A_{11}-A_{21})(B_{11}+B_{12})$$

做了这 7 次乘法后，再做若干次加减法，就可以得到

$$C_{11}=M_5+M_4-M_2+M_6$$
$$C_{12}=M_1+M_2$$
$$C_{21}=M_3+M_4$$
$$C_{22}=M_5+M_1-M_3-M_7$$

以上计算的正确性容易验证。

Strassen 矩阵乘法中用了 7 次对于 $n/2$ 阶矩阵乘积的递归调用和 18 次 $n/2$ 阶矩阵的加减运算。由此可知，该算法所需的计算时间 $T(n)$ 满足如下递归方程：

$$T(n)=\begin{cases} O(1) & n=2 \\ 7T(n/2)+O(n^2) & n>2 \end{cases}$$

解此递归方程得 $T(n)=O(n^{\log 7})\approx O(n^{2.81})$。由此可见，Strassen 矩阵乘法的计算时间复杂性比普通矩阵乘法有较大改进。

有人曾列举了计算 2 个 2×2 阶矩阵乘法的 36 种方法。但所有的方法都至少做 7 次乘法。除非能找到一种计算 2 个 2 阶方阵乘积的算法，使乘法的计算次数少于 7 次，计算矩阵乘积的计算时间下界才有可能低于 $O(n^{2.81})$。但是 Hopcroft 和 Kerr 已经证明（1971 年），计算 2 个 2×2 矩阵的乘积，7 次乘法是必要的。因此，要想进一步改进矩阵乘法的时间复杂性，就不能再基于计算 2×2 矩阵的 7 次乘法这样的方法了，或许应当研究 3×3 或 5×5 矩阵的更好算法。在 Strassen 之后有许多算法改进了矩阵乘法的计算时间复杂性，目前最好的计算时间上界是 $O(n^{2.376})$，所知的矩阵乘法的最好下界仍是它的平凡下界 $\Omega(n^2)$。因此，到目前为止还无法确切知道矩阵乘法的时间复杂性。关于这一研究课题还有许多工作可做。

2.6 棋盘覆盖

在一个 $2^k \times 2^k$ 个方格组成的棋盘中，若恰有一个方格与其他方格不同，则称该方格为一特殊方格，且称该棋盘为一特殊棋盘。显然，特殊方格在棋盘上出现的位置有 4^k 种情形。因而对任何 $k \ge 0$，有 4^k 种特殊棋盘。图 2-4 中的特殊棋盘是 $k=2$ 时 16 个特殊棋盘中的一个。

在棋盘覆盖问题中，要用图 2-5 所示的 4 种不同形态的 L 型骨牌覆盖一个给定的特殊棋盘上除特殊方格以外的所有方格，且任何 2 个 L 型骨牌不得重叠覆盖。易知，在任何一个 $2^k \times 2^k$ 的棋盘覆盖中，用到的 L 型骨牌个数恰为 $(4^k-1)/3$。

用分治策略，可以设计解棋盘覆盖问题的一个简捷的算法。当 $k>0$ 时，将 $2^k \times 2^k$ 棋盘分割为 4 个 $2^{k-1} \times 2^{k-1}$ 子棋盘，如图 2-6(a)所示。特殊方格必位于 4 个较小子棋盘之一中，其余 3 个子棋盘中无特殊方格。为了将这 3 个无特殊方格的子棋盘转化为特殊棋盘，可以用一个 L

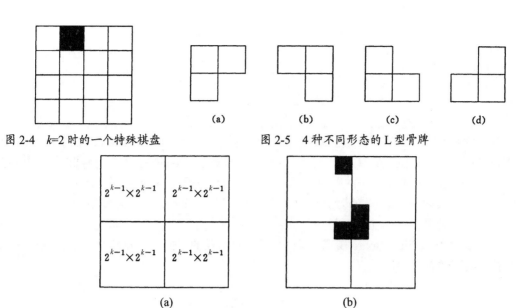

图 2-4　$k=2$ 时的一个特殊棋盘　　　　　图 2-5　4 种不同形态的 L 型骨牌

图 2-6　棋盘分割

型骨牌覆盖这 3 个较小棋盘的会合处，如图 2-6(b)所示，这 3 个子棋盘上被 L 型骨牌覆盖的方格就成为该棋盘上的特殊方格，从而将原问题转化为 4 个较小规模的棋盘覆盖问题。递归地使用这种分割，直至棋盘简化为 1×1 棋盘。

实现这种分治策略的算法 ChessBoard 如下：

```
void ChessBoard(int tr, int tc, int dr, int dc, int size) {
  if (size == 1)
    return;
  int  t=tile++,                              // L 型骨牌号
  s=size/2;                                   // 分割棋盘
  // 覆盖左上角子棋盘
  if (dr <tr+s && dc<tc+s)                    // 特殊方格在此棋盘中
    ChessBoard(tr, tc, dr, dc, s);
  else {                                      // 此棋盘中无特殊方格
    Board[tr+s-1][tc+s-1]=t;                  // 用 t 号 L 型骨牌覆盖右下角
    ChessBoard(tr, tc, tr+s-1, tc+s-1, s);    // 覆盖其余方格
  }
  if (dr < tr+s&& dc >= tc+s)                 // 覆盖右上角子棋盘
    ChessBoard(tr, tc+s, dr, dc, s);          // 特殊方格在此棋盘中
  else {                                      // 此棋盘中无特殊方格
    Board[tr+s-1][tc+s] = t;                  // 用 t 号 L 型骨牌覆盖左下角
    ChessBoard(tr, tc+s, tr+s-1, tc+s, s);    // 覆盖其余方格
  }
  if (dr >= tr+s && dc < tc+s)                // 覆盖左下角子棋盘
    ChessBoard(tr+s, tc, dr, dc, s);          // 特殊方格在此棋盘中
  else {                                      // 用 t 号 L 型骨牌覆盖右上角
    Board[tr+s][tc+s-1] = t;
    ChessBoard(tr+s, tc, tr+s, tc+s-1, s);    // 覆盖其余方格
  }
  if (dr >= tr+s && dc >= tc+s)               // 覆盖右下角子棋盘
```

```
        ChessBoard(tr+s, tc+s, dr, dc, s);                    // 特殊方格在此棋盘中
    else {                                                    // 用 t 号 L 型骨牌覆盖左上角
        Board[tr+s][tc+s] = t;
        ChessBoard(tr+s, tc+s, tr+s, tc+s, s);                // 覆盖其余方格
    }
}
```

上述算法中用一个二维整型数组 Board 表示棋盘。Board[0][0]是棋盘的左上角方格。tile 是算法中的一个全局整型变量，用来表示 L 型骨牌的编号，其初始值为 0。算法的输入参数是：

> tr：棋盘左上角方格的行号；　　　　　　dc：特殊方格所在的列号；
>
> tc：棋盘左上角方格的列号；　　　　　　size：size=2^k，棋盘规格为 $2^k×2^k$；
>
> dr：特殊方格所在的行号。

设 $T(k)$是算法 ChessBoard 覆盖一个 $2^k×2^k$ 棋盘所需的时间，则从算法的分治策略可知，$T(k)$满足如下递归方程

$$T(k) = \begin{cases} O(1) & k = 0 \\ 4T(k-1) + O(1) & k > 0 \end{cases}$$

解此递归方程可得 $T(k)=O(4^k)$。由于覆盖一个 $2^k×2^k$ 棋盘所需的 L 型骨牌个数为$(4^k-1)/3$，故算法 ChessBoard 是一个在渐近意义下最优的算法。

2.7　合并排序

合并排序算法是用分治策略实现对 n 个元素进行排序的算法，其基本思想是：将待排序元素分成大小大致相同的两个子集合，分别对两个子集合进行排序，最终将排好序的子集合合并成要求的排好序的集合。合并排序算法可递归地描述如下：

```
template<class Type>
void MergeSort(Type a[], int left, int right) {
    if (left < right){                                        // 至少有 2 个元素
        int  i = (left+right)/2;                              // 取中点
        MergeSort(a, left, i);
        MergeSort(a, i+1, right);
        Merge(a, b, left, i, right);                          // 合并到数组 b
        Copy(a, b, left, right);                              // 复制回数组 a
    }
}
```

其中，算法 Merge 合并两个排好序的数组段到一个新的数组 b 中，然后由 Copy 将合并后的数组段再复制回数组 a 中。Merge 和 Copy 显然可在 $O(n)$时间内完成，因此合并排序算法对 n 个元素进行排序，在最坏情况下所需的计算时间 $T(n)$满足

$$T(n) = \begin{cases} O(1) & n \leqslant 1 \\ 2T(n/2) + O(n) & n > 1 \end{cases}$$

解此递归方程可得 $T(n)=O(n\log n)$。由于排序问题的计算时间下界为 $\Omega(n\log n)$，故合并排序算法是一个渐近最优算法。

对于算法 MergeSort，还可以从多方面对它进行改进。例如，从分治策略的机制入手，容

易消除算法中的递归。事实上，算法 MergeSort 的递归过程只是将待排序集合一分为二，直至待排序集合只剩下一个元素为止，然后不断合并两个排好序的数组段。按此机制，可以先将数组 a 中相邻元素两两配对。用合并算法将它们排序，构成 n/2 组长度为 2 的排好序的子数组段，再将它们排序成长度为 4 的排好序的子数组段。如此继续下去，直至整个数组排好序。

按此思想，消去递归后的合并排序算法可描述如下：

```
template<class Type>
void MergeSort(Type a[], int n) {
    Type  *b = new Type [n];
    int  s = 1;
    while (s < n) {
        MergePass(a, b, s, n);                    // 合并到数组 b
        s += s;
        MergePass(b, a, s, n);                    // 合并到数组 a
        s += s;
    }
}
```

其中，函数 MergePass()用于合并排好序的相邻数组段。具体的合并算法由 Merge()函数来实现。注意，定义关于类型为 Type 的元素的比较运算"<="。特别地，如果 Type 是自定义的，则必须重载运算"<="。

```
template<class Type>
void mergepass(Type x[], Type y[], int s, int n) {    // 合并大小为 s 的相邻子数组
    int  i = 0;
    while (i <= n-2 * s) {
        Merge(x, y, i, i+s-1, i+2*s-1);               // 合并大小为 s 的相邻 2 段子数组
        i = i+2*s;
    }
    if (i+s<n)                                        // 剩下的元素个数少于 2s
        Merge(x, y, i, i+s-1, n-1);
    else
        for (int j=i; j<=n-1; j++)
            y[j] = x[j];
}
template<class Type>
void Merge(Type c[], Type d[], int l, int m, int r) {    // 合并 c[l:m]和 c[m+1:r]到 d[l:r]
    int  i = l, j = m+1, k = l;
    while ((i <= m) && (j <= r)) {
        if (c[i] <= c[j])
            d[k++] = c[i++];
        else
            d[k++] = c[j++];
        if (i>m) {
            for (int q=j; q <= r; q++)
                d[k++] = c[q];
        }
        else {
            for (int q=i; q <= m; q++)
```

```
        d[k++] = c[q];
      }
    }
  }
```

自然合并排序是上述合并排序算法 MergeSort 的一个变形。在上述合并排序算法中，第一步合并相邻长度为 1 的子数组段，这是因为长度为 1 的子数组段是已排好序的。事实上，对于初始给定的数组 a，通常存在多个长度大于 1 的已自然排好序的子数组段。例如，若数组 a 中元素为{4, 8, 3, 7, 1, 5, 6, 2}，则自然排好序的子数组段有{4, 8}、{3, 7}、{1, 5, 6}和{2}。用 1 次对数组 a 的线性扫描就足以找出所有这些排好序的子数组段。然后将相邻的排好序的子数组段两两合并，构成更大的排好序的子数组段。对上面的例子，经一次合并后可得到 2 个合并后的子数组段{3, 4, 7, 8}和{1, 2, 5, 6}。继续合并相邻排好序的子数组段，直至整个数组已排好序。上面这两个数组段再合并后就得到{1, 2, 3, 4, 5, 6, 7, 8}。

上述思想就是自然合并排序算法的基本思想。在通常情况下，按此方式进行合并排序所需的合并次数较少。例如，对于所给的 n 元素数组已排好序的极端情况，自然合并排序算法不需要执行合并步，而算法 MergeSort 需要执行 $\lceil \log n \rceil$ 次合并。因此，在这种情况下，自然合并排序算法需要 $O(n)$ 时间，而算法 MergeSort 需要 $O(n\log n)$ 时间。

2.8 快速排序

快速排序算法是基于分治策略的另一个排序算法。其基本思想是，对于输入的子数组 a[p:r]，按以下三个步骤进行排序。

① 分解（Divide）：以 a[p]为基准元素将 a[p:r]划分成 3 段 a[p:q-1]，a[q]和 a[q+1:r]，使 a[p:q-1]中任何一个元素小于等于 a[q]，而 a[q+1:r]中任何一个元素大于等于 a[q]。下标 q 在划分过程中确定。

② 递归求解（Conquer）：通过递归调用快速排序算法，分别对 a[p:q-1]和 a[q+1:r]进行排序。

③ 合并（Merge）：由于对 a[p:q-1]和 a[q+1:r]的排序是就地进行的，因此在 a[p:q-1]和 a[q+1:r]都已排好的序后，不需要执行任何计算，a[p:r]则已排好序。

基于这个思想，可实现快速排序算法如下：

```
template<class Type>
void QuickSort (Type a[], int p, int r) {
  if (p < r) {
    int q = Partition(a, p, r);
    QuickSort(a, p, q-1);                        // 对左半段排序
    QuickSort(a, q+1, r);                        // 对右半段排序
  }
}
```

对含有 n 个元素的数组 a[0:n-1]进行快速排序只要调用 QuickSort(a, 0, n-1)即可。

上述算法中的函数 Partition()以一个确定的基准元素 a[p]对子数组 a[p:r]进行划分，它是快速排序算法的关键。

```
template<class Type>
int Partition (Type a[], int p, int r) {
    int  i = p, j = r+1;
    Type  x = a[p];
    // 将小于 x 的元素交换到左边区域，将大于 x 的元素交换到右边区域
    while (true) {
        while (a[++i] < x && i < r)  ;
        while (a[--j] > x)  ;
        if (i >= j)
            break;
        Swap(a[i], a[j]);
    }
    a[p] = a[j];
    a[j] = x;
    return j;
}
```

Partition 对 a[p:r]进行划分时，以元素 x=a[p]作为划分的基准，分别从左、右两端开始，扩展两个区域 a[p:i]和 a[j:r]，使 a[p:i]中元素小于或等于 x，而 a[j:r]中元素大于或等于 x。初始时，i=p，且 j=r+1。

在 while 循环体中，下标 j 逐渐减小，i 逐渐增大，直到 a[i]≥x≥a[j]。如果这两个不等式是严格的，则 a[i]不会是左边区域的元素，而 a[j]不会是右边区域的元素。此时若 i<j，就应该交换 a[i]与 a[j]的位置，扩展左右两个区域。

while 循环重复至 i≥j 时结束。这时 a[p:r]已被划分成 a[p:q-1]、a[q]和 a[q+1:r]，且满足 a[p:q-1]中元素不大于 a[q+1:r]中元素。在 Partition 结束时，返回划分点 q=j。

事实上，函数 Partition()的主要功能是将小于 x 的元素放在原数组的左半部分，将大于 x 的元素放在原数组的右半部分。其中有些细节需要注意。例如，算法中的下标 i 和 j 不会超出 a[p:r]的下标界。另外，在快速排序算法中选取 a[p]作为基准可以保证算法正常结束。如果选择 a[r]作为划分的基准，且 a[r]又是 a[p:r]中的最大元素，则 Partition 算法返回的值为 q=r，这会使 QuickSort 陷入死循环。

对于输入序列 a[p:r]，Partition 算法的计算时间显然为 $O(r-p-1)$。

快速排序的运行时间与划分是否对称有关，其最坏情况发生在划分过程产生的两个区域分别包含 $n-1$ 个元素和 1 个元素的时候。由于函数 Partition()的计算时间为 $O(n)$，所以如果算法 Partition 的每步都出现这种不对称划分，则其计算时间复杂性 $T(n)$满足

$$T(n) = \begin{cases} O(1) & n \leqslant 1 \\ T(n-1)+O(n) & n > 1 \end{cases}$$

解此递归方程，可得 $T(n)=O(n^2)$。

在最好情况下，每次划分所取的基准都恰好为中值，即每次划分都产生两个大小为 $n/2$ 的区域，此时，Partition 算法的计算时间 $T(n)$满足

$$T(n) = \begin{cases} O(1) & n \leqslant 1 \\ 2T(n/2)+O(n) & n > 1 \end{cases}$$

其解为 $T(n)=O(n\log n)$。

可以证明，快速排序算法在平均情况下的时间复杂性也是 $O(n\log n)$，这在基于比较的排

序算法类中算是快速的，快速排序也因此而得名。

容易看到，快速排序算法的性能取决于划分的对称性。通过修改函数 Partition()，可以设计出采用随机选择策略的快速排序算法。在快速排序算法的每步中，当数组还没有被划分时，可以在 a[p:r]中随机选出一个元素作为划分基准，这样可以使划分基准的选择是随机的，从而可以期望划分是较对称的。随机化的划分算法可实现如下：

```
template<class Type>
int RandomizedPartition (Type a[], int p, int r) {
    int i=Random(p, r);
    Swap(a[i], a[p]);
    return Partition (a, p, r);
}
```

其中，函数 Random(p, r)产生 p 和 r 之间的一个随机整数，且产生不同整数的概率相同。随机化的快速排序算法通过调用 RandomizedPartition 来产生随机的划分。

```
template<class Type>
void RandomizedQuickSort (Type a[], int p, int r) {
    if (p < r) {
        int q = RandomizedPartition(a, p, r);
        RandomizedQuickSort(a, p, q-1);              // 对左半段排序
        RandomizedQuickSort(a, q+1, r);              // 对右半段排序
    }
}
```

2.9   线性时间选择

本节讨论与排序问题类似的元素选择问题。元素选择问题的一般提法是：给定线性序集中 n 个元素和一个整数 k（$1 \leqslant k \leqslant n$），要求找出这 n 个元素中第 k 小的元素，即如果将这 n 个元素依其线性序排列时，排在第 k 个位置的元素即为要找的元素。当 $k=1$ 时，就是要找的最小元素；当 $k=n$ 时，就是要找最大元素；当 $k=(n+1)/2$ 时，称为找中位数。

在某些特殊情况下，很容易设计出解选择问题的线性时间算法。例如，找 n 个元素的最小元素和最大元素显然可以在 $O(n)$ 时间内完成。如果 $k \leqslant n/\log n$，通过堆排序算法可以在 $O(n+k\log n)=O(n)$ 时间内找出第 k 小元素。当 $k \geqslant n-n/\log n$ 时，也一样。

一般的选择问题，特别是中位数的选择问题似乎比找最小元素要难。事实上，从渐近阶的意义上看，它们是一样的。一般的选择问题也可以在 $O(n)$ 时间内得到解决。下面讨论解一般选择问题的一个分治算法 RandomizedSelect。该算法实际上是模仿快速排序算法设计出来的，基本思想也是对输入数组进行递归划分。与快速排序算法不同的是，它只对划分出的子数组之一进行递归处理。

算法 RandomizedSelect 用到了在随机快速排序算法中讨论过的 RandomizedPartition()随机划分函数，因此划分是随机产生的。由此导致算法 RandomizedSelect 也是一个随机化算法。要找数组 $a[0:n-1]$中第 k 小元素，只要调用 RandomizedSelect($a, 0, n-1, k$)即可。具体算法可描述如下：

```
template<class Type>
```

```
Type RandomizedSelect(Type a[],int p,int r,int k) {
  if (p == r)
    return a[p];
  int  i = RandomizedPartition(a, p, r),
  j = i-p+1;
  if (k<=j)
    return RandomizedSelect(a, p, i, k);
  else
    return RandomizedSelect(a, i+1, r, k-j);
}
```

在算法 RandomizedSelect 中执行 RandomizedPartition 后，数组 a[p:r]被划分成两个子数组 a[p:i]和 a[i+1:r]，使 a[p:i]中每个元素都不大于 a[i+1:r]中每个元素。接着算法计算子数组 a[p:i]中元素个数 j。如果 $k \leqslant j$，则 a[p:r]中第 k 小元素落在子数组 a[p:i]中；如果 k>j，则要找的第 k 小元素落在子数组 a[i+1:r]中。由于此时已知道子数组 a[p:i]中元素均小于要找的第 k 小元素，因此要找的 a[p:r]中第 k 小元素是 a[i+1:r]中的第 k-j 小元素。

容易看出，在最坏情况下，算法 RandomizedSelect 需要 $\Omega(n^2)$ 计算时间。例如，在找最小元素时，总是在最大元素处划分。尽管如此，该算法的平均性能很好。

由于随机划分函数 RandomizedPartition()使用了一个随机数产生器 Random，能随机地产生 p 和 r 之间的一个随机整数，因此 RandomizedPartition()产生的划分基准是随机的。在这个条件下，可以证明，算法 RandomizedSelect 可以在 O(n)平均时间内找出 n 个输入元素中的第 k 小元素。

下面讨论一个类似 RandomizedSelect()但可以在最坏情况下用 O(n)时间就完成选择任务的算法 Select。如果能在线性时间内找到一个划分基准，使得按这个基准划分出的两个子数组的长度都至少为原数组长度的 ε 倍（0<ε<1 是某个正常数），那么在最坏情况下用 O(n)时间就可以完成选择任务。例如，若 ε=9/10，算法递归调用所产生的子数组的长度至少缩短 1/10。所以，在最坏情况下，算法所需的计算时间 T(n)满足递归式 $T(n) \leqslant T(9n/10)+O(n)$。由此可得 T(n)=O(n)。

可以按以下步骤找到满足要求的划分基准。

① 将 n 个输入元素划分成「n/5」个组，每组 5 个元素，除可能有一个组不是 5 个元素外。用任意一种排序算法，将每组中的元素排好序，并取出每组的中位数，共「n/5」个。

② 递归调用 Select 找出这「n/5」个元素的中位数。如果「n/5」是偶数，就找它的两个中位数中较大的一个。然后以这个元素作为划分基准。

图 2-7 是上述划分策略的示意图，其中 n 个元素用小圆点来表示，空心小圆点为每组元素的中位数。中位数的中位数 x 在图中标出。图中所画箭头是由较大元素指向较小元素的。

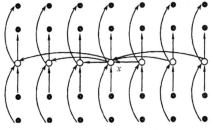

图 2-7　选择划分基准

只要等于基准的元素不太多，利用这个基准来划分的两个子数组的大小就不会相差太远。为了简化问题，我们先设所有元素互不相同。在这种情况下，找出的基准 x 至少比 $3\lfloor(n-5)/10\rfloor$ 个元素大，因为在每组中有两个元素小于本组的中位数，而 $\lfloor n/5\rfloor$ 个中位数中又有 $\lfloor(n-5)/10\rfloor$ 个小于基准 x。同理，基准 x 至少比 $3\lfloor(n-5)/10\rfloor$ 个元素小。而当 $n\geq75$ 时，$3\lfloor(n-5)/10\rfloor\geq n/4$。所以，按此基准划分所得的两个子数组的长度都至少缩短 1/4。这一点是至关重要的。据此，我们给出算法 Select 如下：

```
template<class Type>
Type Select(Type a[], int p, int r, int k) {
    if (r-p < 75) {
        用某个简单排序算法对数组a[p:r]排序;
        return a[p+k-1];
    }
    for (int i=0; i <= (r-p-4)/5; i++) {
        // 将a[p+5*i]至a[p+5*i+4]的第3小元素与a[p+i]交换位置;
        Type x=Select(a, p, p+(r-p-4)/5, (r-p-4)/10);      // 找中位数的中位数，r-p-4即上面所说的n-5
        int  i = Partition(a, p, r, x), j = i-p+1;
        if (k <= j)
            return Select(a,p,i,k);
        else
            return Select(a,i+1,r,k-j);
    }
}
```

为了分析算法 Select 的计算时间复杂性，设 $n=r-p+1$，即 n 为输入数组的长度。算法的递归调用只有在 $n\geq75$ 时才执行。因此，当 $n<75$ 时，算法 Select 所用的计算时间不超过一个常数 C_1。找到中位数的中位数 x 后，算法 Select 以 x 为划分基准调用函数 Partition() 对数组 $a[p:r]$ 进行划分，这需要 $O(n)$ 时间。算法 Select 的 for 循环体共执行 $n/5$ 次，每次需要 $O(1)$ 时间。因此，执行 for 循环共需 $O(n)$ 时间。

设对 n 个元素的数组调用 Select 需要 $T(n)$ 时间，那么找中位数的中位数 x 至多用 $T(n/5)$ 时间。现已证明，按照算法所选的基准 x 进行划分所得到的两个子数组分别至多有 $3n/4$ 个元素。所以无论对哪一个子数组调用 Select 都至多用 $T(3n/4)$ 时间。

总之，可以得到关于 $T(n)$ 的递归式

$$T(n)\leqslant\begin{cases}C_1 & n<75\\ C_2n+T(n/5)+T(3n/4) & n\geq75\end{cases}$$

解此递归式，可得 $T(n)=O(n)$。

由于算法将每组的大小定为 5，并选取 75 作为是否进行递归调用的分界点。这两点保证了 $T(n)$ 的递归式中两个自变量之和 $n/5+3n/4=19n/20=an$（$0<\alpha<1$）。这是使 $T(n)=O(n)$ 的关键之处。当然，除了 5 和 75，还有其他选择。

在算法 Select 中，假设所有元素互不相等，这是为了保证在以 x 为划分基准调用函数 Partition() 对数组 $a[p:r]$ 进行划分之后，得到的两个子数组的长度都不超过原数组长度的 3/4。当元素可能相等时，应在划分之后加一条语句，将所有与基准 x 相等的元素集中在一起，如果这样的元素的个数 $m\geq1$，而且 $j\leqslant k\leqslant j+m-1$ 时，就不必再递归调用，只要返回 $a[i]$ 即可。否则最后一行改为调用 Select($i+m+1, r, k-j-m$)。

2.10 最接近点对问题

在计算机应用中，常用诸如点、圆等简单的几何对象表达现实世界中的实体。在涉及这些几何对象的问题中，常需要了解其邻域中其他几何对象的信息。例如，在空中交通控制问题中，若将飞机作为空间中移动的一个点来处理，则具有最大碰撞危险的两架飞机，就是这个空间中最接近的一对点。这类问题是计算几何学中研究的基本问题之一。下面着重考虑平面上的最接近点对问题。

最接近点对问题的提法是：给定平面上 n 个点，找其中的一对点，使得在 n 个点组成的所有点对中，该点对间的距离最小。

严格地说，最接近点对可能多于一对，为简单起见，只找其中的一对作为问题的解。这个问题很容易解决。只要将每一点与其他 $n-1$ 个点的距离算出，找出达到最小距离的两点即可。然而，这样做效率太低，需要 $O(n^2)$ 的计算时间。可以证明，该问题的计算时间下界为 $\Omega(n\log n)$。这个下界引导我们去找该问题的一个 $\theta(n\log n)$ 时间算法。这时很自然地会想到用分治法来解这个问题。

将所给的平面上 n 个点的集合 S 分成两个子集 S_1 和 S_2，每个子集中约有 $n/2$ 个点，然后在每个子集中递归地求其最接近的点对。在这里，关键的问题是如何实现分治法中的合并步骤，即由 S_1 和 S_2 的最接近点对，如何求得原集合 S 中的最接近点对。如果组成 S 的最接近点对的两个点都在 S_1 中或都在 S_2 中，则问题很容易解决。但是，如果这两个点分别在 S_1 和 S_2 中，问题就不那么简单了。

为使问题易于理解和分析，先来考虑一维的情形。此时，S 中的 n 个点退化为 x 轴上的 n 个实数 $x_1, x_2, \cdots, x_n$。最接近点对即为这 n 个实数中相差最小的两个实数。显然，可以先将 $x_1, x_2, \cdots, x_n$ 排好序，然后用一次线性扫描就可以找出最接近点对。这种方法的主要计算时间花在排序上，因此耗时 $O(n\log n)$。然而，这种方法无法直接推广到二维的情形。

假设用 X 轴上某个点 m 将 S 划分为两个集合 S_1 和 S_2，使得 $S_1=\{x\in S\,|\,x\leqslant m\}$，$S_2=\{x\in S\,|\,x>m\}$。这样，对于所有 $p\in S_1$ 和 $q\in S_2$ 有 $p<q$。递归地在 S_1 和 S_2 上找出其最接近点对 $\{p_1, p_2\}$ 和 $\{q_1, q_2\}$，并设 $d=\min\{|p_1-p_2|, |q_1-q_2|\}$，则 S 中的最接近点对或者是 $\{p_1, p_2\}$，或者是 $\{q_1, q_2\}$，或者是某个 $\{p_3, q_3\}$，其中 $p_3\in S_1$ 且 $q_3\in S_2$，如图 2-8 所示。

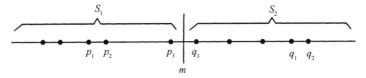

图 2-8　一维情形的分治法

如果 S 的最接近点对是 $\{p_3, q_3\}$，即 $|p_3-q_3|<d$，则 p_3 和 q_3 两者与 m 的距离不超过 d，即 $|p_3-m|<d$，$|q_3-m|<d$。也就是说，$p_3\in(m-d, m]$，$q_3\in(m, m+d]$。由于每个长度为 d 的半闭区间至多包含 S_1 中的一个点，并且 m 是 S_1 和 S_2 的分割点，因此 $(m-d, m]$ 中至多包含一个 S 中的点。同理，$(m, m+d]$ 中也至多包含一个 S 中的点。由图 2-8 可以看出，如果 $(m-d, m]$ 中有 S 中点，则此点就是 S_1 中最大点。同理，如果 $(m, m+d]$ 中有 S 中的点，则此点就是 S_2 中最小点。因此，用线性时间就能找到区间 $(m-d, m]$ 和 $(m, m+d]$ 中所有点，即 p_3 和 q_3，从而用线性时间就可以将 S_1 的解和 S_2 的解合并成 S 的解。也就是说，按这种分治策略，合并步可在 $O(n)$ 时

间内完成。这样是否就可以得到一个有效的算法呢？还有一个问题需要认真考虑，即分割点 m 的选取及 S_1 和 S_2 的划分。选取分割点 m 的一个基本要求是由此导出集合 S 的一个线性分割，即 $S=S_1 \cup S_2$，$S_1 \neq \varnothing$，$S_2 \neq \varnothing$，且 $S_1 \subset \{x|x \leqslant m\}$，$S_2 \subset \{x|x>m\}$。容易看出，如果选取 $m = \dfrac{\max(S)+\min(S)}{2}$，可以满足线性分割的要求。选取分割点后，再用 $O(n)$ 时间即可将 S 划分成 $S_1=\{x \in S|x \leqslant m\}$ 和 $S_2=\{x \in S|x>m\}$。然而，这样选取分割点 m，有可能造成划分出的子集 S_1 和 S_2 的不平衡。例如在最坏情况下，$|S_1|=1$，$|S_2|=n-1$，由此产生的分治法在最坏情况下所需的计算时间 $T(n)$ 应满足递归方程

$$T(n)=T(n-1)+O(n)$$

它的解是 $T(n)=O(n^2)$。这种效率降低的现象可以用分治法中的"平衡子问题"方法加以解决。即可以通过适当选择分割点 m，使 S_1 和 S_2 中有个数大致相等的点。自然会想到用 S 中各点坐标的中位数来作为分割点。用选取中位数的线性时间算法可以在 $O(n)$ 时间内确定一个平衡的分割点 m。

至此，可以设计一个求一维点集 S 的最接近点对的算法 Cpair1 如下：

```
bool Cpair1(S, d) {
    n=|S|;
    if (n < 2) {
        d=∞;
        return false;
    }
    m=S 中各点坐标的中位数;
    构造 S1 和 S2;
    Cpair1(S1,d1);                          //  S1={x∈S|x<=m}, S2={x∈S|x>m}
    Cpair1(S2,d2);
    p=max(S1);
    q=min(S2);
    d=min(d1, d2, q-p);
    return true;
}
```

由以上分析可知，该算法的分割步骤和合并步骤总共耗时 $O(n)$。因此，算法耗费的计算时间 $T(n)$ 满足递归方程

$$T(n) = \begin{cases} O(1) & n < 4 \\ 2T(n/2)+O(n) & n \geqslant 4 \end{cases}$$

解此递归方程，可得 $T(n)=O(n\log n)$。

这个算法看上去比用排序加扫描的算法复杂，然而它可以推广到以下二维的情形。

设 S 中的点为平面上的点，它们都有两个坐标值 x 和 y。为了将平面上点集 S 线性分割为大小大致相等的两个子集 S_1 和 S_2，选取一垂直线 $l:x=m$ 来作为分割直线。其中，m 为 S 中各点 x 坐标的中位数。由此将 S 分割为 $S_1=\{p \in S|x(p) \leqslant m\}$ 和 $S_2=\{p \in S|x(p)>m\}$。从而使 S_1 和 S_2 分别位于直线 l 的左侧和右侧，且 $S=S_1 \cup S_2$。由于 m 是 S 中各点 x 坐标值的中位数，因此 S_1 和 S_2 中的点数大致相等。

递归地在 S_1 和 S_2 上解最接近点对问题，分别得到 S_1 和 S_2 中的最小距离 d_1 和 d_2。现设 $d=\min\{d_1, d_2\}$。若 S 的最接近点对 (p,q) 之间的距离小于 d，则 p 和 q 必分属于 S_1 和 S_2。不妨

设 $p \in S_1$，$q \in S_2$。那么 p 和 q 距直线 1 的距离均小于 d。因此，若用 P_1 和 P_2 分别表示直线 l 的左侧和右侧宽为 d 的两个垂直长条区域，则 $p \in P_1$ 且 $q \in P_2$，如图 2-9 所示。

在一维情形下，距分割点距离为 d 的两个区间 $(m-d, m)$ 和 $(m, m+d)$ 中最多各有 S 中一个点。因而这两点成为唯一的未检查过的最接近点对候选者。二维的情形则要复杂些，此时 P_1 中所有点与 P_2 中所有点构成的点对均为最接近点对的候选者。在最坏情况下，有 $n^2/4$ 对这样的候选者。但是 P_1 和 P_2 中的点具有以下的稀疏性质，此时不必检查所有这 $n^2/4$ 个候选者。考虑 P_1 中任意一点 p，若与 P_2 中的点 q 构成最接近点对的候选者，则必有 distance$(p, q) < d$。满足这个条件的 P_2 中的点有多少个呢？容易看出，这样的点一定落在一个 $d \times 2d$ 的矩形 R 中，如图 2-10 所示。

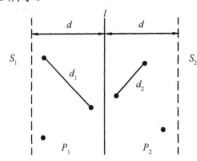

图 2-9　距直线 l 的距离小于 d 的所有点

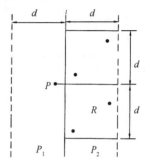

图 2-10　包含点 q 的 $d \times 2d$ 矩形 R

由 d 的意义可知，P_2 中任何两个 S 中的点的距离都不小于 d，由此可以推出矩形 R 中最多只有 6 个 S 中的点。事实上，可将矩形 R 的长为 $2d$ 的边 3 等分，将它的长为 d 的边 2 等分，由此导出 6 个 $(d/2) \times (2d/3)$ 的矩形，如图 2-11(a) 所示。

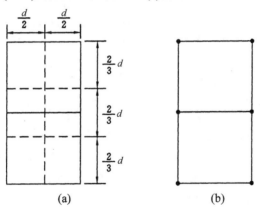

(a)　　　　　　　　　(b)

图 2-11　矩形 R 中点的稀疏性

若矩形 R 中有多于 6 个 S 中的点，则由鸽舍原理易知，至少有一个 $(d/2) \times (2d/3)$ 的小矩形中有 2 个以上 S 中的点。设 u 和 v 是位于同一小矩形中的两个点，则

$$(x(u)-x(v))^2+(y(u)-y(v))^2 \leqslant (d/2)^2+(2d/3)^2=\frac{25}{36}d^2$$

因此，distance$(u, v) \leqslant 5d/6 < d$。这与 d 的意义相矛盾。也就是说，矩形 R 中最多只有 6 个 S 中的点。图 2-11(b) 是矩形 R 中恰有 6 个 S 中点的极端情形。由于这种稀疏性质，对于 P_1 中任一点 p，P_2 中最多只有 6 个点与它构成最接近点对的候选者。因此，在分治法的合并步骤

中，最多只需检查 $6 \times n/2 = 3n$ 个候选者，而不是 $n^2/4$ 个候选者。这是否意味着，可以在 $O(n)$ 时间内完成分治法的合并步骤呢？现在还不能下结论。因为我们只知道对于 P_1 中每个 S_1 中的点最多只需要检查 S_2 中 6 个点，但是并不确切地知道要检查哪 6 个点。为解决这一问题，可以将 p 和 P_2 中所有 S_2 的点投影到垂直线 l 上。由于能与 p 点一起构成最接近点对候选者的 S_2 中点一定在矩形 R 中，所以它们在直线 l 上的投影点距 p 在 l 上投影点的距离小于 d。由上面的分析可知，这种投影点最多只有 6 个。因此，若将 P_1 和 P_2 中所有 S 中点按其 y 坐标排好序，则对 P_1 中所有点，对排好序的点列做一次扫描，就可以找出所有最接近点对的候选者。对 P_1 中每点最多只要检查 P_2 中排好序的相继 6 个点。

至此，可以给出用分治法求二维点集最接近点对的算法 Cpair2 如下：

```
bool Cpair2(S,d)
{      n=|S|;
if (n<2){ d=∞;return false;}
1.     m=S 中各点 x 间坐标的中位数;
构造S1 和S2;
//S1={p∈S|x(p)<=m}, S2={p∈S|x(p)>m}
2.     Cpair2(S1,d1);
Cpair2(S2,d2);
3.     dm=min(d1,d2);
4.     设 P1 是 S1 中距垂直分割线 l 的距离在 dm 之内的所有点组成的集合;
P2 是 S2 中距分割线 l 的距离在 dm 之内所有点组成的集合;
将 P1 和 P2 中点依其 y 坐标值排序;
并设 X 和 Y 是相应的已排好序的点列;
5.     通过扫描 X 以及对于 X 中每个点检查 Y 中与其距离在 dm 之内的所有点(最多6个)可
以完成合并;
当 X 中的扫描指针逐次向上移动时,Y 中的扫描指针可在宽为 2dm 的一个区间内移动;
设 dl 是按这种扫描方式找到的点对间的最小距离;
6.     d=min(dm,dl);
return true;
     }
```

下面分析算法 Cpair2 的计算复杂性。设对于 n 个点的平面点集 S，算法耗时 $T(n)$。算法的第 1 步和第 5 步用了 $O(n)$ 时间。第 3 步和第 6 步用了常数时间。第 2 步用了 $2T(n/2)$ 时间。若在每次执行第 4 步时进行排序，则在最坏情况下第 4 步要用 $O(nlogn)$ 时间。这不符合要求。因此，在这里要做一个技术处理。采用设计算法时常用的预排序技术，即在使用分治法之前，预先将 S 中 n 个点依其 y 坐标值排好序，设排好序的点列为 P^*。在执行分治法的第 4 步时，只要对 P^* 做一次线性扫描，即可抽取出所需要的排好序的点列 X 和 Y。然后，在第 5 步中再对 X 做一次线性扫描，即可求得 dl。因此，第 4 步和第 5 步的两遍扫描合在一起只要用 $O(n)$ 时间。这样，经过预排序处理后的算法 Cpair2 所需的计算时间 $T(n)$ 满足递归方程

$$T(n) = \begin{cases} O(1) & n < 4 \\ 2T(n/2) + O(n) & n \geqslant 4 \end{cases}$$

由此易知，$T(n)=O(nlogn)$。预排序所需的计算时间显然为 $O(nlogn)$。因此，整个算法所需的计算时间为 $O(nlogn)$。在渐近的意义下，此算法已是最优算法。

在具体实现算法 Cpair2 时，分别用类 PointX 和 PointY 表示依 x 坐标和依 y 坐标排序的点。

```
class PointX {
```

```
public:
    int operator<=(PointX a) const {
        return (x<=a.x);
    }
private:
    int  ID;                                    // 点编号
    float  x, y;                                // 点坐标
};
class PointY {
public:
    int  operator<=(PointY a) const {
        return (y <= a.y);
    }
private:
    int  p;                                     // 同一点在数组 X 中的坐标
    float  x, y;                                // 点坐标
};
```

平面上任意两点 *u* 和 *v* 之间的距离可计算如下：

```
template<class Type>
inline float distance(const Type& u, const Type& v) {
    float  dx = u.x-v.x;
    float  dy = u.y-v.y;
    return sqrt(dx * dx+dy * dy);
}
```

在算法 Cpair2 中，用数组 X 存储输入的点集。在算法的预处理阶段，将数组 X 中的点依 *x* 坐标和依 *y* 坐标排序，排好序的点集分别存储在数组 X 和数组 Y 中。经过预排序后，在算法的分割阶段，将子数组 X[*l*:*r*]均匀地划分成两个不相交的子集的任务，就可以在 $O(1)$ 时间内完成。事实上，只要取 *m*=(*l*+*r*)/2，X[*l*:*m*]和 X[*m*+1:*r*]就是满足要求的分割。依 *y* 坐标排好序的数组 Y 用于在算法的合并步中快速检查 *d* 矩形条内最接近点对的候选者。

```
bool Cpair2(PointX X[], int n, PointX& a, PointX& b, float& d) {
    if (n < 2)
        return false;
    MergeSort(X, n);
    PointY *Y = new PointY [n];
    for (int i=0; i<n; i++){                     // 将数组 X 中的点复制到数组 Y 中
        Y[i].p = i;
        Y[i].x = X[i].x;
        Y[i].y = X[i].y;
    }
    MergeSort(Y, n);
    PointY *Z = new PointY [n];
    closest(X, Y, Z, 0, n-1, a, b, d);
    delete [] Y;
    delete [] Z;
    return true;
}
```

算法 Cpair2 中，具体计算最接近点对的工作由函数 closest 完成。

```
void closest(PointX X[], PointY Y[], PointY Z[],int l, int r, PointX& a, PointX& b, float& d) {
    if (r-l == 1){                                      // 2 点的情形
        a=X[l];
        b=X[r];
        d=distance(X[l], X[r]);
        return;
    }
    if (r-l == 2){                                      // 3 点的情形
        float  d1 = distance(X[l], X[l+1]);
        float  d2 = distance(X[l+1], X[r]);
        float  d3 = distance(X[l], X[r]);
        if (d1<=d2 && d1<=d3){
            a = X[l];
            b = X[l+1];
            d = d1;
            return;
        }
        if (d2<=d3){
            a = X[l+1];
            b = X[r];
            d = d2;
        }
        else {
            a=X[l];
            b=X[r];
            d=d3;
        }
        return;
    }
    // 多于 3 点的情形，用分治法
    int  m =(l+r)/2;
    int  f = l, g = m+1;
    for (int i=l; i<=r; i++) {
        if (Y[i].p>m)
            Z[g++]=Y[i];
        else
            Z[f++]=Y[i];
    }
    closest(X, Z, Y, l, m, a, b, d);
    float  dr;
    PointX  ar, br;
    closest(X, Z, Y, m+1, r, ar, br, dr);
    if (dr < d) {
        a=ar;
        b=br;
        d=dr;
    }
```

```
    Merge(Z, Y, l, m, r);                              // 重构数组 Y
    // d 矩形条内的点置于 Z 中
    int  k = l;
    for (int i=1; i<=r; i++) {
        if (fabs(Y[m].x-Y[i].x) < d)
            Z[k++] = Y[i];
    }
    for(int i=1; i<k; i++) {                            // 搜索 Z[1:k-1]
        for (int j=i+1; j<k && Z[j].y-Z[i].y<d; j++) {
            float dp = distance(Z[i], Z[j]);
            if (dp < d) {
                d = dp;
                a = X[Z[i].p];
                b = X[Z[j].p];
            }
        }
    }
}
```

2.11 循环赛日程表

分治法不仅可以用来设计算法，在其他方面也有广泛应用，如用分治思想来设计电路、构造数学证明等。现举例说明。

设有 $n=2^k$ 个运动员要进行网球循环赛。现要设计一个满足以下要求的比赛日程表：

① 每个选手必须与其他 $n-1$ 个选手各赛一次；

② 每个选手一天只能赛一次；

③ 循环赛一共进行 $n-1$ 天。

按此要求可将比赛日程表设计成有 n 行和 $n-1$ 列的表。在表中第 i 行和第 j 列处填入第 i 个选手在第 j 天所遇到的选手。

按分治策略，可以将所有选手对分为两半，n 个选手的比赛日程表就可以通过为 $n/2$ 个选手设计的比赛日程表来决定。递归地用这种一分为二的策略对选手进行分割，直到只剩下两个选手时，比赛日程表的制定就变得简单了。这时只要让这两个选手进行比赛就可以了。

图 2-12 所列出的正方形表是 8 个选手的比赛日表。其中，左上角与左下角的两小块分别为选手 1 至选手 4 和选手 5 至选手 8 前 3 天的比赛日程。据此，将左上角小块中的所有数字按其相对位置抄到右下角，将左下角小块中的所有数字按其相对位置抄到右上角，这样就分别安排好了选手 1 至选手 4 和选手 5 至选手 8 在后 4 天的比赛日程。依此思想，容易将这个比赛日程表推广到具有任意多个选手的情形。

在一般情况下，算法可描述如下：

1	2	3	4	5	6	7	8
2	1	4	3	6	5	8	7
3	4	1	2	7	8	5	6
4	3	2	1	8	7	6	5
5	6	7	8	1	2	3	4
6	5	8	7	2	1	4	3
7	8	5	6	3	4	1	2
8	7	6	5	4	3	2	1

图 2-12 8 个选手的比赛日程表

```
void Table(int k, int**a) {
```

```
    int n = 1;
    for (int i=1; i<=k; i++)
      n *= 2;
    for (int i=1; i<=n; i++)
      a[1][i] = i;
    int  m = 1;
    for (int s=1; s<=k; s++) {
      n/=2;
      for (int t=1; t<=n; t++) {
        for (int i=m+1; i<=2*m; i++) {
          for (int j=m+1; j<=2*m; j++) {
            a[i][j+(t-1)*m*2] = a[i-m][j+(t-1)*m*2-m];
            a[i][j+(t-1)*m*2-m] = a[i-m][j+(t-1)*m*2];
          }
        }
      }
      m *= 2;
    }
}
```

算法分析题 2

2-1 证明 Hanoi 塔问题的递归算法与非递归算法实际上是一回事。

2-2 下面的 7 个算法与本章中的二分搜索算法 BinarySearch 略有不同。请判断这 7 个算法的正确性。如果算法不正确，请说明产生错误的原因。如果算法正确，请给出算法的正确性证明。

（1）

```
template<class Type>
int BinarySearch1(Type a[], const Type& x, int n) {
    int  left = 0;
    int  right = n-1;
    while (left<=right) {
      int  middle = (left+right)/2;
      if (x == a[middle])
        return middle;
      if (x > a[middle])
        left = middle;
      else
        right = middle;
    }
    return -1;
}
```

（2）

```
template<class Type>
int BinarySearch2(Type a[], const Type& x, int n) {
```

```
    int  left = 0;
    int  right = n-1;
    while (left<right-1) {
        int  middle = (left+right)/2;
        if (x<a[middle])
            right=middle;
        else
            left=middle;
    }
    if (x==a[left])
        return left;
    else
        return -1;
}
```

（3）

```
template<class Type>
int BinarySearch3(Type a[], const Type& x, int n) {
    int  left = 0;
    int  right = n-1;
    while (left+1 != right) {
        int  middle = (left+right)/2;
        if (x >= a[middle])
            left = middle;
        else
            right = middle;
    }
    if (x == a[left])
        return left;
    else
        return -1;
}
```

（4）

```
template<class Type>
int BinarySearch4(Type a[], const Type& x, int n) {
    if (n>0 && x>=a[0]) {
        int  left = 0;
        int  right = n-1;
        while (left < right) {
            int  middle = (left+right)/2;
            if (x < a[middle])
                right = middle-1;
            else
                left=middle;
        }
        if (x==a[left])
            return left;
    }
```

```
        return -1;
}
```

（5）

```
template<class Type>
int BinarySearch5(Type a[], const Type& x, int n) {
    if (n>0 && x>=a[0]) {
        int  left = 0;
        int  right = n-1;
        while (left < right) {
            int  middle = (left+right+1)/2;
            if (x < a[middle])
                right=middle-1;
            else
                left=middle ;
        }
        if (x==a[left])
            return left;
    }
    return -1;
}
```

（6）

```
template<class Type>
int BinarySearch6(Type a[], const Type& x, int n) {
    if (n>0 && x>=a[0]) {
        int  left = 0;
        int  right = n-1;
        while (left<right) {
            int  middle = (left+right+1)/2;
            if (x < a[middle])
                right = middle-1;
            else
                left = middle+1 ;
        }
        if (x==a[left])
            return left;
    }
    return -1;
}
```

（7）

```
template<class Type>
int BinarySearch7(Type a[], const Type& x, int n) {
    if (n>0 && x>=a[0]) {
        int  left = 0;
        int  right = n-1;
        while (left < right) {
            int  middle = (left+right+1)/2;
```

```
            if (x < a[middle])
                right = middle;
            else
                left = middle ;
        }
        if (x == a[left])
            return left;
    }
    return -1;
}
```

2-3 设 a[0:n−1]是已排好序的数组。请改写二分搜索算法，使得当搜索元素 x 不在数组中时，返回小于 x 的最大元素位置 i 和大于 x 的最小元素位置 j。当搜索元素在数组中时，i 和 j 相同，均为 x 在数组中的位置。

2-4 给定两个大整数 u 和 v，它们分别有 m 和 n 位数字，且 $m \leq n$。用通常的乘法求 uv 的值需要 $O(mn)$ 时间。可以将 u 和 v 均看作有 n 位数字的大整数，用本章介绍的分治法，在 $O(n^{\log 3})$ 时间内计算 uv 的值。当 m 比 n 小得多时，用这种方法就显得效率不够高。试设计一个算法，在上述情况下用 $O(nm^{\log(3/2)})$ 时间求出 uv 的值。

2-5 在用分治法求两个 n 位大整数 u 和 v 的乘积时，将 u 和 v 都分割为长度为 $n/3$ 位的 3 段。证明可以用 5 次 $n/3$ 位整数的乘法求得 uv 的值。按此思想设计一个求两个大整数乘积的分治算法，并分析算法的计算复杂性（提示：n 位的大整数除以一个常数 k 可以在 $\theta(n)$ 时间内完成。符号 θ 所隐含的常数可能依赖于 k）。

2-6 对任何非零偶数 n，总可以找到奇数 m 和正整数 k，使得 $n = m2^k$。为了求出两个 n 阶矩阵的乘积，可以把一个 n 阶矩阵分成 $m \times m$ 个子矩阵，每个子矩阵有 $2^k \times 2^k$ 个元素。当需要求 $2^k \times 2^k$ 的子矩阵的积时，使用 Strassen 算法。设计一个传统方法与 Strassen 算法相结合的矩阵相乘算法，对任何偶数 n，都可以求出两个 n 阶矩阵的乘积。并分析算法的计算时间复杂性。

2-7 设 $P(x)=a_0+a_1x+\cdots+a_dx^d$ 是一个 d 次多项式。假设已有一算法能在 $O(i)$ 时间内计算一个 i 次多项式与一个一次多项式的乘积，以及一个算法能在 $O(i\log i)$ 时间内计算两个 i 次多项式的乘积。对于任意给定的 d 个整数 $n_1, n_2, \cdots, n_d$，用分治法设计一个有效算法，计算出满足 $P(n_1)=P(n_2)=\cdots=P(n_d)=0$ 且最高次项系数为 1 的 d 次多项式 $P(x)$，并分析算法的效率。

2-8 设 a[0:n−1]是有 n 个元素的数组，k（$0 \leq k \leq n-1$）是一个非负整数。试设计一个算法将子数组 a[0:k−1]与 a[k:n−1]换位。要求算法在最坏情况下耗时 $O(n)$，且只用到 $O(1)$ 的辅助空间。

2-9 设子数组 $a[0:k-1]$ 和 $a[k:n-1]$ 已排好序（$0 \leq k \leq n-1$）。试设计一个合并这两个子数组为排好序的数组 $a[0:n-1]$ 的算法。要求算法在最坏情况下所用的计算时间为 $O(n)$，且只用到 $O(1)$ 的辅助空间。

2-10 如果在合并排序算法的分割步骤中，将数组 $a[0:n-1]$ 划分为 $\lfloor \sqrt{n} \rfloor$ 个子数组，每个子数组中有 $O(\sqrt{n})$ 个元素，然后递归地对分割后的子数组进行排序，最后将所得到的 $\lfloor \sqrt{n} \rfloor$ 个排好序的子数组合并成所要求的排好序的数组 a[0:n−1]。设计一个实现上述策略的合并排序算法，并分析算法的计算复杂性。

2-11 对所给元素存储于数组中和存储于链表中两种情形，写出自然合并排序算法。

2-12 试证明，在最坏情况下，求 n 个元素组成的集合 S 中的第 k 小元素至少需要 $n+\min(k, n-k+1)-2$ 次比较。

2-13 如何修改 QuickSort 算法才能使其将输入元素按非增序排序？

2-14 Gray 码是一个长度为 2^n 的序列。序列中无相同元素，每个元素都是长度为 n 位的 $(0, 1)$ 串，相邻元素恰好只有一位不同。用分治策略设计一个算法对任意的 n 构造相应的 Gray 码。

2-15 设有 n 个运动员要进行网球循环赛。设计一个满足以下要求的比赛日程表：

（1）每个选手必须与其他 $n-1$ 个选手各赛一次；

（2）每个选手一天只能赛一次；

（3）当 n 是偶数时，循环赛进行 $n-1$ 天。当 n 是奇数时，循环赛进行 n 天。

2-16 设二叉树 T 的前序、中序和后序序列分别为 pre、inor 和 post。

（1）给定 pre 和 inor，能唯一确定 post 吗？如果能，请写出由 pre 和 inor 确定 post 的算法。如果不能，请给出一个反例。

（2）给定 post 和 inor，能唯一确定 pre 吗？如果能，请与出由 post 和 inor 确定 pre 的算法。如果不能，请给出一个反例。

（3）给定 pre 和 post，能唯一确定 inor 吗？如果能，请写出由 pre 和 post 确定 inor 的算法。如果不能，请给出一个反例。

算法实现题 2

2-1 众数问题。

问题描述：给定含有 n 个元素的多重集合 S，每个元素在 S 中出现的次数称为该元素的重数。多重集 S 中重数最大的元素称为众数。例如，$S=\{1, 2, 2, 2, 3, 5\}$。多重集 S 的众数是 2，其重数为 3。

算法设计：对于给定的由 n 个自然数组成的多重集 S，计算 S 的众数及其重数。

数据输入：输入数据由文件名为 input.txt 的文本文件提供。文件的第 1 行为多重集 S 中元素个数 n；在接下来的 n 行中，每行有一个自然数。

结果输出：将计算结果输出到文件 output.txt。输出文件有 2 行，第 1 行是众数，第 2 行是重数。

输入文件示例	输出文件示例
input.txt	output.txt
6	2
1	3
2	
2	
2	
3	
5	

2-2 马的 Hamilton 周游路线问题。

问题描述：8×8 的国际象棋棋盘上的一只马，恰好走过除起点外的其他 63 个位置各一次，最后回到起点。这条路线称为马的一条 Hamilton 周游路线。对于给定的 $m \times n$ 的国际象

棋棋盘，m 和 n 均为大于 5 的偶数，且 $|m-n| \leqslant 2$，试设计一个分治算法找出马的一条 Hamilton 周游路线。

算法设计：对于给定的偶数 $m, n \geqslant 6$，且 $|m-n| \leqslant 2$，计算 $m \times n$ 的国际象棋棋盘上马的一条 Hamilton 周游路线。

数据输入：由文件 input.txt 给出输入数据。第 1 行有两个正整数 m 和 n，表示给定的国际象棋棋盘由 m 行，每行 n 个格子组成。

结果输出：将计算出的马的 Hamilton 周游路线用下面的两种表达方式输出到文件 output.txt。

第 1 种表达方式按照马步的次序给出马的 Hamilton 周游路线。马的每一步用所在的方格坐标 (x, y) 来表示。x 表示行坐标，编号为 $0, 1, \cdots, m-1$；y 表示列坐标，编号为 $0, 1, \cdots, n-1$。起始方格为 $(0, 0)$。

第 2 种表达方式在棋盘的方格中标明马到达该方格的步数。$(0, 0)$ 方格为起跳步，并标明为第 1 步。

输入文件示例	输出文件示例
input.txt	output.txt
6 6	(0, 0)(2, 1)(4, 0)(5, 2)(4, 4)(2, 3)
	(0, 4)(2, 5)(1, 3)(0, 5)(2, 4)(4, 5)
	(5, 3)(3, 2)(5, 1)(3, 0)(1, 1)(0, 3)
	(1, 5)(3, 4)(5, 5)(4, 3)(3, 1)(5, 0)
	(4, 2)(5, 4)(3, 5)(1, 4)(0, 2)(1, 0)
	(2, 2)(0, 1)(2, 0)(4, 1)(3, 3)(1, 2)
	1 32 29 18 7 10
	30 17 36 9 28 19
	33 2 31 6 11 8
	16 23 14 35 20 27
	3 34 25 22 5 12
	24 15 4 13 26 21

2-3　半数集问题。

问题描述：给定一个自然数 n，由 n 开始可以依次产生半数集 set(n) 中的数如下：

（1）$n \in$ set(n)；

（2）在 n 的左边加上一个自然数，但该自然数不能超过最近添加的数的一半；

（3）按此规则进行处理，直到不能再添加自然数为止。

例如，set(6)={6, 16, 26, 126, 36, 136}。半数集 set(6) 中有 6 个元素。注意，该半数集是多重集。

算法设计：对于给定的自然数 n，计算半数集 set(n) 中的元素个数。

数据输入：输入数据由文件名为 input.txt 的文本文件提供。每个文件只有一行，给出整数 n（$0 < n < 1000$）。

结果输出：将计算结果输出到文件 output.txt。输出文件只有一行，给出半数集 set(n) 中的元素个数。

输入文件示例	输出文件示例
input.txt	output.txt
6	6

2-4　半数单集问题。

问题描述：给定一个自然数 n，由 n 开始可以依次产生半数集 set(n)中的数如下：

（1）$n \in$ set(n)；

（2）在 n 的左边加上一个自然数，但该自然数不能超过最近添加的数的一半；

（3）按此规则进行处理，直到不能再添加自然数为止。

例如，set(6)={6, 16, 26, 126, 36, 136}。半数集 set(6)中有 6 个元素。注意，该半数集不是多重集。集合中已经有的元素不再添加到集合中。

算法设计：对于给定的自然数 n，计算半数集 set(n)中的元素个数。

数据输入：输入数据由文件名为 input.txt 的文本文件提供。每个文件只有一行，给出整数 n（$0<n<201$）。

结果输出：将计算结果输出到文件 output.txt。输出文件只有一行，给出半数集 set(n)中的元素个数。

输入文件示例	输出文件示例
input.txt	output.txt
6	6

2-5　有重复元素的排列问题。

问题描述：设 $R=\{r_1, r_2, \cdots, r_n\}$ 是要进行排列的 n 个元素。其中元素 $r_1, r_2, \cdots, r_n$ 可能相同。试设计一个算法，列出 R 的所有不同排列。

算法设计：给定 n 及待排列的 n 个元素。计算出这 n 个元素的所有不同排列。

数据输入：由文件 input.txt 提供输入数据。文件的第 1 行是元素个数 n，$1 \leq n \leq 500$。接下来的 1 行是待排列的 n 个元素。

结果输出：将计算出的 n 个元素的所有不同排列输出到文件 output.txt。文件最后 1 行中的数是排列总数。

输入文件示例	输出文件示例
input.txt	output.txt
4	aacc
aacc	acac
	acca
	caac
	caca
	ccaa
	6

2-6　排列的字典序问题。

问题描述：n 个元素 $\{1, 2, \cdots, n\}$ 有 $n!$ 个不同的排列。将这 $n!$ 个排列按字典序排列，并编号为 $0, 1, \cdots, n!-1$。每个排列的编号为其字典序值。例如，当 $n=3$ 时，6 个不同排列的字典序值如下：

字典序值	0	1	2	3	4	5
排列	123	132	213	231	312	321

算法设计：给定 n 及 n 个元素 $\{1, 2, \cdots, n\}$ 的一个排列，计算出这个排列的字典序值，以及按字典序排列的下一个排列。

数据输入：由文件 input.txt 提供输入数据。文件的第 1 行是元素个数 n。接下来的 1 行

是 n 个元素 $\{1, 2, \cdots, n\}$ 的一个排列。

结果输出：将计算出的排列的字典序值和按字典序排列的下一个排列输出到文件 output.txt。文件的第 1 行是字典序值，第 2 行是按字典序排列的下一个排列。

输入文件示例	输出文件示例
input.txt	output.txt
8	8227
2 6 4 5 8 1 7 3	2 6 4 5 8 3 1 7

2-7 集合划分问题。

问题描述：n 个元素的集合 $\{1, 2, \cdots, n\}$ 可以划分为若干非空子集。例如，当 $n=4$ 时，集合 $\{1, 2, 3, 4\}$ 可以划分为 15 个不同的非空子集如下：

$\{\{1\}, \{2\}, \{3\}, \{4\}\}$	$\{\{1, 3\}, \{2, 4\}\}$
$\{\{1, 2\}, \{3\}, \{4\}\}$	$\{\{1, 4\}, \{2, 3\}\}$
$\{\{1, 3\}, \{2\}, \{4\}\}$	$\{\{1, 2, 3\}, \{4\}\}$
$\{\{1, 4\}, \{2\}, \{3\}\}$	$\{\{1, 2, 4\}, \{3\}\}$
$\{\{2, 3\}, \{1\}, \{4\}\}$	$\{\{1, 3, 4\}, \{2\}\}$
$\{\{2, 4\}, \{1\}, \{3\}\}$	$\{\{2, 3, 4\}, \{1\}\}$
$\{\{3, 4\}, \{1\}, \{2\}\}$	$\{\{1, 2, 3, 4\}\}$
$\{\{1, 2\}, \{3, 4\}\}$	

算法设计：给定正整数 n，计算出 n 个元素的集合 $\{1, 2, \cdots, n\}$ 可以划分为多少个不同的非空子集。

数据输入：由文件 input.txt 提供输入数据。文件的第 1 行是元素个数 n。

结果输出：将计算出的不同的非空集数输出到文件 output.txt。

输入文件示例	输出文件示例
input.txt	output.txt
5	52

2-8 集合划分问题。

问题描述：n 个元素的集合 $\{1, 2, \cdots, n\}$ 可以划分为若干非空子集。例如，当 $n=4$ 时，集合 $\{1, 2, 3, 4\}$ 可以划分为 15 个不同的非空子集如下：

$\{\{1\}, \{2\}, \{3\}, \{4\}\}$	$\{\{1, 3\}, \{2, 4\}\}$
$\{\{1, 2\}, \{3\}, \{4\}\}$	$\{\{1, 4\}, \{2, 3\}\}$
$\{\{1, 3\}, \{2\}, \{4\}\}$	$\{\{1, 2, 3\}, \{4\}\}$
$\{\{1, 4\}, \{2\}, \{3\}\}$	$\{\{1, 2, 4\}, \{3\}\}$
$\{\{2, 3\}, \{1\}, \{4\}\}$	$\{\{1, 3, 4\}, \{2\}\}$
$\{\{2, 4\}, \{1\}, \{3\}\}$	$\{\{2, 3, 4\}, \{1\}\}$
$\{\{3, 4\}, \{1\}, \{2\}\}$	$\{\{1, 2, 3, 4\}\}$
$\{\{1, 2\}, \{3, 4\}\}$	

其中，集合 $\{\{1, 2, 3, 4\}\}$ 由 1 个子集组成；集合 $\{\{1, 2\}, \{3, 4\}\}$，$\{\{1, 3\}, \{2, 4\}\}$，$\{\{1, 4\}, \{2, 3\}\}$，$\{\{1, 2, 3\}, \{4\}\}$，$\{\{1, 2, 4\}, \{3\}\}$，$\{\{1, 3, 4\}, \{2\}\}$，$\{\{2, 3, 4\}, \{1\}\}$ 由 2 个子集组成；集合 $\{\{1, 2\}, \{3\}, \{4\}\}$，$\{\{1, 3\}, \{2\}, \{4\}\}$，$\{\{1, 4\}, \{2\}, \{3\}\}$，$\{\{2, 3\}, \{1\}, \{4\}\}$，$\{\{2, 4\}, \{1\}, \{3\}\}$，$\{\{3, 4\}, \{1\}, \{2\}\}$ 由 3 个子集组成；集合 $\{\{1\}, \{2\}, \{3\}, \{4\}\}$ 由 4 个子集组成。

算法设计：给定正整数 n 和 m，计算出 n 个元素的集合 $\{1, 2, \cdots, n\}$ 可以划分为多少个不同的由 m 个非空子集组成的集合。

数据输入：由文件 input.txt 提供输入数据。文件的第 1 行是元素个数 n 和非空子集数 m。

结果输出：将计算出的不同的由 m 个非空子集组成的集合数输出到文件 output.txt。

输入文件示例	输出文件示例
input.txt	output.txt
4 3	6

2-9 双色 Hanoi 塔问题。

问题描述：设 A、B、C 是 3 个塔座。开始时，在塔座 A 上有一叠共 n 个圆盘，这些圆盘自下而上，由大到小地叠放在一起。各圆盘从小到大编号为 1, 2, $\cdots$, n，奇数号圆盘着红色，偶数号圆盘着蓝色，如图 2-19 所示。现要求将塔座 A 上的这一叠圆盘移到塔座 B 上，并仍按同样顺序叠置。在移动圆盘时应遵守以下移动规则：

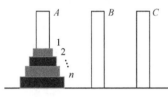

图 2-19　双色 Hanoi 塔

规则 I：每次只能移动 1 个圆盘；

规则 II：任何时刻都不允许将较大的圆盘压在较小的圆盘之上；

规则 III：任何时刻都不允许将同色圆盘叠放在一起；

规则 IV：在满足移动规则 I～III 的前提下，可将圆盘移至 A、B、C 中任一塔座上。

试设计一个算法，用最少的移动次数将塔座 A 上的 n 个圆盘移到塔座 B 上，并仍按同样顺序叠置。

算法设计：对于给定的正整数 n，计算最优移动方案。

数据输入：由文件 input.txt 给出输入数据。第 1 行是给定的正整数 n。

结果输出：将计算出的最优移动方案输出到文件 output.txt。文件的每行由一个正整数 k 和 2 个字符 c_1 和 c_2 组成，表示将第 k 个圆盘从塔座 c_1 移到塔座 c_2 上。

输入文件示例	输出文件示例
input.txt	output.txt
3	1 A B
	2 A C
	1 B C
	3 A B
	1 C A
	2 C B
	1 A B

2-10 标准二维表问题。

问题描述：设 n 是一个正整数。$2 \times n$ 的标准二维表是由正整数 1, 2, $\cdots$, $2n$ 组成的 $2 \times n$ 数组，该数组的每行从左到右递增，每列从上到下递增。$2 \times n$ 的标准二维表全体记为 $\mathrm{Tab}(n)$。例如，当 $n=3$ 时，$\mathrm{Tab}(3)$ 二维表如图 2-20 所示。

1	2	3
4	5	6

1	2	4
3	5	6

1	2	5
3	4	6

1	3	4
2	5	6

1	3	5
2	4	6

图 2-20　$n=3$ 时 $\mathrm{Tab}(3)$ 二维表

算法设计：给定正整数 n，计算 $\mathrm{Tab}(n)$ 中 $2 \times n$ 的标准二维表的个数。

数据输入：由文件 input.txt 给出输入数据。第 1 行有 1 个正整数 n。

结果输出：将计算出的 Tab(n)中 2×n 的标准二维表的个数输出到文件 output.txt。

输入文件示例	输出文件示例
input.txt	output.txt
3	5

2-11 整数因子分解问题。

问题描述：大于 1 的正整数 n 可以分解为 $n=x_1 \cdot x_2 \cdots x_m$。例如，当 $n=12$ 时，有 8 种不同的分解式：

12=12	12=3×2×2
12=6×2	12=2×6
12=4×3	12=2×3×2
12=3×4	12=2×2×3

算法设计：对于给定的正整数 n，计算 n 共有多少种不同的分解式。

数据输入：由文件 input.txt 给出输入数据。第 1 行有 1 个正整数 n（$1 \leqslant n \leqslant 2\,000\,000\,000$）。

结果输出：将计算出的不同的分解式数输出到文件 output.txt。

输入文件示例	输出文件示例
input.txt	output.txt
12	8

第3章 动态规划

学习要点

- 理解动态规划算法的概念
- 掌握动态规划算法的基本要素：
  - （1）最优子结构性质
  - （2）重叠子问题性质
- 掌握设计动态规划算法的步骤：
  - （1）找出最优解的性质，并刻画其结构特征
  - （2）递归地定义最优值
  - （3）以自底向上的方式计算最优值
  - （4）根据计算最优值时得到的信息构造最优解
- 通过下面的应用范例学习动态规划算法设计策略：
  - （1）矩阵连乘问题
  - （2）最长公共子序列
  - （3）最大子段和
  - （4）凸多边形最优三角剖分
  - （5）多边形游戏
  - （6）图像压缩
  - （7）电路布线
  - （8）流水作业调度
  - （9）背包问题
  - （10）最优二叉搜索树

动态规划算法与分治法类似，其基本思想是将待求解问题分解成若干子问题，先求解子问题，再结合这些子问题的解得到原问题的解。与分治法不同的是，适合用动态规划法求解的问题经分解得到的子问题往往不是互相独立的。若用分治法来解这类问题，则分解得到的子问题数目太多，以致最后解决原问题需要耗费指数级时间。然而，不同子问题的数目常常只有多项式量级。在用分治法求解时，有些子问题被重复计算了许多次。如果能够保存已解决的子问题的答案，在需要时再找出已求得的答案，这样可以避免大量的重复计算，从而得到多项式时间算法。为了达到此目的，可以用一个表来记录所有已解决的子问题的答案。不管该子问题以后是否被用到，只要它被计算过，就将其结果填入表中。这就是动态规划法的基本思想。具体的动态规划算法多种多样，但它们具有相同的填表格式。

动态规划算法适用于解最优化问题，通常可按以下 4 个步骤设计：① 找出最优解的性质，并刻画其结构特征；② 递归地定义最优值；③ 以自底向上的方式计算最优值；④ 根据计算最优值时得到的信息，构造最优解。

步骤①～③是动态规划算法的基本步骤。在只需要求出最优值的情形下，步骤④可以省略。若需要求出问题的最优解，则必须执行步骤④。此时，在步骤③中计算最优值时，通常需记录更多的信息，以便在步骤④中，根据所记录的信息，快速构造出一个最优解。

下面以具体的例子来说明如何运用动态规划算法的设计思想，并分析可用动态规划算法求解的问题所应具备的一般特征。

3.1 矩阵连乘问题

给定 n 个矩阵 $\{A_1, A_2, \cdots, A_n\}$，其中 A_i 与 A_{i+1} 是可乘的（$i=1, 2, \cdots, n-1$）。考察这 n 个矩阵的连乘积 $A_1A_2\cdots A_n$。

由于矩阵乘法满足结合律，因此计算矩阵的连乘积可以有不同的计算次序。这种计算次序可以用加括号的方式来确定。若一个矩阵连乘积的计算次序完全确定，也就是说，该连乘积已完全加括号，则可依此次序反复调用两个矩阵相乘的标准算法计算出矩阵连乘积。完全加括号的矩阵连乘积可递归地定义为：

① 单个矩阵是完全加括号的；

② 矩阵连乘积 A 是完全加括号的，则 A 可表示为两个完全加括号的矩阵连乘积 B 和 C 的乘积并加括号，即 $A=(BC)$。

例如，矩阵连乘积 $A_1A_2A_3A_4$ 可以有以下 5 种完全加括号方式：

$$(A_1(A_2(A_3A_4))), \quad (A_1((A_2A_3)A_4)), \quad ((A_1A_2)(A_3A_4)), \quad ((A_1(A_2A_3))A_4), \quad (((A_1A_2)A_3)A_4)$$

每种完全加括号方式对应一种矩阵连乘积的计算次序，而矩阵连乘积的计算次序与其计算量有密切关系。

首先考虑计算两个矩阵乘积所需的计算量。计算两个矩阵乘积的标准算法如下，其中，ra、ca 和 rb、cb 分别表示矩阵 A 和 B 的行数和列数。

```
void matrixMultiply(int **a, int **b, int **c, int ra, int ca, int rb, int cb) {
    if (ca != rb)
        error("矩阵不可乘");
    for (int i=0; i < ra; i++) {
        for (int j=0; j < cb; j++) {
            int sum = a[i][0]*b[0][j];
            for (int k=1; k < ca; k++)
                sum += a[i][k]*b[k][j];
            c[i][j] = sum;
        }
    }
}
```

矩阵 A 和 B 可乘的条件是矩阵 A 的列数等于矩阵 B 的行数。若 A 是一个 $p\times q$ 矩阵，B 是一个 $q\times r$ 矩阵，则其乘积 $C=AB$ 是一个 $p\times r$ 矩阵。在上述计算 C 的标准算法中，主要计算量在三重循环，共需要 $p\times q\times r$ 次数乘。

为了说明在计算矩阵连乘积时，加括号方式对整个计算量的影响，考察计算 3 个矩阵 A_1、A_2、A_3 连乘积的例子。设这 3 个矩阵的维数分别为 10×100、100×5 和 5×50。若按第一种加括号方式$((A_1A_2)A_3)$计算，3 个矩阵连乘积需要的数乘次数为 $10\times 100\times 5+10\times 5\times 50=7500$。若按第二种加括号方式$(A_1(A_2A_3))$计算，3 个矩阵连乘积需要 $100\times 5\times 50+10\times 100\times 50=75000$ 次数乘。第二种加括号方式的计算量是第一种加括号方式计算量的 10 倍。由此可见，在计算矩阵连乘积时，加括号方式即计算次序对计算量有很大影响。于是，人们自然会提出矩阵连乘积的最优计算次序问题，即对于给定的相继 n 个矩阵 $\{A_1, A_2, \cdots, A_n\}$（矩阵 A_i 的维数为 $p_{i-1}\times p_i$，$i=1, 2, \cdots, n$），如何确定计算矩阵连乘积 $A_1A_2, \cdots, A_n$ 的计算次序（完全加括号方式），使得依此次序计算矩阵连乘积需要的数乘次数最少。

穷举搜索法是最容易想到的方法，就是列举出所有可能的计算次序，并计算每种计算次序相应需要的数乘次数，从中找出一种数乘次数最少的计算次序。这样做的计算量太大。事实上，对于 n 个矩阵的连乘积，设有不同的计算次序 $P(n)$。可以先在第 k 个（$k=1, 2, \cdots, n-1$）和第 $k+1$ 个矩阵之间将原矩阵序列分为两个矩阵子序列，然后分别对这两个矩阵子序列完全加括号，最后对所得的结果加括号，得到原矩阵序列的一种完全加括号方式。由此，可以得到关于 $P(n)$ 的递归式如下：

$$P(n) = \begin{cases} 1 & n=1 \\ \sum\limits_{k=1}^{n-1} P(k)P(n-k) & n>1 \end{cases}$$

解此递归方程可得，$P(n)$ 实际上是 Catalan 数，即 $P(n)=C(n-1)$。其中，

$$C(n) = \frac{1}{n+1}\binom{2n}{n} = \Omega(4^n/n^{3/2})$$

也就是说，$P(n)$ 是随 n 的增长呈指数增长的。因此，穷举搜索法不是一个有效算法。

下面考虑用动态规划法解矩阵连乘积的最优计算次序问题，按以下几个步骤进行。

1. 分析最优解的结构

设计求解具体问题的动态规划算法的第一步是刻画该问题的最优解的结构特征。为方便起见，将矩阵连乘积 $A_iA_{i+1}\cdots A_j$ 简记为 $A[i:j]$。考察计算 $A[1:n]$ 的最优计算次序。设这个计算次序在矩阵 A_k（$1 \leq k < n$）和 A_{k+1} 之间将矩阵链断开，则其相应的完全加括号方式为 $((A_1 \cdots A_k)(A_{k+1} \cdots A_n))$。依此次序，先计算 $A[1:k]$ 和 $A[k+1:n]$，再将计算结果相乘，得到 $A[1:n]$。依此计算顺序，总计算量为 $A[1:k]$ 的计算量加上 $A[k+1:n]$ 的计算量，再加上 $A[1:k]$ 和 $A[k+1:n]$ 相乘的计算量。

这个问题的一个关键特征是：计算 $A[1:n]$ 的最优次序所包含的计算矩阵子链 $A[1:k]$ 和 $A[k+1:n]$ 的次序也是最优的。事实上，如果计算 $A[1:k]$ 的次序需要的计算量更少，则用此次序替换原来计算 $A[1:k]$ 的次序，得到的计算 $A[1:n]$ 的计算量将比最优次序所需计算量更少，这是一个矛盾。同理可知，计算 $A[1:n]$ 的最优次序包含的计算矩阵子链 $A[k+1:n]$ 的次序也是最优的。

因此，矩阵连乘积计算次序问题的最优解包含着其子问题的最优解。这种性质称为最优子结构性质。问题的最优子结构性质是该问题可用动态规划算法求解的显著特征。

2. 建立递归关系

设计动态规划算法的第 2 步是递归地定义最优值。对于矩阵连乘积的最优计算次序问题，设计算 $A[i:j]$（$1 \leq i \leq j \leq n$），所需的最少数乘次数为 $m[i][j]$，则原问题的最优值为 $m[1][n]$。

当 $i=j$ 时，$A[i:j]=A_i$ 为单一矩阵，无须计算，因此 $m[i][i]=0$（$i=1, 2, \cdots, n$）。

当 $i<j$ 时，可利用最优子结构性质来计算 $m[i][j]$。事实上，若计算 $A[i:j]$ 的最优次序在 A_k（$i \leq k<j$）和 A_{k+1} 之间断开，则 $m[i][j]=m[i][k]+m[k+1][j]+p_{i-1}p_kp_j$。由于在计算时并不知道断开点 k 的位置，所以 k 还未定。不过 k 的位置只有 $j-i$ 个可能，即 $k \in \{i, i+1, \cdots, j-1\}$。因此，$k$ 是这 $j-i$ 个位置中使计算量达到最小的那个位置。从而，$m[i][j]$ 可以递归地定义为

$$m[i][j] = \begin{cases} 0 & i=j \\ \min\limits_{i \leq k < j}\{m[i][k]+m[k+1][j]+p_{i-1}p_kp_j\} & i<j \end{cases}$$

$m[i][j]$给出了最优值，即计算 $A[i:j]$ 所需的最少数乘次数。同时确定了计算 $A[i:j]$ 的最优次序中的断开位置 k，也就是说，对于这个 k，有 $m[i][j]=m[i][k]+m[k+1][j]+p_{i-1}p_kp_j$。

若将对应 $m[i][j]$ 的断开位置 k 记为 $s[i][j]$，在计算出最优值 $m[i][j]$ 后，可递归地由 $s[i][j]$ 构造出相应的最优解。

3. 计算最优值

根据计算 $m[i][j]$ 的递归式，容易写一个递归算法计算 $m[1][n]$。稍后将看到，简单地递归计算将耗费指数计算时间。注意，在递归计算过程中，不同的子问题个数只有 $\theta(n^2)$ 个。事实上，对于 $1 \leqslant i \leqslant j \leqslant n$ 不同的有序对 (i,j) 对应不同的子问题。因此，不同子问题的个数最多只有 $\binom{n}{2}+n=\theta(n^2)$ 个。由此可见，在递归计算时，许多子问题被重复计算多次。这也是该问题可用动态规划算法求解的又一显著特征。

用动态规划算法解此问题，可依据其递归式以自底向上的方式进行计算。在计算过程中，保存已解决的子问题答案。每个子问题只计算一次，而在后面需要时只要简单查一下，从而避免大量的重复计算，最终得到多项式时间的算法。在下面给出的动态规划算法 MatrixChain 中，输入参数 $\{p_0, p_1, \cdots, p_n\}$ 存储于数组 p 中。除了输出最优值数组 m，算法还输出记录最优断开位置的数组 s。

```
void MatrixChain(int *p, int n, int **m, int **s) {
    for (int i=1; i <= n; i++)
        m[i][i]=0;
    for (int r=2; r <= n; r++) {
        for (int i=1; i <= n-r+1; i++) {
            int   j = i+r-1;
            m[i][j] = m[i+1][j] + p[i-1]*p[i]*p[j];
            s[i][j] = i;
            for (int k=i+1; k < j; k++) {
                int  t = m[i][k]+m[k+1][j] + p[i-1]*p[k]*p[j];
                if (t<m[i][j]) {
                    m[i][j] = t;
                    s[i][j] = k;
                }
            }
        }
    }
}
```

算法 MatrixChain 首先计算出 m[i][i]=0（i=1, 2, ···, n），再根据递归式，按矩阵链长递增的方式依次计算 m[i][i+1]（i=1, 2, ···, n-1，矩阵链长度为 2）；m[i][i+2]（i=1, 2, ···, n-2，矩阵链长度为 3）……在计算 m[i][j]时，只用到已计算出的 m[i][k]和 m[k+1][j]。

例如，要计算矩阵连乘积 $A_1A_2A_3A_4A_5A_6$，其中各矩阵的维数分别为：

A_1	A_2	A_3	A_4	A_5	A_6
30×35	35×15	15×5	5×10	10×20	20×25

动态规划算法 MatrixChain 计算 m[i][j]先后次序如图 3-1(a)所示；计算结果 m[i][j]和 s[i][j]（$1 \leqslant i \leqslant j \leqslant n$），分别如图 3-1(b)和(c)所示。

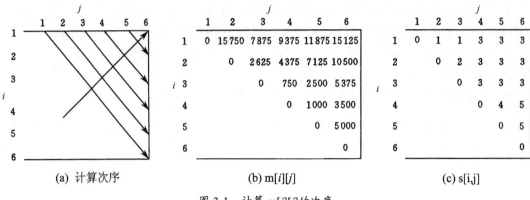

图 3-1　计算 m[i][j]的次序

例如，在计算 m[2][5]时，依递归式有

$$m[2][5] = \min \begin{cases} m[2][2]+m[3][5]+p_1 p_2 p_5 = 0+2500+35\times15\times20{=}13\,000 \\ m[2][3]+m[4][5]+p_1 p_3 p_5 = 2625+1000+35\times5\times20{=}7125 \\ m[2][4]+m[5][5]+p_1 p_4 p_5 = 4375+0+35\times10\times20{=}11\,375 \end{cases}$$
$$= 7125$$

且 k=3。因此，s[2][5]=3。

算法 MatrixChain 的主要计算量取决于程序中对 r、i 和 k 的三重循环。循环体内的计算量为 $O(1)$，而三重循环的总次数为 $O(n^3)$。因此，该算法的计算时间上界为 $O(n^3)$。算法占用的空间显然为 $O(n^2)$。由此可见，动态规划算法比穷举搜索法要有效得多。

4. 构造最优解

动态规划算法的第 4 步是构造问题的最优解。算法 MatrixChain 只是计算出了最优值，并未给出最优解。也就是说，通过 MatrixChain 的计算，只知道最少数乘次数，还不知道具体应按什么次序来做矩阵乘法才能达到最少的数乘次数。

事实上，MatrixChain 已记录了构造最优解所需的全部信息。s[i][j]中的数表明，计算矩阵链 $A[i{:}j]$ 的最佳方式是在矩阵 A_k 和 A_{k+1} 之间断开，即最优加括号方式为$(A[i{:}k])(A[k+1{:}j])$。从 s[1][n]记录的信息可知计算 $A[1{:}n]$ 的最优加括号方式为$(A[1{:}s[1][n]])(A[s[1][n]+1{:}n])$。而 $A[1{:}s[1][n]]$ 的最优加括号方式为$(A[1{:}s[1][s[1][n]]])(A[s[1][s[1][n]]+1{:}s[1][s[1][n]]])$。同理可以确定，$A[s[1][n]+1{:}n]$ 的最优加括号方式在 s[s[1][n]+1][n]处断开……以此递推，最终可以确定 $A[1{:}n]$ 的最优完全加括号方式，即构造出问题的一个最优解。

下面的算法 Traceback 按算法 MatrixChain 计算出的断点矩阵 s 指示的加括号方式输出计算 $A[i{:}j]$ 的最优计算次序。

```
void Traceback(int i, int j, int **s) {
  if (i == j)
    return;
  Traceback(i, s[i][j], s);
  Traceback(s[i][j]+1, j,s);
  cout<<"Multiply A "<<i<<", " <<s[i][j];
  cout<<" and A "<<(s[i][j]+1)<<", "<<j<<endl;
}
```

要输出 $A[1{:}n]$ 的最优计算次序只要调用 Traceback(1, n, s)即可。对于上面所举的例子，通过调用 Traceback$(1, 6, s)$，即可输出最优计算次序$((A_1(A_2A_3))((A_4A_5)A_6))$。

3.2　动态规划算法的基本要素

从计算矩阵连乘积最优计算次序的动态规划算法可以看出，该算法的有效性依赖于问题本身所具有的两个重要性质：最优子结构性质和子问题重叠性质。从一般意义上讲，问题所具有的这两个重要性质是该问题可用动态规划算法求解的基本要素。这对于在设计求解具体问题的算法时，是否选择动态规划算法具有指导意义。下面着重讨论动态规划算法的这两个基本要素及动态规划法的变形——备忘录方法。

1. 最优子结构

设计动态规划算法的第一步通常是要刻画最优解的结构。当问题的最优解包含了其子问题的最优解时，称该问题具有最优子结构性质。问题的最优子结构性质提供了该问题可用动态规划算法求解的重要线索。

在矩阵连乘积最优计算次序问题中注意到，若 $A_1A_2\cdots A_n$ 的最优完全加括号方式在 A_k 和 A_{k+1} 之间将矩阵链断开，则由此确定的子链 $A_1A_2\cdots A_k$ 和 $A_{k+1}A_{k+2}\cdots A_n$ 的完全加括号方式也最优，即该问题具有最优子结构性质。在分析该问题的最优子结构性质时，所用的方法具有普遍性。首先假设由问题的最优解导出的其子问题的解不是最优的，再设法说明在这个假设下可构造出比原问题最优解更好的解，从而导致矛盾。

在动态规划算法中，利用问题的最优子结构性质，以自底向上的方式递归地从子问题的最优解逐步构造出整个问题的最优解。算法考察的子问题空间中规模较小。例如，在矩阵连乘积最优计算次序问题中，子问题空间由矩阵链的所有不同子链组成。所有不同子链的个数为 $\theta(n^2)$，因而子问题空间的规模为 $\theta(n^2)$。

2. 重叠子问题

可用动态规划算法求解的问题应具备的另一基本要素是子问题的重叠性质。在用递归算法自顶向下解此问题时，每次产生的子问题并不总是新问题，有些子问题被反复计算。动态规划算法正是利用了这种子问题的重叠性质，对每个子问题只解一次，然后将其解保存在一个表格中，当再次需要解此子问题时，只是简单地用常数时间查看一下结果。通常，不同的子问题个数随问题的大小呈多项式增长。因此，用动态规划算法通常只需要多项式时间，从而获得较高的解题效率。

为了说明这一点，考虑计算矩阵连乘积最优计算次序时，利用递归式直接计算 A[i:j]的递归算法 RecurMatrixChain。

```
int RecurMatrixChain(int i, int j) {
  if (i == j)
    return 0;
  int  u = RecurMatrixChain(i, i) + RecurMatrixChain(i+1, j) + p[i-1]*p[i]*p[j];
  s[i][j] = i;
  for (int k=i+1; k<j; k++) {
    int  t = RecurMatrixChain(i, k) + RecurMatrixChain(k+1, j) + p[i-1]*p[k]*p[j];
    if (t < u) {
```

```
        u = t;
        s[i][j] = k;
      }
    }
    return u;
}
```

用算法 RecurMatrixChain(1, 4)计算 $A[1:4]$的递归树如图 3-2 所示，可以看出，许多子问题被重复计算。

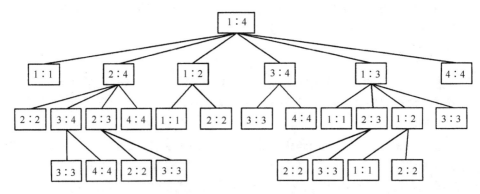

图 3-2　计算 $A[1:4]$的递归树

事实上，可以证明该算法的计算时间 $T(n)$有指数下界。设算法中判断语句和赋值语句花费常数时间，则由算法的递归部分可得关于 $T(n)$的递归不等式如下：

$$T(n) \geq \begin{cases} O(1) & n=1 \\ 1 + \sum_{k=1}^{n-1}(T(k)+T(n-k)+1) & n>1 \end{cases}$$

因此，当 $n>1$ 时，有

$$T(n) \geq 1+(n-1)+\sum_{k=1}^{n-1}T(k)+\sum_{k=1}^{n-1}T(n-k)=n+2\sum_{k=1}^{n-1}T(k)$$

据此，可用数学归纳法证明 $T(n) \geq 2^{n-1}=\Omega(2^n)$。

因此，直接递归算法 RecurMatrixChain 的计算时间随 n 指数增长。相比之下，解同一问题的动态规划算法 MatrixChain 只需计算时间 $O(n^3)$。其有效性在于，它充分利用了问题的子问题重叠性质。不同子问题的个数为 $\theta(n^2)$，而动态规划算法对于每个不同的子问题只计算一次，从而节省了大量不必要的计算。由此也可看出，在解某一问题的直接递归算法所产生的递归树中，相同的子问题反复出现，并且不同子问题的个数相对较少时，用动态规划算法是有效的。

3．备忘录方法

备忘录方法是动态规划算法的变形。与动态规划算法一样，备忘录方法用表格保存已解决的子问题的答案，在下次需要解此子问题时，只要简单地查看该子问题的解答，而不必重新计算。与动态规划算法不同的是，备忘录方法的递归方式是自顶向下的，而动态规划算法则是自底向上递归的。因此，备忘录方法的控制结构与直接递归方法的控制结构相同，区别在于备忘录方法为每个解过的子问题建立了备忘录以备需要时查看，避免了相同子问题的重复求解。

备忘录方法为每个子问题建立一个记录项，初始化时，该记录项存入一个特殊的值，表示该子问题尚未求解。在求解过程中，对每个待求的子问题，首先查看其相应的记录项。若记录项中存储的是初始化时存入的特殊值，则表示该子问题是第一次遇到，此时计算出该子问题的解，并保存在其相应的记录项中，以备以后查看。若记录项中存储的已不是初始化时存入的特殊值，则表示该子问题已被计算过，其相应的记录项中存储的是该子问题的解答。此时，只要从记录项中取出该子问题的解答即可，而不必重新计算。

下面的算法 MemoizedMatrixChain 是解矩阵连乘积最优计算次序问题的备忘录方法。

```c
int MemoizedMatrixChain(int n, int **m, int **s) {
    for (int i=1; i <= n; i++) {
        for (int j=i; j <= n; j++)
            m[i][j] = 0;
        return LookupChain(1, n);
    }
}
int LookupChain(int i, int j) {
    if (m[i][j] > 0)
        return m[i][j];
    if (i == j)
        return 0;
    int u = LookupChain(i, i) + LookupChain(i+1, j) + p[i-1]*p[i]*p[j];
    s[i][j] = i;
    for (int k=i+1; k < j; k++) {
        int t = LookupChain(i, k) + LookupChain(k+1, j) + p[i-1]*p[k]*p[j];
        if (t < u) {
            u = t;
            s[i][j] = k;
        }
    }
    m[i][j]=u;
    return u;
}
```

与动态规划算法 MatrixChain 一样，备忘录算法 MemoizedMatrixChain 用数组 m 来记录子问题的最优值。m 初始化为 0，表示相应的子问题还未被计算。在调用 LookupChain()时，若 $m[i][j]>0$，则表示其中存储的是所要求子问题的计算结果，直接返回此结果即可。否则与直接递归算法一样，自顶向下递归计算，并将计算结果存入 $m[i][j]$后返回。因此，LookupChain()总能返回正确的值，但仅在它第一次被调用时计算，以后的调用就直接返回计算结果。

与动态规划算法一样，备忘录算法 MemoizedMatrixChain 耗时 $O(n^3)$。事实上，共有 $O(n^2)$个备忘记录项 $m[i][j]$（$i=1, \cdots, n$；$j=i, \cdots, n$）。这些记录项的初始化耗费 $O(n^2)$时间。每个记录项只填入一次。每次填入时，不包括填入其他记录项的时间，共耗费 $O(n)$时间。因此，LookupChain 填入 $O(n^2)$个记录项总共耗费 $O(n^3)$计算时间。由此可见，通过使用备忘录技术，直接递归算法的计算时间从 $\Omega(2^n)$降至 $O(n^3)$。

综上所述，矩阵连乘积的最优计算次序问题可用自顶向下的备忘录算法或自底向上的动

态规划算法在 $O(n^3)$ 计算时间内求解。这两个算法都利用了子问题重叠性质，共有 $\theta(n^2)$ 个不同的子问题。对每个子问题，两种方法都只解一次，并记录答案。再次遇到该子问题时，不重新求解而简单地取用已得到的答案，节省了计算量，提高了算法的效率。

一般来讲，当一个问题的所有子问题都至少要解一次时，用动态规划算法比用备忘录方法好。此时，动态规划算法没有任何多余的计算。同时，对于许多问题，常可利用其规则的表格存取方式，减少动态规划算法的计算时间和空间需求。当子问题空间中的部分子问题可不必求解时，用备忘录方法则较有利，因为从其控制结构可以看出，该方法只解那些确实需要求解的子问题。

3.3 最长公共子序列

一个给定序列的子序列是在该序列中删去若干元素后得到的序列。确切地说，若给定序列 $X=\{x_1, x_2, \cdots, x_m\}$，则另一序列 $Z=\{z_1, z_2, \cdots, z_k\}$，是 X 的子序列是指存在一个严格递增下标序列 $\{i_1, i_2, \cdots, i_k\}$ 使得对于所有 $j=1, 2, \cdots, k$，有：$z_j=x_{i_j}$。例如，序列 $Z=\{B, C, D, B\}$ 是序列 $X=\{A, B, C, B, D, A, B\}$ 的子序列，相应的递增下标序列为 $\{2, 3, 5, 7\}$。

给定两个序列 X 和 Y，当另一序列 Z 既是 X 的子序列又是 Y 的子序列时，称 Z 是序列 X 和 Y 的公共子序列。

例如，若 $X=\{A, B, C, B, D, A, B\}$，$Y=\{B, D, C, A, B, A\}$ 则序列 $\{B, C, A\}$ 是 X 和 Y 的一个公共子序列，但它不是 X 和 Y 的一个最长公共子序列。序列 $\{B, C, B, A\}$ 也是 X 和 Y 的一个公共子序列，其长度为 4，而且它是 X 和 Y 的最长公共子序列，因为 X 和 Y 没有长度大于 4 的公共子序列。

最长公共子序列问题：给定两个序列 $X=\{x_1, x_2, \cdots, x_m\}$ 和 $Y=\{y_1, y_2, \cdots, y_n\}$，找出 X 和 Y 的最长公共子序列。

动态规划算法可有效地解此问题。下面按照动态规划算法设计的步骤来设计解此问题的有效算法。

1. 最长公共子序列的结构

穷举搜索法是最容易想到的算法，对 X 的所有子序列，检查它是否也是 Y 的子序列，从而确定它是否为 X 和 Y 的公共子序列。并且在检查过程中记录最长的公共子序列。X 的所有子序列都检查过后即可求出 X 和 Y 的最长公共子序列。X 的每个子序列相应于下标集 $\{1, 2, \cdots, m\}$ 的一个子集，因此有 2^m 个不同子序列，从而穷举搜索法需要指数时间。

事实上，最长公共子序列问题具有最优子结构性质。

设序列 $X=\{x_1, x_2, \cdots, x_m\}$ 和 $Y=\{y_1, y_2, \cdots, y_n\}$ 的最长公共子序列为 $Z=\{z_1, z_2, \cdots, z_k\}$，则

    ① 若 $x_m=y_n$，则 $z_k=x_m=y_n$，且 Z_{k-1} 是 X_{m-1} 和 Y_{n-1} 的最长公共子序列。

    ② 若 $x_m \neq y_n$ 且 $z_k \neq x_m$，则 Z 是 X_{m-1} 和 Y 的最长公共子序列。

    ③ 若 $x_m \neq y_n$ 且 $z_k \neq y_n$，则 Z 是 X 和 Y_{n-1} 的最长公共子序列。

其中，$X_{m-1}=\{x_1, x_2, \cdots, x_{m-1}\}$，$Y_{n-1}=\{y_1, y_2, \cdots, y_{n-1}\}$，$Z_{k-1}=\{z_1, z_2, \cdots, z_{k-1}\}$。

证明：

① 用反证法。若 $z_k \neq x_m$，则 $\{z_1, z_2, \cdots, z_k, x_m\}$ 是 X 和 Y 的长度为 $k+1$ 的公共子序列。这与 Z 是 X 和 Y 的最长公共子序列矛盾，因此必有 $z_k=x_m=y_n$。由此可知，Z_{k-1} 是 X_{m-1} 和 Y_{n-1} 的长

度为 $k-1$ 的公共子序列。若 X_{m-1} 和 Y_{n-1} 有长度大于 $k-1$ 的公共子序列 W，则将 x_m 加在其尾部产生 X 和 Y 的长度大于 k 的公共子序列。此为矛盾。所以，Z_{k-1} 是 X_{m-1} 和 Y_{n-1} 的最长公共子序列。

② 由于 $z_k \neq x_m$，Z 是 X_{m-1} 和 Y 的公共子序列，若 X_{m-1} 和 Y 有长度大于 k 的公共子序列 W，则 W 也是 X 和 Y 的长度大于 k 的公共子序列。这与 Z 是 X 和 Y 的最长公共子序列矛盾。由此可知，Z 是 X_{m-1} 和 Y 的最长公共子序列。

③ 证明方法与②类似。

由此可见，两个序列的最长公共子序列包含了这两个序列的前缀的最长公共子序列。因此，最长公共子序列问题具有最优子结构性质。

2．子问题的递归结构

由最长公共子序列问题的最优子结构性质可知，要找出 $X=\{x_1, x_2, \cdots, x_m\}$ 和 $Y=\{y_1, y_2, \cdots, y_n\}$ 的最长公共子序列，可按以下方式递归地进行：当 $x_m=y_n$ 时，找出 X_{m-1} 和 Y_{n-1} 的最长公共子序列，然后在其尾部加上 x_m（$x_m=y_n$），即可得 X 和 Y 的最长公共子序列。当 $x_m \neq y_n$ 时，必须解两个子问题，即找出 X_{m-1} 和 Y 的一个最长公共子序列及 X 和 Y_{n-1} 的一个最长公共子序列。这两个公共子序列中较长者即为 X 和 Y 的最长公共子序列。

由此递归结构容易看到，最长公共子序列问题具有子问题重叠性质。例如，在计算 X 和 Y 的最长公共子序列时，可能要计算 X 和 Y_{n-1} 及 X_{m-1} 和 Y 的最长公共子序列。这两个子问题都包含一个公共子问题，即计算 X_{m-1} 和 Y_{n-1} 的最长公共子序列。

首先建立子问题最优值的递归关系。用 $c[i][j]$ 记录序列 X_i 和 Y_j 的最长公共子序列的长度。其中，$X_i=\{x_1, x_2, \cdots, x_i\}$；$Y_j=\{y_1, y_2, \cdots, y_j\}$。当 $i=0$ 或 $j=0$ 时，空序列是 X_i 和 Y_j 的最长公共子序列。所以，此时 $c[i][j]=0$。其他情况下，由最优子结构性质可建立递归关系如下：

$$c[i][j]=\begin{cases} 0 & i>0; j=0 \\ c[i-1][j-1]+1 & i,j>0; x_i=y_i \\ \max\{c[i][j-1], c[i-1][j]\} & i,j>0; x_i \neq y_i \end{cases}$$

3．计算最优值

直接利用递归式容易写出计算 $c[i][j]$ 的递归算法，但其计算时间是随输入长度指数增长的。由于在所考虑的子问题空间中，共有 $\theta(mn)$ 个不同的子问题，因此，用动态规划算法自底向上计算最优值能提高算法的效率。

计算最长公共子序列长度的动态规划算法 LCSLength 以序列 $X=\{x_1, x_2, \cdots, x_m\}$ 和 $Y=\{y_1, y_2, \cdots, y_n\}$ 作为输入，输出两个数组 c 和 b。其中，$c[i][j]$ 存储 X_i 和 Y_j 的最长公共子序列的长度，$b[i][j]$ 记录 $c[i][j]$ 的值是由哪个子问题的解得到的，这在构造最长公共子序列时要用到。问题的最优值，即 X 和 Y 的最长公共子序列的长度记录于 $c[m][n]$ 中。

```
void LCSLength(int m,int n,char *x,char *y, int **c, int **b) {
    int  i, j;
    for(i=1; i <= m; i++)
        c[i][0] = 0;
    for(i=1; i <= n; i++)
        c[0][i] = 0;
    for(i=1; i <= m; i++) {
        for(j=1; j <= n; j++) {
```

```
      if (x[i] == y[j]) {
        c[i][j] = c[i-1][j-1]+1;
        b[i][j] = 1;
      }
      else if (c[i-1][j] >= c[i][j-1]) {
        c[i][j] = c[i-1][j];
        b[i][j] = 2;
      }
      else {
        c[i][j] = c[i][j-1];
        b[i][j] = 3;
      }
    }
  }
}
```

由于每个数组单元的计算耗费 $O(1)$ 时间，因此算法 LCSLength 耗时 $O(mn)$。

4．构造最长公共子序列

由算法 LCSLength 计算得到的数组 b 可用于快速构造序列 $X=\{x_1, x_2, \cdots, x_m\}$ 和 $Y=\{y_1, y_2, \cdots, y_n\}$ 的最长公共子序列。首先从 b[m][n] 开始，依其值在数组 b 中搜索。当在 b[i][j]=1 时，表示 X_i 和 Y_j 的最长公共子序列是由 X_{i-1} 和 Y_{j-1} 的最长公共子序列在尾部加上 x_i 所得到的子序列。当 b[i][j]=2 时，表示 X_i 和 Y_j 的最长公共子序列与 X_{i-1} 和 Y_j 的最长公共子序列相同。当 b[i][j]=3 时，表示 X_i 和 Y_j 的最长公共子序列与 X_i 和 Y_{j-1} 的最长公共子序列相同。

下面的算法 LCS 实现根据 b 的内容打印出 X_i 和 Y_j 的最长公共子序列。通过算法调用 LCS($m, n, x,$ b) 便可打印出序列 X 和 Y 的最长公共子序列。

```
void LCS(int i, int j, char *x, int**b) {
  if (i ==0 || j==0)
    return;
  if (b[i][j]== 1) {
    LCS(i-1, j-1, x, b);
    cout<<x[i];
  }
  else if (b[i][j] == 2)
    LCS(i-1, j, x, b);
  else
    LCS(i, j-1, x, b);
}
```

在算法 LCS 中，每次递归调用使 i 或 j 减 1，因此算法的计算时间为 $O(m+n)$。

5．算法的改进

对于具体问题，按照一般的算法设计策略设计出的算法，往往在算法的时间和空间需求上还有较大的改进余地。通常可以利用具体问题的一些特殊性对算法做进一步改进。例如，在算法 LCSLength 和 LCS 中，可进一步将数组 b 省去。事实上，数组元素 c[i][j] 的值仅由 c[$i-1$][$j-1$]、c[$i-1$][j] 和 c[i][$j-1$] 这三个数组元素的值确定。对于给定的数组元素 c[i][j]，可以不借助数组 b 而仅借助数组 c 本身，在 $O(1)$ 时间内确定 c[i][j] 的值是由 c[$i-1$][$j-1$]、c[$i-1$][j]

和 $c[i][j-1]$ 中哪个值确定的。因此，可以写一个类似 LCS 的算法，不用数组 b 而在 $O(m+n)$ 时间内构造最长公共子序列，从而可节省 $\theta(mn)$ 的空间。由于数组 c 仍需要 $\theta(mn)$ 的空间，因此在渐近的意义上，算法仍需要 $\theta(mn)$ 的空间，所作的改进只是对空间复杂性的常数因子的改进。

另外，如果只需要计算最长公共子序列的长度，则算法的空间需求可大大减少。事实上，在计算 $c[i][j]$ 时，只用到数组 c 的第 i 行和第 $i-1$ 行。因此，用两行的数组空间就可以计算出最长公共子序列的长度。进一步的分析还可将空间需求减至 $O(\min\{m,n\})$。

3.4 最大子段和

给定由 n 个整数（可能为负整数）组成的序列 $a_1, a_2, \cdots, a_n$，求该序列形如 $\sum\limits_{k=i}^{j} a_k$ 的子段和的最大值。当所有整数均为负整数时定义其最大子段和为 0。依此定义，所求的最优值为

$$\max\left\{0, \max_{1\leqslant i\leqslant j\leqslant n}\sum_{k=i}^{j} a_k\right\}$$

例如，当 $(a_1, a_2, a_3, a_4, a_5, a_6)=(-2, 11, -4, 13, -5, -2)$ 时，最大子段和为 $\sum\limits_{k=2}^{4} a_k =20$。

1. 最大子段和问题的简单算法

对于最大子段和问题，有多种求解算法。先讨论简单算法如下。其中用数组 $a[]$ 存储给定的 n 个整数 $a_1, a_2, \cdots, a_n$。

```
int MaxSum(int n, int *a, int& besti, int& bestj) {
  int  sum = 0;
  for (int i=1; i <= n; i++) {
    for (int j=i; j <= n; j++) {
      int  thissum = 0;
      for (int k=i; k <= j; k++)
        thissum += a[k];
      if (thissum > sum) {
        sum = thissum;
        besti = i;
        bestj = j;
      }
    }
  }
  return sum;
}
```

从这个算法的三个 for 循环可以看出，它所需的计算时间是 $O(n^3)$。事实上，如果注意到 $\sum\limits_{k=i}^{j} a_k = a_j + \sum\limits_{k=i}^{j-1} a_k$，则可将算法中的最后一个 for 循环省去，避免重复计算，从而使算法得以改进。改进后的算法可描述为：

```
int MaxSum(int n, int *a, int& besti, int& bestj) {
```

```
    int  sum = 0;
    for (int i=1; i <= n; i++) {
        int  thissum = 0;
        for (int j=i; j <= n; j++) {
            thissum += a[j];
            if (thissum > sum) {
                sum = thissum;
                besti = i;
                bestj = j;
            }
        }
    }
    return sum;
}
```

改进后的算法显然只需要 $O(n^2)$ 的计算时间。上述改进是在算法设计技巧上的一个改进，能充分利用已经得到的结果，避免重复计算，节省了计算时间。

2. 最大子段和问题的分治算法

针对最大子段和这个具体问题本身的结构，还可以从算法设计的策略上对上述 $O(n^2)$ 计算时间算法加以更深刻的改进。从这个问题的解的结构可以看出，它适合于用分治法求解。

如果将所给的序列 a[1:n]分为长度相等的两段 a[1:n/2]和 a[n/2+1:n]，分别求出这两段的最大子段和，则 a[1:n]的最大子段和有三种情形：

    ① a[1:n]的最大子段和与 a[1:n/2]的最大子段和相同；

    ② a[1:n]的最大子段和与 a[n/2+1:n]的最大子段和相同；

    ③ a[1:n]的最大子段和为 $\sum\limits_{k=i}^{j}a_k$ ，且 $1\leqslant i\leqslant n/2$, $n/2+1\leqslant j\leqslant n$。

①和②这两种情形可递归求得。对于情形③，容易看出，a[n/2]与 a[n/2+1]在最优子序列中。因此，可以在 a[1:n/2]中计算出 $s1=\max\limits_{1\leqslant i\leqslant n/2}\sum\limits_{k=i}^{n/2}a[k]$ ，并在 a[n/2+1:n]中计算

$$s2=\max_{n/2+1\leqslant i\leqslant n}\sum_{k=n/2+1}^{j}a[k]$$

则 $s1+s2$ 即为出现情形③时的最优值。据此可设计出求最大子段和的分治算法如下。

```
int MaxSubSum(int *a, int left, int right) {
    int  sum = 0;
    if (left == right)
        sum = a[left]>0 ? a[left] : 0;
    else {
        int  center = (left+right)/2;
        int  leftsum = MaxSubSum(a, left, center);
        int  rightsum = MaxSubSum(a, center+1, right);
        int  s1 = 0;
        int  lefts = 0;
        for (int i=center; i>=left; i--) {
            lefts += a[i];
```

```
            if (lefts > s1)
                s1=lefts;
        }
        int  s2 = 0;
        int  rights = 0;
        for (int i=center+1; i <= right; i++){
            rights += a[i];
            if (rights > s2)
                s2 = rights;
        }
        sum = s1+s2;
        if (sum < leftsum)
            sum = leftsum;
        if (sum < rightsum)
            sum = rightsum;
    }
    return sum;
}
int MaxSum(int n, int *a) {
    return MaxSubSum(a, 1, n);
}
```

该算法所需的计算时间 $T(n)$满足典型的分治算法递归式

$$T(n) = \begin{cases} O(1) & n \leqslant c \\ 2T(n/2) + O(n) & n > c \end{cases}$$

解此递归方程可知，$T(n)=O(n\log n)$。

3. 最大子段和问题的动态规划算法

在对上述分治算法的分析中注意到，若 $b[j] = \max\limits_{1 \leqslant i \leqslant j}\left\{\sum\limits_{k=i}^{j} a[k]\right\}(1 \leqslant j \leqslant n)$，则所求的最大子段和为

$$\max_{1 \leqslant i \leqslant j \leqslant n}\sum_{k=i}^{j} a[k] = \max_{1 \leqslant i \leqslant n} \qquad \max_{1 \leqslant i \leqslant j}\sum_{k=i}^{j} a[k] = \max_{1 \leqslant j \leqslant n} b[j]$$

由 $b[j]$的定义易知，当 $b[j-1]>0$ 时，$b[j]=b[j-1]+a[j]$，否则 $b[j]=a[j]$。由此可得，计算 $b[j]$的动态规划递归式

$$b[j]=\max\{b[j-1]+a[j], a[j]\} \qquad 1 \leqslant j \leqslant n$$

据此，可设计出求最大子段和的动态规划算法如下。

```
int MaxSum(int n, int *a) {
    int  sum = 0, b = 0;
    for(int i=1; i <= n; i++) {
        if (b > 0)
            b += a[i];
        else
            b = a[i];
        if (b > sum)
            sum = b;
```

```
  }
  return sum;
}
```

上述算法显然需要 $O(n)$ 计算时间和 $O(n)$ 空间。

4. 最大子段和问题与动态规划算法的推广

最大子段和问题可以很自然地推广到高维的情形。

① 最大子矩阵和问题：给定一个 m 行 n 列的整数矩阵 A，试求矩阵 A 的一个子矩阵，使其各元素之和为最大。最大子矩阵和问题是最大子段和问题向二维的推广。用二维数组 a[1:m][1:n] 表示给定的 m 行 n 列的整数矩阵。子数组 a[i_1:i_2][j_1:j_2] 表示左上角和右下角行列坐标分别为 (i_1, j_1) 和 (i_2, j_2) 的子矩阵，其各元素之和记为

$$s(i_1, i_2, j_1, j_2) = \sum_{i=i_1}^{i_2} \sum_{j=j_1}^{j_2} a[i][j]$$

最大子矩阵和问题的最优值为 $\max_{\substack{1 \le i_1 \le i_2 \le m \\ 1 \le j_1 \le j_2 \le n}} = s(i_1, i_2, j_1, j_2)$。

如果用直接枚举的方法解最大子矩阵和问题，需要 $O(m^2 n^2)$ 时间。注意到

$$\max_{\substack{1 \le i_1 \le i_2 \le m \\ 1 \le j_1 \le j_2 \le n}} = s(i_1, i_2, j_1, j_2) \max_{1 \le i_1 \le i_2 \le m} \left\{ \max_{1 \le j_1 \le j_2 \le n} s(i_1, i_2, j_1, j_2) \right\} = \max_{1 \le i_1 \le i_2 \le m} t(i_1, i_2)$$

式中，$t(i_1, i_2) = \max_{1 \le j_1 \le j_2 \le n} s(i_1, i_2, j_1, j_2) = \max_{1 \le j_1 \le j_2 \le n} \sum_{j=j_1}^{j_2} \sum_{i=i_1}^{i_2} a[i][j]$。

设 $b[j] = \sum_{i=i1}^{i2} a[i][j]$，则 $t(i_1, i_2) = \max_{1 \le j_1 \le j_2 \le n} \sum_{j=j_1}^{j_2} b[j]$。

容易看出，这正是一维情形的最大子段和问题。由此，借助最大子段和问题的动态规划算法 MaxSum，可设计出解最大子矩阵和问题的动态规划算法 MaxSum2 如下。

```
int MaxSum2(int m, int n, int **a) {
  int  sum = 0;
  int  *b = new int [n+1];
  for(int i=1; i <= m; i++) {
    for(int k=1; k <= n; k++)
      b[k] = 0;
    for(int j=i; j <= m; j++) {
      for(int k=1; k <= n; k++)
        b[k] += a[j][k];
      int  max = MaxSum(n, b);
      if (max > sum)
        sum = max;
    }
  }
  return sum;
}
```

由于解最大子段和问题的动态规划算法 MaxSum 需要 $O(n)$ 时间，故算法 MaxSum2 的双重 for 循环需要 $O(m^2 n)$ 计算时间，从而算法 MaxSum2 需要 $O(m^2 n)$ 计算时间。特别地，当 $m = O(n)$

时，算法 MaxSum2 需要 $O(n^3)$ 计算时间。

② 最大 m 子段和问题：给定由 n 个整数（可能为负整数）组成的序列 $a_1, a_2, \cdots, a_n$ 和正整数 m，要求确定序列 $a_1, a_2, \cdots, a_n$ 的 m 个不相交子段，使这 m 个子段的总和达到最大。

最大 m 子段和问题是最大子段和问题在子段个数上的推广。换句话说，最大子段和问题是最大 m 子段和问题当 $m=1$ 时的特殊情形。

设 $b(i,j)$ 表示数组 a 的前 j 项中 i 个子段和的最大值，且第 i 个子段含 $a[j]$（$1\leq i\leq m, i\leq j\leq n$），则所求的最优值显然为 $\max\limits_{m\leq j\leq n} b(m,j)$。与最大子段和问题类似，计算 $b(i,j)$ 的递归式为

$$b(i,j)=\max\{b(i,j-1)+a[j], \max\limits_{i-1\leq t<j} b(i-1,t)+a[j]\} \quad (1\leq i\leq m, i\leq j\leq n)$$

其中，$b(i,j-1)+a[j]$ 项表示第 i 个子段含 $a[j-1]$，而 $\max\limits_{i-1\leq t<j} b(i-1,t)+a[j]$ 项表示第 i 个子段仅含 $a[j]$。初始时，$b(0,j)=0$（$1\leq j\leq n$），$b(i,0)=0$（$1\leq i\leq m$）。

根据上述计算 $b(i,j)$ 的动态规划递归式，可设计解最大 m 子段和问题的动态规划算法如下。

```
int MaxSum(int m, int n, int *a) {
    if (n<m || m<1)
        return 0;
    int **b = new int *[m+1];
    for (int i=0; i <= m; i++)
        b[i] = new int [n+1];
    for (int i=0; i <= m; i++)
        b[i][0]=0;
    for (int j=1; j <= n; j++)
        b[0][j] = 0;
    for (int i=1; i <= m; i++) {
        for (int j=i; j <= n-m+i; j++) {
            if (j>i) {
                b[i][j] = b[i][j-1]+a[j];
                for (int k=i-1; k < j; k++)
                    if (b[i][j] < b[i-1][k]+a[j])
                        b[i][j] = b[i-1][k]+a[j];
            }
        }
    }
    else
        b[i][j] = b[i-1][j-1]+a[j];
    int sum = 0;
    for (int j=m; j <= n; j++)
        if (sum < b[m][j])
            sum = b[m][j];
    return sum;
}
```

上述算法显然需要 $O(mn^2)$ 计算时间和 $O(mn)$ 空间。

注意到在上述算法中，计算 $b[i][j]$ 时只用到数组 b 的第 $i-1$ 行和第 i 行的值。因而算法中只要存储数组 b 的当前行，不必存储整个数组。另一方面，$\max\limits_{i-1\leq t<j} b(i-1,t)$ 的值可以在计算第 $i-1$ 行时预先计算并保存起来。计算第 i 行的值时不必重新计算，节省了计算时间和空间。

按此思想可对上述算法做进一步改进如下：

```
int MaxSum(int m, int n, int *a) {
    if (n<m || m<1)
        return 0;
    int  *b = new int [n+1];
    int  *c = new int [n+1];
    b[0]=0;
    c[1]=0;
    for (int i=1; i <= m; i++) {
        b[i] = b[i-1] + a[i];
        c[i-1] = b[i];
        int  max = b[i];
        for(int j=i+1; j <= i+n-m; j++) {
            b[j] = b[j-1]>c[j-1] ? b[j-1]+a[j] : c[j-1]+a[j];
            c[j-1] = max;
            if (max < b[j])
                max = b[j];
        }
        c[i+n-m] = max;
    }
    int  sum = 0;
    for (int j=m; j <= n; j++)
        if (sum < b[j])
            sum=b[j];
    return sum;
}
```

上述算法需要 $O(m(n-m))$ 计算时间和 $O(n)$ 空间。当 m 或 $n-m$ 为常数时，上述算法需要 $O(n)$ 计算时间和 $O(n)$ 空间。

3.5 凸多边形最优三角剖分

用动态规划算法能有效地解凸多边形的最优三角剖分问题。尽管这是一个几何问题，但在本质上，它与矩阵连乘积的最优计算次序问题极为相似。

多边形是平面上一条分段线性的闭曲线。也就是说，多边形是由一系列首尾相接的直线段组成的。组成多边形的各直线段称为该多边形的边。连接多边形相继两条边的点称为多边形的顶点。若多边形的边除了连接顶点没有别的交点，则称该多边形为一个简单多边形。一个简单多边形将平面分为三部分：被包围在多边形内的所有点构成了多边形的内部，多边形本身构成多边形的边界，而平面上其余包围着多边形的点构成了多边形的外部。当一个简单多边形及其内部构成一个闭凸集时，则称该简单多边形为一个凸多边形。即凸多边形边界上或内部的任意两点所连成的直线段上所有点均在凸多边形的内部或边界上。

通常，用多边形顶点的逆时针序列表示凸多边形，即 $P=\{v_0, v_1, \cdots, v_{n-1}\}$ 表示具有 n 条边 v_0v_1、v_1v_2、$\cdots$、$v_{n-1}v_n$ 的凸多边形。其中，约定 $v_0=v_n$。

若 v_i 与 v_j 是多边形上不相邻的两个顶点，则线段 v_iv_j 称为多边形的一条弦。弦 v_iv_j 将多边形分割成两个多边形$\{v_i, v_{i+1}, \cdots, v_j\}$和$\{v_j, v_{j+1}, \cdots, v_i\}$。

多边形的三角剖分是指将多边形分割成互不相交的三角形的弦的集合T。图3-3是一个凸7边形的两个不同的三角剖分。

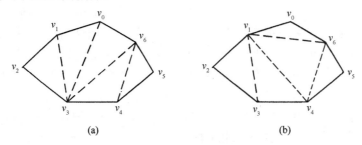

图3-3　一个凸7边形的两个不同的三角剖分

在凸多边形P的一个三角剖分T中，各弦互不相交，且集合T已达到最大，即P的任一不在T中的弦必与T中某一弦相交。在有n个顶点的凸多边形的三角剖分中，恰有$n-3$条弦和$n-2$个三角形。

凸多边形最优三角剖分问题：给定凸多边形$P=\{v_0, v_1, \cdots, v_{n-1}\}$，以及定义在由凸多边形的边和弦组成的三角形上的权函数w，要求确定该凸多边形的三角剖分，使得该三角剖分所对应的权，即三角剖分中诸三角形上权之和为最小。

可以定义三角形上各种各样的权函数w，如$w(v_iv_jv_k)=|v_iv_j|+|v_jv_k|+|v_kv_i|$。其中，$|v_iv_j|$是点$v_i$到$v_j$的欧氏距离，对应此权函数的最优三角剖分即为最小弦长三角剖分。

本节所述算法可适用于任意权函数。

1.　三角剖分的结构及其相关问题

凸多边形的三角剖分与表达式的完全加括号方式之间具有十分紧密的联系。正如所看到的，矩阵连乘积的最优计算次序问题等价于矩阵链的最优完全加括号方式。这些问题之间的相关性可从它们对应的完全二叉树的同构性看出。

一个表达式的完全加括号方式相应于一棵完全二叉树，称为表达式的语法树。例如，完全加括号的矩阵连乘积$((A_1(A_2A_3))(A_4(A_5A_6)))$所相应的语法树如图3-4(a)所示。

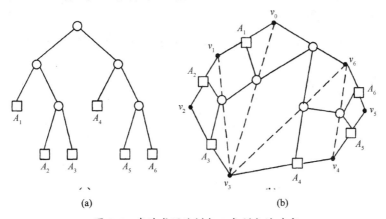

图3-4　表达式语法树与三角剖分的对应

语法树中每个叶结点表示表达式中一个原子。在语法树中，若结点有一个表示表达式

E_l的左子树和一个表示表达式 E_r 的右子树，则以该结点为根的子树表示表达式(E_lE_r)。因此，有 n 个原子的完全加括号表达式对应唯一的一棵有 n 个叶结点的语法树，反之亦然。

凸多边形$\{v_0, v_1, \cdots, v_{n-1}\}$的三角剖分也可以用语法树来表示。例如，图 3-4(a)中凸多边形的三角剖分可用图 3-4(b)所示的语法树来表示。该语法树的根结点为边 v_0v_6。三角剖分中的弦组成其余的内结点。多边形中，除 v_0v_6 边外的各边都是语法树的一个叶结点。树根 v_0v_6 是三角形 $v_0v_3v_6$ 的一条边。该三角形将原多边形分为三部分：三角形 $v_0v_3v_6$、凸多边形$\{v_0, v_1, \cdots, v_3\}$和凸多边形$\{v_3, v_4, \cdots, v_6\}$。三角形 $v_0v_3v_6$ 的另外两条边即弦 v_0v_3 和 v_3v_6 为根的两个儿子。以它们为根的子树表示凸多边形$\{v_0, v_1, \cdots, v_3\}$和$\{v_3, v_4, \cdots, v_6\}$的三角剖分。

在一般情况下，凸 n 边形的三角剖分对应一棵有 $n-1$ 个叶结点的语法树。反之，也可根据一棵有 $n-1$ 个叶结点的语法树产生相应的凸 n 边形的三角剖分。也就是说，凸 n 边形的三角剖分与有 $n-1$ 个叶结点的语法树之间存在一一对应关系。由于 n 个矩阵的完全加括号乘积与 n 个叶结点的语法树之间存在一一对应关系，因此 n 个矩阵的完全加括号乘积也与凸 $n+1$ 边形中的三角剖分之间存在一一对应关系。这种对应关系见图 3-4。矩阵连乘积 $A_1A_2\cdots A_n$ 中的每个矩阵 A_i 对应凸 $n+1$ 边形中的一条边 $v_{i-1}v_i$。三角剖分中的一条弦 v_iv_j（$i<j$）对应矩阵连乘积 $A[i+1:j]$。

事实上，矩阵连乘积的最优计算次序问题是凸多边形最优三角剖分问题的特殊情形。对于给定的矩阵链 $A_1A_2\cdots A_n$，定义与之相应的凸 $n+1$ 边形 $P=\{v_0, v_1, \cdots, v_n\}$，使得矩阵 A_i 与凸多边形的边 $v_{i-1}v_i$ 一一对应。若矩阵 A_i 的维数为 $p_{i-1}\times p_i$（$i=1, 2, \cdots n$），则定义三角形 $v_iv_jv_k$ 上的权函数值为 $w(v_iv_jv_k)=p_ip_jp_k$。依此权函数的定义，凸多边形 P 的最优三角剖分对应的语法树给出矩阵链 $A_1A_2\cdots A_n$ 的最优完全加括号方式。

2. 最优子结构性质

凸多边形的最优三角剖分问题有最优子结构性质。事实上，若凸 $n+1$ 边形 $P=\{v_0, v_1, \cdots, v_n\}$ 的最优三角剖分 T 包含三角形 $v_0v_kv_n$（$1\le k\le n-1$），则 T 的权为三角形 $v_0v_kv_n$ 的权、子多边形$\{v_0, v_1, \cdots, v_k\}$和$\{v_k, v_{k+1}, \cdots, v_n\}$的权之和。可以断言，由 T 确定的这两个子多边形的三角剖分也是最优的。因为若有$\{v_0, v_1, \cdots, v_k\}$或$\{v_k, v_{k+1}, \cdots, v_n\}$的更小权的三角剖分，将导致 T 不是最优三角剖分的矛盾。

3. 最优三角剖分的递归结构

首先，定义 $t[i][j]$（$1\le i<j\le n$）为凸子多边形$\{v_{i-1}, v_i, \cdots, v_j\}$的最优三角剖分对应的权函数值，即其最优值。为方便起见，设退化的多边形$\{v_{i-1}, v_i\}$具有权值 0。据此定义，要计算的凸 $n+1$ 边形 P 的最优权值为 $t[1][n]$。

$t[i][j]$ 的值可以利用最优子结构性质递归地计算。由于退化的两顶点多边形的权值为 0，因此 $t[i][i]=0$（$i=1, 2, \cdots, n$）。当 $j-i\ge 1$ 时，凸子多边形$\{v_{i-1}, v_i, \cdots, v_j\}$至少有 3 个顶点。由最优子结构性质，$t[i][j]$ 的值应为 $t[i][k]$ 的值加上 $t[k+1][j]$ 的值，再加上三角形 $v_{i-1}v_kv_j$（$i\le k\le j-1$）的权值。由于在计算时还不知道 k 的确切位置，而 k 的所有可能位置只有 $j-i$ 个，因此可以在这 $j-i$ 个位置中选出使 $t[i][j]$ 值达到最小的位置。由此，$t[i][j]$ 可递归地定义为

$$t[i][j] = \begin{cases} 0 & i=j \\ \min_{i\le k\le j}\{t[i][k]+t[k+1][j]+w(v_{i-1}v_kv_j)\} & i<j \end{cases}$$

4．计算最优值

与矩阵连乘积问题中计算 $m[i][j]$ 的递归式进行比较容易看出，除了权函数的定义，$t[i][j]$ 与 $m[i][j]$ 的递归式是完全一样的。因此，只要对计算 $m[i][j]$ 的算法 MatrixChain 做很小的修改，就完全适合计算 $t[i][j]$。

下面描述的计算凸 $n+1$ 边形 $P=\{v_0, v_1, \cdots, v_n\}$ 的最优三角剖分的动态规划算法 MinWeightTriangulation 以凸多边形 $P=\{v_0, v_1, \cdots, v_n\}$ 和定义在三角形上的权函数 w 作为输入。

```
template<class Type>
void MinWeightTriangulation(int n, Type **t, int **s) {
    for (int i=1; i <= n; i++)
        t[i][i] = 0;
    for (int r=2; r <= n; r++) {
        for (int i=1; i <= n-r+1; i++) {
            int j = i+r-1;
            t[i][j] = t[i+1][j] + w(i-1, i, j);
            s[i][j] = i;
            for (int k=i+1; k < i+r-1; k++) {
                int u = t[i][k] + t[k+1][j] + w(i-1, k, j);
                if (u<t[i][j]) {
                    t[i][j] = u;
                    s[i][j] = k;
                }
            }
        }
    }
}
```

与算法 MatrixChain 一样，算法 MinWeightTriangulation 占用 $O(n^2)$ 空间，耗时 $O(n^3)$。

5．构造最优三角剖分

算法 MinWeightTriangulation 在计算每个凸子多边形 $\{v_{i-1}, v_i, \cdots, v_j\}$ 的最优值时，用数组 s 记录最优三角剖分中所有三角形信息。$s[i][j]$ 记录了与 v_{i-1} 和 v_j 一起构成三角形的第 3 个顶点的位置。据此，用 $O(n)$ 时间就可构造出最优三角剖分中的所有三角形。

3.6 多边形游戏

多边形游戏是一个单人玩的游戏，开始时有一个由 n 个顶点构成的多边形。每个顶点被赋予一个整数值，每条边被赋予一个运算符"+"或"*"。所有边依次用整数从 1 到 n 编号。

游戏第 1 步，将一条边删除；随后 $n-1$ 步按以下方式操作：① 选择一条边 E 及由 E 连接着的 2 个顶点 v_1 和 v_2；② 用一个新的顶点取代边 E 及由 E 连接着的 2 个顶点 v_1 和 v_2，将由顶点 v_1 和 v_2 的整数值通过边 E 上的运算得到的结果赋予新顶点。最后，所有边都被删除，游戏结束。游戏的得分就是所剩顶点上的整数值。

问题：对于给定的多边形，计算最高得分。

该问题与 3.5 节中讨论过的凸多边形最优三角剖分问题类似，但二者的最优子结构性质不同。多边形游戏问题的最优子结构性质更具有一般性。

1．最优子结构性质

设所给的多边形的顶点和边的顺时针序列为 op[1], v[1], op[2], v[2], …, op[n], v[n]。其中，op[i]表示第 i 条边所相应的运算符，v[i]表示第 i 个顶点上的数值，i=1～n。

在所给多边形中，从顶点 i（1≤i≤n）开始，长度为 j（链中有 j 个顶点）的顺时针链 p(i, j)可表示为 v[i], op[i+1], …, v[i+j−1]。

如果这条链的最后一次合并运算在 op[i+s]处发生（1≤s≤j−1），则可在 op[i+s]处将链分割为两个子链 p(i, s)和 p(i+s, j−s)。

设 m_1 是对子链 p(i, s)的任意一种合并方式得到的值，a 和 b 分别是在所有可能的合并中得到的最小值和最大值。m_2 是 p(i+s, j−s)的任意一种合并方式得到的值，c 和 d 是在所有可能的合并中得到的最小值和最大值。依此定义有 $a \le m_1 \le b$，$c \le m_2 \le d$，由于子链 p(i, s)和 p(i+s, j−s)的合并方式决定了 p(i, j)在 op[i+s]处断开后的合并方式，在 op[i+s]处合并后其值为

$$m = (m_1) \, op[i+s] \, (m_2)$$

① 当 op[i+s]='+'时，显然有 $a+c \le m \le b+d$。换句话说，由链 p(i, j)合并的最优性可推出子链 p(i, s)和 p(i+s, j−s)的最优性，且最大值对应子链的最大值，最小值对应子链的最小值。

② 当 op[i+s]='*'时，情况有所不同。由于 v[i]可取负整数，子链的最大值相乘未必能得到主链的最大值，但是最大值一定在边界点达到，即 $\min\{ac, ad, bc, bd\} \le m \le \max\{ac, ad, bc, bd\}$。换句话说，主链的最大值和最小值可由子链的最大值和最小值得到。例如，当 m=ac 时，最大主链由它的两条最小子链组成；同理，当 m=bd 时，最大主链由它的两条最大子链组成。无论哪种情形发生，由主链的最优性均可推出子链的最优性。

综上可知，多边形游戏问题满足最优子结构性质。

2．递归求解

由前面的分析可知，为了求链合并的最大值，必须同时求子链合并的最大值和最小值。因此在整个计算过程中，应同时计算最大值和最小值。

设 m[i, j, 0]是链 p(i, j)合并的最小值，m[i, j, 1]是最大值。若最优合并在 op[i+s]处将 p(i, j)分为两个长度小于 j 的子链 p(i, s)和 p(i+s, j−s)，且从顶点 i 开始的长度小于 j 的子链的最大值和最小值均已计算出。为叙述方便，记 a=m[i, i+s, 0]，b=m[i, i+s, 1]，c=m[i+s, j−s, 0]，d=m[i+s, j−s, 1]。

① 当 op[i+s]='+'时，m[i, j, 0]=a+c，m[i, j, 1]=b+d。

② 当 op[i+s]='*'时，m[i, j, 0]=min{ac, ad, bc, bd}，m[i, j, 1]=max{ac, ad, bc, bd}。

综合以上，将 p(i, j)在 op[i+s]处断开的最大值记为 maxf(i, j, s)，最小值记为 minf(i, j, s)，则

$$\min f(i, j, s) = \begin{cases} a+c & op[i+s]='+' \\ \min\{ac, ad, bc, bd\} & op[i+s]='*' \end{cases}$$

$$\max f(i, j, s) = \begin{cases} b+d & op[i+s]='+' \\ \max\{ac, ad, bc, bd\} & op[i+s]='*' \end{cases}$$

由于最优断开位置 s 有 1≤s≤j−1 的 j−1 种情况，由此可知

$$m[i, j, 0] = \min_{1 \le s \le j} \{\min f(i, j, s)\} \qquad 1 \le i, j \le n$$

$$m[i, j, 1] = \max_{1 \le s \le j} \{\max f(i, j, s)\} \qquad 1 \le i, j \le n$$

初始边界值显然为

$$m[i, 1, 0]=v[i] \qquad 1 \leqslant i \leqslant n$$
$$m[i, 1, 1]=v[i] \qquad 1 \leqslant i \leqslant n$$

由于多边形是封闭的，在上面的计算中，当 $i+s>n$ 时，顶点 $i+s$ 实际编号为 $(i+s) \bmod n$。按上述递推式计算出的 $m[i, n, 1]$ 即为游戏首次删去第 i 条边后得到的最大得分。

3. 算法描述

基于以上讨论可设计解多边形游戏问题的动态规划算法如下：

```
void MinMax(int n, int i, int s, int j, int& minf, int& maxf) {
    int  e[4];
    int  a=m[i][s][0], b=m[i][s][1], r=(i+s-1)%n +1, c=m[r][j-s][0], d=m[r][j-s][1];
    if (op[r] == 't') {
        minf = a+c;
        maxf = b+d;
    }
    else {
        e[1]=a*c;
        e[2]=a*d;
        e[3]=b*c;
        e[4]=b*d;
        minf=e[1];
        maxf=e[1];
        for (int r=2; r<5; r++) {
            if (minf > e[r])
                minf = e[r];
            if (maxf < e[r])
                maxf=e[r];
        }
    }
}
int PolyMax(int n) {
    int  minf, maxf;
    for (int j=2; j <= n; j++) {
        for (int i=1; i <= n; i++) {
            for (int s=1; s<j; s++) {
                MinMax(n, i, s, j, minf, maxf, m, op);
                if (m[i][j][0] > minf)
                    m[i][j][0] = minf;
                if (m[i][j][1] < maxf)
                    m[i][j][1] = maxf;
            }
        }
    }
    int  temp = m[1][n][1];
    for (int i=2; i <= n; i++) {
        if (temp < m[i][n][1])
            temp = m[i][n][1];
```

```
    }
    return temp;
}
```

4．计算复杂性分析

与凸多边形最优三角剖分问题类似，上述算法需要 $O(n^3)$ 计算时间。

3.7   图像压缩

在计算机中常用像素点灰度值序列 $\{p_1, p_2, \cdots, p_n\}$ 表示图像。其中整数 p_i（$1 \leqslant i \leqslant n$），表示像素点 i 的灰度值。通常灰度值的范围是 $0 \sim 255$。因此，需要用 8 位表示一个像素。

图像的变位压缩存储格式将所给的像素点序列 $\{p_1, p_2, \cdots, p_n\}$ 分割成 m 个连续段 $S_1, S_2, \cdots,$ S_m。第 i 个像素段 S_i（$1 \leqslant i \leqslant m$）中，有 $l[i]$ 个像素，且该段中每个像素都只用 $b[i]$ 位表示。设 $t[i] = \sum_{k=1}^{i-1} l[k]$（$1 \leqslant i \leqslant m$），则第 i 个像素段 S_i 为

$$S_i = \{p_{t[i]+1}, \cdots, p_{t[i]+l[i]}\} \qquad 1 \leqslant i \leqslant m$$

设 $h_i = \left\lceil \log\left(\max_{t[i]+1 \leqslant k \leqslant t[i]+l[i]} p_k + 1\right) \right\rceil$，则 $h_i \leqslant b[i] \leqslant 8$，需要用 3 位表示 $b[i]$（$1 \leqslant i \leqslant m$）。如果限制 $1 \leqslant l[i] \leqslant 255$，则需要用 8 位表示 $l[i]$（$1 \leqslant i \leqslant m$）。因此第 i 个像素段所需的存储空间为 $l[i]*b[i]+11$ 位。按此格式存储像素序列 $\{p_1, p_2, \cdots, p_n\}$，需要 $\sum_{i=1}^{m} l[i]*b[i]+11m$ 位的存储空间。

图像压缩问题要求确定像素序列 $\{p_1, p_2, \cdots, p_n\}$ 的最优分段，使得依此分段所需的存储空间最小。其中，$0 \leqslant p_i \leqslant 256$，$1 \leqslant i \leqslant n$，每个分段的长度不超过 256 位。

1．最优子结构性质

设 $l[i]$ 和 $b[i]$（$1 \leqslant i \leqslant m$）是 $\{p_1, p_2, \cdots, p_n\}$ 的一个最优分段。显然，$l[1]$、$b[1]$ 是 $\{p_1, \cdots, p_{l[1]}\}$ 的一个最优分段，且 $l[i]$ 和 $b[i]$（$2 \leqslant i \leqslant m$）是 $\{p_{l[1]+1}, \cdots, p_n\}$ 的一个最优分段，即图像压缩问题满足最优子结构性质。

2．递归计算最优值

设 $s[i]$（$1 \leqslant i \leqslant n$）是像素序列 $\{p_1, p_2, \cdots, p_i\}$ 的最优分段所需的存储位数。由最优子结构性质易知：

$$s[i] = \min_{1 \leqslant k \leqslant \min\{i, 256\}} \left\{ s[i-k] + k * b\max(i-k+1, i) \right\} + 11$$

式中，$b\max(i, j) = \left\lceil \log\left(\max_{i \leqslant k \leqslant j} \{p_k\} + 1\right) \right\rceil$。

据此可设计解图像压缩问题的动态规划算法如下：

```
void Compress(int n, int p[], int s[], int l[], int b[]) {
    int Lmax = 256, header = 11;
    s[0]=0;
    for(int i=1; i <= n; i++) {
        b[i] = length(p[i]);
        int bmax = b[i];
```

```
            s[i] = s[i-1] + bmax;
            l[i] = 1;
            for(int j=2; j <= i && j <= Lmax; j++) {
                if(bmax < b[i-j+1])
                    bmax = b[i-j+1];
                if(s[i] > s[i-j] + j*bmax) {
                    s[i] = s[i-j] + j*bmax;
                    l[i] = j;
                }
            }
            s[i] += header;
        }
    }
    int length(int i) {
        int  k=1;
        i=i/2;
        while (i>0) {
            k++;
            i=i/2;
        }
        return k;
    }
```

3. 构造最优解

算法 Compress 中用 $l[i]$ 和 $b[i]$ 记录了最优分段所需的信息。最优分段的最后一段的段长度和像素位数分别存储于 $l[n]$ 和 $b[n]$ 中，前一段的段长度和像素位数存储于 $l[n-l[n]]$ 和 $b[n-l[n]]$ 中。以此类推，由算法计算出的 l 和 b 可在 $O(n)$ 时间内构造出相应的最优解。具体算法可实现如下：

```
void Traceback(int n, int& i, int s[], int l[]) {
    if (n == 0)
        return;
    Traceback(n-l[n], i, s, l);
    s[i++] = n-l[n] ;
}
void Output(int s[], int l[], int b[], int n) {
    cout<<"The optimal value is"<<s[n]<<endl;
    int  m = 0;
    Traceback(n, m, s, l);
    s[m] = n;
    cout<<"Decompose into "<<m<<" segments "<<endl;
    for (int j=1; j <= m; j++) {
        l[j] = l[s[j]];
        b[j] = b[s[j]];
    }
    for (int j=1; j<=m; j++)
        cout<<l[j]<<' '<<b[j]<<endl;
}
```

4. 计算复杂性

算法 Compress 显然只需 $O(n)$ 空间。由于算法 Compress 中 j 的循环次数不超过 256，故对每个确定的 i，可在 $O(1)$ 时间内完成 $\min\limits_{1\leqslant j\leqslant\min\{i,256\}}\{s[i-j]+j*\text{bmax}(i-j+1,i)\}$ 的计算。因此整个算法所需的计算时间为 $O(n)$。

3.8　电路布线

一块电路板的上、下两端分别有 n 个接线柱，根据电路设计，要求用导线 $(i, \pi(i))$ 将上端接线柱 i 与下端接线柱 $\pi(i)$ 相连，如图 3-5 所示。其中，$\pi(i)$（$1\leqslant i\leqslant n$）是 $\{1, 2, \cdots, n\}$ 的一个排列。导线 $(i, \pi(i))$ 称为该电路板上的第 i 条连线。对于任何 $1\leqslant i<j\leqslant n$，第 i 条连线和第 j 条连线相交的充分且必要条件是 $\pi(i)>\pi(j)$。

在制作电路板时，要求将这 n 条连线分布到若干绝缘层上。在同一层上的连线不相交。电路布线问题就是要确定将哪些连线安排在第一层上，使得该层上有尽可能多的连线。换句话说，该问题要求确定导线集 Nets=$\{(i, \pi(i)), 1\leqslant i\leqslant n\}$ 的最大不相交子集。

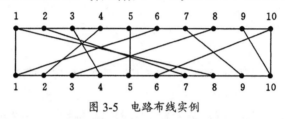

图 3-5　电路布线实例

1. 最优子结构性质

记 $N(i,j)=\{t|(t, \pi(t))\in\text{Nets}, t\leqslant i, \pi(t)\leqslant j\}$，$N(i,j)$ 的最大不相交子集为 MNS(i, j)，Size(i, j)=|MNS(i,j)|。

（1）当 i=1 时，有

$$\text{MNS}(i, j)=N(1, j)=\begin{cases}\varnothing & j<\pi(1)\\ \{1, \pi(1))\} & j\geqslant\pi(1)\end{cases}$$

（2）当 i>1 时，有

① $j<\pi(i)$。此时，$(i, \pi(i))\notin N(i,j)$，所以 $N(i,j)=N(i-1,j)$，从而 Size$(i,j)=$ Size$(i-1,j)$。

② $j\geqslant\pi(i)$。若$(i, \pi(i))\in\text{MNS}(i,j)$，则对任意$(t, \pi(t))\in\text{MNS}(i,j)$，有 $t<i$ 且 $\pi(t)<\pi(i)$，否则$(t, \pi(t))$与$(i, \pi(i))$相交。在这种情况下，MNS$(i,j)-\{(i, \pi(i))\}$ 是 $N(i-1, \pi(i)-1)$ 的最大不相交子集，否则子集 MNS$(i-1, \pi(i)-1)\bigcup\{(i, \pi(i))\}\subseteq N(i, j)$ 是比 MNS(i,j)更大的 $N(i,j)$ 的不相交子集。这与 MNS(i,j)的定义相矛盾。

若$(i, \pi(i))\notin\text{MNS}(i,j)$，则对任意$(t, \pi(t))\in\text{MNS}(i,j)$，有 $t<i$，从而 MNS$(i,j)\subseteq N(i-1,j)$。因此，Size$(i,j)\leqslant$Size$(i-1,j)$。

另一方面，MNS$(i-1,j)\subseteq N(i,j)$，从而 Size$(i,j)\geqslant$Size$(i-1,j)$，则 Size$(i,j)=$Size$(i-1,j)$。

综上可知，电路布线问题满足最优子结构性质。

2. 递归计算最优值

电路布线问题的最优值为 Size(n, n)。由该问题的最优子结构性质可知：

① 当 $i=1$ 时，有

$$Size(i, j) = \begin{cases} 0 & j < \pi(1) \\ 1 & j \geqslant \pi(1) \end{cases}$$

② 当 $i>1$ 时，有

$$Size(i, j) = \begin{cases} Size(i-1, j) & j < \pi(i) \\ \max\{Size(i-1, j), Size(i-1, \pi(i)-1)+1\} & j \geqslant \pi(i) \end{cases}$$

据此可设计解电路布线问题的动态规划算法如下。其中用二维数组单元 $size[i][j]$ 表示函数 $Size(i, j)$ 的值。

```
void MNS(int C[], int n, int **size) {
    for (int j=0; j < C[1]; j++)
        size[1][j] = 0;
    for (int j=C[1]; j <= n; j++)
        size[1][j] = 1;
    for (int i=2; i < n; i++) {
        for (int j=0; j<C[i]; j++)
            size[i][j] = size[i-1][j];
        for (int j=C[i]; j <= n; j++)
            size[i][j] = max(size[i-1][j], size[i-1][C[i]-1]+1);
    }
    size[n][n] = max(size[n-1][n], size[n-1][C[n]-1]+1);
}
```

3. 构造最优解

根据算法 MNS 计算出的 $size[i][j]$ 值，容易由算法 Traceback 构造出最优解 MNS(n, n)。其中，用数组 Net[0:$m-1$]存储 MNS(n, n)中的 m 条连线。

```
void Traceback(int C[], int **size, int n, int Net[], int& m) {
    int  j = n;
    m = 0;
    for(int i=n; i>1; i--) {
        if (size[i][j] != size[i-1][j]) {
            Net[m++] = i;
            j = C[i]-1;
        }
        if (j >= C[1])
            Net[m++] = 1;
    }
}
```

4. 计算复杂性

算法 MNS 显然需要 $O(n^2)$ 计算时间和 $O(n^2)$ 空间。Traceback 需要 $O(n)$ 计算时间。

3.9 流水作业调度

n 个作业$\{1, 2, \cdots, n\}$要在由 2 台机器 M_1 和 M_2 组成的流水线上完成加工。每个作业加工的顺序都是先在 M_1 上加工，然后在 M_2 上加工。M_1 和 M_2 加工作业 i 所需的时间分别为 a_i

和 b_i（$1 \leqslant i \leqslant n$）。流水作业调度问题要求确定这 n 个作业的最优加工顺序，使得从第一个作业在机器 M_1 上开始加工，到最后一个作业在机器 M_2 上加工完成所需的时间最少。

直观上，一个最优调度应使机器 M_1 没有空闲时间，且机器 M_2 的空闲时间最少。在一般情况下，机器 M_2 上会有机器空闲和作业积压两种情况。

设全部作业的集合为 $N=\{1, 2, \cdots, n\}$。$S \subseteq N$ 是 N 的作业子集。在一般情况下，机器 M_1 开始加工 S 中作业时，机器 M_2 还在加工其他作业，要等时间 t 后才可利用。将这种情况下完成 S 中作业所需的最短时间记为 $T(S, t)$。流水作业调度问题的最优值为 $T(N, 0)$。

1. 最优子结构性质

流水作业调度问题具有最优子结构性质。设 π 是所给 n 个流水作业的一个最优调度，所需的加工时间为 $a_{\pi(1)}+T'$。其中，T' 是在机器 M_2 的等待时间为 $b_{\pi(1)}$ 时，安排作业 $\pi(2), \cdots, \pi(n)$ 所需的时间。记 $S=N-\{\pi(1)\}$，则有 $T'=T(S, b_{\pi(1)})$。

事实上，由 T 的定义知 $T' \geqslant T(S, b_{\pi(1)})$。若 $T'>T(S, b_{\pi(1)})$，设 π' 是作业集 S 在机器 M_2 的等待时间为 $b_{\pi(1)}$ 情况下的一个最优调度，则 $\pi(1), \pi'(2), \cdots, \pi'(n)$ 是 N 的一个调度，且该调度所需的时间为 $a_{\pi(1)}+T(S, b_{\pi(1)})<a_{\pi(1)}+T'$。这与 π 是 N 的一个最优调度矛盾，故 $T' \leqslant T(S, b_{\pi(1)})$，从而 $T'=T(S, b_{\pi(1)})$。这就证明了流水作业调度问题具有最优子结构的性质。

2. 递归计算最优值

由流水作业调度问题的最优子结构性质可知，$T(N, 0) = \min\limits_{1 \leqslant i \leqslant n}\{a_i+T(N-\{i\}, b_i)\}$。推广到一般情形下，便有

$$T(S, t) = \min\limits_{i \in S}\{a_i+T(S-\{i\}, b_i+\max\{t-a_i, 0\})\}$$

式中，$\max\{t-a_i, 0\}$ 项是由于在机器 M_2 上，作业 i 必须在 $\max\{t, a_i\}$ 时间之后才能开工。因此，在机器 M_1 上完成作业 i 之后，在机器上还需 $b_i+\max\{t, a_i\}-a_i = b_i+\max\{t-a_i, 0\}$ 时间，才能完成对作业 i 的加工。

按照上述递归式，可设计出解流水作业调度问题的动态规划算法。但是，对递归式的深入分析表明，算法还可进一步得到简化。

3. 流水作业调度的 Johnson 法则

设 π 是作业集 S 在机器 M_2 的等待时间为 t 时的任一最优调度。若在这个调度中，安排在最前面的两个作业分别是 i 和 j，即 $\pi(1)=i$，$\pi(2)=j$，则由动态规划递归式可得

$$T(S, t) = a_i+T(S-\{i\}, b_i+\max\{t-a_i, 0\}) = a_i+a_j+T(S-\{i, j\}, t_{ij})$$

式中，

$$\begin{aligned}
t_{ij} &= b_j+\max\{b_i+\max\{t-a_i, 0\}-a_j, 0\} \\
&= b_j+b_i-a_j+\max\{\max\{t-a_i, 0\}, 0\}, a_j-b_i\} \\
&= b_j+b_i-a_j+\max\{t-a_i, a_j-b_i, 0\} \\
&= b_j+b_i-a_j-a_i+\max\{t, a_i+a_j-b_i, a_i\}
\end{aligned}$$

如果作业 i 和 j 满足 $\min\{b_i, a_j\} \geqslant \min\{b_j, a_i\}$，则称作业 i 和 j 满足 Johnson 不等式。

如果作业 i 和 j 不满足 Johnson 不等式，则交换作业 i 和作业 j 的加工顺序后，作业 i 和 j 满足 Johnson 不等式。

在作业集 S 当机器 M_2 的等待时间为 t 时的调度 π 中，交换作业 i 和作业 j 的加工顺序，

得到作业集 S 的另一调度 π'，它所需的加工时间为

$$T'(S, t)=a_i+a_j+T(S-\{i,j\}, t_{ji})$$

式中，$t_{ji}=b_j+b_i-a_j-a_i+\max\{t, a_i+a_j-b_j, a_j\}$。

当作业 i 和 j 满足 Johnson 不等式 $\min\{b_i, a_j\}\geqslant\min\{b_j, a_i\}$ 时，有

$$\max\{-b_i, -a_j\}\leqslant\max\{-b_j, -a_i\}$$

从而 $\qquad\qquad a_i+a_j+\max\{-b_i, -a_j\}\leqslant a_i+a_j+\max\{-b_j, -a_i\}$

由此可得 $\qquad\qquad \max\{a_i+a_j-b_i, a_i\}\leqslant\max\{a_i+a_j-b_j, a_j\}$

因此对任意 t 有 $\qquad \max\{t, a_i+a_j-b_i, a_i\}\leqslant\max\{t, a_i+a_j-b_j, a_j\}$

从而，$t_{ij}\leqslant t_{ji}$。由此可见 $T(S, t)\leqslant T'(S, t)$。

换句话说，当作业 i 和作业 j 不满足 Johnson 不等式时，交换它们的加工顺序后，作业 i 和 j 满足 Johnson 不等式，且不增加加工时间。由此可知，对于流水作业调度问题，必存在一个最优调度 π，使得作业 $\pi(i)$ 和 $\pi(i+1)$ 满足 Johnson 不等式

$$\min\{b_{\pi(i)}, a_{\pi(i+1)}\}\geqslant\min\{b_{\pi(i+1)}, a_{\pi(i)}\} \qquad 1\leqslant i\leqslant n-1$$

称这样的调度 π 为满足 Johnson 法则的调度。

进一步可以证明，调度 π 满足 Johnson 法则，当且仅当对任意 $i<j$ 有

$$\min\{b_{\pi(i)}, a_{\pi(j)}\}\geqslant\min\{b_{\pi(j)}, a_{\pi(i)}\}$$

由此可知，任意两个满足 Johnson 法则的调度具有相同的加工时间，从而满足 Johnson 法则的所有调度均为最优调度。至此，将流水作业调度问题转化为求满足 Johnson 法则的调度问题。

4．算法描述

从上面的分析可知，流水作业调度问题一定存在满足 Johnson 法则的最优调度，且容易由下面的算法确定。

流水作业调度问题的 Johnson 算法如下：

① 令 $N_1=\{i|a_i<b_i\}$，$N_2=\{i|a_i\geqslant b_i\}$；

② 将 N_1 中作业依 a_i 的非减序排序；将 N_2 中作业依 b_i 的非增序排序；

③ N_1 中作业接 N_2 中作业构成满足 Johnson 法则的最优调度。

算法可具体实现如下：

```
int FlowShop(int n, int a, int b, int c) {
  class  Jobtype {
public:
    int operator <= (Jobtype a) const {  return (key<=a.key);  }
    int  key, index;
    bool  job;
  };
  Jobtype *d = new Jobtype [n];
  for (int i=0; i < n; i++) {
    d[i].key = a[i]>b[i] ? b[i] : a[i];
    d[i].job = a[i]<=b[i];
    d[i].index = i;
  }
  sort(d, n);
```

```
    int j = 0, k = n-1;
    for (int i=0; i < n; i++) {
      if (d[i].job)
        c[j++] = d[i].index;
      else
        c[k--] = d[i].index;
    }
    j = a[c[0]];
    k = j+b[c[0]];
    for (int i=1; i < n; i++) {
      j += a[c[i]];
      k = j<k ? k+b[c[i]] : j+b[c[i]];
    }
    delete d;
    return k;
}
```

5．计算复杂性分析

算法 FlowShop 的主要计算时间花在对作业集的排序上。因此，在最坏情况下，算法 FlowShop 所需的计算时间为 $O(n\log n)$，所需的空间显然为 $O(n)$。

3.10 0-1 背包问题

0-1 背包问题：给定 n 种物品和一背包。物品 i 的重量是 w_i，其价值为 v_i，背包的容量为 c。问应如何选择装入背包中的物品，使得装入背包中物品的总价值最大？

在选择装入背包的物品时，对每种物品 i 只有两种选择，即装入背包或不装入背包。不能将物品 i 装入背包多次，也不能只装入部分的物品 i。因此，该问题称为 0-1 背包问题。

此问题的形式化描述是，给定 $c>0$，$w_i>0$，$v_i>0$（$1\le i\le n$），要求找出一个 n 元 0-1 向量 $(x_1, x_2, \cdots, x_n)$，$x_i\in\{0,1\}$（$1\le i\le n$），使得 $\sum_{i=1}^{n}w_ix_i \le c$，而且 $\sum_{i=1}^{n}v_ix_i$ 达到最大。因此，0-1 背包问题是一个特殊的整数规划问题：

$$\max\sum_{i=1}^{n}v_ix_i \qquad \begin{cases} \sum_{i=1}^{n}w_ix_i \le c \\ x_i\in\{0,1\} \qquad 1\le i\le n \end{cases}$$

1．最优子结构性质

0-1 背包问题具有最优子结构性质。设 $(y_1, y_2, \cdots, y_n)$ 是所给 0-1 背包问题的一个最优解，则 $(y_2, y_3, \cdots, y_n)$ 是下面相应子问题的一个最优解：

$$\max\sum_{i=2}^{n}v_ix_i \qquad \begin{cases} \sum_{i=2}^{n}w_ix_i \le c-w_1y_1 \\ x_i\in\{0,1\} \qquad 2\le i\le n \end{cases}$$

否则，设 $(z_2, z_3, \cdots, z_n)$ 是上述子问题的一个最优解，而 $(y_2, y_3, \cdots, y_n)$ 不是它的最优解。由

此可知，$\sum_{i=2}^{n} v_i z_i > \sum_{i=2}^{n} v_i y_i$，且 $w_1 y_1 + \sum_{i=2}^{n} w_i z_i \leqslant c$。因此

$$v_1 y_1 + \sum_{i=2}^{n} v_i z_i > \sum_{i=1}^{n} v_i y_i \qquad\qquad w_1 y_1 + \sum_{i=2}^{n} w_i z_i \leqslant c$$

这说明$(y_1, z_2, \cdots, z_n)$是所给 0-1 背包问题的一个更优解，从而$(y_1, y_2, \cdots, y_n)$不是所给 0-1 背包问题的最优解。此为矛盾。

2. 递归关系

设所给 0-1 背包问题的子问题

$$\max \sum_{k=i}^{n} v_k x_k \qquad \begin{cases} \sum_{k=i}^{n} w_k x_k \leqslant j \\ x_k \in \{0,1\} \qquad i \leqslant k \leqslant n \end{cases}$$

的最优值为 $m(i,j)$，即 $m(i,j)$ 是背包容量为 j，可选择物品为 $i, i+1, \cdots, n$ 时 0-1 背包问题的最优值。由 0-1 背包问题的最优子结构性质，可以建立计算 $m(i,j)$ 的递归式如下：

$$m(i,j) = \begin{cases} \max\{m(i+1,j), m(i+1, j-w_i) + v_i\} & j \geqslant w_i \\ m(i+1,j) & 0 \leqslant j < w_i \end{cases}$$

$$m(n,j) = \begin{cases} v_n & j \geqslant w_n \\ 0 & 0 \leqslant j < w_n \end{cases}$$

3. 算法描述

基于以上讨论，当 w_i（$1 \leqslant i \leqslant n$）为正整数时，用二维数组 m[][]来存储 $m(i,j)$ 的相应值，可设计解 0-1 背包问题的动态规划算法 Knapsack 如下：

```
template<class Type>
void Knapsack(Type v, int w, int c, int n, Type** m) {
    int  jMax = min(w[n]-1, c);
    for (int j=0; j <= jMax; j++)
        m[n][j] = 0;
    for (int j=w[n]; j <= c; j++)
        m[n][j] = v[n];
    for (int i=n-1; i > 1; i--){
        jMax=min(w[i]-1,c);
        for (int j=0; j <= jMax; j++)
            m[i][j] = m[i+1][j];
        for (int j=w[i] ; j <= c; j++)
            m[i][j] = max(m[i+1][j], m[i+1][j-w[i]]+v[i]);
    }
    m[1][c]=m[2][c];
    if (c >= w[1])
        m[1][c]=max(m[1][c], m[2][c-w[1]]+v[1]);
}
template<class Type>
void Traceback(Type **m, int w, int c, int n, int x) {
    for (int i=1; i < n; i++) {
        if (m[i][c] == m[i+1][c])
```

```
            x[i]=0;
        else {
            x[i] = 1;
            c -= w[i];
        }
    x[n] = (m[n][c]) ? 1 : 0;
}
```

按上述算法 Knapsack 计算后，m[1][c]给出所要求的 0-1 背包问题的最优值。相应的最优解可由算法 Traceback 计算如下。如果 m[1][c]=m[2][c]，则 x_1=0，否则 x_1=1。当 x_1=0 时，由 m[2][c]继续构造最优解。当 x_1=1 时，由 m[2][$c-w_1$]继续构造最优解。以此类推，可构造出相应的最优解($x_1, x_2, \cdots, x_n$)。

4. 计算复杂性分析

从计算 $m(i, j)$的递归式容易看出，算法 Knapsack 需要 $O(nc)$计算时间，而 Traceback 需要 $O(n)$计算时间。

上述算法 Knapsack 有两个较明显的缺点。其一是算法要求所给物品的重量 w_i（$1 \le i \le n$）是整数。其次，当背包容量 c 很大时，算法需要的计算时间较多。例如，当 $c > 2^n$ 时，算法 Knapsack 需要 $\Omega(n2^n)$计算时间。

事实上，注意到计算 $m(i, j)$的递归式在变量 j 是连续变量，即背包容量为实数时仍成立，可以采用以下方法克服算法 Knapsack 的上述两个缺点。

首先考察 0-1 背包问题的一个具体实例如下：n=5, c=10, w={2, 2, 6, 5, 4}, v={6, 3, 5, 4, 6}。由计算 $m(i, j)$的递归式，当 i=5 时，有

$$m(5, j) = \begin{cases} 6 & j \ge 4 \\ 0 & 0 \le j < 4 \end{cases}$$

该函数是关于变量 j 的阶梯状函数。由 $m(i, j)$的递归式容易证明，在一般情况下，对每个确定的 i（$1 \le i \le n$），函数 $m(i, j)$是关于变量 j 的阶梯状单调不减函数。跳跃点是这一类函数的描述特征。如函数 $m(5, j)$可由其两个跳跃点(0, 0)和(4, 6)唯一确定。在一般情况下，函数 $m(i, j)$由其全部跳跃点唯一确定，如图 3-6 所示。

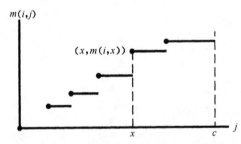

图 3-6 阶梯状单调不减函数 $m(i, j)$及其跳跃点

在变量 j 是连续变量的情况下，可以对每个确定的 i（$1 \le i \le n$），用一个表 $p[i]$来存储函数 $m(i, j)$的全部跳跃点。对每个确定的实数 j，可以通过查找表 $p[i]$来确定函数 $m(i, j)$的值。$p[i]$中全部跳跃点($j, m(i, j)$)依 j 的升序排列。由于函数 $m(i, j)$是关于变量 j 的阶梯状单调不减函数，因此 $p[i]$中全部跳跃点的 $m(i, j)$值也是递增排列的。

表 $p[i]$可依计算 $m(i, j)$的递归式递归地由表 $p[i+1]$来计算，初始时 $p[n+1]$={(0, 0)}。事实

上，函数 $m(i, j)$ 是由函数 $m(i+1, j)$ 与函数 $m(i+1, j-w_i)+v_i$ 做 max 运算得到的。因此，函数 $m(i, j)$ 的全部跳跃点包含于函数 $m(i+1, j)$ 的跳跃点集 $p[i+1]$ 与函数 $m(i+1, j-w_i)+v_i$ 的跳跃点集 $q[i+1]$ 的并集中。易知，$(s, t) \in q[i+1]$ 当且仅当 $w_i \leqslant s \leqslant c$ 且 $(s-w_i, t-v_i) \in p[i+1]$。因此，容易由 $p[i+1]$ 确定跳跃点集 $q[i+1]$ 如下：

$$q[i+1]=p[i+1] \oplus (w_i, v_i)=\{(j+w_i, m(i, j)+v_i) | (j, m(i, j)) \in p[i+1]\}$$

另一方面，设 (a, b) 和 (c, d) 是 $p[i+1] \cup q[i+1]$ 中的两个跳跃点，则当 $c \geqslant a$ 且 $d < b$ 时，(c, d) 受控于 (a, b)，从而 (c, d) 不是 $p[i]$ 中的跳跃点。除受控跳跃点外，$p[i+1] \cup q[i+1]$ 中的其他跳跃点均为 $p[i]$ 中的跳跃点。由此可见，在递归地由表 $p[i+1]$ 计算表 $p[i]$ 时，可先由 $p[i+1]$ 计算出 $q[i+1]$，然后合并表 $p[i+1]$ 和表 $q[i+1]$，并清除其中的受控跳跃点得到表 $p[i]$。

对于上面的例子，初始时 $p[6]=\{(0, 0)\}$，$(w_5, v_5)=(4, 6)$。

因此有 $q[6]=p[6] \oplus (w_5, v_5)=\{(4, 6)\}$

由函数 $m(5, j)$ 可知 $p[5]=\{(0, 0), (4, 6)\}$

又由 $(w_4, v_4)=(5, 4)$ 知 $q[5]=p[5] \oplus (w_4, v_4)=\{(5, 4), (9, 10)\}$

从跳跃点集 $p[5]$ 与 $q[5]$ 的并集 $p[5] \cup q[5]=\{(0, 0), (4, 6), (5, 4), (9, 10)\}$ 中看到跳跃点 $(5, 4)$ 受控于跳跃点 $(4, 6)$。将受控跳跃点 $(5, 4)$ 清除后，得到 $p[4]=\{(0, 0), (4, 6), (9, 10)\}$，从而得到函数 $m(4, j)$。

依此方式可递归地计算出：

$q[4]=p[4] \oplus (6, 5)=\{(6, 5), (10, 11)\}$

$p[3]=\{(0, 0), (4, 6), (9, 10), (10, 11)\}$

$q[3]=p[3] \oplus (2, 3)=\{(2, 3), (6, 9)\}$

$p[2]=\{(0, 0), (2, 3), (4, 6), (6, 9), (9, 10), (10, 11)\}$

$q[2]=p[2] \oplus (2, 6)=\{(2, 6), (4, 9), (6, 12), (8, 15)\}$

$p[1]=\{(0, 0), (2, 6), (4, 9), (6, 12), (8, 15)\}$

$p[1]$ 的最后的那个跳跃点 $(8, 15)$ 给出所求的最优值为 $m(1, c)=15$。

综上所述，可设计解 0-1 背包问题的改进的动态规划算法如下：

```cpp
template<class Type>
Type Knapsack(int n, Type c, Type v[], Type w[], Type **p, int x[]) {
    int  *head = new int [n+2];
    head[n+1] = 0;
    p[0][0] = 0;
    p[0][1] = 0;
    int  left=0, right = 0, next = 1;
    head[n] = 1;
    for (int i=n; i >= 1; i--) {
        int  k = left;
        for (int j=left; j <= right; j++) {
            if (p[j][0]+w[i] > c)
                break;
            Type  y = p[j][0]+w[i], m = p[j][1]+v[i];
            while (k<=right && p[k][0]<y) {
                p[next][0] = p[k][0];
                p[next++][1] = p[k++][1];
```

```
        }
        if (k <= right && p[k][0] == y) {
            if (m < p[k][1])
                m = p[k][1];
            k++;
        }
        if (m > p[next-1][1]) {
            p[next][0] = y;
            p[next++][1] = m;
        }
        while (k <= right && p[k][1] <= p[next-1][1])
            k++;
    }
    while (k <= right) {
        p[next][0] = p[k][0];
        p[next++][1] = p[k++][1];
    }
    left = right+1;
    right = next-1;
    head[i-1] = next;
    }
    Traceback(n, w, v, p, head, x);
    return p[next-1][1];
}
template<class Type>
void Traceback(int n, Type w[], Type v[], Type **p, int *head, int x[]) {
    Type  j = p[head[0]-1][0], m = p[head[0]-1][1];
    for (int i=1; i <= n; i++) {
        x[i]=0;
        for (int k=head[i+1]; k <= head[i]-1; k++) {
            if (p[k][0]+w[i] == j && p[k][1]+v[i] == m) {
                x[i] = 1;
                j = p[k][0];
                m = p[k][1];
                break;
            }
        }
    }
}
```

上述算法的主要计算量在于计算跳跃点集 $p[i]$（$1 \leqslant i \leqslant n$）。由于 $q[i+1]=p[i+1] \oplus (w_i, v_i)$，故计算 $q[i+1]$ 需要 $O(|p[i+1]|)$ 计算时间。合并 $p[i+1]$ 和 $q[i+1]$ 并清除受控跳跃点也需要 $O(|p[i+1]|)$ 计算时间。从跳跃点集 $p[i]$ 的定义可以看出，$p[i]$ 中的跳跃点相应于 $x_i, \cdots, x_n$ 的 0-1 赋值。因此，$p[i]$ 中跳跃点个数不超过 2^{n-i+1}。由此可见，算法计算跳跃点集 $p[i]$（$1 \leqslant i \leqslant n$）花费的计算时间为

$$O\left(\sum_{i=2}^{n}|p[i+1]|\right) = O\left(\sum_{i=2}^{n} 2^{n-i}\right) = O(2^n)$$

从而，改进后算法的计算时间复杂性为 $O(2^n)$。当所给物品的重量 w_i（$1 \leq i \leq n$）是整数时，$|p[i]| \leq c+1$（$1 \leq i \leq n$）。此时，改进后算法的计算时间复杂性为 $O(\min\{nc, 2^n\})$。

3.11 最优二叉搜索树

设 $S=\{x_1, x_2, \cdots, x_n\}$ 是有序集，且 $x_1<x_2<\cdots<x_n$，表示有序集 S 的二叉搜索树利用二叉树的结点来存储有序集中的元素。它具有下述性质：存储于每个结点中的元素 x 大于其左子树中任一结点所存储的元素，小于其右子树中任一结点所存储的元素。二叉搜索树的叶结点是形如 (x_i, x_{i+1}) 的开区间。在表示 S 的二叉搜索树中搜索一个元素 x，返回的结果有两种情形：① 在二叉搜索树的内结点中找到 $x=x_i$；② 在二叉搜索树的叶结点中确定 $x \in (x_i, x_{i+1})$。

设在第①种情形中找到元素 $x=x_i$ 的概率为 b_i；在第②种情形中确定 $x \in (x_i, x_{i+1})$ 的概率为 a_i。其中约定 $x_0=-\infty$，$x_{n+1}=+\infty$。显然，有 $a_i \geq 0$（$0 \leq i \leq n$），$b_j \geq 0$（$1 \leq j \leq n$），$\sum_{i=0}^{n} a_i + \sum_{j=1}^{n} b_i = 1$，则 $(a_0, b_1, a_1, \cdots, b_n, a_n)$ 称为集合 S 的存取概率分布。

在表示 S 的二叉搜索树 T 中，设存储元素 x_i 的结点深度为 c_i，叶结点 (x_j, x_{j+1}) 的结点深度为 d_j，则

$$p = \sum_{i=1}^{n} b_i(1+c_i) + \sum_{j=0}^{n} a_j d_j$$

表示在二叉搜索树 T 中进行一次搜索所需的平均比较次数。p 又称为二叉搜索树 T 的平均路长。在一般情形下，不同的二叉搜索树的平均路长是不相同的。

最优二叉搜索树问题是对于有序集 S 及其存取概率分布 $(a_0, b_1, a_1, \cdots, b_n, a_n)$，在所有表示有序集 S 的二叉搜索树中找出一棵具有最小平均路长的二叉搜索树。

1. 最优子结构性质

二叉搜索树 T 的一棵含有结点 $x_i, \cdots, x_j$ 和叶结点 $(x_{i-1}, x_i), \cdots, (x_j, x_{j+1})$ 的子树可以看做有序集 $\{x_i, \cdots, x_j\}$ 关于全集合 $\{x_{i-1}, \cdots, x_{j+1}\}$ 的一棵二叉搜索树，其存取概率为下面的条件概率

$$\begin{cases} \bar{b}_k = b_k / w_{ij} & i \leq k \leq j \\ \bar{a}_h = a_h / w_{ij} & i-1 \leq h \leq j \end{cases}$$

式中，$w_{ij}=a_{i-1}+b_i+\cdots+b_j+a_j$，$1 \leq i \leq j \leq n$。

设 T_{ij} 是有序集 $\{x_i, \cdots, x_j\}$ 关于存取概率 $\{\bar{a}_{i-1}, \bar{b}_i, \cdots, \bar{b}_j, \bar{a}_j\}$ 的一棵最优二叉搜索树，其平均路长为 p_{ij}。T_{ij} 的根结点存储元素 x_m。其左右子树 T_l 和 T_r 的平均路长分别为 p_l 和 p_r。由于 T_l 和 T_r 中结点深度是它们在 T_{ij} 中的结点深度减 1，则 $w_{i,j}p_{i,j}=w_{i,j}+w_{i,m-1}p_l+w_{m+1,j}p_r$。

由于 T_l 是关于集合 $\{x_i, \cdots, x_{m-1}\}$ 的一棵二叉搜索树，故 $p_l \geq p_{i,m-1}$。若 $p_l > p_{i,m-1}$，则用 $T_{i,m-1}$ 替换 T_l 可得到平均路长比 T_{ij} 更小的二叉搜索树。这与 T_{ij} 是最优二叉搜索树矛盾，故 T_l 是一棵最优二叉搜索树。同理可证，T_r 也是一棵最优二叉搜索树。因此，最优二叉搜索树问题具有最优子结构性质。

2. 递归计算最优值

最优二叉搜索树 T_{ij} 的平均路长为 p_{ij}，则所求的最优值为 $p_{1,n}$。由最优二叉搜索树问题的

最优子结构性质可建立计算 p_{ij} 的递归式如下

$$w_{i,j}p_{i,j}=w_{i,j}+\min_{i\leqslant k\leqslant j}\{w_{i,k-1}p_{i,k-1}+w_{k+1,j}p_{k+1,j}\} \qquad i\leqslant j$$

初始时，$p_{i,i-1}=0$（$1\leqslant i\leqslant n$）。记 $w_{i,j}p_{i,j}$ 为 $m(i,j)$，则 $m(1,n)=w_{1,n}p_{1,n}=p_{1,n}$ 为所求的最优值。

计算 $m(i,j)$ 的递归式为

$$m(i,j)=w_{i,j}+\min_{i\leqslant k\leqslant j}\{m(i,k-1)+m(k+1,j)\} \qquad i\leqslant j$$

$$m(i,i-1)=0 \qquad 1\leqslant i\leqslant n$$

据此，可设计出解最优二叉搜索树问题的动态规划算法 OptimalBinarySearchTree 如下：

```
void OptimalBinarySearchTree(int a, int b, int n, int **m, int **s, int **w) {
    for (int i=0; i <= n; i++) {
        w[i+1][i]=a[i];
        m[i+1][i]=0;
    }
    for (int r=0; r < n; r++) {
        for (int i=1; i <= n-r; i++) {
            int j = i+r;
            w[i][j] = w[i][j-1]+a[j]+b[j];
            m[i][j] = m[i+1][j];
            s[i][j] = i;
            for (int k=i+1; k <= j; k++) {
                int t = m[i][k-1] + m[k+1][j];
                if (t < m[i][j]) {
                    m[i][j] = t;
                    s[i][j] = k;}
            }
            m[i][j] += w[i][j];
        }
    }
}
```

3. 构造最优解

算法 OptimalBinarySearchTree 中用 $s[i][j]$ 保存最优子树 $T(i,j)$ 的根结点中元素。当 $s[1][n]=k$ 时，x_k 为所求二叉搜索树根结点元素。其左子树为 $T(1,k-1)$。因此，$i=s[1][k-1]$ 表示 $T(1,k-1)$ 的根结点元素为 x_i。以此类推，容易由 s 记录的信息在 $O(n)$ 时间内构造出所求的最优二叉搜索树。

4. 计算复杂性

算法中用到 3 个二维数组 m、s 和 w，故所需的空间为 $O(n^2)$。算法的主要计算量在于计算 $\min_{i\leqslant k\leqslant j}\{m(i,k-1)+m(k+1,j)\}$。对于固定的 r，它需要计算时间 $O(j-i+1)=O(r+1)$。因此，算法所耗费的总时间为 $\sum\limits_{r=0}^{n-1}\sum\limits_{i=1}^{n-r}O(r+1)=O(n^3)$。

事实上，在上述算法中可以证明

$$\min_{i\leqslant k\leqslant j}\{m(i,k-1)+m(k+1,j)\}=\min_{s[i][j-1]\leqslant k\leqslant s[i+1][j]}\{m(i,k-1)+m(k+1,j)\}$$

由此可对算法做出进一步改进如下：

```
void OBST (int a, int b, int n, int **m, int **s, int **w) {
  for (int i=0; i <= n; i++) {
    w[i+1][i] = a[i];
    m[i+1][i] = 0;
    s[i+1][i] = 0;
  }
  for (int r=0; r < n; r++) {
    for (int i=1; i <= n-r; i++) {
      int j=i+r, i1=s[i][j-1]>i ? s[i][j-1] : i, j1=s[i+1][j]>i ? s[i+1][j] : j;
      w[i][j] = w[i][j-1] + a[j]+b[j];
      m[i][j] = m[i][i1-1] + m[i1+1][j];
      s[i][j] = i1;
      for (int k=i1+1; k <= j1; k++) {
        int  t = m[i][k-1] + m[k+1][j];
        if (t <= m[i][j]) {
          m[i][j] = t;
          s[i][j] = k;
        }
      }
    }
    m[i][j] += w[i][j];
  }
}
```

改进后算法 OBST 所需的计算时间为 $O(n^2)$，所需的空间为 $O(n^2)$。

后面将在较一般的意义下证明上述改进后的算法 OBST 的正确性。

算法分析题 3

3-1 设计一个 $O(n^2)$ 时间的算法，找出由 n 个数组成的序列的最长单调递增子序列。

3-2 将算法分析题 3-1 中算法的计算时间减至 $O(n\log n)$（提示：一个长度为 i 的候选子序列的最后一个元素至少与一个长度为 $i-1$ 的候选子序列的最后一个元素一样大。通过指向输入序列中元素的指针来维持候选子序列）。

3-3 考虑下面的整数线性规划问题。

$$\max \sum_{i=1}^{n} c_i x_i \qquad \begin{cases} \displaystyle\sum_{i=1}^{n} a_i x_i \leqslant b \\ x_i \text{为非负整数} \quad 1 \leqslant i \leqslant n \end{cases}$$

试设计一个解此问题的动态规划算法，并分析算法的计算复杂性。

3-4 给定 n 种物品和一背包。物品 i 的重量是 w_i，体积是 b_i，其价值为 v_i，背包的容量为 c，容积为 d。问应如何选择装入背包中的物品，使得装入背包中物品的总价值最大？在选择装入背包的物品时，对每种物品 i 只有两种选择，即装入背包或不装入背包。不能将物品 i 装入背包多次，也不能只装入部分的物品 i。试设计一个解此问题的动态规划算法，并分析算法的计算复杂性。

3-5 Ackermann 函数 $A(m, n)$ 可递归定义如下：
$$A(m,n) = \begin{cases} n+1 & m=0 \\ A(m-1,1) & m>0, \; n=0 \\ A(m-1, A(m, n-1)) & m>0, \; n>0 \end{cases}$$

试设计一个计算 $A(m, n)$ 的动态规划算法，该算法只占用 $O(m)$ 空间（提示：用两个数组 val[0:m] 和 ind[0:m]，使得对任何 i 有 val[i]=$A(i,$ ind[i])）。

算法实现题 3

3-1　独立任务最优调度问题。

问题描述：用 2 台处理机 A 和 B 处理 n 个作业。设第 i 个作业交给机器 A 处理时需要时间 a_i，若由机器 B 来处理，则需要时间 b_i。由于各作业的特点和机器的性能关系，很可能对于某些 i，有 $a_i \geq b_i$，而对于某些 j，$j \neq i$，有 $a_j < b_j$。既不能将一个作业分开由 2 台机器处理，也没有一台机器能同时处理 2 个作业。设计一个动态规划算法，使得这 2 台机器处理完这 n 个作业的时间最短（从任何一台机器开工到最后一台机器停工的总时间）。研究一个实例：$(a_1, a_2, a_3, a_4, a_5, a_6)$=(2, 5, 7, 10, 5, 2)，$(b_1, b_2, b_3, b_4, b_5, b_6)$=(3, 8, 4, 11, 3, 4)。

算法设计：对于给定的 2 台处理机 A 和 B 处理 n 个作业，找出一个最优调度方案，使 2 台机器处理完这 n 个作业的时间最短。

数据输入：由文件 input.txt 提供输入数据。文件的第 1 行是 1 个正整数 n，表示要处理 n 个作业。在接下来的 2 行中，每行有 n 个正整数，分别表示处理机 A 和 B 处理第 i 个作业需要的处理时间。

结果输出：将计算出的最短处理时间输出到文件 output.txt。

输入文件示例	输出文件示例
input.txt	output.txt
6	15
2 5 7 10 5 2	
3 8 4 11 3 4	

3-2　最优批处理问题。

问题描述：在一台超级计算机上，编号为 $1, 2, \cdots, n$ 的 n 个作业等待批处理。批处理的任务就是将这 n 个作业分成若干批，每批包含相邻的若干作业。从时刻 0 开始，分批加工这些作业。在每批作业开始前，机器需要启动时间 S，而完成这批作业所需的时间是单独完成批中各个作业需要时间的总和。单独完成第 i 个作业所需的时间是 t_i，所需的费用是它的完成时刻乘以一个费用系数 f_i。同一批作业将在同一时刻完成。例如，如果在时刻 T 开始一批作业 $x, x+1, \cdots, x+k$，则这一批作业的完成时刻均为 $T + S + (t_x + t_{x+1} + \cdots + t_{x+k})$。最优批处理问题就是要确定总费用最小的批处理方案。例如，假定有 5 个作业等待批处理，且
$$S = 1, (t_1, t_2, t_3, t_4, t_5) = (1, 3, 4, 2, 1), (f_1, f_2, f_3, f_4, f_5) = (3, 2, 3, 3, 4)$$

如果采用批处理方案 {1,2}, {3}, {4,5}，则各作业的完成时间分别为 (5, 5, 10, 14, 14)，各作业的费用分别为 (15, 10, 30, 42, 56)，因此，这个批处理方案总费用是 153。

算法设计：对于给定的待批处理的 n 个作业，计算其总费用最小的批处理方案。

数据输入：由文件 input.txt 提供输入数据。文件的第 1 行是待批处理的作业数 n，第 2

行是启动时间 S。接下来每行有 2 个数，分别为单独完成第 i 个作业所需的时间是 t_i 和所需的费用系数 f_i。

结果输出：将计算出的最小总费用输出到文件 output.txt 中。

输入文件示例	输出文件示例
input.txt	output.txt
5	153
1	
1 3	
3 2	
4 3	
2 3	
1 4	

3-3 石子合并问题。

问题描述：在一个圆形操场的四周摆放着 n 堆石子。现要将石子有次序地合并成一堆。规定每次只能选相邻的 2 堆石子合并成新的一堆,并将新的一堆石子数记为该次合并的得分。试设计一个算法，计算出将 n 堆石子合并成一堆的最小得分和最大得分。

算法设计：对于给定 n 堆石子，计算合并成一堆的最小得分和最大得分。

数据输入：由文件 input.txt 提供输入数据。文件的第 1 行是正整数 n（$1 \leqslant n \leqslant 100$），表示有 n 堆石子。第 2 行有 n 个数，分别表示每堆石子的个数。

结果输出：将计算结果输出到文件 output.txt。文件第 1 行的数是最小得分，第 2 行中的数是最大得分。

输入文件示例	输出文件示例
input.txt	output.txt
4	43
4 4 5 9	54

```
        7
      3   8
    8   1   0
  2   7   4   4
4   5   2   6   5
```

图 3-7　数字三角形

3-4 数字三角形问题。

问题描述：给定一个由 n 行数字组成的数字三角形，如图 3-7 所示。试设计一个算法，计算出从三角形的顶至底的一条路径，使该路径经过的数字总和最大。

算法设计：对于给定的由 n 行数字组成的数字三角形，计算从三角形的顶至底的路径经过的数字和的最大值。

数据输入：由文件 input.txt 提供输入数据。文件的第 1 行是数字三角形的行数 n,$1 \leqslant n \leqslant 100$。接下来 n 行是数字三角形各行中的数字。所有数字在 0～99 之间。

结果输出：将计算结果输出到文件 output.txt。文件第 1 行中的数是计算出的最大值。

输入文件示例	输出文件示例
input.txt	output.txt
5	30
7	
3 8	
8 1 0	
2 7 4 4	
4 5 2 6 5	

3-5 乘法表问题。

问题描述：定义于字母表$\sum$={a, b, c}上的乘法表如下。

	a	b	c
a	b	b	a
b	c	b	a
c	a	c	c

依此乘法表，对任一定义于 $\sum$ 上的字符串，适当加括号后，得到一个表达式。例如，对于字符串 $x=bbbba$，它的一个加括号表达式为 (b(bb))(ba)。依乘法表，该表达式的值为 a。试设计一个动态规划算法，对任一定义于 $\sum$ 上的字符串 $x=x_1x_2\cdots x_n$，计算有多少种不同的加括号方式，使由 x 导出的加括号表达式的值为 a。

算法设计：对于给定的字符串 $x=x_1x_2\cdots x_n$，计算有多少种不同的加括号方式，使由 x 导出的加括号表达式的值为 a。

数据输入：由文件 input.txt 提供输入数据。文件的第 1 行中给出一个字符串。

结果输出：将计算结果输出到文件 output.txt。文件的第 1 行中的数是计算出的加括号方式数。

输入文件示例	输出文件示例
input.txt	output.txt
bbbba	6

3-6 租用游艇问题。

问题描述：长江游艇俱乐部在长江上设置了 n 个游艇出租站 1, 2, $\cdots$, n。游客可在这些游艇出租站租用游艇，并在下游的任何一个游艇出租站归还游艇。游艇出租站 i 到游艇出租站 j 之间的租金为 $r(i, j)$（$1 \leqslant i < j \leqslant n$）。试设计一个算法，计算出从游艇出租站 1 到游艇出租站 n 所需的最少租金。

算法设计：对于给定的游艇出租站 i 到游艇出租站 j 之间的租金为 $r(i, j)$（$1 \leqslant i < j \leqslant n$），计算从游艇出租站 1 到游艇出租站 n 所需的最少租金。

数据输入：由文件 input.txt 提供输入数据。文件的第 1 行中有 1 个正整数 n（$n \leqslant 200$），表示有 n 个游艇出租站。接下来的 $n-1$ 行是 $r(i, j)$（$1 \leqslant i < j \leqslant n$）。

结果输出：将算出的从游艇出租站 1 到游艇出租站 n 所需的最少租金输出到文件 output.txt。

输入文件示例	输出文件示例
input.txt	output.txt
3	12
5 15	
7	

3-7 汽车加油行驶问题。

问题描述：给定一个 $N \times N$ 的方形网格，设其左上角为起点◎，坐标为(1, 1)，X 轴向右为正，Y 轴向下为正，每个方格边长为 1。一辆汽车从起点◎出发驶向右下角终点▲，其坐标为(N, N)。在若干网格交叉点处，设置了油库，可供汽车在行驶途中加油。汽车在行驶过程中应遵守如下规则：

（1）汽车只能沿网格边行驶，装满油后能行驶 K 条网格边。出发时汽车已装满油，在起点与终点处不设油库。

（2）当汽车行驶经过一条网格边时，若其 X 坐标或 Y 坐标减小，则应付费用 B，否则免付费用。

（3）汽车在行驶过程中遇油库则应加满油并付加油费用 A。

（4）在需要时可在网格点处增设油库，并付增设油库费用 C（不含加油费用 A）。

（5）（1）～（4）中的各数 N、K、A、B、C 均为正整数。

算法设计：求汽车从起点出发到达终点的一条所付费用最少的行驶路线。

数据输入：由文件 input.txt 提供输入数据。文件的第 1 行是 N、K、A、B、C 的值，$2 \leqslant N \leqslant 100$，$2 \leqslant K \leqslant 10$。第 2 行起是一个 $N \times N$ 的 0-1 方阵，每行 N 个值，至 $N+1$ 行结束。方阵的第 i 行第 j 列处的值为 1 表示在网格交叉点(i,j)处设置了一个油库，为 0 时表示未设油库。各行相邻的 2 个数以空格分隔。

结果输出：将找到的最优行驶路线所需的费用即最小费用输出到文件 output.txt。文件的第 1 行中的数是最小费用值。

输入文件示例	输出文件示例
input.txt	output.txt
9 3 2 3 6	12
0 0 0 0 1 0 0 0 0	
0 0 0 1 0 1 1 0 0	
1 0 1 0 0 0 0 1 0	
0 0 0 0 0 1 0 0 1	
1 0 0 1 0 0 1 0 0	
0 1 0 0 0 0 0 1 0	
0 0 0 0 1 0 0 0 1	
1 0 0 1 0 0 0 1 0	
0 1 0 0 0 0 0 0 0	

3-8　最小 m 段和问题。

问题描述：给定 n 个整数组成的序列，现在要求将序列分割为 m 段，每段子序列中的数在原序列中连续排列。如何分割才能使这 m 段子序列的和的最大值达到最小？

算法设计：给定 n 个整数组成的序列，计算该序列的最优 m 段分割，使 m 段子序列的和的最大值达到最小。

数据输入：由文件 input.txt 提供输入数据。文件的第 1 行中有 2 个正整数 n 和 m。正整数 n 是序列的长度；正整数 m 是分割的段数。接下来的一行中有 n 个整数。

结果输出：将计算结果输出到文件 output.txt。文件的第 1 行中的数是计算出的 m 段子序列的和的最大值的最小值。

输入文件示例	输出文件示例
input.txt	output.txt
1 1	10
10	

3-9　圈乘运算问题。

问题描述：关于整数的二元圈乘运算 $\otimes$ 定义为

$(X \otimes Y)$=十进制整数 X 的各位数字之和×十进制整数 Y 的最大数字+Y 的最小数字

例如，$(9 \otimes 30) = 9 \times 3 + 0 = 27$。

对于给定的十进制整数 X 和 K，由 X 和 $\otimes$ 运算可以组成各种不同的表达式。试设计一个算法，计算出由 X 和 $\otimes$ 运算组成的值为 K 的表达式最少需用多少个 $\otimes$ 运算。

算法设计：给定十进制整数 X 和 K（$1 \leqslant X, K \leqslant 10^{20}$）。计算由 X 和 $\otimes$ 运算组成的值为 K 的表达式最少需用多少个 $\otimes$ 运算。

数据输入：输入数据由文件名为 input.txt 的文本文件提供。每行有 2 个十进制整数 X 和

K。最后一行是 0 0。

结果输出：将找到的最少 ⊗ 运算个数输出到文件 output.txt。

输入文件示例	输出文件示例
input.txt	output.txt
3 12	1
0 0	

3-10 最大长方体问题。

问题描述：一个长、宽、高分别为 *m*、*n*、*p* 的长方体被分割成 *m×n×p* 个小立方体。每个小立方体内有一个整数。试设计一个算法，计算所给长方体的最大子长方体。子长方体的大小由它所含所有整数之和确定。

算法设计：对于给定的长、宽、高分别为 *m*、*n*、*p* 的长方体，计算最大子长方体的大小。

数据输入：由文件 input.txt 提供输入数据。文件的第 1 行是 3 个正整数 *m*、*n*、*p*（$1 \leqslant m, n, p \leqslant 50$）。在接下来 *m×n* 行中每行 *p* 个正整数，表示小立方体中的数。

结果输出：将计算结果输出到文件 output.txt。文件的第 1 行中的数是计算出的最大子长方体的大小。

输入文件示例	输出文件示例
input.txt	output.txt
3 3 3	14
0 −1 2	
1 2 2	
1 1 −2	
−2 −1 −1	
−3 3 −2	
−2 −3 1	
−2 3 3	
0 1 3	
2 1 −3	

3-11 正则表达式匹配问题

问题描述：许多操作系统采用正则表达式实现文件匹配功能。一种简单的正则表达式由英文字母、数字及通配符"*"和"?"组成。"?"代表任意一个字符，"*"则可以代表任意多个字符。现要用正则表达式对部分文件进行操作。

试设计一个算法，找出一个正则表达式，使其能匹配的待操作文件最多，但不能匹配任何不进行操作的文件。所找出的正则表达式的长度还应是最短的。

算法设计：对于给定的待操作文件，找出一个能匹配最多待操作文件的正则表达式。

数据输入：由文件 input.txt 提供输入数据。文件由 *n*（$1 \leqslant n \leqslant 250$）行组成。每行给出一个文件名。文件名由英文字母和数字组成。英文字符要区分大小写，文件名长度不超过 8 个字符。文件名后是一个空格符和一个字符"+"或"−"。"+"表示要对该行给出的文件进行操作，"−"表示不进行操作。

结果输出：将计算出的最多文件匹配数和最优正则表达式输出到文件 output.txt。文件第 1 行中的数是计算出的最多文件匹配数，第 2 行是最优正则表达式。

	输入文件示例	输出文件示例
	input.txt	output.txt
EXCHANGE +		3
EXTRA +		*A*
HARDWARE +		
MOUSE −		
NETWORK −		

3-12 双调旅行售货员问题。

问题描述：欧氏旅行售货员问题是对给定的平面上 n 个点确定一条连接这 n 个点的长度最短的哈密顿回路。欧氏距离满足三角不等式，所以欧氏旅行售货员问题是一个特殊的具有三角不等式性质的旅行售货员问题，仍是一个 NP 完全问题。最短双调 TSP 回路是欧氏旅行售货员问题的特殊情况。平面上 n 个点的双调 TSP 回路是从最左点开始，严格地由左至右直到最右点，然后严格地由右至左直至最左点，且连接每个点恰好一次的一条闭合回路。

算法设计：给定平面上 n 个点，计算这 n 个点的最短双调 TSP 回路。

数据输入：由文件 input.txt 给出输入数据。第 1 行有 1 个正整数 n，表示给定的平面上的点数。在接下来的 n 行中，每行 2 个实数，分别表示点的 x 坐标和 y 坐标。

结果输出：将计算的最短双调 TSP 回路的长度（保留 2 位小数）输出到文件 output.txt。

输入文件示例	输出文件示例
input.txt	output.txt
7	25.58
0 6	
1 0	
2 3	
5 4	
6 1	
7 5	
8 2	

3-13 最大 k 乘积问题。

问题描述：设 I 是一个 n 位十进制整数。如果将 I 划分为 k 段，则可得到 k 个整数。这 k 个整数的乘积称为 I 的一个 k 乘积。试设计一个算法，对于给定的 I 和 k，求出 I 的最大 k 乘积。

算法设计：对于给定的 I 和 k，计算 I 的最大 k 乘积。

数据输入：由文件 input.txt 提供输入数据。文件的第 1 行中有 2 个正整数 n 和 k。正整数 n 是序列的长度，正整数 k 是分割的段数。接下来的一行中是一个 n 位十进制整数（$n \leqslant 10$）。

结果输出：将计算结果输出到文件 output.txt。文件第 1 行中的数是计算出的最大 k 乘积。

输入文件示例	输出文件示例
input.txt	output.txt
2 1	15
15	

3-14 最少费用购物问题。

问题描述：商店中每种商品都有标价。例如，一朵花的价格是 2 元，一个花瓶的价格是 5 元。为了吸引顾客，商店提供了一组优惠商品价。优惠商品是把一种或多种商品分成一组，并降价销售。例如，3 朵花的价格不是 6 元而是 5 元，2 个花瓶加 1 朵花的优惠价是 10 元。试设计一个算法，计算出某顾客所购商品应付的最少费用。

算法设计：对于给定欲购商品的价格和数量，以及优惠商品价，计算所购商品应付的最少费用。

　　数据输入：由文件 input.txt 提供欲购商品数据。文件的第 1 行中有 1 个整数 B（$0 \leq B \leq 5$），表示所购商品种类数。在接下来的 B 行中，每行有 3 个数 C、K 和 P。C 表示商品的编码（每种商品有唯一编码），$1 \leq C \leq 999$；K 表示购买该种商品总数，$1 \leq K \leq 5$；P 是该种商品的正常单价（每件商品的价格），$1 \leq P \leq 999$。注意，一次最多可购买 $5 \times 5 = 25$ 件商品。

　　由文件 offer.txt 提供优惠商品价数据。文件的第 1 行中有 1 个整数 S（$0 \leq S \leq 99$），表示共有 S 种优惠商品组合。接下来的 S 行，每行的第 1 个数描述优惠商品组合中商品的种类数 j。接着是 j 个数字对（C、K），其中 C 是商品编码，$1 \leq C \leq 999$；K 表示该种商品在此组合中的数量，$1 \leq K \leq 5$。每行最后一个数字 P（$1 \leq P \leq 9999$）表示此商品组合的优惠价。

　　结果输出：将计算出的所购商品应付的最少费用输出到文件 output.txt。

输入文件示例		输出文件示例
input.txt	offer.txt	output.txt
2	2	14
7 3 2	1 7 3 5	
8 2 5	2 7 1 8 2 10	

3-15 收集样本问题。

　　问题描述：机器人 Rob 在一个有 $n \times n$ 个方格的方形区域 F 中收集样本。(i, j) 方格中样本的价值为 $v(i, j)$，如图 3-8 所示。Rob 从方形区域 F 的左上角 A 点出发，向下或向右行走，直到右下角的 B 点，在走过的路上，收集方格中的样本。Rob 从 A 点到 B 点共走 2 次，试找出 Rob 的 2 条行走路径，使其取得的样本总价值最大。

　　算法设计：给定方形区域 F 中的样本分布，计算 Rob 的 2 条行走路径，使其取得的样本总价值最大。

　　数据输入：由文件 input.txt 给出输入数据。第 1 行有 1 个正整数 n，表示方形区域 F 有 $n \times n$ 个方格。接下来每行有 3 个整数，前 2 个数表示方格位置，第 3 个数为该位置样本价值。最后一行是 3 个 0。

　　结果输出：将计算的最大样本总价值输出到文件 output.txt。

图 3-8　$n \times n$ 个方格的方形区域 F

输入文件示例	输出文件示例
input.txt	output.txt
8	67
2 3 13	
2 6 6	
3 5 7	
4 4 14	
5 2 21	
5 6 4	
6 3 15	
7 2 14	
0 0 0	

3-16 最优时间表问题。

　　问题描述：一台精密仪器的工作时间为 n 个时间单位。与仪器工作时间同步进行若干仪器维修程序。一旦启动维修程序，仪器必须进入维修程序。如果只有一个维修程序启动，则必须进入该维修程序。如果在同一时刻有多个维修程序,可任选进入其中的一个维修程序。维修程序必须从头开始,不能从中间插入。一个维修程序从第 s 个时间单位开始,持续 t 个时间单位,则该维修程序在第 $s+t-1$ 个时间单位结束。为了提高仪器使用率,希望安排尽可能短的维修时间。

算法设计: 对于给定的维修程序时间表,计算最优时间表。

数据输入: 由文件 input.txt 给出输入数据。第 1 行有 2 个正整数 n 和 k。n 表示仪器的工作时间单位,k 是维修程序数。在接下来的 k 行中,每行有 2 个表示维修程序的整数 s 和 t,该维修程序从第 s 个时间单位开始,持续 t 个时间单位。

结果输出: 将计算出的最短维修时间输出到文件 output.txt。

输入文件示例	输出文件示例
input.txt	output.txt
15 6	11
1 2	
1 6	
4 11	
8 5	
8 1	
11 5	

3-17 字符串比较问题。

问题描述: 对于长度相同的两个字符串 A 和 B,其距离定义为相应位置字符距离之和。两个非空格字符的距离是它们的 ASCII 编码之差的绝对值。空格与空格的距离为 0,空格与其他字符的距离为一定值 k。

在一般情况下,字符串 A 和 B 的长度不一定相同。字符串 A 的扩展是在 A 中插入若干空格字符所产生的字符串。在字符串 A 和 B 的所有长度相同的扩展中,有一对距离最小的扩展,该距离称为字符串 A 和 B 的扩展距离。

对于给定的字符串 A 和 B,试设计一个算法,计算其扩展距离。

算法设计: 对于给定的字符串 A 和 B,计算其扩展距离。

数据输入: 由文件 input.txt 给出输入数据。第 1 行是字符串 A,第 2 行是字符串 B,第 3 行是空格与其他字符的距离定值 k。

结果输出: 将计算出的字符串 A 和 B 的扩展距离输出到文件 output.txt。

输入文件示例	输出文件示例
input.txt	output.txt
cmc	10
snmn	
2	

3-18 有向树 k 中值问题。

问题描述: 给定一棵有向树 T,树 T 中每个顶点 u 都有一个权 $w(u)$,树的每条边 (u, v) 也都有一个非负边长 $d(u, v)$。有向树 T 的每个顶点 u 可以看作客户,其服务需求量为 $w(u)$。每条边 (u, v) 的边长 $d(u, v)$ 可以看作运输费用。如果在顶点 u 处未设置服务机构,则将顶点 u 处的服务需求沿有向树的边 (u, v) 转移到顶点 v 处服务机构所需付出的服务转移费用为 $w(u) \cdot d(u, v)$。树根处已设置了服务机构,现在要在树 T 中增设 k 处服务机构,使得整棵树 T

的服务转移费用最小。

算法设计：对于给定的有向树 T，计算在树 T 中增设 k 处服务机构的最小服务转移费用。

数据输入：由文件 input.txt 给出输入数据。第 1 行有 2 个正整数 n 和 k。n 表示有向树 T 的边数，k 是要增设的服务机构数。有向树 T 的顶点编号为 0, 1, …, n。根结点编号为 0。在接下来的 n 行中，每行有表示有向树 T 的一条有向边的 3 个整数。第 i+1 行的 3 个整数 w_i，v_i，d_i 分别表示编号为 i 的顶点的权为 w_i，相应的有向边为 (i, v_i)，其边长为 d_i。

结果输出：将计算的最小服务转移费用输出到文件 output.txt。

输入文件示例	输出文件示例
input.txt	output.txt
4 2	4
1 0 1	
1 1 10	
10 2 5	
1 2 3	

3-19 有向树独立 k 中值问题。

问题描述：给定一棵有向树 T，树 T 中每个顶点 u 都有权值 $w(u)$，树的每条边 (u, v) 都有一个非负边长 $d(u, v)$。有向树 T 的每个顶点 u 可以看作客户，其服务需求量为 $w(u)$。每条边 (u, v) 的边长 $d(u, v)$ 可以看作运输费用。如果在顶点 u 处未设置服务机构，则将顶点 u 处的服务需求沿有向树的边 (u, v) 转移到顶点 v 处服务机构需付出的服务转移费用为 $w(u) \cdot d(u, v)$。树根处已设置了服务机构，现在要在树 T 中增设 k 处独立服务机构，使得整棵树 T 的服务转移费用最小。服务机构的独立性是指任何两个服务机构之间都不存在有向路经。

算法设计：对于给定的有向树 T，计算在树 T 中增设 k 处独立服务机构的最小服务转移费用。

数据输入：由文件 input.txt 给出输入数据。第 1 行有 2 个正整数 n 和 k。n 表示有向树 T 的的边数；k 是要增设的服务机构数。有向树 T 的顶点编号为 0, 1, …, n。根结点编号为 0。接下来的 n 行中，每行有表示有向树 T 的一条有向边的 3 个整数。第 i+1 行的 3 个整数 w_i, v_i, d_i 分别表示编号为 i 的顶点的权为 w_i,相应的有向边为 (i, v_i),其边长为 d_i。

结果输出：将计算的最小服务转移费用输出到文件 output.txt。

输入文件示例	输出文件示例
input.txt	output.txt
4 2	12
1 0 1	
1 1 10	
10 2 5	
1 2 3	

3-20 有向直线 m 中值问题。

问题描述：给定一条有向直线 L 及 L 上的 n+1 个点 $x_0 < x_1 < \cdots < x_n$。有向直线 L 上的每个点 x_i 都有权值 $w(x_i)$，每条有向边 (x_i, x_{i-1}) 都有一个非负边长 $d(x_i, x_{i-1})$。有向直线 L 上的每个点 x_i 可以看作客户，其服务需求量为 $w(x_i)$。每条边 (x_i, x_{i-1}) 的边长 $d(x_i, x_{i-1})$ 可以看作运输费用。如果在点 x_i 处未设置服务机构，则将点 x_i 处的服务需求沿有向边转移到点 x_j 处服务机构需付出的服务转移费用为 $w(x_i) \cdot d(x_i, x_j)$。在点 x_0 处已设置了服务机构，现在要在直线 L 上增设 m 处服务机构，使得整体服务转移费用最小。

算法设计：对于给定的有向直线 L，计算在直线 L 上增设 m 处服务机构的最小服务转移费用。

　　数据输入：由文件 input.txt 给出输入数据。第 1 行有 1 个正整数 n，表示有向直线 L 上除了点 x_0，还有 n 个点 $x_0 < x_1 < \cdots < x_n$。接下来的 n 行中，每行有 2 个整数。第 $i+1$ 行的 2 个整数分别表示 $w(x_{n-i-1})$ 和 $d(x_{n-i-1}, x_{n-i-2})$。

　　结果输出：将计算的最小服务转移费用输出到文件 output.txt。

输入文件示例	输出文件示例
input.txt	output.txt
9 2	26
1 2	
2 1	
3 3	
1 1	
3 2	
1 6	
2 1	
1 2	
1 1	

3-21 有向直线 2 中值问题。

　　问题描述：给定一条有向直线 L 及 L 上的 $n+1$ 个点 $x_0 < x_1 < \cdots < x_n$。有向直线 L 上的每个点 x_i 都有权值 $w(x_i)$，每条有向边 (x_i, x_{i-1}) 都有一个非负边长 $d(x_i, x_{i-1})$。有向直线 L 上的每个点 x_i 可以看作客户，其服务需求量为 $w(x_i)$。每条边 (x_i, x_{i-1}) 的边长 $d(x_i, x_{i-1})$ 可以看作运输费用。如果在点 x_i 处未设置服务机构，则将点 x_i 处的服务需求沿有向边转移到点 x_j 处服务机构需付出的服务转移费用为 $w(x_i) \cdot d(x_i, x_j)$。在点 x_0 处已设置了服务机构，现在要在直线 L 上增设 2 处服务机构，使得整体服务转移费用最小。

　　算法设计：对于给定的有向直线 L，计算在直线 L 上增设 2 处服务机构的最小服务转移费用。

　　数据输入：由文件 input.txt 给出输入数据。第 1 行有 1 个正整数 n，表示有向直线 L 上除了点 x_0，还有 n 个点 $x_0 < x_1 < \cdots < x_n$。接下来的 n 行中，每行有 2 个整数。第 $i+1$ 行的 2 个整数分别表示 $w(x_{n-i-1})$ 和 $d(x_{n-i-1}, x_{n-i-2})$。

　　结果输出：将计算的最小服务转移费用输出到文件 output.txt。

输入文件示例	输出文件示例
input.txt	output.txt
9	26
1 2	
2 1	
3 3	
1 1	
3 2	
1 6	
2 1	
1 2	
1 1	

3-22 树的最大连通分支问题。

问题描述：给定一棵树 T，树中每个顶点 u 都有权值 $w(u)$，可以是负数。现在要找到树 T 的一个连通子图使该子图的权之和最大。

算法设计：对于给定的树 T，计算树 T 的最大连通分支。

数据输入：由文件 input.txt 给出输入数据。第 1 行有 1 个正整数 n，表示树 T 有 n 个顶点。树 T 的顶点编号为 $1, 2, \cdots, n$。第 2 行有 n 个整数，表示 n 个顶点的权值。接下来的 $n-1$ 行中，每行有表示树 T 的一条边的 2 个整数 u 和 v，表示顶点 u 与顶点 v 相连。

结果输出：将计算出的最大连通分支的权值输出到文件 output.txt。

输入文件示例	输出文件示例
input.txt	output.txt
5	4
−1 1 3 1 −1	
4 1	
1 3	
1 2	
4 5	

3-23 直线 k 中值问题。

问题描述：在一个按照南北方向划分成规整街区的城市里，n 个居民点分布在一条直线上的 n 个坐标点 $x_0 < x_1 < \cdots < x_n$ 处。居民们希望在城市中至少选择一个，但不超过 k 个居民点建立服务机构。在每个居民点 x_i 处，服务需求量为 $w_i \geq 0$，在该居民点设置服务机构的费用为 $c_i \geq 0$。假设居民点 x_i 到距其最近的服务机构的距离为 d_i，则居民点 x_i 的服务费用为 $w_i \cdot d_i$。

建立 k 个服务机构的总费用为 $A+B$。A 是在 k 个居民点设置服务机构的费用的总和；B 是 n 个居民点服务费用的总和。

算法设计：对于给定直线 L 上的 n 个点 $x_0 < x_1 < \cdots < x_n$，计算在直线 L 上最多设置 k 处服务机构的最小总费用。

数据输入：由文件 input.txt 给出输入数据。第 1 行有 2 个正整数 n 和 k。n 表示直线 L 上有 n 个点 $x_0 < x_1 < \cdots < x_n$；k 是服务机构总数的上限。接下来的 n 行中，每行有 3 个整数。第 $i+1$ 行的 3 个整数 x_i、w_i、c_i，分别表示相应居民点的位置坐标、服务需求量和在该点设置服务机构的费用。

结果输出：将计算的最小服务费用输出到文件 output.txt。

输入文件示例	输出文件示例
input.txt	output.txt
9 3	19
2 1 2	
3 2 1	
6 3 3	
7 1 1	
9 3 2	
15 1 6	
16 2 1	
18 1 2	
19 1 1	

3-24 直线 k 覆盖问题。

问题描述：给定一条直线 L 上的 n 个点 $x_0 < x_1 < \cdots < x_n$，每个点 x_i 都有权值 $w(i) \geq 0$，以及在该点设置服务机构的费用 $c(i) \geq 0$。每个服务机构的覆盖半径为 r。直线 k 覆盖问题是要求找出 $V_n = \{x_1, x_2, \cdots, x_n\}$ 的一个子集 $S \subseteq V_n$，$|S| \leq k$，在点集 S 处设置服务机构，使总覆盖费用达到最小。

每个点 x_i 都是一个客户。每个点 x_i 到服务机构 S 的距离定义为 $d(i, S) = \min_{y \in S} \{|x_i - y|\}$。如果客户 x_i 在 S 的服务覆盖范围内，即 $d(i, S) \leq r$，则其服务费用为 0，否则其服务费用为 $w(i)$。服务机构 S 的总覆盖费用为

$$\cos t(S) = \sum_{x_i \in S} c(i) + \sum_{j=1}^{n} w(j) \cdot I(j, S)$$

式中，$I(j, S)$ 的定义为

$$I(j, S) = \begin{cases} 0 & d(j, S) \leq r \\ 1 & d(j, S) > r \end{cases}$$

算法设计：对于给定直线 L 上的 n 个点 $x_0 < x_1 < \cdots < x_n$，计算在直线 L 上最多设置 k 处服务机构的最小覆盖费用。

数据输入：由文件 input.txt 给出输入数据。第 1 行有 3 个正整数 n、k 和 r。n 表示直线 L 上有 n 个点 $x_0 < x_1 < \cdots < x_n$；k 是服务机构总数的上限；r 是服务机构的覆盖半径。接下来的 n 行中，每行有 3 个整数。第 $i+1$ 行的 3 个整数 x_i、w_i、c_i 分别表示 $x(i)$、$w(i)$ 和 $c(i)$。

结果输出：将计算的最小覆盖费用输出到文件 output.txt。

输入文件示例	输出文件示例
input.txt	output.txt
9 3 2	12
2 1 12	
3 2 11	
6 3 3	
7 1 11	
9 3 12	
15 1 6	
16 2 11	
18 1 2	
19 1 11	

3-25 m 处理器问题。

问题描述：在网络通信系统中，要将 n 个数据包依次分配给 m 个处理器进行数据处理，并要求处理器负载尽可能均衡。设给定的数据包序列为 $\{\sigma_0, \sigma_1, \cdots, \sigma_{n-1}\}$。$m$ 处理器问题要求的是 $r_0 = 0 \leq r_1 \leq \cdots \leq r_{m-1} \leq n = r_m$，将数据包序列划分为 m 段：$\{\sigma_0, \cdots, \sigma_{r_1-1}\}$，$\{\sigma_{r_1}, \cdots, \sigma_{r_2-1}\}$，$\cdots$，$\{\sigma_{r_{m-1}}, \cdots, \sigma_{n-1}\}$，使 $\max_{i=0}^{m-1} \{f(r_i, r_{i+1})\}$ 达到最小。式中，$f(i, j) = \sqrt{\sigma_i^2 + \cdots + \sigma_j^2}$ 是序列 $\{\sigma_i, \cdots, \sigma_j\}$ 的负载量。

$\max_{i=0}^{m-1} \{f(r_1, r_{i+1})\}$ 的最小值称为数据包序列 $\{\sigma_0, \sigma_1, \cdots, \sigma_{n-1}\}$ 的均衡负载量。

算法设计：对于给定的数据包序列 $\{\sigma_0, \sigma_1, \cdots, \sigma_{n-1}\}$，计算 m 个处理器的均衡负载量。

数据输入：由文件 input.txt 给出输入数据。第 1 行有 2 个正整数 n 和 m。n 表示数据包个数，m 表示处理器数。接下来的 1 行中有 n 个整数，表示 n 个数据包的大小。

结果输出：将计算的处理器均衡负载量输出到文件 output.txt，且保留 2 位小数。

输入文件示例	输出文件示例
input.txt	output.txt
6 3	12.32
2 2 12 3 6 11	

第4章 贪心算法

学习要点

- 理解贪心算法的概念
- 掌握贪心算法的基本要素：
  - （1）最优子结构性质
  - （2）贪心选择性质
- 理解贪心算法与动态规划算法的差异
- 理解贪心算法的一般理论
- 通过下面的应用范例学习贪心设计策略：
  - （1）活动安排问题
  - （4）单源最短路径
  - （2）最优装载问题
  - （5）最小生成树
  - （3）哈夫曼编码
  - （6）多机调度问题

当一个问题具有最优子结构性质时，可用动态规划法求解。有时会有更简单有效的算法。考察找硬币的例子。假设有 4 种硬币，它们的面值分别为二角五分、一角、五分和一分。现在要找给某顾客六角三分钱。这时，自然地拿出 2 个二角五分的硬币、1 个一角的硬币和 3 个一分的硬币交给顾客。这种找硬币方法与其他找法相比，拿出的硬币个数是最少的。这里使用的找硬币算法为：首先选出一个面值不超过六角三分的最大硬币，即二角五分；然后从六角三分中减去二角五分，剩下三角八分；再选出一个面值不超过三角八分的最大硬币，即又一个二角五分，如此一直做下去。这个方法实际上就是贪心算法。顾名思义，贪心算法总是做出在当前看来是最好的选择。也就是说，贪心算法并不从整体最优上加以考虑，所做的选择只是在某种意义上的局部最优选择。当然，我们希望贪心算法得到的最终结果也是整体最优的。找硬币算法得到的结果就是一个整体最优解。

找硬币问题本身具有最优子结构性质，可以用动态规划算法来解，但贪心算法更简单，更直接，且解题效率更高。这利用了问题本身的一些特性。例如，上述找硬币的算法利用了硬币面值的特殊性。如果硬币的面值改为一分、五分和一角一分，而要找给顾客的是一角五分钱。还用贪心算法，将找给顾客 1 个一角一分的硬币和 4 个一分的硬币。然而 3 个五分的硬币显然是最好的找法。虽然贪心算法不是对所有问题都能得到整体最优解，但对范围相当广的许多问题能产生整体最优解，如最小生成树问题、图的单源最短路径问题等。在一些情况下，即使贪心算法不能得到整体最优解，但其最终结果却是最优解的很好的近似解。

4.1 活动安排问题

活动安排问题是可以用贪心算法有效求解的很好例子。该问题要求高效地安排一系列争用某一公共资源的活动。贪心算法提供了一个简单、漂亮的方法，使尽可能多的活动能兼容地使用公共资源。

设有 n 个活动的集合 $E=\{1, 2, \cdots, n\}$，其中每个活动都要求使用同一资源，如演讲会场等，而在同一时间内只有一个活动能使用这一资源。每个活动 i 都有要求使用该资源的起始时间 s_i 和结束时间 f_i，且 $s_i < f_i$。如果选择了活动 i，则它在半开时间区间 $[s_i, f_i)$ 内占用资源。若区间 $[s_i, f_i)$ 与区间 $[s_j, f_j)$ 不相交，则称活动 i 与活动 j 是相容的。也就是说，当 $s_i \geq f_j$ 或 $s_j \geq f_i$ 时，活动 i 与活动 j 相容。活动安排问题就是要在所给的活动集合中选出最大的相容活动子集合。

在下面给出的求解活动安排问题的贪心算法 GreedySelector 中，各活动的起始时间和结束时间存储于数组 s 和 f 中，且按结束时间排列的非减序列：$f_1 \leq f_2 \leq \cdots \leq f_n$。如果给出的活动未按此序排列，可以用 $O(n \log n)$ 做时间重排。

```cpp
template<class Type>
void GreedySelector(int n, Type s[], Type f[], bool A[]) {
    A[1] = true;
    int  j = 1;
    for (int i=2; i <= n; i++) {
        if (s[i] >= f[j]) {
            A[i] = true;
            j = i;
        }
        else
            A[i] = false;
    }
}
```

算法 GreedySelector 用集合 A 来存储所选择的活动。活动 i 在集合 A 中，当且仅当 $A[i]$ 的值为 true。变量 j 用以记录最近一次加入到 A 中的活动。由于输入的活动是按其结束时间的非减序排列的，f_j 总是当前集合 A 中所有活动的最大结束时间，即 $f_j = \max_{k \in A} \{f_k\}$。

贪心算法 GreedySelector 一开始选择活动 1，并将 j 初始化为 1，然后依次检查活动 i 是否与当前已选择的所有活动相容。若相容，则将活动 i 加入到已选择活动的集合 A 中；否则不选择活动 i，而继续检查下一活动与集合 A 中活动的相容性。由于 f_j 总是当前集合 A 中所有活动的最大结束时间，故活动 i 与当前集合 A 中所有活动相容的充分且必要的条件是，其开始时间 s_i 不早于最近加入集合 A 中的活动 j 的结束时间 f_j，即 $s_i \geq f_j$。若活动 i 与之相容，则 i 成为最近加入集合 A 中的活动，并取代活动 j 的位置。由于输入的活动以其完成时间的非减序排列，因此算法 GreedySelector 每次总是选择具有最早完成时间的相容活动加入集合 A 中。直观上，按这种方法选择相容活动为未安排活动留下尽可能多的时间。也就是说，该算法的贪心选择的意义是，使剩余的可安排时间段极大化，以便安排尽可能多的相容活动。

算法 GreedySelector 的效率极高。当输入的活动已按结束时间的非减序排列时，算法只需 $\theta(n)$ 的时间安排 n 个活动，使最多的活动能相容地使用公共资源。

例如，设待安排的 11 个活动的开始时间和结束时间按结束时间的非减序排列如下：

i	1	2	3	4	5	6	7	8	9	10	11
s[i]	1	3	0	5	3	5	6	8	8	2	12
f[i]	4	5	6	7	8	9	10	11	12	13	14

算法 GreedySelector 的计算过程如图 4-1 所示。

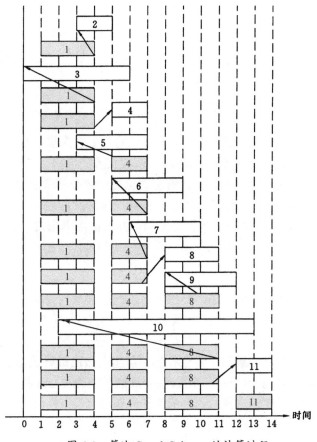

图 4-1 算法 GreedySelector 的计算过程

图 4-1 中每行相应于算法的一次迭代。阴影长条表示的活动是已选入集合 A 的活动,空白长条表示的活动是当前正在检查其相容性的活动。若被检查的活动 i 的开始时间 s_i 小于最近选择的活动 j 的结束时间 f_j,则不选择活动 i,否则选择活动 i 加入集合 A 中。

贪心算法 GreedySelector 并不总能求得问题的整体最优解。但对于活动安排问题,贪心算法总能求得的整体最优解,即它最终确定的相容活动集合 A 的规模最大。这个结论可以用数学归纳法证明。

事实上,设 $E=\{1, 2, \cdots, n\}$ 为所给定的活动集合。由于 E 中活动按结束时间的非减序排列,故活动 1 具有最早完成时间。首先证明活动安排问题有一个最优解以贪心算法选择开始,即该最优解中包含活动 1。设 $A \subseteq E$ 是所给的活动安排问题的一个最优解,且 A 中活动也按结束时间非减序排列,A 中的第一个活动是活动 k。若 $k=1$,则 A 就是一个以贪心选择开始的最优解。若 $k>1$,则设 $B=A-\{k\} \cup \{1\}$。由于 $f_1 \leqslant f_k$ 且 A 中活动是相容的,故 B 中的活动也是相容的。又由于 B 中活动个数与 A 中活动个数相同,且 A 是最优的,故 B 也是最优的。也就是说,B 是以贪心选择活动 1 开始的最优活动安排。由此可见,总存在以贪心选择开始的最优活动安排方案。

进一步,在做了贪心选择,即选择了活动 1 后,原问题就简化为对 E 中所有与活动 1 相容的活动进行活动安排的子问题。即若 A 是原问题的最优解,则 $A'=A-\{1\}$ 是活动安排问题 $E'=\{i \in E: s_i \geqslant f_1\}$ 的最优解。事实上,如果能找到 E' 的一个解 B',包含比 A' 更多的活动,则将活动 1 加入到 B' 中将产生 E 的一个解 B，它包含比 A 更多的活动。这与 A 的最优性矛盾。因此，每步所做的贪心选择都将问题简化为一个更小的与原问题具有相同形式的子问题。对贪心选择次数用数学归纳法即知，贪心算法 GreedySelector 最终产生原问题的最优解。

4.2 贪心算法的基本要素

贪心算法通过一系列选择来得到问题的解，所做的每个选择都是当前状态下局部最好选择，即贪心选择。这种启发式的策略并不总能奏效，但在许多情况下确能达到预期目的。活动安排问题的贪心算法就是一个例子。下面着重讨论可用贪心算法求解的问题的一般特征。

对于一个具体的问题，怎么知道是否可用贪心算法来解此问题，以及能否得到问题的一个最优解呢？这个问题很难给予肯定的回答。但是，从许多可以用贪心算法求解的问题中可以看到，它们一般具有两个重要的性质：贪心选择性质和最优子结构性质。

1．贪心选择性质

贪心选择性质是指，所求问题的整体最优解可以通过一系列局部最优的选择，即贪心选择来达到。这是贪心算法可行的第一个基本要素，也是贪心算法与动态规划算法的主要区别。在动态规划算法中，每步所做的选择往往依赖于相关子问题的解。因而只有在解出相关子问题后，才能做出选择。而在贪心算法中，仅在当前状态下做出最好选择，即局部最优选择。再去解做出这个选择后产生的相应的子问题。贪心算法所做的贪心选择可以依赖以往所做过的选择，但决不依赖将来所做的选择，也不依赖子问题的解。正是由于这种差别，动态规划算法通常以自底向上的方式解各子问题，贪心算法则通常以自顶向下的方式进行，以迭代的方式做出相继的贪心选择，每做一次贪心选择，就将所求问题简化为规模更小的子问题。

对于一个具体问题，要确定它是否具有贪心选择性质，必须证明每步所做的贪心选择最终导致问题的整体最优解，通常可以用类似于证明活动安排问题的贪心选择性质时所采用的方法来证明。首先考察问题的一个整体最优解，并证明可修改这个最优解，使其以贪心选择开始。做了贪心选择后，原问题简化为规模更小的类似子问题。然后用数学归纳法证明，通过每一步做贪心选择，最终可得到问题的整体最优解。其中，证明贪心选择后的问题简化为规模更小的类似子问题的关键在于，利用该问题的最优子结构性质。

2．最优子结构性质

当一个问题的最优解包含其子问题的最优解时，称此问题具有最优子结构性质。问题的最优子结构性质是该问题可用动态规划算法或贪心算法求解的关键特征。在活动安排问题中，其最优子结构性质表现为：若 A 是对于 E 的活动安排问题包含活动 1 的一个最优解，则相容活动集合 $A'=A-\{1\}$ 是对于 $E'=\{i \in E: s_i \geq f_1\}$ 的活动安排问题的一个最优解。

3．贪心算法与动态规划算法的差异

贪心算法和动态规划算法都要求问题具有最优子结构性质，这是两类算法的一个共同点。但是，对于具有最优子结构的问题应该选用贪心算法还是动态规划算法来求解？是否能用动态规划算法求解的问题也能用贪心算法来求解？下面研究两个经典的组合优化问题，并以此说明贪心算法与动态规划算法的主要差别。

0-1 背包问题：给定 n 种物品和一个背包。物品 i 的重量是 w_i，其价值为 v_i，背包的容量为 c。问应如何选择装入背包中的物品，使得装入背包中物品的总价值最大？

在选择装入背包的物品时，对每种物品 i 只有两种选择，即装入背包或不装入背包。不能将物品 i 装入背包多次，也不能只装入部分的物品 i。

此问题的形式化描述是，给定 $c>0$，$w_i>0$，$v_i>0$（$1 \leqslant i \leqslant n$），要求找出一个 n 元的 0-1 向量 $(x_1, x_2, \cdots, x_n)$，$x_i \in \{0, 1\}$，$1 \leqslant i \leqslant n$，使得 $\sum_{i=1}^{n} w_i x_i \leqslant c$，而且 $\sum_{i=1}^{n} v_i x_i$ 达到最大。

背包问题：与 0-1 背包问题类似，不同的是在选择物品 i（$1 \leqslant i \leqslant n$）装入背包时，可以选择物品 i 的一部分，而不一定要全部装入背包。

此问题的形式化描述是，给定 $c>0$，$w_i>0$，$v_i>0$（$1 \leqslant i \leqslant n$），要求找出一个 n 元向量 $(x_1, x_2, \cdots, x_n)$（$0 \leqslant x_i \leqslant 1$，$1 \leqslant i \leqslant n$），使得 $\sum_{i=1}^{n} w_i x_i \leqslant c$，而且 $\sum_{i=1}^{n} v_i x_i$ 达到最大。

这两类问题都具有最优子结构性质。对于 0-1 背包问题，设 A 是能够装入容量为 c 的背包的具有最大价值的物品集合，则 $A_j = A - \{j\}$ 是 $n-1$ 个物品 $1, 2, \cdots, j-1, j+1, \cdots, n$ 可装入容量为 $c-w_j$ 的背包的具有最大价值的物品集合。对于背包问题，类似地，若它的一个最优解包含物品 j，则从该最优解中拿出所含的物品 j 的那部分重量 w，剩余的将是 $n-1$ 个原重物品 $1, 2, \cdots, j-1, j+1, \cdots, n$ 及重为 $w_j - w$ 的物品 j 中可装入容量为 $c-w$ 的背包且具有最大价值的物品。

虽然这两个问题极为相似，但背包问题可以用贪心算法求解，而 0-1 背包问题不能用贪心算法求解。用贪心算法解背包问题的基本步骤是：首先计算每种物品单位重量的价值 v_i/w_i；然后依贪心选择策略，将尽可能多的单位重量价值最高的物品装入背包。若将这种物品全部装入背包后，背包内的物品总重量未超过 c，则选择单位重量价值次高的物品并尽可能多地装入背包。以此策略，一直进行下去，直到背包装满为止。具体算法可描述如下：

```
void Knapsack(int n, float M, float v[], float w[], float x[]) {
    Sort(n, v ,w);
    int  i;
    for (i=1; i <= n; i++)
       x[i] = 0;
    float  c = M;
    for (i=1; i <= n; i++) {
       if (w[i]>c)
          break;
       x[i] = 1;
       c -= w[i];
    }
    if (i <= n)
       x[i]=c/w[i];
}
```

算法 Knapsack 的主要计算时间在于，将各种物品依其单位重量的价值从大到小排序。因此，算法的计算时间上界为 $O(n\log n)$。当然，为了证明算法的正确性，还必须证明背包问题具有贪心选择性质。

这种贪心选择策略对 0-1 背包问题就不适用了。图 4-2 中有 3 种物品，背包的容量为 50

千克。物品 1 重 10 千克，价值 60 元；物品 2 重 20 千克，价值 100 元；物品 3 重 30 千克，价值 120 元。因此，物品 1 每千克价值 6 元，物品 2 每千克价值 5 元，物品 3 每千克价值 4 元。若依贪心选择策略，应首选物品 1 装入背包，然而从图 4-2(b)的各种情况可以看出，最优的选择方案是选择物品 2 和物品 3 装入背包。首选物品 1 的两种方案都不是最优的。对于背包问题，贪心选择最终可得到最优解，其选择方案如图 4-2(c)所示。

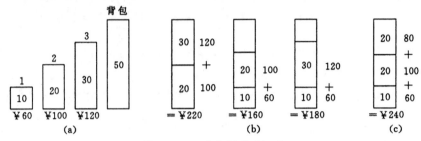

图 4-2   0-1 背包问题的例子

对于 0-1 背包问题，贪心选择之所以不能得到最优解是因为，在这种情况下，它无法保证最终能将背包装满，部分闲置的背包空间使每千克背包空间的价值降低了。事实上，在考虑 0-1 背包问题时，应比较选择该物品和不选择该物品所导致的最终方案，再做出最好选择。由此可导出许多互相重叠的子问题。这正是该问题可用动态规划算法求解的另一重要特征。动态规划算法的确可以有效地解 0-1 背包问题。

4.3 最优装载

有一批集装箱要装上一艘载重量为 c 的轮船。其中集装箱 i 的重量为 w_i。最优装载问题要求在装载体积不受限制的情况下，将尽可能多的集装箱装上轮船。

该问题可形式化描述为

$$\begin{cases} \max \sum_{i=1}^{n} x_i \\ \sum_{i=1}^{n} w_i x_i \leq c \end{cases} x_i \in \{0, 1\}, 1 \leq i \leq n$$

式中，变量 $x_i=0$ 表示不装入集装箱 i，$x_i=1$ 表示装入集装箱 i。

1. 算法描述

最优装载问题可用贪心算法求解。采用重量最轻者先装的贪心选择策略，可产生最优装载问题的最优解。具体算法描述如下：

```
template<class Type>
void Loading(int x[], Type w[], Type c, int n) {
  int *t = new int [n+1];
  Sort(w, t, n);
  for (int i=1; i <= n; i++)
    x[i]=0;
  for (int i=1; i <= n && w[t[i]] <= c; i++) {
    x[t[i]] = 1;
```

```
        c -= w[t[i]];
    }
}
```

2. 贪心选择性质

设集装箱已依其重量从小到大排序，$(x_1, x_2, \cdots, x_n)$是最优装载问题的一个最优解，设 $k= \min\limits_{1\leqslant i\leqslant n} \{i \mid x_i=1\}$，如果给定的最优装载问题有解，则 $1\leqslant k\leqslant n$。

① 当 $k=1$ 时，$(x_1, x_2, \cdots, x_n)$是一个满足贪心选择性质的最优解。

② 当 $k>1$ 时，取 $y_1=1$，$y_k=0$，$y_i=x_i$，$1<i\leqslant n$，$i\neq k$，则

$$\sum_{i=1}^{n} w_i y_i = w_1 - w_k + \sum_{i=1}^{n} w_i x_i \leqslant \sum_{i=1}^{n} w_i x_i \leqslant c$$

因此，$(y_1, y_2, \cdots, y_n)$是所给最优装载问题的可行解。

另一方面，由 $\sum\limits_{i=1}^{n} y_i = \sum\limits_{i=1}^{n} x_i$ 知，$(y_1, y_2, \cdots, y_n)$是满足贪心选择性质的最优解。所以，最优装载问题具有贪心选择性质。

3. 最优子结构性质

设$(x_1, x_2, \cdots, x_n)$是最优装载问题的满足贪心选择性质的最优解，则 $x_1=1$，$(x_2, x_3, \cdots, x_n)$ 是轮船载重量为 $c-w_1$、待装船集装箱为$\{2, 3, \cdots, n\}$时相应最优装载问题的最优解。也就是说，最优装载问题具有最优子结构性质。

由最优装载问题的贪心选择性质和最优子结构性质，容易证明算法 Loading 的正确性。算法 Loading 的主要计算量在于将集装箱依其重量从小到大排序，所以算法所需的计算时间为 $O(n\log n)$。

4.4 哈夫曼编码

哈夫曼编码是广泛用于数据文件压缩的十分有效的编码方法。其压缩率通常为 20%～90%。哈夫曼编码算法使用字符在文件中出现的频率表来建立一个用 0、1 串表示各字符的最优表示方式。假设有一个数据文件包含 100 000 个字符，要用压缩的方式存储它。该文件中各字符出现的频率如表 4-1 所示。文件中共有 6 个不同字符出现，字符 a 出现 45 000 次，字符 b 出现 13 000 次等。

表 4-1 字符出现的频率表

	a	b	c	d	e	f
频率（千次）	45	13	12	16	9	5
定长码	000	001	010	011	100	101
变长码	0	101	100	111	1101	1100

有多种方法表示文件中的信息。考察用 0、1 码串表示字符的方法，即每个字符用唯一的一个 0、1 串表示。若使用定长码，则表示 6 个不同的字符需要 3 位：a=000，b=001，⋯，f=101。用这种方法对整个文件进行编码需要 300 000 位。能否做得更好些呢？使用变长码要

比使用定长码好得多。给出现频率高的字符较短的编码,出现频率较低的字符以较长的编码,可以大大缩短总码长。表4-1给出了一种变长码编码方案。其中,字符a用一位串0表示,而字符f用4位串1100表示。用这种编码方案,整个文件的总码长为(45×1+13×3+12×3+16×3+9×4+5×4)×1000=224 000位,比用定长码方案好,总码长减小约25%。事实上,这是该文件的最优编码方案。

1. 前缀码

对每一个字符规定一个0、1串作为其代码,并要求任一字符的代码都不是其他字符代码的前缀。这种编码称为前缀码。编码的前缀性质可以使译码方法非常简单。由于任一字符的代码都不是其他字符代码的前缀,从编码文件中不断取出代表某一字符的前缀码,转换为原字符,即可逐个译出文件中的所有字符。例如,表4-1中的变长码就是一种前缀码。对于给定的0、1串001011101可唯一地分解为0、0、101、1101,因而其译码为aabe。

译码过程需要方便地取出编码的前缀,因此需要表示前缀码的合适的数据结构。为此可以用二叉树作为前缀编码的数据结构,如图4-3所示。在表示前缀码的二叉树中,树叶代表给定的字符,并将每个字符的前缀码看作从树根到代表该字符的树叶的一条道路。代码中每一位的0或1分别作为指示某结点到左儿子或右儿子的"路标"。

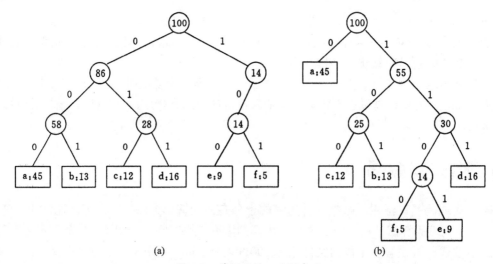

图4-3 前缀码的二叉树表示

表示最优前缀码的二叉树总是一棵完全二叉树,即树中任意结点都有2个儿子。从图4-3可以看出,定长编码方案不是最优的,其编码二叉树不是一棵完全二叉树。在一般情况下,若 C 是编码字符集,表示其最优前缀码的二叉树中恰有$|C|$个叶子。每个叶子对应字符集中的一个字符,该二叉树恰有$|C|-1$个内部结点。

给定编码字符集 C 及其频率分布 f,即 C 中任一字符 c 以频率 $f(c)$ 在数据文件中出现。C 的一个前缀码编码方案对应一棵二叉树 T。字符 c 在树 T 中的深度记为 $d_T(c)$。$d_T(c)$ 也是字符 c 的前缀码长。该编码方案的平均码长定义为

$$B(T) = \sum_{c \in C} f(c) d_T(c)$$

使平均码长达到最小的前缀码编码方案称为 C 的最优前缀码。

2. 构造哈夫曼编码

哈夫曼提出了构造最优前缀码的贪心算法，由此产生的编码方案称为哈夫曼算法。哈夫曼算法以自底向上的方式构造表示最优前缀码的二叉树 T。算法以 $|C|$ 个叶结点开始，执行 $|C|-1$ 次的"合并"运算后产生最终所要求的树 T。下面给出的算法 HuffmanTree 中，编码字符集中每个字符 c 的频率是 $f(c)$。以 f 为键值的优先队列 Q 用在做贪心选择时有效地确定算法当前要合并的两棵具有最小频率的树。一旦两棵具有最小频率的树合并后，产生一棵新的树，其频率为合并的两棵树的频率之和，并将新树插入优先队列 Q。

算法中用到的类 Huffman 定义如下：

```cpp
template<class Type>
class  Huffman {
    friend BinaryTree<int> HuffmanTree(Type [], int);
public:
    operator Type ()const {  return weight;  }
private:
    BinaryTree<int> tree;
    Type weight;
};
```

算法 HuffmanTree 描述如下：

```cpp
template <class Type>
BinaryTree<int> HuffmanTree(Type f[], int n) {          // 生成单结点树
    Huffman<Type>  *w = new Huffman<Type> [n+1];
    BinaryTree<int> z, zero;
    for (int i=1; i <= n; i++){
        z.MakeTree(i, zero, zero);
        w[i].weight = f[i];
        w[i].tree = z;
    }
    // 建优先队列
    MinHeap<Huffman<Type>>Q(1);
    Q.Initialize(w, n, n);
    // 反复合并最小频率树
    Huffman<Type> x, y;
    for (int i=1; i < n; i++) {
        Q.DeleteMin(x);
        Q.DeleteMin(y);
        z.MakeTree(0, x.tree, y.tree);
        x.weight += y.weight;
        x.tree=z;
        Q.Insert(x);
    }
    Q.DeleteMin(x);
    Q.Deactivate();
    delete []w;
    return x.tree;
}
```

算法 HuffmanTree 首先用字符集 C 中每个字符 c 的频率 $f(c)$ 初始化优先队列 Q。然后不断地从优先队列 Q 中取出具有最小频率的两棵树 x 和 y，将它们合并为一棵新树 z。z 的频率是 x 和 y 的频率之和。新树 z 以 x 为其左儿子，以 y 为其右儿子（也可以 y 为其左儿子，x 为其右儿子。不同的次序将产生不同的编码方案，但平均码长是相同的）。经过 $n-1$ 次的合并后，优先队列中只剩下一棵树，即所要求的树 T。

算法 HuffmanTree 用最小堆实现优先队列 Q。初始化优先队列需要 $O(n)$ 计算时间，由于最小堆的 DeleteMin 和 Insert 运算均需 $O(\log n)$ 时间，$n-1$ 次的合并共需要 $O(n\log n)$ 计算时间。因此，关于 n 个字符的哈夫曼算法的计算时间为 $O(n\log n)$。

3. 哈夫曼算法的正确性

要证明哈夫曼算法的正确性，只要证明最优前缀码问题具有贪心选择性质和最优子结构性质。

（1）贪心选择性质

设 C 是编码字符集，C 中字符 c 的频率为 $f(c)$。又设 x 和 y 是 C 中具有最小频率的两个字符，则存在 C 的最优前缀码使 x 和 y 具有相同码长且仅最后一位编码不同。

证明：设二叉树 T 表示 C 的任意一个最优前缀码。下面证明可以对 T 适当修改后，得到一棵新的二叉树 T''，使得在新树中，x 和 y 是最深叶子且为兄弟。同时，新树 T'' 表示的前缀码也是 C 的最优前缀码。如果能做到，则 x 和 y 在 T'' 表示的最优前缀码中就具有相同的码长且仅最后一位编码不同。

设 b 和 c 是二叉树 T 的最深叶子且为兄弟。不失一般性，可设 $f(b) \leq f(c)$，$f(x) \leq f(y)$。由于 x 和 y 是 C 中具有最小频率的两个字符，故 $f(x) \leq f(b)$，$f(y) \leq f(c)$。

首先在树 T 中交换叶子 b 和 x 的位置得到树 T'，然后在树 T' 中再交换叶子 c 和 y 的位置，得到树 T''，如图 4-4 所示。

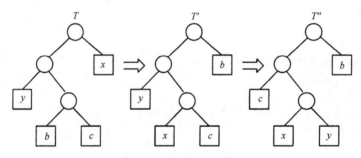

图 4-4　编码树 T 的变换

由此可知，树 T 和 T' 表示的前缀码的平均码长之差为

$$B(T) - B(T') = \sum_{c \in C} f(c)d_T(c) - \sum_{c \in C} f(c)d_{T'}(c)$$

$$= f(x)d_T(x) + f(b)d_T(b) - f(x)d_{T'}(x) - f(b)d_{T'}(b)$$

$$= f(x)d_T(x) + f(b)d_T(b) - f(x)d_T(b) - f(b)d_T(x)$$

$$= (f(b) - f(x))(d_T(b) - d_T(x)) \geq 0$$

最后一个不等式是因为 $f(b)-f(x)$ 和 $d_T(b)-d_T(x)$ 均为非负。

类似地，可以证明在 T' 中交换 y 与 c 的位置也不增加平均码长，即 $B(T')-B(T'')$ 也是非负的。由此可知，$B(T'')\leqslant B(T')\leqslant B(T)$。另一方面，$T$ 表示的前缀码是最优的，故 $B(T)\leqslant B(T'')$。因此，$B(T)=B(T'')$，即 T'' 表示的前缀码也是最优前缀码，且 x 和 y 具有最长的码长，同时仅最后一位编码不同。

（2）最优子结构性质

设 T 是表示字符集 C 的一个最优前缀码的完全二叉树。C 中字符 c 的出现频率为 $f(c)$。设 x 和 y 是树 T 中的两个叶子且为兄弟，z 是它们的父亲。若将 z 看作具有频率 $f(z)=f(x)+f(y)$ 的字符，则树 $T'=T-\{x,y\}$ 表示字符集 $C'=C-\{x,y\}\cup\{z\}$ 的一个最优前缀码。

证明：首先证明 T 的平均码长 $B(T)$ 可用 T' 的平均码长 $B(T')$ 来表示。

事实上，对任意 $c\in C-\{x,y\}$ 有 $d_T(c)=d_{T'}(c)$，故 $f(c)d_T(c)=f(c)d_{T'}(c)$。

另一方面，$d_T(x)=d_T(y)=d_{T'}(z)+1$，故

$$f(x)d_T(x)+f(y)d_T(y)=(f(x)+f(y))(d_{T'}(z)+1)$$
$$=f(x)+f(y)+f(z)d_{T'}(z)$$

由此即知，$B(T)=B(T')+f(x)+f(y)$。

若 T' 表示的字符集 C' 的前缀码不是最优的，则有 T'' 表示的 C' 的前缀码使得 $B(T'')<B(T')$。由于 z 被看作 C' 中的一个字符，故 z 在 T'' 中是一树叶。若将 x 和 y 加入树 T'' 中作为 z 的儿子，则得到表示字符集 C 的前缀码的二叉树 T'''，且有

$$B(T''')=B(T'')+f(x)+f(y)$$
$$<B(T')+f(x)+f(y)=B(T)$$

这与 T 的最优性矛盾。故 T' 表示的 C' 的前缀码是最优的。

由贪心选择性质和最优子结构性质立即可推出：哈夫曼算法是正确的，即 HuffmanTree 产生 C 的一棵最优前缀编码树。

4.5　单源最短路径

给定一个带权有向图 $G=(V,E)$，其中每条边的权是非负实数。另外，给定 V 中的一个顶点，称为源。现在要计算从源到所有其他各顶点的最短路长度。这里路的长度是指路上各边权之和。这个问题通常称为单源最短路径问题。

1. 算法基本思想

Dijkstra 算法是解单源最短路径问题的一个贪心算法。其基本思想是，设置顶点集合 S，并不断地做贪心选择来扩充这个集合。一个顶点属于集合 S 当且仅当从源到该顶点的最短路径长度已知。初始时，S 中仅含有源。设 u 是 G 的某一个顶点，把从源到 u 且中间只经过 S 中顶点的路称为从源到 u 的特殊路径，并用数组 dist 记录当前每个顶点所对应的最短特殊路径长度。Dijkstra 算法每次从 $V-S$ 中取出具有最短特殊路长度的顶点 u，将 u 添加到 S 中，同时对数组 dist 做必要的修改。一旦 S 包含了所有 V 中顶点，dist 就记录了从源到所有其他顶点之间的最短路径长度。

Dijkstra 算法可描述如下，其中输入的带权有向图是 $G=(V,E)$，$V=\{1,2,\cdots,n\}$，顶点 v 是源。c 是一个二维数组，$c[i][j]$ 表示边 (i,j) 的权。当 $(i,j)\notin E$ 时，$c[i][j]$ 是一个大数。$\text{dist}[i]$ 表示当前从源到顶点 i 的最短特殊路径长度。

```
template<class Type>
void Dijkstra(int n,int v, Type dist[], int prev[], Type ** c) {   // 单源最短路径问题的 Dijkstra 算法
    bool   s[maxint];
    for (int i=1; i <= n; i++) {
        dist[i] = c[v][i];
        s[i] = false;
        if (dist[i] == maxint)
            prev[i] = 0;
        else
            prev[i] = v;
    }
    dist[v]=0; s[v]=true;
    for (int i=1; i < n; i++) {
        int   temp = maxint;
        int   u = v;
        for (int j=1; j <= n; j++)
            if ((!s[j]) && (dist[j]<temp)) {
                u = j;
                temp = dist[j];
            }
        s[u] = true;
        for (int j=1; j <= n; j++) {
            if ((!s[j]) && (c[u][j] < maxint)) {
                Type newdist = dist[u] + c[u][j];
                if (newdist < dist[j]) {
                    dist[j] = newdist;
                    prev[j] = u;
                }
            }
        }
    }
}
```

例如，对图 4-5 中的有向图，应用 Dijkstra 算法计算从源顶点 1 到其他顶点间最短路径的过程列在表 4-2 中。

表 4-2　Dijkstra 算法的迭代过程

迭代	S	u	dist[2]	dist[3]	dist[4]	dist[5]
初始	{1}	—	10	maxint	30	100
1	{1,2}	2	10	60	30	100
2	{1,2,4}	4	10	50	30	90
3	{1,2,4,3}	3	10	50	30	60
4	{1,2,4,3,5}	5	10	50	30	60

上述 Dijkstra 算法只求出从源顶点到其他顶点间的最短路径长度。如果还要求出相应的最短路径，可以用算法中数组 prev 记录的信息求出相应的最短路径。算法中数组 prev[i] 记录的是从源到顶点 i 的最短路径上 i 的前一个顶点。初始时，对所有 $i \neq 1$，置 prev[i]=v。在

Dijkstra 算法中更新最短路径长度时，只要 dist[u]+c[u][i]<dist[i]时，就置 prev[i]=u。当 Dijkstra 算法终止时，就可以根据数组 prev 找到从源到 i 的最短路径上每个顶点的前一个顶点，从而找到从源到 i 的最短路径。

例如，对于图 4-5 中的有向图，经 Dijkstra 算法计算后可得数组 prev 具有值 prev[2]=1，prev[3]=4，prev[4]=1，prev[5]=3。如果要找出顶点 1 到顶点 5 的最短路径，可以从数组 prev 得到顶点 5 的前一个顶点是 3，3 的前一个顶点是 4，而 4 的前一个顶点是 1。于是从顶点 1 到顶点 5 的最短路径是 1→4→3→5。

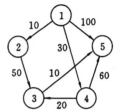

图 4-5　一个带权有向图

2．算法的正确性和计算复杂性

下面讨论 Dijkstra 算法的正确性和计算复杂性。

（1）贪心选择性质

Dijkstra 算法是应用贪心算法设计策略的又一个典型例子，所做的贪心选择是从 $V-S$ 中

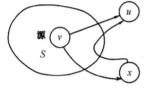

图 4-6　从源到 u 的最短路径

选择具有最短特殊路径的顶点 u，从而确定从源到 u 的最短路径长度 dist[u]。这种贪心选择为什么能导致最优解呢？换句话说，为什么从源到 u 没有更短的其他路径呢？事实上，如果存在一条从源到 u 且长度比 dist[u]更短的路，设这条路初次走出 S 之外到达的顶点为 $x \in V-S$，然后徘徊于 S 内外若干次，最后离开 S 到达 u，如图 4-6 所示。

在这条路径上，分别记 $d(v, x)$，$d(x, u)$和 $d(v, u)$为顶点 v 到顶点 x，顶点 x 到顶点 u 和顶点 v 到顶点 u 的路长，那么，dist[x]≤$d(v, x)$，$d(v, x)$+$d(x, u)$=$d(v, u)$<dist[u]。利用边权的非负性，可知 $d(x, u)$≥0，从而推得 dist[x]<dist[u]。此为矛盾。

这就证明了 dist[u]是从源到顶点 u 的最短路径长度。

（2）最优子结构性质

要完成 Dijkstra 算法正确性的证明，还必须证明最优子结构性质，即算法中确定的 dist[u]确实是当前从源到顶点 u 的最短特殊路径长度。为此，只要考察算法在添加 u 到 S 中后，dist[u]的值所起的变化。将添加 u 之前的 S 称为老的 S。当添加了 u 后，可能出现一条到顶点 i 的新的特殊路。如果这条新特殊路是先经过老的 S 到达顶点 u，然后从 u 经一条边直接到达顶点 i，则这种路的最短的长度是 dist[u]+c[u][i]。这时，如果 dist[u]+c[u][i]<dist[i]，则算法中用 dist[u]+c[u][i]作为 dist[i]的新值。如果这条新特殊路径经过老的 S 到达 u 后，不是从 u 经一条边直接到达 i，而是像图 4-7 那样，回到老的 S 中某个顶点 x，最后才到达顶点 i，那么由于 x 在老的 S 中，因此 x 比 u 先加入 S，故图 4-7 中从源到 x 的路的长度比从源到 u，再从 u 到 x 的路的长度小。于是当前 dist[i] 的值小于图 4-7 中从源经 x 到 i 的路的长度，也小于图中从源经 u 和 x，最后到达 i 的路的长度。因此，在算法中不必考虑这种路。由此即知，不论算法中 dist[u]的值是否有变化，它总是关于当前顶点集 S 到顶点 u 的最短特殊路径长度。

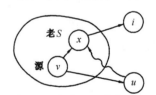

图 4-7　非最短的特殊路径

（3）计算复杂性

对于一个具有 n 个顶点和 e 条边的带权有向图，如果用带权邻接矩阵表示这个图，那么 Dijkstra 算法的主循环体需要 $O(n)$时间。这个循环需要执行 $n-1$ 次，所以完成循环需要 $O(n^2)$

时间。算法的其余部分所需要时间不超过 $O(n^2)$。

4.6 最小生成树

设 $G=(V, E)$ 是无向连通带权图，即一个网络。E 中每条边(v, w)的权为 $c[v][w]$。如果 G 的一个子图 G' 是一棵包含 G 的所有顶点的树，则称 G' 为 G 的生成树。生成树上各边权的总和称为该生成树的耗费。在 G 的所有生成树中，耗费最小的生成树称为 G 的最小生成树。

网络的最小生成树在实际中有广泛应用。例如，在设计通信网络时，用图的顶点表示城市，用边(v, w)的权 $c[v][w]$ 表示建立城市 v 和城市 w 之间的通信线路所需的费用，则最小生成树就给出了建立通信网络的最经济的方案。

1. 最小生成树的性质

用贪心算法设计策略可以设计出构造最小生成树的有效算法。本节介绍的构造最小生成树的 Prim 算法和 Kruskal 算法都可以看作应用贪心算法设计策略的典型例子。尽管这两个算法做贪心选择的方式不同，但它们都利用了下面的最小生成树性质。

设 $G=(V, E)$ 是连通带权图，U 是 V 的真子集。如果$(u, v)\in E$，且 $u\in U$，$v\in V-U$，且在所有这样的边中，(u, v)的权 $c[u][v]$ 最小，那么一定存在 G 的一棵最小生成树，它以(u, v)为其中一条边。这个性质有时也称为 MST 性质。MST 性质可证明如下。

假设 G 的任何一棵最小生成树都不含边(u, v)。将边(u, v)添加到 G 的一棵最小生成树 T 上，将产生含有边(u, v)的圈，并且在这个圈上有一条不同于(u, v)的边(u', v')，使得 $u'\in U$，$v'\in V-U$，如图 4-8 所示。将边(u', v')删去，得到 G 的另一棵生成树 T'。由于 $c[u][v]\leqslant c[u'][v']$，所以 T' 的耗费$\leqslant T$ 的耗费。于是 T' 是一棵含有边(u, v)的最小生成树，这与假设矛盾。

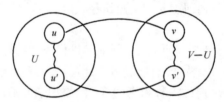

图 4-8　含边(u, v)的圈

2. Prim 算法

设 $G=(V, E)$ 是连通带权图，$V=\{1, 2, \cdots, n\}$。构造 G 的最小生成树的 Prim 算法的基本思想是：首先置 $S=\{1\}$，然后，只要 S 是 V 的真子集，就做如下贪心选择：选取满足条件 $i\in S$，$j\in V-S$，且 $c[i][j]$ 最小的边，并将顶点 j 添加到 S 中。这个过程一直进行到 $S=V$ 时为止，选取到的所有边恰好构成 G 的一棵最小生成树。算法描述如下：

```
void Prim(int n,Type ** c) {
    T=∅;
    S={1};
    while (S != V) {
        (i, j)=i∈S且j∈V-S的最小权边;
        T = T∪{(i, j)};
        S = S∪{j};
```

```
    }
}
```

算法结束时，T 中包含 G 的 $n-1$ 条边。利用最小生成树性质和数学归纳法容易证明，上述算法中的边集合 T 始终包含 G 的某棵最小生成树中的边。因此，在算法结束时，T 中的所有边构成 G 的一棵最小生成树。例如，对于图 4-9 中的带权图，按 Prim 算法选取边的过程如图 4-10 所示。

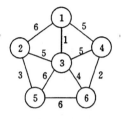

图 4-9　连通带权图

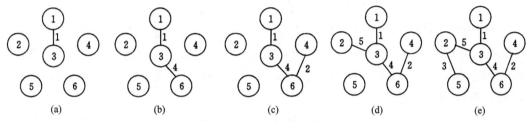

图 4-10　Prim 算法选边过程

在上述 Prim 算法中，还应当考虑如何有效地找出满足条件 $i \in S$，$j \in V-S$，且权 $c[i][j]$ 最小的边 (i, j)。实现这个目的的较简单的办法是，设置两个数组 closest 和 lowcost，对于每个 $j \in V-S$，closest[j] 是 j 在 S 中的邻接顶点，它与 j 在 S 中的其他邻接顶点 k 相比较有 $c[j][\text{closest}[j]] \leqslant c[j][k]$，lowcost[$j$] 的值就是 $c[j][\text{closest}[j]]$。

在 Prim 算法执行过程中，先找出 $V-S$ 中使 lowcost 值最小的顶点 j，然后根据数组 closest 选取边 $(j, \text{closest}[j])$，最后将 j 添加到 S 中，并对 closest 和 lowcost 做必要的修改。

用这个办法实现的 Prim 算法可描述如下。其中，c 是一个二维数组，$c[i][j]$ 表示边 (i, j) 的权。

```
template<class Type>
void Prim(int n, Type **c) {
  Type  lowcost[maxint];
  int   closest[maxint];
  bool  s[maxint];
  s[1] = true;
  for (int i=2; i <= n; i++) {
    lowcost[i] = c[1][i];
    closest[i] = 1;
    s[i] = false;
  }
  for (int i=1; i < n; i++) {
    Type  min = inf;
    int   j = 1;
    for (int k=2; k <= n; k++) {
      if ((lowcost[k]<min) && (!s[k])) {
        min = lowcost[k];
        j=k;
      }
    cout<<j<<' '<<closest[j]<<endl;
    s[j] = true;
```

```
    for (int k=2; k <= n; k++) {
        if ((c[j][k]<lowcost[k]) && (!s[k])) {
            lowcost[k] = c[j][k];
            closest[k] = j;
        }
    }
}
}
```

易知，上述算法 Prim 所需的计算时间为 $O(n^2)$。

3. Kruskal 算法

构造最小生成树的另一个常用算法是 Kruskal 算法。当图的边数为 e 时，Kruskal 算法所需的时间是 $O(e\log e)$。当 $e=\Omega(n^2)$ 时，Kruskal 算法比 Prim 算法差，但当 $e=o(n^2)$ 时，Kruskal 算法却比 Prim 算法好得多。

给定无向连通带权图 $G=(V, E)$，$V=\{1, 2, \cdots, n\}$。Kruskal 算法构造 G 的最小生成树的基本思想是：首先将 G 的 n 个顶点看成 n 个孤立的连通分支，将所有的边按权从小到大排序；然后从第一条边开始，依边权递增的顺序查看每条边，并按下述方法连接两个不同的连通分支：当查看到第 k 条边(v, w)时，如果端点 v 和 w 分别是当前两个不同的连通分支 T_1 和 T_2 中的顶点时，就用边(v, w)将 T_1 和 T_2 连接成一个连通分支，然后继续查看第 $k+1$ 条边；如果端点 v 和 w 在当前的同一个连通分支中，就直接再查看第 $k+1$ 条边。这个过程一直进行到只剩下一个连通分支时为止。此时，这个连通分支就是 G 的一棵最小生成树。

例如，对图 4-9 中的连通带权图，按 Kruskal 算法顺序得到的最小生成树上的边如图 4-11 所示。

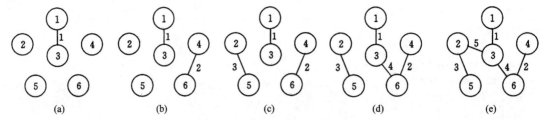

图 4-11　Kruskal 算法选边过程

关于集合的一些基本运算可用于实现 Kruskal 算法。Kruskal 算法中按权的递增顺序查看的边的序列可以看作一个优先队列，它的优先级为边的权。顺序查看就是对这个优先队列执行 DeleteMin 运算。可以用堆来实现这个优先队列。

另外，在 Kruskal 算法中，还要对一个由连通分支组成的集合不断进行修改。将这个由连通分支组成的集合记为 U，则需要用到的集合的基本运算如下。

① Union(a, b)：将 U 中两个连通分支 a 和 b 连接起来，所得的结果称为 A 或 B。

② Find(v)：返回 U 中包含顶点 v 的连通分支的名字。这个运算用来确定某条边的两个端点所属的连通分支。

这些基本运算实际上是抽象数据类型并查集 UnionFind 支持的基本运算。

利用优先队列和并查集这两个抽象数据类型可实现 Kruskal 算法。

```
template <class Type>
```

```
class EdgeNode {
    friend ostream& operator<<(ostream&, EdgeNode<Type>);
    friend bool Kruskal(int, int, EdgeNode<Type>*, EdgeNode<Type>*);
    friend void main(void);
public:
    operator Type ()const {  return weight;  }
private:
    Type  weight;
    int  u, v;
};

template<class Type>
bool Kruskal(int n, int e, EdgeNode<Type> E[], EdgeNode<Type> t[]){
    MinHeap<EdgeNode<Type>>H(1);
    H.Initialize(E, e, e);
    UnionFind U(n);
    int  k = 0;
    while (e && k < n-1) {
        EdgeNode<int> x;
        H.DeleteMin(x);
        e--;
        int  a = U.Find(x.u);
        int  b = U.Find(x.v);
        if (a != b) {
            t[k++] = x;
            U.Union(a, b);
        }
        H.Deactivate();
        return (k == n-1);
    }
}
```

　　设输入的连通带权图有 e 条边，则将这些边依其权组成优先队列需要 $O(e)$ 时间。在上述算法的 while 循环中，DeleteMin 运算需要 $O(\log e)$ 时间，因此关于优先队列所作运算的时间为 $O(e \log e)$。实现 UnionFind 所需的时间为 $O(e \log e)$ 或 $O(e \log^* e)$。所以，Kruskal 算法所需的计算时间为 $O(e \log e)$。

4.7 多机调度问题

　　设有 n 个独立的作业 $\{1, 2, \cdots, n\}$，由 m 台相同的机器进行加工处理。作业 i 所需的处理时间为 t_i。现约定，任何作业可以在任何一台机器上加工处理，但未完工前不允许中断处理，任何作业不能拆分成更小的子作业。

　　多机调度问题要求给出一种作业调度方案，使所给的 n 个作业在尽可能短的时间内由 m 台机器加工处理完成。

　　这个问题是一个 NP 完全问题，到目前为止还没有有效的解法。有时，这类问题用贪心选择策略可以设计出较好的近似算法。

采用最长处理时间作业优先的贪心选择策略，可以设计出解多机调度问题的较好的近似算法。按此策略，当 $n \le m$ 时，只要将机器 i 的 $[0, t_i]$ 时间区间分配给作业 i 即可。当 $n > m$ 时，先将 n 个作业依其所需的处理时间从大到小排序，再依此顺序将作业分配给空闲的机器。

实现该策略的贪心算法 Greedy 可描述如下：

```cpp
class JobNode {
    friend void Greedy(JobNode *, int, int);
    friend void main(void);
public:
    operator int () const {  return time;  }
private:
    int  ID, time;
};
class  MachineNode {
    friend void Greedy(JobNode *, int, int);
public:
    operator int ()const {  return avail;  }
private:
    int  ID, avail;
};

template <class Type>
void Greedy(Type a[], int n, int m) {
    if (n <= m){
        cout <<"为每个作业分配一台机器."<<endl;
        return;
    }
    Sort(a,n);
    MinHeap<MachineNode> H(m);
    MachineNode x;
    for (int i=1; i <= m; i++){
        x.avail = 0;
        x.ID = i;
        H.Insert(x);
    }
    for (int i=n; i >= 1; i--) {
        H.DeleteMin(x);
        cout <<"将机器"<<x.ID <<"从"<<x.avail<<"到"<<(x.avail+a[i].time)
            <<"的时间段分配给作业"<<a[i].ID<<endl;
        x.avail += a[i].time;
        H.Insert(x);
    }
}
```

当 $n \le m$ 时，算法 Greedy 需要 $O(1)$ 时间。

当 $n > m$ 时，排序耗时 $O(n\log n)$。初始化堆需要 $O(m)$ 时间。关于堆的 DeleteMin 和 Insert 运算共耗时 $O(n\log m)$，因此算法 Greedy 所需的计算时间为 $O(n\log n)$。

例如，设 7 个独立作业 $\{1, 2, 3, 4, 5, 6, 7\}$ 由 3 台机器 M_1、M_2 和 M_3 来加工处理。各作业所需的处理时间分别为 $\{2, 14, 4, 16, 6, 5, 3\}$。按算法 Greedy 产生的作业调度如图 4-12 所示，所需的加工时间为 17。

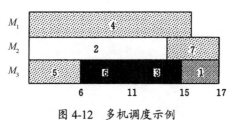

图 4-12　多机调度示例

算法分析题 4

4-1　假定要把长为 $l_1, l_2, \cdots, l_n$ 的 n 个程序放在磁带 T_1 和 T_2 上，并且希望按照使最大检索时间取最小值的方式存放，即如果存放在 T_1 和 T_2 上的程序集合分别是 A 和 B，则希望所选择的 A 和 B 使得 $\max\left\{\sum_{i \in A} l_i, \sum_{i \in B} l_i\right\}$ 取最小值。

贪心算法：开始将 A 和 B 都初始化为空，然后一次考虑一个程序，如果 $\min\left\{\sum_{i \in A} l_i, \sum_{i \in B} l_i\right\}$，则将当前正在考虑的那个程序分配给 A，否则分配给 B。证明无论是按 $l_1 \leqslant l_2 \leqslant \cdots \leqslant l_n$ 或是按 $l_1 \geqslant l_2 \geqslant \cdots \geqslant l_n$ 的次序来考虑程序，这种方法都不能产生最优解。应当采用什么策略？写出一个完整的算法并证明其正确性。

4-2　将最优装载问题的贪心算法推广到 2 艘船的情形，贪心算法仍能产生最优解吗？

4-3　字符 a～h 出现的频率恰好是前 8 个 Fibonacci 数，它们的哈夫曼编码是什么？将结果推广到 n 个字符的频率恰好是前 n 个 Fibonacci 数的情形。

4-4　设 $C=\{0, 1, \cdots, n-1\}$ 是 n 个字符的集合。证明关于 C 的任何最优前缀码可以表示为长度为 $2n-1+n\lceil \log n\rceil$ 位的编码序列（提示：用 $2n-1$ 位描述树结构）。

算法实现题 4

4-1　会场安排问题。

问题描述：假设要在足够多的会场里安排一批活动，并希望使用尽可能少的会场。设计一个有效的贪心算法进行安排。（这个问题实际上是著名的图着色问题。若将每个活动作为图的一个顶点，不相容活动间用边相连。使相邻顶点着有不同颜色的最小着色数，相当于要找的最小会场数。）

算法设计：对于给定的 k 个待安排的活动，计算使用最少会场的时间表。

数据输入：由文件 input.txt 给出输入数据。第 1 行有 1 个正整数 k，表示有 k 个待安排的活动。接下来的 k 行中，每行有 2 个正整数，分别表示 k 个待安排的活动的开始时间和结束时间。时间以 0 点开始的分钟计。

结果输出：将计算的最少会场数输出到文件 output.txt。

输入文件示例   输出文件示例

input.txt   output.txt

5   3

1 23

12 28

25 35

27 80

36 50

4-2　最优合并问题。

问题描述： 给定 k 个排好序的序列 $s_1, s_2, \cdots, s_k$，用 2 路合并算法将这 k 个序列合并成一个序列。假设采用的 2 路合并算法合并 2 个长度分别为 m 和 n 的序列需要 $m+n-1$ 次比较。试设计一个算法确定合并这个序列的最优合并顺序，使所需的总比较次数最少。

为了进行比较，还需要确定合并这个序列的最差合并顺序，使所需的总比较次数最多。

算法设计： 对于给定的 k 个待合并序列，计算最多比较次数和最少比较次数合并方案。

数据输入： 由文件 input.txt 给出输入数据。第 1 行有 1 个正整数 k，表示有 k 个待合并序列。接下来的 1 行中，有 k 个正整数，表示 k 个待合并序列的长度。

结果输出： 将计算的最多比较次数和最少比较次数输出到文件 output.txt。

输入文件示例   输出文件示例

input.txt   output.txt

4   78 52

5 12 11 2

4-3　磁带最优存储问题。

问题描述： 设有 n 个程序 $\{1, 2, \cdots, n\}$ 要存放在长度为 L 的磁带上。程序 i 存放在磁带上的长度是 l_i（$1 \leqslant i \leqslant n$）。这 n 个程序的读取概率分别是 $p_1, p_2, \cdots, p_n$，且 $\sum\limits_{i=1}^{n} p_i$。如果将这 n 个程序按 $i_1, i_2, \cdots, i_n$ 的次序存放，则读取程序 i_r 所需的时间 $t_r = c\sum\limits_{k=1}^{r} p_{i_k} l_{i_k}$。这 n 个程序的平均读取时间为 $\sum\limits_{r=1}^{n} t_r$。

磁带最优存储问题要求确定这 n 个程序在磁带上的一个存储次序，使平均读取时间达到最小。试设计一个解此问题的算法，并分析算法的正确性和计算复杂性。

算法设计： 对于给定的 n 个程序存放在磁带上的长度和读取概率，计算 n 个程序的最优存储方案。

数据输入： 由文件 input.txt 给出输入数据。第 1 行是正整数 n，表示文件个数。接下来的 n 行中，每行有 2 个正整数 a 和 b，分别表示程序存放在磁带上的长度和读取概率。实际上第 k 个程序的读取概率为 $a_k \Big/ \sum\limits_{i=1}^{n} a_i$。对所有输入均假定 $c=1$。

结果输出： 将计算的最小平均读取时间输出到文件 output.txt。

输入文件示例   输出文件示例

input.txt   output.txt

5   85.6193

71 872

46 452

9 265

73 120

35 85

4-4 磁盘文件最优存储问题。

问题描述：设磁盘上有 n 个文件 $f_1, f_2, \cdots, f_n$，每个文件占用磁盘上的 1 个磁道。这 n 个文件的检索概率分别是 $p_1, p_2, \cdots, p_n$ 且 $\sum_{i=1}^{n} p_i = 1$。磁头从当前磁道移到被检信息磁道所需的时间可用这两个磁道之间的径向距离来度量。如果文件 f_i 存放在第 i（$1 \leq i \leq n$）道上，则检索这 n 个文件的期望时间是 $\sum_{1 \leq i \leq j \leq n} p_i p_j d(i,j)$。式中，$d(i,j)$ 是第 i 道与第 j 道之间的径向距离 $|i-j|$。

磁盘文件的最优存储问题要求确定这 n 个文件在磁盘上的存储位置，使期望检索时间达到最小。试设计一个解此问题的算法，并分析算法的正确性与计算复杂性。

算法设计：对于给定的文件检索概率，计算磁盘文件的最优存储方案。

数据输入：由文件 input.txt 给出输入数据。第 1 行是正整数 n，表示文件个数。第 2 行有 n 个正整数 a_i，表示文件的检索概率。实际上第 k 个文件的检索概率应为 $a_k \big/ \sum_{i=1}^{n} a_i$。

结果输出：将计算的最小期望检索时间输出到文件 output.txt。

输入文件示例　　　　　　　输出文件示例

input.txt　　　　　　　　　output.txt

5　　　　　　　　　　　　0.547396

33 55 22 11 9

4-5 程序存储问题。

问题描述：设有 n 个程序 $\{1, 2, \cdots, n\}$ 要存放在长度为 L 的磁带上。程序 i 存放在磁带上的长度是 l_i（$1 \leq i \leq n$）。程序存储问题要求确定这 n 个程序在磁带上的一个存储方案，使得能够在磁带上存储尽可能多的程序。

算法设计：对于给定的 n 个程序存放在磁带上的长度，计算磁带上最多可以存储的程序数。

数据输入：由文件 input.txt 给出输入数据。第 1 行是 2 个正整数，分别表示文件个数 n 和磁带的长度 L。接下来的 1 行中，有 n 个正整数，表示程序存放在磁带上的长度。

结果输出：将计算的最多可以存储的程序数输出到文件 output.txt。

输入文件示例　　　　　　　输出文件示例

input.txt　　　　　　　　　output.txt

6　50　　　　　　　　　　5

2 3 13 8 80 20

4-6 最优服务次序问题。

问题描述：设有 n 个顾客同时等待一项服务，顾客 i 需要的服务时间为 t_i（$1 \leq i \leq n$）。应如何安排 n 个顾客的服务次序才能使平均等待时间达到最小？平均等待时间是 n 个顾客等待服务时间的总和除以 n。

算法设计：对于给定的 n 个顾客需要的服务时间，计算最优服务次序。

数据输入：由文件 input.txt 给出输入数据。第 1 行是正整数 n，表示有 n 个顾客。接下来的 1 行中，有 n 个正整数，表示 n 个顾客需要的服务时间。

结果输出：将计算的最小平均等待时间输出到文件 output.txt。

输入文件示例	输出文件示例
input.txt	output.txt
10	532.00
56 12 1 99 1000 234 33 55 99 812	

4-7 多处最优服务次序问题。

问题描述：设有 n 个顾客同时等待一项服务。顾客 i 需要的服务时间为 t_i（$1 \leqslant i \leqslant n$），共有 s 处可以提供此项服务。应如何安排 n 个顾客的服务次序，才能使平均等待时间达到最小？平均等待时间是 n 个顾客等待服务时间的总和除以 n。

算法设计：对于给定的 n 个顾客需要的服务时间和 s 的值，计算最优服务次序。

数据输入：由文件 input.txt 给出输入数据。第 1 行有 2 个正整数 n 和 s，表示有 n 个顾客且有 s 处可以提供顾客需要的服务。接下来的 1 行中有 n 个正整数，表示 n 个顾客需要的服务时间。

结果输出：将计算的最小平均等待时间输出到文件 output.txt。

输入文件示例	输出文件示例
input.txt	output.txt
10 2	336
56 12 1 99 1000 234 33 55 99 812	

4-8 d 森林问题。

问题描述：设 T 是一棵带权树，树的每条边带一个正权，S 是 T 的顶点集，T/S 是从树 T 中将 S 中顶点删去后得到的森林。如果 T/S 中所有树的从根到叶的路长都不超过 d，则称 T/S 是一个 d 森林。

① 设计一个算法求 T 的最小顶点集 S，使 T/S 是 d 森林（提示：从叶向根移动）。

② 分析算法的正确性和计算复杂性。

③ 设 T 中有 n 个顶点，则算法的计算时间复杂性应为 $O(n)$。

算法设计：对于给定的带权树，计算最小分离集 S。

数据输入：由文件 input.txt 给出输入数据。第 1 行有 1 个正整数 n，表示给定的带权树有 n 个顶点，编号为 1, 2, ···, n。编号为 1 的顶点是树根。接下来的 n 行中，第 i+1 行描述与 i 个顶点相关联的边的信息。每行的第 1 个正整数 k 表示与该顶点相关联的边数。其后 2k 个数中，每 2 个数表示 1 条边。第 1 个数是与该顶点相关联的另一个顶点的编号，第 2 个数是边权值。k=0，表示相应的结点是叶结点。文件的最后一行是正整数 d，表示森林中所有树的从根到叶的路长都不超过 d。

结果输出：将计算的最小分离集 S 的顶点数输出到文件 output.txt。如果无法得到所要求的 d 森林则输出 "No Solution!"。

输入文件示例	输出文件示例
input.txt	output.txt
4	1
2 2 3 3 1	
1 4 2	
0	
0	
4	

4-9 虚拟汽车加油问题。

问题描述：一辆虚拟汽车加满油后可行驶 n km。旅途中有若干加油站。设计一个有效算法，指出应在哪些加油站停靠加油，使沿途加油次数最少。并证明算法能产生一个最优解。

算法设计：对于给定的 n 和 k 个加油站位置，计算最少加油次数。

数据输入：由文件 input.txt 给出输入数据。第 1 行有 2 个正整数 n 和 k，表示汽车加满油后可行驶 n km，且旅途中有 k 个加油站。接下来的 1 行中有 $k+1$ 个整数，表示第 k 个加油站与第 $k-1$ 个加油站之间的距离。第 0 个加油站表示出发地，汽车已加满油。第 $k+1$ 个加油站表示目的地。

结果输出：将计算的最少加油次数输出到文件 output.txt。如果无法到达目的地，则输出"No Solution"。

输入文件示例	输出文件示例
input.txt	output.txt
7　7	4
1 2 3 4 5 1 6 6	

4-10 区间覆盖问题。

问题描述：设 $x_1, x_2, \cdots, x_n$ 是实直线上的 n 个点。用固定长度的闭区间覆盖这 n 个点，至少需要多少个这样的固定长度闭区间？设计解此问题的有效算法，并证明算法的正确性。

算法设计：对于给定的实直线上的 n 个点和闭区间的长度 k，计算覆盖点集的最少区间数。

数据输入：由文件 input.txt 给出输入数据。第 1 行有 2 个正整数 n 和 k，表示有 n 个点，且固定长度闭区间的长度为 k。接下来的 1 行中有 n 个整数，表示 n 个点在实直线上的坐标（可能相同）。

结果输出：将计算的最少区间数输出到文件 output.txt。

输入文件示例	输出文件示例
input.txt	output.txt
7　3	3
1 2 3 4 5 −2 6	

4-11 删数问题。

问题描述：给定 n 位正整数 a，去掉其中任意 $k \leq n$ 个数字后，剩下的数字按原次序排列组成一个新的正整数。对于给定的 n 位正整数 a 和正整数 k，设计一个算法找出剩下数字组成的新数最小的删数方案。

算法设计：对于给定的正整数 a，计算删去 k 个数字后得到的最小数。

数据输入：由文件 input.txt 提供输入数据。文件的第 1 行是 1 个正整数 a。第 2 行是正整数 k。

结果输出：将计算的最小数输出到文件 output.txt。

输入文件示例	输出文件示例
input.txt	output.txt
178543	13
4	

4-12 磁带最大利用率问题。

问题描述：设有 n 个程序 $\{1, 2, \cdots, n\}$ 要存放在长度为 L 的磁带上，程序 i 存放在磁带上的长度是 l_i（$1 \leq i \leq n$）。程序存储问题要求确定这 n 个程序在磁带上的一个存储方案，使得能够在磁带上存储尽可能多的程序。在保证存储最多程序的前提下，还要求磁带的利用率达到最大。

算法设计：对于给定的 n 个程序存放在磁带上的长度，计算磁带上最多可以存储的程序数和占用磁带的长度。

数据输入：由文件 input.txt 给出输入数据。第 1 行是 2 个正整数，分别表示文件个数 n 和磁带的长度 L。接下来的 1 行中有 n 个正整数，表示程序存放在磁带上的长度。

结果输出：将计算的最多可以存储的程序数和占用磁带的长度及存放在磁带上的每个程序的长度输出到文件 output.txt。第 1 行输出最多可以存储的程序数和占用磁带的长度；第 2 行输出存放在磁带上的每个程序的长度。

输入文件示例	输出文件示例
input.txt	output.txt
9 50	5 49
2 3 13 8 80 20 21 22 23	2 3 13 8 23

4-13 非单位时间任务安排问题。

问题描述：具有截止时间和误时惩罚的任务安排问题可描述如下。

（1）给定 n 个任务的集合 $S=\{1, 2, \cdots, n\}$；

（2）完成任务 i 需要 t_i 时间，$1 \leqslant i \leqslant n$；

（3）任务 i 的截止时间 d_i（$1 \leqslant i \leqslant n$），即要求任务 i 在时间 d_i 之前结束；

（4）任务 i 的误时惩罚 w_i（$1 \leqslant i \leqslant n$），即任务 i 未在时间 d_i 之前结束，将招致 w_i 的惩罚；若按时完成，则无惩罚。

任务安排问题要求确定 S 的一个时间表（最优时间表）使得总误时惩罚达到最小。

算法设计：对于给定的 n 个任务，计算总误时惩罚最小的最优时间表。

数据输入：由文件 input.txt 给出输入数据。第 1 行是 1 个正整数 n，表示任务数。接下来的 n 行中，每行有 3 个正整数 a、b、c，表示完成相应任务需要时间 a，截止时间为 b，误时惩罚值为 c。

结果输出：将计算的总误时惩罚输出到文件 output.txt。

输入文件示例	输出文件示例
input.txt	output.txt
7	110
1 4 70	6
2 2 60	
1 4 50	
1 3 40	
1 1 30	
1 4 20	
3 6 80	

4-14 多元 Huffman 编码问题。

问题描述：在一个操场的四周摆放着 n 堆石子。现要将石子有次序地合并成一堆。规定每次至少选 2 堆，最多选 k 堆石子合并成新的一堆，合并的费用为新的一堆的石子数。试设计一个算法，计算出将 n 堆石子合并成一堆的最大总费用和最小总费用。

算法设计：对于给定的 n 堆石子，计算合并成一堆的最大总费用和最小总费用。

数据输入：由文件 input.txt 提供输入数据。文件的第 1 行有 2 个正整数 n 和 k，表示有 n 堆石子，每次至少选 2 堆最多选 k 堆石子合并。第 2 行有 n 个数，分别表示每堆石子的个数。

结果输出：将计算的最大总费用和最小总费用输出到文件 output.txt。

输入文件示例	输出文件示例
input.txt	output.txt
7 3	593 199
45 13 12 16 9 5 22	

4-15 最优分解问题。

问题描述：设 n 是一个正整数。现在要求将 n 分解为若干互不相同的自然数的和，且使这些自然数的乘积最大。

算法设计：对于给定的正整数 n，计算最优分解方案。

数据输入：由文件 input.txt 提供输入数据。文件的第 1 行是正整数 n。

结果输出：将计算的最大乘积输出到文件 output.txt。

输入文件示例	输出文件示例
input.txt	output.txt
10	30

第5章 回 溯 法

学习要点
- 理解回溯法的深度优先搜索策略
- 掌握用回溯法解题的算法框架:
  - (1) 递归回溯
  - (2) 迭代回溯
  - (3) 子集树算法框架
  - (4) 排列树算法框架
- 通过下面的应用范例学习回溯法的设计策略:
  - (1) 装载问题
  - (2) 批处理作业调度
  - (3) 符号三角形问题
  - (4) n 后问题
  - (5) 0-1 背包问题
  - (6) 最大团问题
  - (7) 图的 m 着色问题
  - (8) 旅行售货员问题
  - (9) 圆排列问题
  - (10) 电路板排列问题
  - (11) 连续邮资问题

回溯法有"通用的解题法"之称,可以系统地搜索一个问题的所有解或任一解,它是一个既带有系统性又带有跳跃性的搜索算法。在问题的解空间树中,按深度优先策略,从根结点出发搜索解空间树,算法搜索至解空间树的任一结点时,先判断该结点是否包含问题的解——如果肯定不包含,则跳过对以该结点为根的子树的搜索,逐层向其祖先结点回溯;否则,进入该子树,继续按深度优先策略搜索。回溯法求问题的所有解时,要回溯到根,且根结点的所有子树都已被搜索到才结束。回溯法求问题的一个解时,只要搜索到问题的一个解就可结束。这种以深度优先方式系统搜索问题解的算法称为回溯法,适合解组合数较大的问题。

5.1 回溯法的算法框架

1. 问题的解空间

用回溯法求解问题时,应明确定义问题的解空间。问题的解空间至少应包含问题的一个(最优)解。例如,对于有 n 种可选择物品的 0-1 背包问题,其解空间由长度为 n 的 0-1 向量组成。该解空间包含对变量的所有可能的 0-1 赋值。当 $n=3$ 时,其解空间如下。

$\{(0, 0, 0), (0, 1, 0), (0, 0, 1), (1, 0, 0), (0, 1, 1), (1, 0, 1), (1, 1, 0), (1, 1, 1)\}$

定义了问题的解空间后,还应将解空间很好地组织起来,使得能用回溯法方便地搜索整个解空间。通常将解空间组织成树或图的形式。

例如,对于 $n=3$ 时的 0-1 背包问题,可用一棵完全二叉树表示其解空间,如图 5-1 所示。

解空间树的第 i 层到第 $i+1$ 层边上的标号给出了变量的值。从树根到叶的任一路径表示解空间中的一个元素。例如,从根结点到结点 H 的路径相应于解空间中的元素$(1, 1, 1)$。

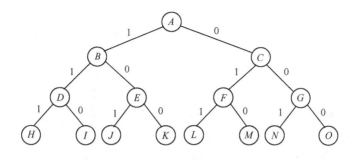

图 5-1 0-1 背包问题的解空间树

2．回溯法的基本思想

确定了解空间的组织结构后，回溯法从开始结点（根结点）出发，以深度优先方式搜索整个解空间。这个开始结点成为活结点，同时成为当前的扩展结点。在当前的扩展结点处，搜索向纵深方向移至一个新结点。这个新结点就成为新的活结点，并成为当前扩展结点。如果在当前的扩展结点处不能再向纵深方向移动，则当前扩展结点就成为死结点。此时，应往回移动（回溯）至最近的一个活结点处，并使这个活结点成为当前的扩展结点。回溯法以这种工作方式递归地在解空间中搜索，直至找到所要求的解或解空间中已无活结点时为止。

例如，对于 $n=3$ 时的 0-1 背包问题，考虑下面的具体实例：$w=[16, 15, 15]$，$p=[45, 25, 25]$，$c=30$。从图 5-1 的根结点开始搜索其解空间。开始时，根结点是唯一的活结点，也是当前的扩展结点。在这个扩展结点处，可以沿纵深方向移至结点 B 或结点 C。假设选择先移至结点 B。此时，结点 A 和结点 B 是活结点，结点 B 成为当前扩展结点。由于选取了 w_1，故在结点 B 处剩余背包容量是 $r=14$，获取的价值 45。从结点 B 处，可以移至结点 D 或 E。由于移至结点 D 至少需要 $w_2=15$ 的背包容量，而现在仅有的背包容量是 $r=14$，故移至结点 D 导致不可行解。搜索至结点 E 不需要背包容量，因而是可行的。从而选择移至结点 E。此时，E 成为新的扩展结点，结点 A、B 和 E 是活结点。在结点 E 处，$r=14$，获取的价值为 45。从结点 E 处，可以向纵深移至结点 J 或 K。移至结点 J 导致不可行解，而移向结点 K 是可行的，于是移向结点 K，它成为新的扩展结点。由于结点 K 是叶结点，故得到一个可行解。这个解相应的价值为 45。x_i 的取值由根结点到叶结点 K 的路径唯一确定，即 $x=(1, 0, 0)$。由于在结点 K 处已不能再向纵深扩展，所以结点 K 成为死结点。再返回到结点 E 处。此时在结点 E 处也没有可扩展的结点，它也成为死结点。

接下来返回到结点 B 处。结点 B 同样成为死结点，从而结点 A 再次成为当前扩展结点。结点 A 还可继续扩展，从而到达结点 C。此时，$r=30$，获取的价值为 0。从结点 C 可移向结点 F 或 G。假设移至结点 F，它成为新的扩展结点。结点 A、C 和 F 是活结点。在结点 F 处，$r=15$，获取的价值 25。从结点 F 向纵深移至结点 L 处，此时 $r=0$，获取的价值为 50。由于 L 是叶结点，而且是迄今为止找到的获取价值最高的可行解，因此记录这个可行解。结点 L 不可扩展，又返回到结点 F 处。按此方式继续搜索，可搜索遍整个解空间。搜索结束后找到的最好解是相应 0-1 背包问题的最优解。

下面再看用回溯法解旅行售货员问题的一个例子。

旅行售货员问题的提法是：某售货员要到若干城市去推销商品，已知各城市之间的路程（或旅费）。他要选定一条从驻地出发，经过每个城市一遍，最后回到驻地的路线，使总的路程（或总旅费）最小。

问题刚提出时，不少人都认为这个问题很简单。后来，人们在实践中才逐步认识到，这个问题只是叙述简单，易于为人们理解，其计算复杂性却是问题的输入规模的指数函数，属于相当难解的问题。事实上，它是 NP 完全问题。这个问题可以用图论的语言形式描述。

设 $G=(V, E)$ 是一个带权图。图中各边的费用（权）为正数。图中的一条周游路线是包括 V 中的每个顶点在内的一条回路。周游路线的费用是这条路线上所有边的费用之和。旅行售货员问题要在图 G 中找出费用最小的周游路线。图 5-2 是一个 4 顶点无向带权图，顶点序列 $\{1, 2, 4, 3, 1\}$、$\{1, 3, 2, 4, 1\}$ 和 $\{1, 4, 3, 2, 1\}$ 是 3 条不同的周游路线。

旅行售货员问题的解空间可以组织成一棵树，从树的根结点到任意叶结点的路径定义了图 G 的一条周游路线。图 5-3 是当 $n=4$ 时解空间树的示例。其中，从根结点 A 到叶结点 L 的路径上边的标号组成一条周游路线 $1\rightarrow2\rightarrow3\rightarrow4\rightarrow1$。从根结点 A 到叶结点 O 的路径则表示周游路线 $1\rightarrow3\rightarrow4\rightarrow2\rightarrow1$。图 G 的每条周游路线都恰好对应解空间树中一条从根结点到叶结点的路径。因此，解空间树中叶结点个数为 $(n-1)!$。

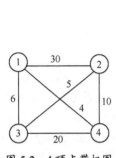

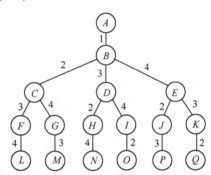

图 5-2　4 顶点带权图　　　　　图 5-3　旅行售货员问题的解空间树

对于图 5-2 中的图 G，用回溯法找最小费用周游路线时，从解空间树的根结点 A 出发，搜索至 B、C、F、L。在叶结点 L 处记录找到的周游路线 $1\rightarrow2\rightarrow3\rightarrow4\rightarrow1$，该周游路线的费用为 59。从叶结点 L 返回至最近活结点 F 处。由于 F 处已没有可扩展结点，再返回到结点 C 处。结点 C 成为新扩展结点，由新扩展结点，移至结点 G 后又移至结点 M，得到周游路线 $1\rightarrow2\rightarrow4\rightarrow3\rightarrow1$，其费用为 66。这个费用不比已有周游路线 $1\rightarrow2\rightarrow3\rightarrow4\rightarrow1$ 的费用更小。因此，舍弃该结点。算法依次返回至结点 G、C、B。从结点 B，继续搜索至结点 D、H、N。在叶结点 N 处，相应的周游路线 $1\rightarrow3\rightarrow2\rightarrow4\rightarrow1$ 的费用为 25。它是当前找到的最好的一条周游路线。从结点 N 算法返回至结点 H、D，再从结点 D 开始继续向纵深搜索至结点 O。依此方式，继续搜索遍整个解空间，最终得到最小费用周游路线 $1\rightarrow3\rightarrow2\rightarrow4\rightarrow1$。

回溯法搜索解空间树时，通常采用两种策略来避免无效搜索，提高回溯法的搜索效率。其一是用约束函数在扩展结点处剪去不满足约束的子树，其二是用限界函数剪去得不到最优解的子树。这两类函数统称为剪枝函数。

例如，解 0-1 背包问题的回溯法用剪枝函数剪去导致不可行解的子树。在解旅行售货员问题的回溯法中，如果从根结点到当前扩展结点处的部分周游路线的费用已超过当前找到的最好的周游路线费用，则可以断定以该结点为根的子树中不含最优解，因此可将该子树剪去。

综上所述，用回溯法解题通常包含以下 3 个步骤：① 针对所给问题，定义问题的解空间；② 确定易于搜索的解空间结构；③ 以深度优先方式搜索解空间，并在搜索过程中用剪枝函数避免无效搜索。

3. 递归回溯

回溯法对解空间作深度优先搜索，因此在一般情况下可用递归函数来实现回溯法如下：

```
void Backtrack(int t) {
    if (t>n)
        Output(x);
    else {
        for (int i=f(n, t); i <= g(n, t); i++) {
            x[t] = h(i);
            if (Constraint(t)&&Bound(t))
                Backtrack(t+1);
        }
    }
}
```

其中，形式参数 t 表示递归深度，即当前扩展结点在解空间树中的深度。n 用来控制递归深度，当 t>n 时，算法已搜索到叶结点。此时，由 Output(x)记录或输出得到的可行解 x。算法 Backtrack 的 for 循环中 f(n, t)和 g(n, t)分别表示在当前扩展结点处未搜索过的子树的起始编号和终止编号。h(i)表示在当前扩展结点处 x[t]的第 i 个可选值。Constraint(t)和 Bound(t)表示在当前扩展结点处的约束函数和限界函数。Constraint(t)返回的值为 true 时，在当前扩展结点处 x[1:t]的取值满足问题的约束条件，否则不满足问题的约束条件，可剪去相应的子树。Bound(t)返回的值为 true 时，在当前扩展结点处 x[1:t]的取值未使目标函数越界，还需由 Backtrack(t+1)对其相应的子树做进一步搜索。否则，当前扩展结点处 x[1:t]的取值使目标函数越界，可剪去相应的子树。执行了算法的 for 循环后，已搜索遍当前扩展结点的所有未搜索过的子树。Backtrack(t)执行完毕，返回 t-1 层继续执行，对还没有测试过的 x[t-1]的值继续搜索。当 t=1 时，若已测试完 x[1]的所有可选值，外层调用就全部结束。显然，这一搜索过程按深度优先方式进行。调用一次 Backtrack(1)即可完成整个回溯搜索过程。

4. 迭代回溯

采用树的非递归深度优先遍历算法，也可将回溯法表示为一个非递归的迭代过程如下：

```
void IterativeBacktrack(void) {
    int t=1;
    while (t > 0) {
        if (f(n, t) <= g(n, t)) {
            for (int i=f(n, t); i <= g(n, t); i++) {
                x[t] = h(i);
                if (Constraint(t)&&Bound(t)) {
                    if (Solution(t))
                        Output(x);
                    else
                        t++;
                }
            }
        }
        else
```

```
          t--;
      }
    }
}
```

上述迭代回溯算法中，用 Solution(t)判断在当前扩展结点处是否已得到问题的可行解。它返回的值为 true 时，在当前扩展结点处 x[1:t]是问题的可行解。此时，由 Output(x)记录或输出得到的可行解。它返回的值为 false 时，在当前扩展结点处 x[1:t]只是问题的部分解，还需向纵深方向继续搜索。算法中 f(n, t)和 g(n, t)分别表示在当前扩展结点处未搜索过的子树的起始编号和终止编号。h(i)表示在当前扩展结点处 x[t]的第 i 个可选值。Constraint(t)和 Bound(t)是当前扩展结点处的约束函数和限界函数。Constraint(t)返回的值为 true 时，在当前扩展结点处 x[1:t] 的取值满足问题的约束条件，否则不满足问题的约束条件，可剪去相应的子树。Bound(t)返回的值为 true 时，在当前扩展结点处 x[1:t]的取值未使目标函数越界，还需对其相应的子树做进一步搜索。否则，当前扩展结点处 x[1:t]的取值已使目标函数越界，可剪去相应的子树。算法的 while 循环结束后，完成整个回溯搜索过程。

用回溯法解题的一个显著特征是，在搜索过程中动态产生问题的解空间。在任何时刻，算法只保存从根结点到当前扩展结点的路径。如果解空间树中从根结点到叶结点的最长路径的长度为 $h(n)$，则回溯法所需的计算空间通常为 $O(h(n))$。显式地存储整个解空间则需要 $O(2^{h(n)})$ 或 $O(h(n)!)$ 内存空间。

5．子集树与排列树

图 5-1 和图 5-3 中的两棵解空间树是用回溯法解题时常遇到的两类典型的解空间树。

当所给的问题是从 n 个元素的集合 S 中找出满足某种性质的子集时，相应的解空间树称为子集树。例如，n 个物品的 0-1 背包问题所相应的解空间树就是一棵子集树。这类子集树通常有 2^n 个叶结点，其结点总个数为 $2^{n+1}-1$。遍历子集树的任何算法均需 $\Omega(2^n)$ 的计算时间。

当所给的问题是确定 n 个元素满足某种性质的排列时，相应的解空间树称为排列树。排列树通常有 $n!$ 个叶结点。因此遍历排列树需要 $\Omega(n!)$ 的计算时间。图 5-3 中旅行售货员问题的解空间树就是一棵排列树。

用回溯法搜索子集树的一般算法可描述如下：

```
void Backtrack(int t) {
    if (t>n)
        Output(x);
    else {
        for (int i=0; i <= 1; i++) {
            x[t]=i;
            if (Constraint(t) && Bound(t))
                Backtrack(t+1);
        }
    }
}
```

用回溯法搜索排列树的算法框架可描述如下：

```
void Backtrack(int t) {
    if (t > n)
```

```
        Output(x);
    else {
        for (int i=t; i <= n; i++) {
            Swap(x[t], x[i]);
            if (Constraint(t) && Bound(t))
                Backtrack(t+1);
            Swap(x[t], x[i]);
        }
    }
}
```

在调用 Backtrack(1)执行回溯搜索前，先将变量数组 x 初始化为单位排列$(1, 2, \cdots, n)$。

5.2 装载问题

第 4 章讨论了最优装载问题的贪心算法。本节讨论最优装载问题的一个变形。

1. 问题描述

有一批共 n 个集装箱要装上 2 艘载重量分别为 c_1 和 c_2 的轮船，其中集装箱 i 的重量为 w_i，且 $\sum_{i=1}^{n} w_i \leqslant c_1 + c_2$。装载问题要求确定，是否有一个合理的装载方案可将这 n 个集装箱装上这 2 艘轮船。如果有，找出一种装载方案。

例如，当 $n=3$，$c_1=c_2=50$，且 $w=[10, 40, 40]$时，可将集装箱 1 和 2 装上第一艘轮船，而将集装箱 3 装上第二艘轮船；如果 $w=[20, 40, 40]$，则无法将这 3 个集装箱都装上轮船。

当 $\sum_{i=1}^{n} w_i = c_1 + c_2$ 时，装载问题等价于子集和问题。当 $c_1=c_2$ 且 $\sum_{i=1}^{n} w_i = 2c_1$ 时，装载问题等价于划分问题。即使限制 w_i（$i=1, 2, \cdots, n$）为整数，c_1 和 c_2 也是整数。子集和问题与划分问题都是 NP 难的。由此可知，装载问题也是 NP 难的。

容易证明，如果一个给定的装载问题有解，则采用下面的策略可以得到最优装载方案：先将第一艘轮船尽可能装满，然后将剩余的集装箱装上第二艘轮船。将第一艘轮船尽可能装满等价于选取全体集装箱的一个子集，使该子集中集装箱重量之和最接近 c_1。由此可知，装载问题等价于以下特殊的 0-1 背包问题：

$$\begin{cases} \max \sum_{i=1}^{n} w_i x_i \\ \text{s.t.} \sum_{i=1}^{n} w_i x_i \leqslant c_1 \end{cases} \qquad x_i \in \{0,1\}, 1 \leqslant i \leqslant n$$

当然，可以用第 3 章中讨论过的动态规划算法解这个特殊的 0-1 背包问题。所需的计算时间是 $O(\min\{c_1, 2^n\})$。下面讨论用回溯法设计解装载问题的 $O(2^n)$ 计算时间算法。在某些情况下该算法优于动态规划算法。

2. 算法设计

用回溯法解装载问题时，用子集树表示其解空间显然是最合适的。可行性约束函数可剪

去不满足约束条件 $\sum_{i=1}^{n} w_i x_i \leq c_1$ 的子树。在子集树的第 $j+1$ 层的结点 Z 处，用 cw 记为当前的

装载重量，即 $cw = \sum_{i=1}^{j} w_i x_i$。当 cw>$c_1$ 时，以结点 Z 为根的子树中所有结点都不满足约束条件，因而该子树中的解均为不可行解，故可将该子树剪去。

下面的解装载问题的回溯法中，算法 MaxLoading 返回不超过 c 的最大子集和，但并未给出达到这个最大子集和的相应子集。稍后加以完善。

算法 MaxLoading 调用递归函数 Backtrack(1)实现回溯搜索。Backtrack(i)搜索子集树中第 i 层子树。类 Loading 的数据成员记录子集树中结点信息，以减少传给 Backtrack 的参数。cw 记录当前结点所相应的装载重量，bestw 记录当前最大装载重量。

在算法 Backtrack 中，当 $i > n$ 时，算法搜索至叶结点，其相应的装载重量为 cw。如果 cw>bestw，则表示当前解优于当前最优解，此时应更新 bestw。

当 $i \leq n$ 时，当前扩展结点 Z 是子集树中的内部结点。该结点有 x[i]=1 和 x[i]=0 两个儿子结点。其左儿子结点表示 x[i]=1 的情形，仅当 cw+w[i]$\leq c$ 时进入左子树，对左子树递归搜索。其右儿子结点表示 x[i]=0 的情形。由于可行结点的右儿子结点总是可行的，因此进入右子树时不需检查可行性。

算法 Backtrack 动态地生成问题的解空间树。在每个结点处算法花费 $O(1)$ 时间。子集树中结点个数为 $O(2^n)$，故 Backtrack 所需的计算时间为 $O(2^n)$。另外，Backtrack 还需要额外的 $O(n)$ 的递归栈空间。

具体算法可描述如下：

```
template<class Type>
class Loading {
    friend Type MaxLoading(Type[], Type, int);
private:
    void Backtrack(int i);
    int  n;                              // 集装箱数
    Type* w,                             // 集装箱重量数组
          c,                             // 第一艘轮船的载重量
          cw,                            // 当前载重量
          bestw;                         // 当前最优载重量
};
template<class Type>
void Loading<Type>::Backtrack(int i) {   // 搜索第 i 层结点
    if (i > n) {                         // 到达叶结点
        if (cw > bestw)
            bestw = cw;
        return;
    }
    // 搜索子树
    if (cw+w[i] <= c) {                  // x[i]=1
        cw += w[i];
        Backtrack(i+1);
        cw -= w[i];
    }
```

```
        Backtrack(i+1);                              // x[i]=0
}
template<class Type>
Type MaxLoading(Type w[], Type c, int n) {           // 返回最优载重量
    Loading<Type> X;
    // 初始化 X
    X.w = w;
    X.c = c;
    X.n = n;
    X.bestw = 0;
    X.cw = 0;
    X.Backtrack(1);                                  // 计算最优载重量
    return X.bestw;
}
```

3. 上界函数

对于前面描述的算法 Backtrack，可以引入一个上界函数，用于剪去不含最优解的子树，从而改进算法在平均情况下的运行效率。设 Z 是解空间树第 i 层上的当前扩展结点。cw 是当前载重量；bestw 是当前最优载重量；r 是剩余集装箱的重量，即 $r = \sum_{j=i+1}^{n} w_j$。定义上界函数为 cw+r。在以 Z 为根的子树中任一叶结点所相应的载重量均不超过 cw+r。因此，当 cw+r≤bestw 时，可将 Z 的右子树剪去。

在下面的改进算法中，引入类 Loading 的变量 r，用于计算上界函数。引入上界函数后，在达到一个叶结点时就不必再检查该叶结点是否优于当前最优解。因为上界函数使算法搜索到的每个叶结点都是当前找到的最优解。虽然改进后的算法的计算时间复杂性仍为 $O(2^n)$，但在平均情况下改进后的算法检查的结点数较少。

改进后的算法可描述如下：

```
template<class Type>
class Loading {
    friend Type MaxLoading(Type [], Type, int);
private:
    void Backtrack(int i);
    int   n;                                          // 集装箱数
    Type* w,                                          // 集装箱重量数组
          c,                                          // 第一艘轮船的载重量
          cw,                                         // 当前载重量
          bestw,                                      // 当前最优载重量
          r;                                          // 剩余集装箱重量
};

template<class Type>
void Loading<Type>::Backtrack(int i) {                // 搜索第 i 层结点
    if (i > n) {                                      // 到达叶结点
        bestw = cw;
        return;
    }
```

```
        // 搜索子树
        r -= w[i];
        if (cw+w[i] <= c) {                    // x[i]=1
            cw += w[i];
            Backtrack(i+1);
            cw -= w[i];
        }
        if (cw+r > bestw)                      // x[i]=0
            Backtrack(i+1);
        r += w[i];
}

template<class Type>
Type MaxLoading(Type w[], Type c, int n) {     // 返回最优载重量
    Loading<Type> X;
    // 初始化 X
    X.w = w;
    X.c = c;
    X.n = n;
    X.bestw = 0;
    X.cw =0;
    X.r = 0;                                   // 初始化 r
    for (int i=1; i <= n; i++)
        X.r += w[i];
    X.Backtrack(1);                            // 计算最优载重量
    return X.bestw;
}
```

4. 构造最优解

　　为了构造最优解，必须在算法中记录与当前最优值相应的当前最优解。为此，在类 Loading 中增加两个私有数据成员 x 和 bestx。x 用于记录从根至当前结点的路径，bestx 记录当前最优解。算法搜索到达叶结点处，就修正 bestx 的值。

　　进一步改进后的算法可描述如下：

```
template<class Type>
class Loading {
    friend Type MaxLoading(Type [], Type, int, int []);
private:
    void Backtrack(int i);
    int  n,                                    // 集装箱数
         *x,                                   // 当前解
         *bestx;                               // 当前最优解
    Type* w,                                   // 集装箱重量数组
          c,                                   // 第一艘轮船的载重量
          cw,                                  // 当前载重量
          bestw,                               // 当前最优载重量
          r;                                   // 剩余集装箱重量
};
```

```
template<class Type>
void Loading<Type>::Backtrack(int i) {          // 搜索第 i 层结点
    if (i > n) {                                 // 到达叶结点
        if (cw > bestw) {
            for (j=1; j <= n; j++)
                bestx[j] = x[j];
            bestw=cw;
        }
        return;
    }
    // 搜索子树
    r -= w[i];
    if (cw+w[i] <= c) {                          // 搜索左子树
        x[i] = 1;
        cw += w[i];
        Backtrack(i+1);
        cw -= w[i];
    }
    if (cw+r > bestw) {                          // 搜索右子树
        x[i] = 0;
        Backtrack(i+1);
    }
    r += w[i];
}


template<class Type>
Type MaxLoading(Type w[], Type c, int n, int bestx[]) {    // 返回最优载重量
    Loading<Type> X;
    // 初始化 X
    X.x = new int [n+1];
    X.w = w;
    X.c = c;
    X.n = n;
    X.bestx = bestx;
    X.bestw = 0;
    X.cw = 0;
    X.r = 0;                                     // 初始化 r
    for (int i=1; i <= n; i++)
        X.r += w[i];
    X.Backtrack(1);
    delete[] X.x;
    return X.bestw;
}
```

由于 bestx 可能被更新 $O(2^n)$ 次，故改进后算法的计算时间复杂性为 $O(n2^n)$。

下面的两种策略可使改进后的算法的计算时间复杂性减至 $O(2^n)$。

① 运行只计算最优值的算法，计算出最优装载量 W。由于该算法不记录最优解，故所需的计算时间为 $O(2^n)$。再运行改进后的算法 Backtrack，并在算法中将 bestw 置为 W。在首

次到达的叶结点处（即首次遇到 $i>n$ 时）终止算法。由此返回的 bestx 即为最优解。

② 另一种策略是在算法中动态地更新 bestx。在第 i 层的当前结点处，当前最优解由 x[j]（$1 \leqslant j < i$）和 bestx[j]（$i \leqslant j \leqslant n$）组成。每当算法回溯一层，将 x[$i$]存入 bestx[$i$]。这样在每个结点处更新 bestx 只需 $O(1)$时间，从而整个算法中更新 bestx 所需的时间为 $O(2^n)$。

5. 迭代回溯

数组 x 记录了解空间树中从根到当前扩展结点的路径，这些信息已包含了回溯法在回溯时所需的信息。因此利用数组 x 所含的信息，可将上述回溯法表示成非递归的形式。由此可进一步省去 $O(n)$递归栈空间。解装载问题的非递归迭代回溯法 MaxLoading 描述如下：

```
template<class Type>
Type MaxLoading(Type w[], Type c, int n, int bestx[]) {      // 迭代回溯法
  // 返回最优载重量及其相应解, 初始化根结点
  int  i = 1;                                                 // 当前层
  int *x = new int [n+1];                                     // x[1:i-1]为当前路径
  Type  bestw = 0,                                            // 当前最优载重量
        cw = 0,                                               // 当前载重量
        r = 0;                                                // 剩余集装箱重量
  for (int j=1; j <= n; j++)
    r += w[j];
  while (true) {                                              // 搜索子树
    while (i <= n && cw+w[i] <= c) {                          // 进入左子树
      r -= w[i];
      cw += w[i];
      x[i] = 1;
      i++;
    }
    if (i > n) {                                              // 到达叶结点
      for (int j=1; j <= n; j++)
        bestx[j] = x[j];
      bestw = cw;
    }
    else {                                                    // 进入右子树
      r -= w[i];
      x[i] = 0;
      i++;
    }
    while (cw+r <= bestw) {                                   // 剪枝回溯
      i--;
      while (i>0 && !x[i]) {                                  // 从右子树返回
        r += w[i];
        i--;
      }
      if (i == 0) {
        delete[] x;
        return bestw;
      }
      // 进入右子树
```

```
        x[i] = 0;
        cw -= w[i];
        i++;
    }
  }
}
```

算法 MaxLoading 所需的计算时间仍为 $O(2^n)$。

5.3 批处理作业调度

1. 问题描述

给定 n 个作业的集合 $J=(J_1, J_2, \cdots, J_n)$。每个作业 J_i 都有两项任务分别在两台机器上完成。每个作业必须先由机器 1 处理,再由机器 2 处理。作业 J_i 需要机器 j 的处理时间为 $t_{ji}(i=1, 2, \cdots, n; j=1,2)$。对于一个确定的作业调度,设 F_{ji} 是作业 i 在机器 j 上完成处理的时间,则所有作业在机器 2 上完成处理的时间和 $f=\sum_{i=1}^{n} F_{2i}$ 称为该作业调度的完成时间和。

批处理作业调度问题要求,对于给定的 n 个作业,制定最佳作业调度方案,使其完成时间和达到最小。

批处理作业调度问题的一个常见例子是,在计算机系统中完成一批 n 个作业,每个作业都要先完成计算,然后将计算结果打印输出。计算任务由计算机的中央处理器完成,打印输出任务由打印机完成。在这种情形下,计算机的中央处理器是机器 1,打印机是机器 2。

对于批处理作业调度问题,可以证明,存在最佳作业调度使得在机器 1 和机器 2 上作业以相同次序完成。例如,考虑如下 $n=3$ 的实例:

t_{ji}	机器 1	机器 2
作业 1	2	1
作业 2	3	1
作业 3	2	3

这 3 个作业的 6 种可能的调度方案是 1→2→3、1→3→2、2→1→3、2→3→1、3→1→2、3→2→1,相应的完成时间和分别是 19、18、20、21、19、19,所以最佳调度方案是 1→3→2,其完成时间为 18。

2. 算法设计

批处理作业调度问题要从 n 个作业的所有排列中找出有最小完成时间和的作业调度,所以批处理作业调度问题的解空间是一棵排列树。按照回溯法搜索排列树的算法框架,设开始时 $x=[1, 2, \cdots, n]$ 是所给的 n 个作业,则相应的排列树由 $x[1:n]$ 的所有排列构成。

类 Flowshop 的数据成员记录解空间中结点信息,以减少传给 Backtrack 的参数。二维数组 M 是输入的作业处理时间。bestf 记录当前最小完成时间和,bestx 是相应的当前最佳作业调度。在递归函数 Backtrack 中,当 $i>n$ 时,算法搜索至叶结点,得到一个新的作业调度方案。此时算法适时更新当前最优值和相应的当前最佳作业调度。

当 $i<n$ 时,当前扩展结点位于排列树的第 $i-1$ 层。此时算法选择下一个要安排的作业,

以深度优先的方式递归地对相应子树进行搜索。对于不满足上界约束条件的结点，则剪去相应的子树。

解批处理作业调度问题的回溯算法可描述如下：

```cpp
class Flowshop {
    friend Flow(int**, int, int[]);
private:
    void Backtrack(int i);
    int  **M,                        // 各作业所需的处理时间
         *x,                         // 当前作业调度
         *bestx,                     // 当前最优作业调度
         *f2,                        // 机器 2 完成处理时间
         f1,                         // 机器 1 完成处理时间
         f,                          // 完成时间和
         bestf,                      // 当前最优值
         n;                          // 作业数
};
void Flowshop::Backtrack(int i) {
    if (i > n) {
        for (int j=1; j <= n; j++)
            bestx[j] = x[j];
        bestf = f;
    }
    else {
        for (int j=i; j <= n; j++) {
            f1 += M[x[j]][1];
            f2[i] = ((f2[i-1]>f1) ? f2[i-1] : f1) + M[x[j]][2];
            f += f2[i];
            if (f < bestf) {
                Swap(x[i], x[j]);
                Backtrack(i+1);
                Swap(x[i], x[j]);
            }
            f1 -= M[x[j]][1];
            f -= f2[i];
        }
    }
}

int Flow(int **M, int n, int bestx[]) {
    int  ub = INT_MAX;
    Flowshop  X;
    X.x = new int [n+1];
    X.f2 = new int [n+1];
    X.M = M;
    X.n = n;
    X.bestx = bestx;
    X.bestf = ub;
    X.f1 = 0;
```

```
X.f = 0;
for (int i=0; i <= n; i++)
  X.f2[i] = 0, X.x[i] = i;
X.Backtrack(1);
delete[] X.x;
delete[] X.f2;
return X.bestf;
}
```

3. 算法效率

由于算法 Backtrack 在每个结点处耗费 $O(1)$ 计算时间，因此在最坏情况下，整个算法的计算时间复杂性为 $O(n!)$。

5.4 符号三角形问题

1. 问题描述

图 5-4 是由 14 个 "+" 和 14 个 "-" 组成的符号三角形。2 个同号下面都是 "+"，2 个异号下面都是 "-"。

图 5-4 符号三角形

在一般情况下，符号三角形的第一行有 n 个符号。符号三角形问题要求对于给定的 n，计算有多少个不同的符号三角形，使其所含的 "+" 和 "-" 的个数相同。

2. 算法设计

对于符号三角形问题，用 n 元组 x[1:n] 表示符号三角形的第一行的 n 个符号。当 x[i]=1 时，表示符号三角形的第一行的第 i 个符号为 "+"；当 x[i]=0 时，表示符号三角形的第一行的第 i 个符号为 "-"；$1 \leq i \leq n$。由于 x[i] 是二值的，所以在用回溯法解符号三角形问题时，可以用一棵完全二叉树来表示其解空间。在符号三角形的第一行的前 i 个符号 x[1:i] 确定后，就确定了一个由 $i(i+1)/2$ 个符号组成的符号三角形。下一步确定 x[i+1] 的值后，只要在前面已确定的符号三角形的右边加一条边，就可以扩展为 x[1:i+1] 相应的符号三角形。最终由 x[1:n] 所确定的符号三角形中包含的 "+" 个数与 "-" 个数同为 $n(n+1)/4$。因此在回溯搜索过程中，可用当前符号三角形所包含的 "+" 个数与 "-" 个数均不超过 $n(n+1)/4$ 作为可行性约束，用于剪去不满足约束的子树。对于给定的 n，当 $n(n+1)/2$ 为奇数时，显然不存在所包含的 "+" 个数与 "-" 个数相同的符号三角形。此时可以通过简单的判断加以处理。

下面的解符号三角形问题的回溯法中，递归函数 Backtrack(1) 实现对整个解空间的回溯搜索。Backtrack(i) 搜索解空间中第 i 层子树。类 Triangle 的数据成员记录解空间中结点信息，以减少传给 Backtrack 的参数。sum 记录当前已找到的 "+" 个数与 "-" 个数相同的符号三角形数。

在算法 Backtrack 中，当 $i > n$ 时，算法搜索至叶结点，得到一个新的 "+" 个数与 "-" 个数相同的符号三角形，当前已找到符号三角形数 sum 增 1。

当 $i \leq n$ 时，当前扩展结点 Z 是解空间中的内部结点，有 x[i]=1 和 x[i]=0 共 2 个儿子结点。对当前扩展结点 Z 的每个儿子结点，计算其相应的符号三角形中 "+" 个数 count 与 "-"

号个数，并以深度优先的方式递归地对可行子树进行搜索，或剪去不可行子树。

解符号三角形问题的回溯算法可描述如下：

```
class Triangle {
    friend int Compute(int);
private:
    void Backtrack(int t);
    int  n,                         // 第一行的符号个数
         half,                      // n*(n+1)/4
         count,                     // 当前"+"个数
         **p;                       // 符号三角形矩阵
    long  sum;                      // 已找到的符号三角形数
};
void Triangle::Backtrack(int t) {
    if ((count > half) || (t*(t-1)/2-count>half))
        return;
    if (t > n)
        sum++;
    else {
        for (int i=0; i < 2; i++) {
            p[1][t] = i;
            count += i;
            for (int j=2; j <= t; j++) {
                p[j][t-j+1] = p[j-1][t-j+1] ^ p[j-1][t-j+2];
                count += p[j][t-j+1];
            }
            Backtrack(t+1);
            for (int j=2; j <= t; j++)
                count -= p[j][t-j+1];
            count -= i;
        }
    }
}

int Compute(int n) {
    Triangle  X;
    X.n = n;
    X.count = 0;
    X.sum = 0;
    X.half = n*(n+1)/2;
    if (X.half%2 == 1)
        return 0;
    X.half = X.half/2;
    int **p = new int *[n+1];
    for (int i=0; i <= n; i++)
        p[i] = new int [n+1];
    for (int i=0; i <= n; i++)
        for (int j=0; j <= n; j++)
            p[i][j] = 0;
```

```
        X.p = p;
        X.Backtrack(1);
        return X.sum;
}
```

3. 算法效率

计算可行性约束需要 $O(n)$ 时间，在最坏情况下，有 $O(2^n)$ 个结点需要计算可行性约束，所以解符号三角形问题的回溯算法 Backtrack 所需的计算时间为 $O(n2^n)$。

5.5 *n* 后问题

1. 问题描述

在 $n \times n$ 格的棋盘上放置彼此不受攻击的 n 个皇后。按照国际象棋的规则，皇后可以攻击与之处在同一行或同一列或同一斜线上的棋子。n 后问题等价于，在 $n \times n$ 格的棋盘上放置 n 个皇后，任何 2 个皇后不放在同一行或同一列或同一斜线上。

2. 算法设计

用 n 元组 x[1:n]表示 n 后问题的解。其中，x[i]表示皇后 i 放在棋盘的第 i 行的第 x[i]列。由于不允许将 2 个皇后放在同一列上，所以解向量中的 x[i]互不相同。2 个皇后不能放在同一斜线上是问题的隐约束。对于一般的 n 后问题，这一隐约束条件可以化成显约束的形式。如果将 $n \times n$ 格的棋盘看做二维方阵，其行号从上到下，列号从左到右依次编号为 $1, 2, \cdots, n$，从棋盘左上角到右下角的主对角线及其平行线（即斜率为−1 的各斜线）上，2 个下标值的差（行号−列号）值相等。同理，斜率为+1 的每条斜线上，2 个下标值的和（行号+列号）值相等。因此，若 2 个皇后放置的位置分别是(i, j)和(k, l)，且 $i-j=k-l$ 或 $i+j=k+l$，则说明这 2 个皇后处于同一斜线上。以上 2 个方程分别等价于 $i-k=j-l$ 和 $i-k=l-j$。由此可知，只要$|i-k|=|j-l|$成立，就表明 2 个皇后位于同一条斜线上。问题的隐约束就变成了显约束。

用回溯法解 n 后问题时，用完全 n 叉树表示解空间。可行性约束 Place 剪去不满足行、列和斜线约束的子树。

下面的解 n 后问题的回溯法中，递归函数 Backtrack(1)实现对整个解空间的回溯搜索。Backtrack(i)搜索解空间中第 i 层子树。类 Queen 的数据成员记录解空间中结点信息，以减少传给 Backtrack 的参数。sum 记录当前已找到的可行方案数。

在算法 Backtrack 中，当 $i>n$ 时，算法搜索至叶结点，得到一个新的 n 皇后互不攻击放置方案，当前已找到的可行方案数 sum 增 1。

当 $i \leq n$ 时，当前扩展结点 Z 是解空间中的内部结点。该结点有 n 个儿子结点 x[i]。对当前扩展结点 Z 的每个儿子结点，由 Place 检查其可行性，并以深度优先的方式递归地对可行子树搜索，或剪去不可行子树。

解 n 后问题的回溯算法可描述如下：

```
class Queen {
    friend int nQueen(int);
private:
    bool Place(int k);
    void Backtrack(int t);
```

```
    int  n,                          // 皇后个数
        *x;                          // 当前解
    long  sum;                       // 当前已找到的可行方案数
};


bool Queen::Place(int k) {
    for (int j=1; j < k; j++)
        if ((abs(k-j) == abs(x[j]-x[k])) || (x[j] == x[k]))
            return false;
    return true;
}


void Queen::Backtrack(int t) {
    if (t > n)
        sum++;
    else {
        for (int i=1; i<= n; i++) {
            x[t] = i;
            if (Place(t))
                Backtrack(t+1);
        }
    }
}
int nQueen(int n) {
    Queen  X;
    // 初始化 X
    X.n = n;
    X.sum = 0;
    int *p = new int [n+1];
    for (int i=0; i <= n; i++)
        p[i] = 0;
    X.x = p;
    X.Backtrack(1);
    delete[] p;
    return X.sum;
}
```

3. 迭代回溯

数组 x 记录了解空间树中从根到当前扩展结点的路径，这些信息已包含了回溯法在回溯时所需要的信息。利用数组 x 所含的信息，可将上述回溯法表示成非递归形式，进一步省去 $O(n)$ 递归栈空间。

解 n 后问题的非递归迭代回溯法 Backtrack 可描述如下：

```
class Queen {
    friend int nQueen(int);
private:
    bool Place(int k);
    void Backtrack(void);
```

```
    int  n,                              // 皇后个数
         *x;                             // 当前解
    long  sum;                           // 当前已找到的可行方案数
};
bool Queen::Place(int k) {
    for (int j=1; j<k; j++)
        if ((abs(k-j) == abs(x[j]-x[k])) || (x[j] == x[k]))
            return false;
    return true;
}
void Queen::Backtrack(void) {
    x[1] = 0;
    int  k = 1;
    while (k > 0) {
        x[k] += 1;
        while ((x[k] <= n) && !(Place(k)))
            x[k] += 1;
        if (x[k] <= n)
            if (k == n)
                sum++;
            else {
                k++;
                x[k] = 0;
            }
        else
            k--;
    }
}
int nQueen(int n) {
    Queen X;
    // 初始化 X
    X.n = n;
    X.sum = 0;
    int  *p = new int [n+1];
    for (int i=0; i <= n; i++)
        p[i]= 0;
    X.x = p;
    X.Backtrack();
    delete[] p;
    return X.sum;
}
```

5.6 0-1 背包问题

1. 算法描述

0-1 背包问题是子集选取问题。一般情况下，0-1 背包问题是 NP 完全问题。0-1 背包问

题的解空间可用子集树表示。解 0-1 背包问题的回溯法与解装载问题的回溯法十分相似。在搜索解空间树时，只要其左儿子结点是一个可行结点，搜索就进入其左子树。当右子树中有可能包含最优解时才进入右子树搜索；否则将右子树剪去。设 r 是当前剩余物品价值总和；cp 是当前价值；$bestp$ 是当前最优价值。当 $cp+r \leqslant bestp$ 时，可剪去右子树。计算右子树中解的上界的更好方法是，将剩余物品依其单位重量价值排序，然后依次装入物品，直至装不下时，再装入该物品的一部分而装满背包。由此得到的价值是右子树中解的上界。

例如，对于 0-1 背包问题的一个实例，$n=4$，$c=7$，$p=[9, 10, 7, 4]$，$w=[3, 5, 2, 1]$。这 4 个物品的单位重量价值分别为 $[3, 2, 3.5, 4]$。以物品单位重量价值的递减序装入物品。先装入物品 4，然后装入物品 3 和 1。装入这 3 个物品后，剩余的背包容量为 1，只能装入 0.2 的物品 2。由此得到一个解为 $x=[1, 0.2, 1, 1]$，其相应的价值为 22。尽管这不是一个可行解，但可以证明其价值是最优值的上界。因此，对于这个实例，最优值不超过 22。

为了便于计算上界，可先将物品依其单位重量价值从大到小排序，此后只要按顺序考察各物品即可。在实现时，由 Bound 计算当前结点处的上界。类 Knap 的数据成员记录解空间树中的结点信息，以减少参数传递及递归调用所需的栈空间。在解空间树的当前扩展结点处，仅当要进入右子树时才计算上界 Bound，以判断是否可将右子树剪去。进入左子树时不需计算上界，因为其上界与其父结点的上界相同。

解 0-1 背包问题的回溯算法可描述如下：

```
template<class Typew, class Typep>
class Knap {
    friend Typep Knapsack(Typep*, Typew*, Typew, int);
private:
    Typep Bound(int i);
    void Backtrack(int i);
    Typew  c;                              // 背包容量
    int  n;                                // 物品数
    Typew  *w;                             // 物品重量数组
    Typep  *p;                             // 物品价值数组
    Typew  cw;                             // 当前重量
    Typep  cp;                             // 当前价值
    Typep  bestp;                          // 当前最优价值
};

template<class Typew, class Typep>
void Knap<Typew, Typep>::Backtrack(int i) {
    if (i > n) {                           // 到达叶结点
        bestp = cp;
        return;
    }
    if (cw+w[i] <= c) {                    // 进入左子树
        cw += w[i];
        cp += p[i];
        Backtrack(i+1);
        cw -= w[i];
        cp -= p[i];}
```

```
      if (Bound(i+1) > bestp)                              // 进入右子树
          Backtrack(i+1);
  }

  template<class Typew, class Typep>
  Typep Knap<Typew, Typep>::Bound(int i) {                 // 计算上界
      Typew  cleft = c-cw;                                 // 剩余容量
      Typep  b = cp;
      while (i <= n && w[i] <= cleft) {                    // 以物品单位重量价值递减序装入物品
          cleft -= w[i];
          b += p[i];
          i++;
      }
      if (i <= n)                                          // 装满背包
          b += p[i]*cleft/w[i];
      return b;
  }


  class Object {
      friend int Knapsack(int*, int*, int, int);
  public:
      int operator<=(Object a) const {  return (d >= a.d);  }
  private:
      int  ID;
      float  d;
  };


  template<class Typew, class Typep>
  Typep Knapsack(Typep p[], Typew w[], Typew c, int n) {       // 为 Knap::Backtrack 初始化
      Typew W = 0;
      Typep P = 0;
      Object  *Q = new Object [n];
      for (int i=1; i <= n; i++) {
          Q[i-1].ID = i;
          Q[i-1].d = 1.0*p[i]/w[i];
          P += p[i];
          W += w[i];
      }
      if (W <= c)
          return P;                                        // 装入所有物品
      Sort(Q, n);                                          // 依物品单位重量价值排序
      Knap<Typew, Typep> K;
      K.p = new Typep [n+1];
      K.w = new Typew [n+1];
      for (int i=1; i <= n; i++) {
          K.p[i] = p[Q[i-1].ID];
          K.w[i] = w[Q[i-1].ID];
      }
      K.cp = 0;
```

```
    K.cw = 0;
    K.c = c;
    K.n = n;
    K.bestp = 0;
    K.Backtrack(1);                          // 回溯搜索
    delete[] Q;
    delete[] K.w;
    delete[] K.p;
    return K.bestp;
}
```

2. 算法效率

计算上界需要 $O(n)$ 时间，在最坏情况下有 $O(2^n)$ 个右儿子结点需要计算上界，所以解 0-1 背包问题的回溯算法 Backtrack 所需的计算时间为 $O(n2^n)$。

5.7 最大团问题

1. 问题描述

给定无向图 $G=(V, E)$。如果 $U \subseteq V$，且对任意 $u, v \in U$ 有 $(u, v) \in E$，则称 U 是 G 的完全子图。G 的完全子图 U 是 G 的一个团当且仅当 U 不包含在 G 的更大的完全子图中。G 的最大团是指 G 中所含顶点数最多的团。

在图 5-5 的无向图 G 中，子集{1, 2}是 G 的大小为 2 的完全子图。这个完全子图不是团，因为它被 G 的更大的完全子图{1, 2, 5}包含。{1, 2, 5}是 G 的最大团。{1, 4, 5}和{2, 3, 5}也是 G 的最大团。

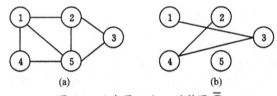

图 5-5　无向图 G 和 G 的补图 $\overline{G}$

如果 $U \subseteq V$ 且对任意 $u, v \in U$ 有 $(u, v) \notin E$，则称 U 是 G 的空子图。G 的空子图 U 是 G 的独立集当且仅当 U 不包含在 G 的更大的空子图中。G 的最大独立集是 G 中所含顶点数最多的独立集。

对于任意无向图 $G=(V, E)$，其补图 $\overline{G} =(V_1, E_1)$ 定义为：$V_1=V$，$(u, v) \in E_1$，当且仅当 $(u, v) \notin E$。

图 5-5 中的两个无向图互为补图。{2, 4}是 G 的空子图，也是 G 的最大独立集。虽然{1, 2}是 $\overline{G}$ 的空子图，但它不是 $\overline{G}$ 的独立集，因为它包含在 $\overline{G}$ 的空子图{1, 2, 5}中。{1, 2, 5}是 $\overline{G}$ 的最大独立集。注意，如果 U 是 G 的完全子图，则它是 $\overline{G}$ 的空子图，反之亦然。因此，G 的团与 $\overline{G}$ 的独立集之间存在一一对应关系。特别地，U 是 G 的最大团，当且仅当 U 是 $\overline{G}$ 的最大独立集。

2. 算法设计

无向图 G 的最大团和最大独立集问题都可以用回溯法在 $O(n2^n)$ 时间内解决。图 G 的最大团和最大独立集问题都可以看作图 G 的顶点集 V 的子集选取问题。因此，可以用子集树表示问题的解空间。解最大团问题的回溯法与解装载问题的回溯法十分相似。设当前扩展结点 Z 位于解空间树的第 i 层。在进入左子树前，必须确认从顶点 i 到已选入的顶点集中每个顶点都有边相连。在进入右子树前，必须确认还有足够多的可选择顶点，使得算法有可能在右子树中找到更大的团。

整型数组 v 返回所找到的最大团。v[i]=1 当且仅当顶点 i 属于找到的最大团。

解最大团问题的回溯算法可描述如下：

```
class Clique {
    friend MaxClique(int **, int [], int);
private:
    void Backtrack(int i);
    int  **a,                          // 图 G 的邻接矩阵
         n,                            // 图 G 的顶点数
         *x,                           // 当前解
         *bestx,                       // 当前最优解
         cn,                           // 当前顶点数
         bestn;                        // 当前最大顶点数
};
void Clique::Backtrack(int i) {        // 计算最大团
    if (i > n) {
        for (int j=1; j <= n; j++)
            bestx[j] = x[j];
        bestn = cn;
        return;
    }
    // 检查顶点 i 与当前团的连接
    int OK = 1;
    for (int j=1; j < i; j++) {
        if (x[j] && a[i][j] == 0) {    // i 与 j 不相连
            OK = 0;
            break;
        }
        if (OK) {                      //进入左子树
            x[i] = 1;
            cn++;
            Backtrack(i+1);
            x[i] = 0;
            cn--;
        }
        if (cn+n-i > bestn) {
            x[i] = 0;
            Backtrack(i+1);
        }
    }
}
int MaxClique(int **a, int v[], int n) {
    Clique  Y;
```

```
            // 初始化Y
            Y.x = new int [n+1];
            Y.a = a;
            Y.n = n;
            Y.cn = 0;
            Y.bestn = 0;
            Y.bestx = v;
            Y.Backtrack(1);
            delete[] Y.x;
            return Y.bestn;
        }
```

3．算法效率

解最大团问题的回溯算法 Backtrack 所需的计算时间为 $O(n2^n)$。

5.8　图的 m 着色问题

1．问题描述

给定无向连通图 G 和 m 种不同的颜色。用这些颜色为图 G 的各顶点着色，每个顶点着一种颜色。是否有一种着色法，使 G 中每条边的 2 个顶点着有不同颜色？这个问题是图的 m 可着色判定问题。若一个图最少需要 m 种颜色才能使图中每条边连接的 2 个顶点着不同颜色，则称这个数 m 为该图的色数。求一个图的色数 m 的问题称为图的 m 可着色优化问题。

如果一个图的所有顶点和边都能用某种方式画在平面上且没有任何两边相交，则称这个图是可平面图。著名的平面图的四色猜想是图的 m 可着色性判定问题的特殊情形。

四色猜想：在一个平面或球面上的任何地图能够只用 4 种颜色来着色，使相邻的国家在地图上着不同颜色。假设每个国家在地图上是单连通域，还假设两个国家相邻是指这两个国家有一段长度不为 0 的公共边界，而不仅有一个公共点。这样的地图容易用平面图表示。地图上的每个区域相应平面图中一个顶点。两个区域在地图上相邻，它们在平面图中相应的 2 个顶点之间有一条边相连。图 5-6 是一个有 5 个区域的地图及其相应的平面图，需要 4 种颜色来着色。

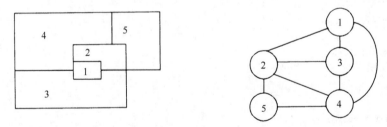

图 5-6　地图及其相应的平面图

2．算法设计

本节讨论一般连通图的可着色性问题，不仅限于平面图。给定图 $G=(V, E)$ 和 m 种颜色，如果这个图不是 m 可着色，给出否定回答；如果这个图是 m 可着色的，找出所有不同的着色法。

下面根据回溯法的递归描述框架 Backtrack 设计图的 m 着色算法。用图的邻接矩阵 a 表示无向连通图 $G=(V, E)$。若(i, j)属于图 $G=(V, E)$的边集 E，则 a[i][j]=1，否则 a[i][j]=0。整数 $1, 2, \cdots, m$ 用来表示 m 种不同颜色。顶点 i 所着的颜色用 x[i]表示。数组 x[1:n]是问题的解向量。问题的解空间可表示为一棵高度为 n+1 的完全 m 叉树。解空间树的第 i（$1 \leq i \leq n$）层中每个结点都有 m 个儿子，每个儿子相应于 x[i]的 m 个可能的着色之一。第 n+1 层结点均为叶结点。图 5-7 是 n=3 和 m=3 时问题的解空间树。

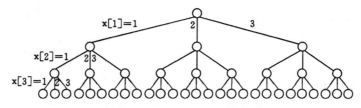

图 5-7　n=3 和 m=3 时的解空间树

在下面的解图 m 可着色问题的回溯法中，Backtrack(i)搜索解空间中第 i 层子树。类 Color 的数据成员记录解空间中结点信息，以减少传给 Backtrack 的参数。sum 记录当前已找到的可 m 着色方案数。

在算法 Backtrack 中，当 $i>n$ 时，算法搜索至叶结点，得到新的 m 着色方案，当前找到的可 m 着色方案数 sum 增 1。

当 $i \leq n$ 时，当前扩展结点 Z 是解空间中的内部结点。该结点有 m 个儿子结点 x[i]。对当前扩展结点 Z 的每个儿子结点，由函数 Ok()检查其可行性，并以深度优先的方式递归地对可行子树搜索，或剪去不可行子树。

图 m 可着色问题的回溯算法可描述如下：

```cpp
class Color {
    friend int mColoring(int,int,int**);
private:
    bool Ok(int k);
    void Backtrack(int t);
    int  n,                          // 图的顶点数
         m,                          // 可用颜色数
         **a;                        // 图的邻接矩阵
         *x,                         // 当前解
    long  sum;                       // 当前已找到的可m着色方案数
};
bool Color::Ok(int k) {             // 检查颜色可用性
    for (int j=1; j <= n; j++)
      if ((a[k][j] == 1) && (x[j] == x[k]))
        return false;
    return true;
}
void Color::Backtrack(int t) {
    if (t > n) {
      sum++;
      for (int i=1; i <= n; i++)
        cout << x[i] <<' ';
```

```
            cout<<endl;
    }
    else {
        for (int i=1; i <= m; i++) {
            x[t] = i;
            if (Ok(t))
                Backtrack(t+1);
            x[t] = 0;
        }
    }
}

int mColoring(int n, int m, int **a) {
    Color  X;
    // 初始化 X
    X.n = n;
    X.m= m;
    X.a = a;
    X.sum = 0;
    int *p = new int [n+1];
    for (int i=0; i <= n; i++)
        p[i] = 0;
    X.x = p;
    X.Backtrack(1);
    delete [] p;
    return X.sum;
}
```

3．算法效率

图 m 可着色问题的回溯算法的计算时间上界可以通过计算解空间树中内结点个数来估计。图 m 可着色问题的解空间树中内结点个数是 $\sum_{i=0}^{n-1} m^i$。对于每个内结点，在最坏情况下，用 Ok()函数检查当前扩展结点的每个儿子所对应的颜色的可用性需耗时 $O(mn)$。因此，回溯法总的时间耗费是 $\sum_{i=0}^{n-1} m^i (mn) = n \times m(m^n-1)/(m-1) = O(nm^n)$。

5.9 旅行售货员问题

1．算法描述

旅行售货员问题的解空间是一棵排列树。对于排列树的回溯搜索与生成 1, 2, …, n 的所有排列的递归算法 Perm 类似。开始时 x=[1, 2, …, n]，则相应的排列树由 x[1:n]的所有排列构成。

在递归算法 Backtrack 中，当 $i=n$ 时，当前扩展结点是排列树的叶结点的父结点。此时算法检测图 G 是否存在一条从顶点 x[n−1]到顶点 x[n]的边和一条从顶点 x[n]到顶点 1 的边。如果这两条边都存在，则找到一条旅行售货员回路。算法还需判断这条回路的费用是否优于已找到的当前最优回路的费用 bestc。如果是，则必须更新当前最优值 bestc 和当前最优解 bestx。

当 $i<n$ 时，当前扩展结点位于排列树的第 $i-1$ 层。图 G 中存在从顶点 x[$i-1$]到顶点 x[i]的边时，x[1:i]构成图 G 的一条路径，且当 x[1:i]的费用小于当前最优值时算法进入排列树的第 i 层，否则将剪去相应的子树。算法中用变量 cc 记录当前路径 x[1:i]的费用。

解旅行售货员问题的回溯算法可描述如下：

```
template<class Type>
class Traveling {
    friend Type TSP(int**, int[], int, Type);
private:
    void Backtrack(int i);
    int n,                          // 图 G 的顶点数
        *x,                         // 当前解
        *bestx;                     // 当前最优解
    Type **a,                       // 图 G 的邻接矩阵
         cc,                        // 当前费用
         bestc,                     // 当前最优值
         NoEdge;                    // 无边标记
};
template<class Type>
void Traveling<Type>::Backtrack(int i) {
    if (i == n) {
        if (a[x[n-1]][x[n]] != NoEdge && a[x[n]][1] != NoEdge &&
                                (cc+a[x[n-1]][x[n]]+a[x[n]][1]<bestc ||bestc == NoEdge)) {
            for (int j=1; j <= n; j++)
                bestx[j] = x[j];
            bestc = cc + a[x[n-1]][x[n]] + a[x[n]][1];}
        }
        else {
            for (int j=i; j <= n; j++) {
                // 是否可进入 x[j]子树
                if (a[x[i-1]][x[j]] != NoEdge && (cc+a[x[i-1]][x[j]]<bestc || bestc == NoEdge)) {
                    // 搜索子树
                    Swap(x[i], x[j]);
                    cc += a[x[i-1]][x[i]];
                    Backtrack(i+1);
                    cc -= a[x[i-1]][x[i]];
                    Swap(x[i], x[j]);
                }
            }
        }
    }
}

template<class Type>
Type TSP(Type**a, int v[], int n, Type NoEdge) {
    Traveling<Type>  Y;
```

```
Y.x = new int [n+1];                    // 初始化 Y
for (int i=1; i <= n; i++)              // 置 X 为单位排列
   Y.x[i] = i;
Y.a =a ;
Y.n = n;
Y.bestc = NoEdge;
Y.bestx = v;
Y.cc = 0;
Y.NoEdge = NoEdge;
Y.Backtrack(2);                         // 搜索 x[2:n] 的全排列
delete [] Y.x;
return Y.bestc;
}
```

2．算法效率

如果不考虑更新 bestx 所需的计算时间，则 Backtrack 需要 $O((n-1)!)$ 计算时间。由于算法 Backtrack 在最坏情况下可能需要更新当前最优解 $O((n-1)!)$ 次，每次更新 bestx 需 $O(n)$ 计算时间，从而整个算法的计算时间复杂性为 $O(n!)$。

5.10   圆排列问题

1．问题描述

给定 n 个大小不等的圆 $c_1, c_2, \cdots, c_n$，现要将这 n 个圆排进一个矩形框中，且要求各圆与矩形框的底边相切。圆排列问题要求从 n 个圆的所有排列中找出有最小长度的圆排列。例如，当 $n=3$，且所给的 3 个圆的半径分别为 1、1、2 时，这 3 个圆的最小长度的圆排列如图 5-8 所示，其最小长度为 $2+4\sqrt{2}$。

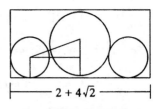

图 5-8　最小长度圆排列

2．算法设计

圆排列问题的解空间是一棵排列树。按照回溯法搜索排列树的算法框架，设开始时，a=[r_1, r_2, $\cdots$, r_n] 是所给的 n 个圆的半径，则相应的排列树由 a[1:n] 的所有排列构成。

解圆排列问题的回溯算法中，CirclePerm(n, a) 返回找到的最小圆排列长度。初始时，数组 a 是输入的 n 个圆的半径，计算结束后返回相应于最优解的圆排列。Center 计算当前所选择的圆在当前圆排列中圆心的横坐标，Compute 计算当前圆排列的长度，变量 min 记录当前最小圆排列的长度，数组 r 表示当前圆排列，数组 x 则记录当前圆排列中各圆的圆心横坐标。算法中约定在当前圆排列中排在第一个的圆的圆心横坐标为 0。

在递归算法 Backtrack 中，当 $i>n$ 时，算法搜索至叶结点，得到新的圆排列方案。此时算法调用 Compute 计算当前圆排列的长度，适时更新当前最优值。

当 $i<n$ 时，当前扩展结点位于排列树的第 $i-1$ 层。此时算法选择下一个要排列的圆，并计算相应的下界函数。在满足下界约束的结点处，以深度优先的方式递归地对相应子树搜索。对于不满足下界约束的结点，则剪去相应的子树。

解圆排列问题的回溯算法可描述如下：

```
class Circle {
    friend float CirclePerm(int, float *);
private:
    float Center(int t);
    void Compute(void);
    void Backtrack(int t);
    float min,                          // 当前最优值
        *x,                             // 当前圆排列圆心横坐标
        *r;                             // 当前圆排列
    int n;                              // 待排列圆的个数
};
float Circle::Center(int t) {           // 计算当前所选择圆的圆心横坐标
    float temp = 0;
    for (int j=1; j < t; j++) {
        float valuex = x[j] + 2.0*sqrt(r[t]*r[j]);
        if (valuex > temp)
            temp = valuex;
    }
    return temp;
}
void Circle::Compute(void) {            // 计算当前圆排列的长度
    float low = 0, high = 0;
    for (int i=1; i <= n; i++) {
        if (x[i]-r[i] < low)
            low =x[i]-r[i];
        if (x[i]+r[i] > high)
            high = x[i]+r[i];
    }
    if (high-low < min)
        min = high-low;
}
void Circle::Backtrack(int t) {
    if (t > n)
        Compute();
    else {
        for (int j=t; j <= n; j++) {
            Swap(r[t], r[j]);
            float  centerx = Center(t);
            if (centerx+r[t]+r[1] < min) {      // 下界约束
                x[t] = centerx;
                Backtrack(t+1);
            }
            Swap(r[t], r[j]);
        }
    }
}

float CirclePerm(int n, float *a) {
    Circle  X;
```

```
    X.n = n;
    X.r = a;
    X.min = 100000;
    float  *x = new float [n+1];
    X.x = x;
    X.Backtrack(1);
    delete[] x;
    return X.min;
}
```

3. 算法效率

如果不考虑计算当前圆排列中各圆的圆心横坐标和计算当前圆排列长度所需的计算时间，则 Backtrack 需要 $O(n!)$ 计算时间。由于算法 Backtrack 在最坏情况下可能需要计算 $O(n!)$ 次当前圆排列长度，因此每次计算需 $O(n)$ 计算时间，从而整个算法的计算时间复杂性为 $O((n+1)!)$。

上述算法尚有许多改进的余地。例如，像 1, 2, …, $n-1$, n 和 n, $n-1$, …, 2, 1 这种互为镜像的排列具有相同的圆排列长度，只计算一个就够了，可减少约一半的计算量。另一方面，如果所给的 n 个圆中有 k 个圆有相同的半径，则这 k 个圆产生的 $k!$ 个完全相同的圆排列，只计算一个就够了。上述算法的这些改进留作练习。

5.11　电路板排列问题

1. 问题描述

电路板排列问题是大规模电子系统设计中提出的实际问题。该问题是：将 n 块电路板以最佳排列方案插入带有 n 个插槽的机箱中。n 块电路板的不同的排列方式对应于不同的电路板插入方案。

设 $B=\{1, 2, …, n\}$ 是 n 块电路板的集合。集合 $L=\{N_1, N_2, …, N_m\}$ 是 n 块电路板的 m 个连接块。其中每个连接块 N_i 是 B 的一个子集，且 N_i 中的电路板用同一根导线连接在一起。例如，设 $n=8$，$m=5$。给定 n 块电路板及其 m 个连接块如下：

$B=\{1, 2, 3, 4, 5, 6, 7, 8\}$ $\qquad\qquad$ $L=\{N_1, N_2, N_3, N_4, N_5\}$

$N_1=\{4, 5, 6\}$ $\qquad$ $N_2=\{2, 3\}$ $\qquad$ $N_3=\{1, 3\}$ $\qquad$ $N_4=\{3, 6\}$ $\qquad$ $N_5=\{7, 8\}$

这 8 块电路板的一个可能的排列如图 5-9 所示。

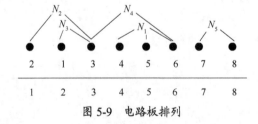

图 5-9　电路板排列

设 x 表示 n 块电路板的排列，即在机箱的第 i 个插槽中插入电路板 x[i]。x 确定的电路板排列密度 density(x)定义为跨越相邻电路板插槽的最大连线数。例如，图 5-9 中电路板排列的密度为 2，跨越插槽 2 和 3，插槽 4 和 5 以及插槽 5 和 6 的连线数均为 2。插槽 6 和 7 之间无跨越连线。其余相邻插槽之间都只有 1 条跨越连线。

在设计机箱时，插槽一侧的布线间隙由电路板排列的密度所确定。因此，电路板排列问题要求对于给定电路板连接条件（连接块），确定电路板的最佳排列，使其具有最小密度。

2．算法设计

电路板排列问题是 NP 完全问题，因此不大可能找到解此问题的多项式时间算法。下面讨论用回溯法解电路板排列问题。通过系统地搜索问题解空间的排列树，找出电路板最佳排列。

算法中用整型数组 B 表示输入，$B[i][j]$ 的值为 1 当且仅当电路板 i 在连接块 N_j 中。设 total[j] 是连接块 N_j 中的电路板数。对于电路板的部分排列 x[1:i]，设 now[j] 是 x[1:i] 中包含的 N_j 中的电路板数。由此可知，连接块 N_j 的连线跨越插槽 i 和 $i+1$ 当且仅当 now[j]>0 且 now[j]≠ total[j]。可利用这个条件来计算插槽 i 和插槽 $i+1$ 间的连线密度。

在算法 Backtrack 中，当 $i=n$ 时，所有 n 块电路板都已排定，其密度为 cd。由于算法仅完成那些比当前最优解更好的排列，故 cd 肯定优于 bestd。此时应更新 bestd。

当 $i<n$ 时，电路板排列尚未完成。x[1:i−1]是当前扩展结点所相应的部分排列，cd 是相应的部分排列密度。在当前部分排列之后加入一块未排定的电路板，扩展当前部分排列产生当前扩展结点的一个儿子结点。对于这个儿子结点，计算新的部分排列密度 ld。仅当 ld<bestd 时，算法搜索相应的子树，否则该子树被剪去。

按上述回溯搜索策略设计的解电路板排列问题的算法可描述如下：

```
class Board {
    friend Arrangement(int **, int, int, int []);
private:
    void Backtrack(int i, int cd);
    int  n,                              // 电路板数
         m,                              // 连接块数
         *x,                             // 当前解
         *bestx,                         // 当前最优解
         bestd,                          // 当前最优密度
         *total,                         // total[j]为连接块 j 的电路板数
         *now,                           // now[j]为当前解中所含连接块 j 的电路板数
         **B;                            // 连接块数组
};
void Board::Backtrack(int i, int cd) {   // 回溯搜索排列树
    if (i == n) {
        for (int j=1; j<=n; j++)
            bestx[j]=x[j];
        bestd=cd;
    }
    else {
        for (int j=i; j<=n; j++) {        // 选择x[j]为下一块电路板
            int  ld = 0;
            for (int k=1; k<=m; k++) {
                now[k] += B[x[j]][k];
                if (now[k]>0 && total[k] != now[k])
                    ld++;
            }
```

```
          if (cd>ld)                           // 更新 ld
            ld=cd;
          if (ld<bestd) {                       // 搜索子树
            Swap(x[i], x[j]);
            Backtrack(i+1, ld);
            Swap(x[i], x[j]);}
          for (int k=1; k<=m; k++)              // 恢复状态
            now[k] -= B[x[j]][k];
        }
      }
    }
  }
}

int Arrangement(int **B, int n, int m, int bestx[]) {
  Board  X;
  // 初始化 X
  X.x = new int [n+1];
  X.total = new int [m+1];
  X.now = new int [m+1];
  X.B = B;
  X.n = n;
  X.m = m;
  X.bestx = bestx;
  X.bestd = m+1;
  // 初始化 total 和 now
  for (int i=1; i<=m; i++) {
    X.total[i]=0;
    X.now[i]=0;
  }
  // 初始化 x 为单位排列并计算 total
  for (int i=1; i<=n; i++) {
    X.x[i]=i;
    for (int j=1; j<=m; j++)
      X.total[j] += B[i][j];
  }
  X.Backtrack(1,0);                             // 回溯搜索
  delete [] X.x;
  delete [] X.total;
  delete [] X.now;
  return X.bestd;
}
```

3. 算法效率

在解空间排列树的每个结点处，算法 Backtrack 花费 $O(m)$ 计算时间为每个儿子结点计算密度。因此计算密度所耗费的总计算时间为 $O(m\,n!)$，生成排列树需 $O(n!)$ 时间。每次更新当前最优解至少使 bestd 减少 1，而算法运行结束时 bestd$\geqslant$0。因此最优解被更新的次数为 $O(m)$。更新当前最优解需 $O(m\,n)$ 时间。

综上可知，解电路板排列问题的回溯算法 Backtrack 所需的计算时间为 $O(m\,n!)$。

5.12 连续邮资问题

1．问题描述

假设某国家发行了 n 种不同面值的邮票，并且规定每张信封上最多只允许贴 m 张邮票。连续邮资问题要求对于给定的 n 和 m 的值，给出邮票面值的最佳设计，在 1 张信封上贴出从邮资 1 开始，增量为 1 的最大连续邮资区间。例如，当 n=5 和 m=4 时，面值为 1、3、11、15、32 的 5 种邮票可以贴出邮资的最大连续邮资区间是 1～70。

2．算法设计

对于连续邮资问题，用 n 元组 x[1:n]表示 n 种不同的邮票面值，并约定它们从小到大排列。x[1]=1 是唯一的选择。此时的最大连续邮资区间是[1:m]。接下来，x[2]的可取值范围是[2:m+1]。在一般情况下，已选定 x[1:i-1]，最大连续邮资区间是[1:r]，接下来 x[i]的可取值范围是[x[i-1]+1:r+1]。由此可以看出，在用回溯法解连续邮资问题时，可以用树表示其解空间。该解空间树中各结点的度随 x 的不同取值而变化。

在下面的解连续邮资问题的回溯法中，类 Stamp 的数据成员记录解空间中结点信息。maxvalue 记录当前已找到的最大连续邮资区间。bestx 是相应的当前最优解。数组 y 记录当前已选定的邮票面值 x[1:i]能贴出各种邮资所需的最少邮票张数。换句话说，y[k]是用不超过 m 张面值为 x[1:i]的邮票贴出邮资 k 所需的最少邮票数。

在算法 Backtrack 中，当 i>n 时，算法搜索至叶结点，得到新的邮票面值设计方案 x[1:n]。如果该方案能贴出的最大连续邮资区间大于当前已找到的最大连续邮资区间 maxvalue，则更新当前最优值 maxvalue 和相应的最优解 bestx。

当 i≤n 时，当前扩展结点 Z 是解空间中的内部结点。在该结点处，x[1:i-1]能贴出的最大连续邮资区间为 r-1。因此，在结点 Z 处，x[i]的可取值范围是[x[i-1]+1:r]，从而，结点 Z 有 r-x[i-1]个儿子结点。算法对当前扩展结点 Z 的每个儿子结点，以深度优先的方式递归地对相应子树进行搜索。

连续邮资问题的回溯算法可描述如下：

```
class Stamp {
    friend int MaxStamp(int, int, int []);
private:
    void Backtrack(int i, int r);
    int  n,                          // 邮票面值数
         m,                          // 每张信封最多允许贴的邮票数
         maxvalue,                   // 当前最优值
         maxint,                     // 大整数
         maxl,                       // 邮资上界
         *x,                         // 当前解
         *y,                         // 贴出各种邮资所需最少邮票数
         *bestx;                     // 当前最优解
};
void Stamp::Backtrack(int i, int r) {
    for (int j=0; j <= x[i-2]*(m-1); j++)
        if (y[j] < m)
            for (int k=1; k <= my[j]; k++)
```

```
            if (y[j]+k < y[j+x[i-1]*k])
                y[j+x[i-1]*k] = y[j]+k;
    while (y[r] < maxint)
        r++;
    if (i > n) {
        if (r-1 > maxvalue) {
            maxvalue = r-1;
            for (int j=1; j <= n; j++)
                bestx[j] = x[j];
        }
        return;
    }
    int *z = new int [maxl+1];
    for (int k=1; k <= maxl; k++)
        z[k] = y[k];
    for (int j=x[i-1]+1; j <= r; j++) {
        x[i] = j;
        Backtrack(i+1, r);
        for (int k=1; k <= maxl; k++)
            y[k] = z[k];
    }
    delete[] z;
}


int MaxStamp(int n, int m, int bestx[]) {
    Stamp  X;
    int  maxint = 32767;
    int  maxl = 1500;
    X.n = n;
    X.m = m;
    X.maxvalue = 0;
    X.maxint = maxint;
    X.maxl = maxl;
    X.bestx = bestx;
    X.x = new int [n+1];
    X.y = new int [maxl+1];
    for (int i=0; i <= n; i++)
        X.x[i] = 0;
    for (int i=1; i <= maxl; i++)
        X.y[i] = maxint;
    X.x[1] = 1;
    X.y[0] = 0;
    X.Backtrack(2,1);
    delete[] X.x;
    delete[] X.y;
    return X.maxvalue;
}
```

5.13 回溯法的效率分析

通过前面的具体实例的讨论容易看出，回溯算法的效率在很大程度上依赖于以下因素：① 产生 x[k]的时间；② 满足显约束的 x[k]值的个数；③ 计算约束函数 Constraint 的时间；④ 计算上界函数 Bound()的时间；⑤ 满足约束函数和上界函数约束的所有 x[k]的个数。

好的约束函数能显著地减少所生成的结点数。但这样的约束函数往往计算量较大。因此，在选择约束函数时通常存在着生成结点数与约束函数计算量之间的折衷。

通常可以用"重排原理"提高效率。对于许多问题而言，在搜索试探时选取 x[i]值的顺序是任意的。在其他条件相当的前提下，让可取值最少的 x[i]优先将较有效。根据图 5-10，关于同一问题的两棵不同解空间树，可以体会到这种策略的潜力。

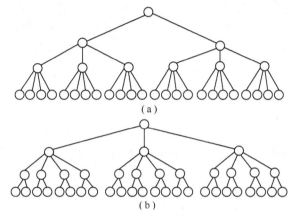

图 5-10 同一问题的两棵不同的解空间树

在图 5-10(a)中，若从第 1 层剪去 1 棵子树，则从所有应当考虑的三元组中一次消去 12 个三元组。对于图 5-10(b)，虽然同样是从第 1 层剪去 1 棵子树，却只从应当考虑的三元组中消去 8 个三元组。前者的效果明显比后者好。

解空间的结构一经选定，影响回溯法效率的前三个因素就可以确定，只剩下生成结点的数目是可变的，它将随问题的具体内容以及结点的不同生成方式而变动。即使同一问题的不同实例，回溯法所产生的结点数也会有很大变化。对于一个实例，回溯法可能只产生 $O(n)$ 个结点。对另一个非常相近的实例，回溯法可能产生解空间中所有结点。如果解空间的结点数是 2^n 或 $n!$，在最坏情况下，回溯法的时间耗费一般为 $O(p(n)2^n)$ 或 $O(q(n)n!)$。其中，$p(n)$ 和 $q(n)$ 均为 n 的多项式。对具体问题来说，回溯法的有效性往往体现在当问题实例的规模 n 较大时，能用很少的时间求得问题的解。而对于问题的具体实例，又很难预测回溯法的算法行为，特别是很难估计出回溯法在解具体实例时所产生的结点数。这是在分析回溯法效率时遇到的主要困难。下面介绍一个概率方法，用于克服这一困难。

用回溯法解具体问题的实例时，可用概率方法估算回溯法将产生的结点数目。该方法的主要思想是，在解空间树上产生一条随机的路径，然后沿此路径估算解空间树中满足约束条件的结点总数 m。设 x 是所产生的随机路径上的一个结点，且位于解空间树的第 i 层上。对于 x 的所有儿子结点，用约束函数检测出满足约束条件的结点数目 m_i。路径上的下一个结点从 x 的 m_i 个满足约束函数的儿子结点中随机选取。这条路径一直延伸到叶结点或者所有儿子结点都不满足约束条件的结点为止。通过 m_i 的值可估算出解空间树中满足约束条件的结

点总数 m。在用回溯法求问题的所有解时，这个数值特别有用。因为在这种情况下，解空间中所有满足约束条件的结点都必须生成。若只要求用回溯法找出问题的一个解，则生成的结点数一般只是 m 个满足约束条件的结点中的一小部分。此时，用 m 来估计回溯法生成的结点数就过于保守。

为了从 m_i 的值求出 m 的值，还需要对约束函数做一些假定。在估计 m 时，假定所有约束函数是静态的。也就是说，在回溯法执行过程中，约束函数并不随着算法所获得信息的多少而动态地改变。进一步假设解空间树中同一层的结点所用的约束函数相同。对于大多数的回溯法，这种假定条件要求太强。实际上，大多数回溯法中，约束函数随着搜索过程的深入而逐渐加强。这时按假定估计 m 就显得保守。如果考虑约束函数的变化，所得出的满足约束条件的结点总数就要比估计的 m 少，而且更精确。

在静态约束函数的假设下，第 1 层有 m_0 个满足约束条件的结点。若解空间树的同一层结点具有相同的出度，则第 1 层上每个结点平均有 m_1 个儿子结点满足约束条件。因此，第 2 层有 $m_0 m_1$ 个满足约束条件的结点。同理，第 3 层上满足约束条件的结点个数为 $m_0 m_1 m_2$。以此类推，可知第 $i+1$ 层上满足约束条件的结点个数为 $m_0 m_1 m_2 \cdots m_i$。因此，对于给定的输入，随机产生解空间树上的一条路径，计算 $m_0, m_1, m_2, \cdots m_i, \cdots$，可以估计出回溯法生成的满足约束条件的结点总数 m 为 $1+m_0+m_0 m_1+m_0 m_1 m_2+\cdots$。

下面的算法 Estimate 依据上述思想来计算回溯法生成的结点总数 m，从解空间树的根结点开始选取一条随机路径，其中 Choose 从集合 T 中随机选取一个元素。

```
int Estimate(int n, Type *x) {
  int m = 1, r = 1, k = 1;
  while (k <= n) {
    SetType T= x[k]的满足约束的可取值集合;
    if (Size(T) == 0)
      return m;
    r *= Size(T);
    m += r;
    x[k] = Choose(T);
    k++;
  }
  return m;
}
```

用回溯法求解具体问题时，可用算法 Estimate 估算回溯法生成的结点数。要估计得更精确，可选取若干不同的随机路径（通常不超过 20 条），分别对各随机路径估计结点总数，然后再取这些结点总数的平均值，得到 m 的估算值。

例如，对于 8 后问题，要在 8×8 的棋盘中放进 8 个皇后，其放法的组合数是很大的。利用显约束排除 2 个皇后在同一行或同一列的放法，还有 8!种不同的放法。可用算法 Estimate 来估计回溯法 nQueen 产生的结点总数。对于该问题，约束函数的静态假设是成立的，在算法搜索过程中，约束函数并没有改变。另外，在解空间树中，同一层所有结点有相同的出度。图 5-11 给出了算法 Estimate 产生的 5 条随机路径所相应的 8×8 棋盘状态。当需要在棋盘上某行放入一个皇后时，随机选取所放的列。

图中棋盘下面列出了每一层的结点可能生成的满足约束条件的结点数，即 $m_0, m_1, m_2, \cdots$，

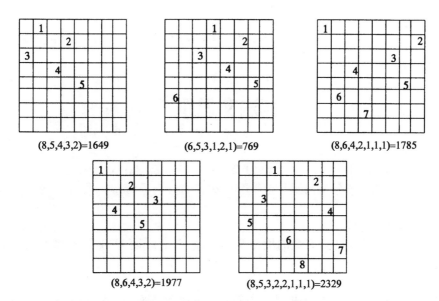

(8,5,4,3,2)=1649 (6,5,3,1,2,1)=769 (8,6,4,2,1,1,1)=1785

(8,6,4,3,2)=1977 (8,5,3,2,2,1,1,1)=2329

图 5-11　解空间树中 5 条随机路径所对应的棋盘状态

m_i, …，以及由此随机路径估算出的结点总数 m。由这 5 条随机路径可以得到 m 的平均值为 1702。而 8 后问题的解空间树的结点总数是

$$1+\sum_{j=0}^{7}\left(\prod_{i=0}^{j}(8-i)\right)=109601$$

由此可见，回溯法产生的结点数 m 是解空间树的结点总数的 1.55% 左右。这说明回溯法的效率大大高于穷举法。

算法分析题 5

5-1　用教材中的改进策略 1 重写装载问题回溯法，使改进后算法的计算时间复杂性为 $O(2^n)$。

5-2　用教材中的改进策略 2 重写装载问题回溯法，使改进后算法的计算时间复杂性为 $O(2^n)$。

5-3　重写 0-1 背包问题的回溯法，使算法能输出最优解。

5-4　试设计一个解最大团问题的迭代回溯算法。

5-5　设 G 是一个有 n 个顶点的有向图，从顶点 i 发出的边的最大费用记为 $\max(i)$。

（1）证明旅行售货员回路的费用不超过 $\displaystyle\sum_{i=1}^{n}\max(i)+1$。

（2）在旅行售货员问题的回溯法中，用上面的界作为 bestc 的初始值，重写该算法，并尽可能地简化代码。

5-6　设 G 是一个有 n 个顶点的有向图，从顶点 i 发出的边的最小费用记为 $\min(i)$。

（1）证明图 G 的所有前缀为 $x[1:i]$ 的旅行售货员回路的费用至少为：

$$\sum_{j=2}^{i}a(x_{j-1},x_j)+\sum_{j=i}^{n}\min(x_j)$$

式中，$a(u, v)$ 是边 (u, v) 的费用。

（2）利用上述结论设计一个高效的上界函数，重写旅行售货员问题的回溯法，并与教材中的算法进行比较。

算法实现题 5

5-1 子集和问题。

问题描述：子集和问题的一个实例为 $<S, t>$。其中，$S=\{x_1, x_2, \cdots, x_n\}$ 是一个正整数的集合，c 是一个正整数。子集和问题判定是否存在 S 的一个子集 $S1$，使得 $\sum\limits_{x \in S1} x = c$。试设计一个解子集和问题的回溯法。

算法设计：对于给定的正整数的集合 $S=\{x_1, x_2, \cdots, x_n\}$ 和正整数 c，计算 S 的一个子集 S_1，使得 $\sum\limits_{x \in S_1} x = c$。

数据输入：由文件 input.txt 提供输入数据。文件第 1 行有 2 个正整数 n 和 c，n 表示 S 的大小，c 是子集和的目标值。接下来的 1 行中，有 n 个正整数，表示集合 S 中的元素。

结果输出：将子集和问题的解输出到文件 output.txt。当问题无解时，输出"No Solution!"。

输入文件示例	输出文件示例
input.txt	output.txt
5 10	2 2 6
2 2 6 5 4	

5-2 最小长度电路板排列问题。

问题描述：最小长度电路板排列问题是大规模电子系统设计中提出的实际问题。该问题的提法是，将 n 块电路板以最佳排列方案插入带有 n 个插槽的机箱中。n 块电路板的不同的排列方式对应于不同的电路板插入方案。

设 $B=\{1, 2, \cdots, n\}$ 是 n 块电路板的集合。集合 $L=\{N_1, N_2, \cdots, N_m\}$ 是 n 块电路板的 m 个连接块。其中每个连接块 N_i 是 B 的一个子集，且 N_i 中的电路板用同一根导线连接在一起。在最小长度电路板排列问题中，连接块的长度是指该连接块中第 1 块电路板到最后 1 块电路板之间的距离。

试设计一个回溯法，找出所给 n 个电路板的最佳排列，使得 m 个连接块中最大长度达到最小。

算法设计：对于给定的电路板连接块，设计一个算法，找出所给 n 个电路板的最佳排列，使得 m 个连接块中最大长度达到最小。

数据输入：由文件 input.txt 给出输入数据。第 1 行有 2 个正整数 n 和 m（$1 \leqslant m, n \leqslant 20$）。接下来的 n 行中，每行有 m 个数。第 k 行的第 j 个数为 0 表示电路板 k 不在连接块 j 中，为 1 表示电路板 k 在连接块 j 中。

结果输出：将计算的电路板排列最小长度及其最佳排列输出到文件 output.txt。文件的第一行是最小长度；接下来的 1 行是最佳排列。

输入文件示例	输出文件示例
input.txt	output.txt
8　5	4

```
11111                          5 4 3 1 6 2 8 7
01010
01110
1011010100
11010
00001
01001
```

5-3 最小重量机器设计问题。

问题描述：设某一机器由 n 个部件组成，每种部件都可以从 m 个不同的供应商处购得。设 w_{ij} 是从供应商 j 处购得的部件 i 的重量，c_{ij} 是相应的价格。试设计一个算法，给出总价格不超过 c 的最小重量机器设计。

算法设计：对于给定的机器部件重量和机器部件价格，计算总价格不超过 d 的最小重量机器设计。

数据输入：由文件 input.txt 给出输入数据。第一行有 3 个正整数 n、m 和 d。接下来的 $2n$ 行，每行 n 个数。前 n 行是 c，后 n 行是 w。

结果输出：将计算的最小重量及每个部件的供应商输出到文件 output.txt。

输入文件示例	输出文件示例
input.txt	output.txt
3 3 4	4
1 2 3	1 3 1
3 2 1	
2 2 2	
1 2 3	
3 2 1	
2 2 2	

5-4 运动员最佳配对问题。

问题描述：羽毛球队有男女运动员各 n 人。给定 2 个 $n \times n$ 矩阵 P 和 Q。$P[i][j]$ 是男运动员 i 和女运动员 j 配对组成混合双打的男运动员竞赛优势；$Q[i][j]$ 是女运动员 i 和男运动员 j 配合的女运动员竞赛优势。由于技术配合和心理状态等各种因素影响，$P[i][j]$ 不一定等于 $Q[j][i]$。男运动员 i 和女运动员 j 配对组成混合双打的男女双方竞赛优势为 $P[i][j] \times Q[j][i]$。设计一个算法，计算男女运动员最佳配对法，使各组男女双方竞赛优势的总和达到最大。

算法设计：设计一个算法，对于给定的男女运动员竞赛优势，计算男女运动员最佳配对法，使各组男女双方竞赛优势的总和达到最大。

数据输入：由文件 input.txt 给出输入数据。第一行有 1 个正整数 n（$1 \leqslant n \leqslant 20$）。接下来的 $2n$ 行，每行 n 个数。前 n 行是 p，后 n 行是 q。

结果输出：将计算的男女双方竞赛优势的总和的最大值输出到文件 output.txt。

输入文件示例	输出文件示例
input.txt	output.txt
3	52
10 2 3	
2 3 4	
3 4 5	
2 2 2	

                                            3 5 3
                                            4 5 1

5-5 无分隔符字典问题。

问题描述：设 $\Sigma = (a_1, a_2, \cdots, a_n)$ 是 n 个互不相同的符号组成的符号集。$L_k = \{\beta_1\beta_2\cdots\beta_k \mid \beta_i \in \Sigma,\ 1 \leq i \leq k\}$ 是 Σ 中字符组成的长度为 k 的字符串全体。$S \subseteq L_k$ 是 L_k 的 1 个无分隔符字典是指对任意 $a_1a_2\cdots a_k \in S$ 和 $b_1b_2\cdots b_k \in S$，$\{a_2a_3\cdots a_kb_1,\ a_3a_4\cdots b_1b_2,\ \cdots,\ a_kb_1b_2\cdots b_{k-1}\} \cap S = \varnothing$。

无分隔符字典问题要求对给定的 n 和 Σ 及正整数 k，计算 L_k 的最大无分隔符字典。

算法设计：设计一个算法，对于给定的正整数 n 和 k，计算 L_k 的最大无分隔符字典。

数据输入：由文件 input.txt 给出输入数据。文件第 1 行有 2 个正整数 n 和 k。

结果输出：将计算的 L_k 的最大无分隔符字典的元素个数输出到文件 output.txt。

输入文件示例	输出文件示例
input.txt	output.txt
2 2	2

5-6 无和集问题。

问题描述：设 S 是正整数集合。S 是一个无和集，当且仅当 $x, y \in S$ 蕴含 $x+y \notin S$。对于任意正整数 k，如果可将 $\{1, 2, \cdots, k\}$ 划分为 n 个无和子集 $S_1, S_2, \cdots, S_n$，则称正整数 k 是 n 可分的。记 $F(n) = \max\{k \mid k$ 是 n 可分的$\}$。试设计一个算法，对任意给定的 n，计算 $F(n)$ 的值。

算法设计：对任意给定的 n，计算 $F(n)$ 的值。

数据输入：由文件 input.txt 给出输入数据。第 1 行有 1 个正整数 n。

结果输出：将计算的 $F(n)$ 的值以及 $\{1, 2, \cdots, F(n)\}$ 的一个 n 划分输出到文件 output.txt。文件的第 1 行是 $F(n)$ 的值。接下来的 n 行，每行是一个无和子集 S_i。

输入文件示例	输出文件示例
input.txt	output.txt
2	8
	1 2 4 8
	3 5 6 7

5-7 n 色方柱问题。

问题描述：设有 n 个立方体，每个立方体的每面用红、黄、蓝、绿等 n 种颜色之一染色。要把这 n 个立方体叠成一个方形柱体，使得柱体的 4 个侧面的每侧均有 n 种不同的颜色。试设计一个回溯算法，计算出 n 个立方体的一种满足要求的叠置方案。

算法设计：对于给定的 n 个立方体以及每个立方体各面的颜色，计算出 n 个立方体的一种叠置方案，使得柱体的 4 个侧面的每一侧均有 n 种不同的颜色。

数据输入：由文件 input.txt 给出输入数据。第 1 行有 1 个正整数 n（$0 < n < 27$），表示给定的立方体个数和颜色数均为 n。第 2 行是 n 个大写英文字母组成的字符串。该字符串的第 k（$0 \leq k < n$）个字符代表第 k 种颜色。接下来的 n 行中，每行有 6 个数，表示立方体各面的颜色。立方体各面的编号如图 5-12 所示。

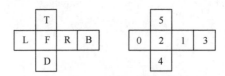

图 5-12 立方体各面的编号

图 5-12 中 F 表示前面，B 表示背面，L 表示左面，R 表示右面，T 表示顶面，D 表示底面。相应地，2 表示前面，3 表示背面，0 表示左面，1 表示右面，5 表示顶面，4 表示底面。

例如，在示例输出文件中，第 3 行的 6 个数 0、2、1、3、0、0 分别表示第 1 个立方体的左面的颜色为 R，右面的颜色为 B，前面的颜色为 G，背面的颜色为 Y，底面的颜色为 R，顶面的颜色为 R。

结果输出： 将计算的 n 个立方体的一种可行的叠置方案输出到文件 output.txt。每行 6 个字符，表示立方体各面的颜色。如果不存在所要求的叠置方案，输出 "No Solution!"。

输入文件示例	输出文件示例
input.txt	output.txt
4	RBGYRR
RGBY	YRBGRG
0 2 1 3 0 0	BGRBGY
3 0 2 1 0 1	GYYRBB
2 1 0 2 1 3	
1 3 3 0 2 2	

5-8　整数变换问题。

问题描述： 关于整数 i 的变换 f 和 g 定义如下：$f(i)=3i$，$g(i)=\lfloor i/2 \rfloor$。

试设计一个算法，对于给定的 2 个整数 n 和 m，用最少的 f 和 g 变换次数将 n 变换为 m。例如，可以将整数 15 用 4 次变换将它变换为整数 4：$4=gfgg(15)$。当整数 n 不可能变换为整数 m 时，算法应如何处理？

算法设计： 对任意给定的整数 n 和 m，计算将整数 n 变换为整数 m 所需要的最少变换次数。

数据输入： 由文件 input.txt 给出输入数据。第 1 行有 2 个正整数 n 和 m。

结果输出： 将计算的最少变换次数以及相应的变换序列输出到文件 output.txt。文件的第 1 行是最少变换次数。文件的第 2 行是相应的变换序列。

输入文件示例	输出文件示例
input.txt	output.txt
15 4	4
	gfgg

5-9　拉丁矩阵问题。

问题描述： 现有 n 种不同形状的宝石，每种宝石有足够多颗。欲将这些宝石排列成 m 行 n 列的一个矩阵，$m \leqslant n$，使矩阵中每行和每列的宝石都没有相同形状。试设计一个算法，计算出对于给定的 m 和 n，有多少种不同的宝石排列方案。

算法设计： 对于给定的 m 和 n，计算出不同的宝石排列方案数。

数据输入： 由文件 input.txt 给出输入数据。第 1 行有 2 个正整数 m 和 n（$0<m\leqslant n<9$）。

结果输出： 将计算的宝石排列方案数输出到文件 output.txt。

输入文件示例	输出文件示例
input.txt	output.txt
3 3	12

5-10　排列宝石问题。

问题描述： 现有 n 种不同形状的宝石，每种 n 颗，共 n^2 颗。同一种形状的 n 颗宝石分别具有 n 种不同的颜色 $c_1, c_2, \cdots, c_n$ 中的一种颜色。欲将这 n^2 颗宝石排列成 n 行 n 列的一个方阵，使方阵中每行和每列的宝石都有 n 种不同形状和 n 种不同颜色。试设计一个算法，计算出对于给定的 n，有多少种不同的宝石排列方案。

算法设计：对于给定的 n，计算出不同的宝石排列方案数。

数据输入：由文件 input.txt 给出输入数据。第 1 行有 1 个正整数 n（$0 < n < 9$）。

结果输出：将计算的宝石排列方案数输出到文件 output.txt。

输入文件示例	输出文件示例
input.txt	output.txt
	1

5-11　重复拉丁矩阵问题。

问题描述：现有 k 种不同价值的宝石，每种宝石都有足够多颗。欲将这些宝石排列成一个 m 行 n 列的矩阵，$m \le n$，使矩阵中每行和每列的同一种宝石数都不超过规定的数量。另规定，宝石阵列的第 1 行从左到右和第 1 列从上到下的宝石按宝石的价值最小字典序从小到大排列。试设计一个算法，对于给定的 k、m 和 n 以及每种宝石的规定数量，计算出有多少种不同的宝石排列方案。

算法设计：对于给定的 m、n 和 k，以及每种宝石的规定数量，计算出不同的宝石排列方案数。

数据输入：由文件 input.txt 给出输入数据。第 1 行有 3 个正整数 m、n 和 k（$0 < m \le n < 9$）。第 2 行有 k 个数，第 j 个数表示第 j 种宝石在矩阵的每行和每列出现的最多次数。这 k 个数按照宝石的价值从小到大排列。设这 k 个数为 $1 \le v_1 \le v_2 \le \cdots \le v_k$，则 $v_1 + v_2 + \cdots + v_k = n$。

结果输出：将计算的宝石排列方案数输出到文件 output.txt。

输入文件示例	输出文件示例
input.txt	output.txt
4 7 3	
2 2 3	84309

5-12　罗密欧与朱丽叶的迷宫问题。

问题描述：罗密欧与朱丽叶身处一个 $m \times n$ 的方格迷宫中，如图 5-13 所示。每个方格表示迷宫中的一个房间。这 $m \times n$ 个房间中有一些房间是封闭的，不允许任何人进入。在迷宫中任何位置均可沿 8 个方向进入未封闭的房间。罗密欧位于迷宫的 (p, q) 方格中，他必须找出一条通向朱丽叶所在的 (r, s)

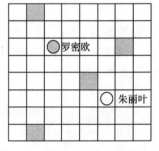

图 5-13　罗密欧与朱丽叶的迷宫

方格的路。在抵达朱丽叶之前，他必须走遍所有未封闭的房间各一次，而且要使到达朱丽叶的转弯次数为最少。每改变一次前进方向算作转弯一次。请设计一个算法，帮助罗密欧找出这样一条道路。

算法设计：对于给定的罗密欧与朱丽叶的迷宫，计算罗密欧通向朱丽叶的所有最少转弯道路。

数据输入：由文件 input.txt 给出输入数据。第 1 行有 3 个正整数 n、m、k，分别表示迷宫的行数、列数和封闭的房间数。接下来的 k 行中，每行 2 个正整数，表示被封闭的房间所在的行号和列号。最后的 2 行，每行也有 2 个正整数，分别表示罗密欧所处的方格 (p, q) 和朱丽叶所处的方格 (r, s)。

结果输出：将计算的罗密欧通向朱丽叶的最少转弯次数和有多少条不同的最少转弯道路

输出到文件 output.txt。文件的第 1 行是最少转弯次数。第 2 行是不同的最少转弯道路数。接下来的 n 行每行 m 个数，表示迷宫的一条最少转弯道路。A[i][j]=k 表示第 k 步到达方格(i,j)；A[i][j]=-1 表示方格(i,j)是封闭的。

如果罗密欧无法通向朱丽叶，则输出 "No Solution!"。

输入文件示例	输出文件示例
input.txt	output.txt
3 4 2	6
1 2	7
3 4	1 -1 9 8
1 1	2 10 6 7
2 2	3 4 5 -1

5-13 工作分配问题。

问题描述：设有 n 件工作分配给 n 个人。将工作 i 分配给第 j 个人所需的费用为 c_{ij}。试设计一个算法，为每个人都分配 1 件不同的工作，并使总费用达到最小。

算法设计：设计一个算法，对于给定的工作费用，计算最佳工作分配方案，使总费用达到最小。

数据输入：由文件 input.txt 给出输入数据。第 1 行有 1 个正整数 n（1≤n≤20）。接下来的 n 行，每行 n 个数，表示工作费用。

结果输出：将计算的最小总费用输出到文件 output.txt。

输入文件示例	输出文件示例
input.txt	output.txt
3	9
10 2 3	
2 3 4	
3 4 5	

5-14 布线问题。

问题描述：假设要将一组元件安装在一块线路板上，为此需要设计一个线路板布线方案。各元件的连线数由连线矩阵 conn 给出。元件 i 和元件 j 之间的连线数为 conn(i,j)。如果将元件 i 安装在线路板上位置 r 处，而将元件 j 安装在线路板上位置 s 处，则元件 i 和元件 j 之间的距离为 dist(r,s)。确定了所给的 n 个元件的安装位置，就确定了一个布线方案。与此布线方案相应的布线成本为 $\text{dist}(r,s) \times \sum\limits_{1 \leq i < j \leq n} \text{conn}(i,j)$。试设计一个算法，找出所给 n 个元件的布线成本最小的布线方案。

算法设计：设计一个算法，对于给定的 n 个元件，计算最佳布线方案，使布线费用达到最小。

数据输入：由文件 input.txt 给出输入数据。第 1 行有 1 个正整数 n（1≤n≤20）。接下来的 $n-1$ 行，每行 $n-i$ 个数，表示元件 i 和元件 j 之间连线数（1≤$i<j$≤20）。

结果输出：将计算的最小布线费用以及相应的最佳布线方案输出到文件 output.txt。

输入文件示例	输出文件示例
input.txt	output.txt
3	10
2 3	1 3 2
3	

5-15　最佳调度问题。

问题描述：假设有 n 个任务由 k 个可并行工作的机器来完成，完成任务 i 需要的时间为 t_i。试设计一个算法，找出完成这 n 个任务的最佳调度，使得完成全部任务的时间最早。

算法设计：对任意给定的整数 n 和 k，以及完成任务 i 需要的时间为 t_i（$i=1\sim n$）。计算完成这 n 个任务的最佳调度。

数据输入：由文件 input.txt 给出输入数据。第 1 行有 2 个正整数 n 和 k。第 2 行的 n 个正整数是完成 n 个任务需要的时间。

结果输出：将计算的完成全部任务的最早时间输出到文件 output.txt。

输入文件示例	输出文件示例
input.txt	output.txt
7 3	17
2 14 4 16 6 5 3	

5-16　无优先级运算问题。

问题描述：给定 n 个正整数和 4 个运算符+、-、*、/，且运算符无优先级，如 2+3×5=25。对于任意给定的整数 m，试设计一个算法，用以上给出的 n 个数和 4 个运算符，产生整数 m，且用的运算次数最少。给出的 n 个数中每个数最多只能用 1 次，但每种运算符可以任意使用。

算法设计：对于给定的 n 个正整数，设计一个算法，用最少的无优先级运算次数产生整数 m。

数据输入：由文件 input.txt 给出输入数据。第 1 行有 2 个正整数 n 和 m。第 2 行是给定的用于运算的 n 个正整数。

结果输出：将计算的产生整数 m 的最少无优先级运算次数以及最优无优先级运算表达式输出到文件 output.txt。

输入文件示例	输出文件示例
input.txt	output.txt
5 25	2
5 2 3 6 7	2+3*5

5-17　世界名画陈列馆问题。

问题描述：世界名画陈列馆由 $m\times n$ 个排列成矩形阵列的陈列室组成。为了防止名画被盗，需要在陈列室中设置警卫机器人哨位。除了监视所在的陈列室，每个警卫机器人还可以监视与它所在的陈列室相邻的上、下、左、右 4 个陈列室。试设计一个安排警卫机器人哨位的算法，使名画陈列馆中每个陈列室都在警卫机器人的监视下，且所用的警卫机器人数最少。

算法设计：设计一个算法，计算警卫机器人的最佳哨位安排方案，使名画陈列馆中每个陈列室都在警卫机器人的监视下，且所用的警卫机器人数最少。

数据输入：由文件 input.txt 给出输入数据。第 1 行有 2 个正整数 m 和 n（$1\leqslant m, n\leqslant 20$）。

结果输出：将计算的警卫机器人数及其最佳哨位安排输出到文件 output.txt。文件的第 1 行是警卫机器人数；接下来的 m 行中每行 n 个数，0 表示无哨位，1 表示哨位。

输入文件示例	输出文件示例
input.txt	output.txt
4 4	4
0 0 1 0	
1 0 0 0	

```
0 0 0 1
0 1 0 0
```

5-18 世界名画陈列馆问题（不重复监视）。

问题描述： 世界名画陈列馆由 $m \times n$ 个排列成矩形阵列的陈列室组成。为了防止名画被盗，需要在陈列室中设置警卫机器人哨位。除了监视所在的陈列室，每个警卫机器人还可以监视与它所在的陈列室相邻的上、下、左、右 4 个陈列室。试设计一个安排警卫机器人哨位的算法，使名画陈列馆中每个陈列室都在警卫机器人的监视下，并且要求每个陈列室仅受一个警卫机器人监视，且所用的警卫机器人数最少。

算法设计： 设计一个算法，计算警卫机器人的最佳哨位安排方案，使名画陈列馆中每个陈列室都仅受一个警卫机器人监视。且所用的警卫机器人数最少。

数据输入： 由文件 input.txt 给出输入数据。第 1 行有 2 个正整数 m 和 n（$1 \le m, n \le 20$）。

结果输出： 将计算的警卫机器人数及其最佳哨位安排输出到文件 output.txt。文件的第 1 行是警卫机器人数；接下来的 m 行中每行 n 个数，0 表示无哨位，1 表示哨位。如果不存在满足要求的哨位安排方案，则输出"No Solution!"。

输入文件示例	输出文件示例
input.txt	output.txt
4 4	4
	0 0 1 0
	1 0 0 0
	0 0 0 1
	0 1 0 0

5-19 算 m 点问题。

问题描述： 给定 k 个正整数，用算术运算符+、−、*、/将这 k 个正整数连接起来，使最终的得数恰为 m。

算法设计： 对于给定的 k 个正整数，给出计算 m 的算术表达式。

数据输入： 由文件 input.txt 给出输入数据。第 1 行有 2 个正整数 k 和 m，表示给定 k 个正整数，且最终的得数恰为 m。接下来的一行中有 k 个正整数。

结果输出： 将计算 m 的算术表达式输出到文件 output.txt。如果有多个满足要求的表达式，只要输出一组，每步算式用分号隔开。如果无法得到 m，则输出"No Solution!"。

输入文件示例	输出文件示例
input.txt	output.txt
5 125	7*3=21；21*12=252；252−2=250；250/2=125；
2 2 12 3	

5-20 部落卫队问题。

问题描述： 原始部落 byteland 中的居民们为了争夺有限的资源，经常发生冲突。几乎每个居民都有他的仇敌。部落酋长为了组织一支保卫部落的队伍，希望从部落的居民中选出最多的居民入伍，并保证队伍中任何 2 个人都不是仇敌。

算法设计： 给定 byteland 部落中居民间的仇敌关系，计算组成部落卫队的最佳方案。

数据输入： 由文件 input.txt 给出输入数据。第 1 行有 2 个正整数 n 和 m，表示 byteland 部落中有 n 个居民，居民间有 m 个仇敌关系。居民编号为 1, 2, …, n。接下来的 m 行中，每行有 2 个正整数 u 和 v，表示居民 u 与居民 v 是仇敌。

结果输出：将计算的部落卫队的最佳组建方案输出到文件 output.txt。文件的第 1 行是部落卫队的人数；第 2 行是卫队组成 x_i（$1 \leq i \leq n$）。$x_i=0$ 表示居民 i 不在卫队中，$x_i=1$ 表示居民 i 在卫队中。

输入文件示例	输出文件示例
input.txt	output.txt
7 10	3
1 2	1 0 1 0 0 0 1
1 4	
2 4	
2 3	
2 5	
2 6	
3 5	
3 6	
4 5	
5 6	

5-21　子集树问题。

问题描述：试设计一个用回溯法搜索子集空间树的函数。该函数的参数包括结点可行性判定函数和上界函数等必要的函数，并将此函数用于解装载问题。

装载问题描述如下：有一批共 n 个集装箱要装上舰载重量为 c 的轮船，其中集装箱 i 的重量为 w_i。找出一种最优装载方案，将轮船尽可能装满，即在装载体积不受限制的情况下，将尽可能重的集装箱装上轮船。

算法设计：对于给定的 n 个集装箱的重量和轮船的重量，计算最优装载方案。

数据输入：由文件 input.txt 给出输入数据。第 1 行有 2 个正整数 n 和 c。n 是集装箱数，c 是轮船的载重量。接下来的 1 行中有 n 个正整数，表示集装箱的重量。

结果输出：将计算的最大装载重量输出到文件 output.txt。

输入文件示例	输出文件示例
input.txt	output.txt
5 10	10
7 2 6 5 4	

5-22　0-1 背包问题。

问题描述：设计一个用回溯法搜索子集空间树的函数，参数包括结点可行性判定函数和上界函数等必要的函数，并将此函数用于解 0-1 背包问题。

0-1 背包问题描述如下：给定 n 种物品和一个背包。物品 i 的重量是 w_i，其价值为 v_i，背包的容量为 C。应如何选择装入背包的物品，使装入背包中物品的总价值最大？

在选择装入背包的物品时，对每种物品 i 只有 2 种选择，即装入背包或不装入背包。不能将物品 i 装入背包多次，也不能只装入部分的物品 i。

0-1 背包问题形式化描述如下：给定 $C>0$，$w_i>0$，$v_i>0$（$1 \leq i \leq n$），要求 n 元 0-1 向量(x_1, x_2, …, x_n)，$x_i \in \{0, 1\}$（$1 \leq i \leq n$），使得 $\sum_{i=1}^{n} w_i x_i \leq C$，而且 $\sum_{i=1}^{n} v_i x_i$ 达到最大。

算法设计：对于给定的 n 种物品的重量和价值，以及背包的容量，计算可装入背包的最大价值。

数据输入：由文件 input.txt 给出输入数据。第 1 行有 2 个正整数 n 和 c，n 是物品数，c 是背包的容量。接下来的 1 行中有 n 个正整数，表示物品的价值。第 3 行中有 n 个正整数，表示物品的重量。

结果输出：将计算的装入背包物品的最大价值和最优装入方案输出到文件 output.txt。

输入文件示例	输出文件示例
input.txt	output.txt
5 10	15
6 3 5 4 6	1 1 0 0 1
2 2 6 5 4	

5-23 排列树问题。

问题描述：试设计一个用回溯法搜索排列空间树的函数。该函数的参数包括结点可行性判定函数和上界函数等必要的函数，并将此函数用于解圆排列问题。

圆排列问题描述如下：给定 n 个大小不等的圆 $c_1, c_2, \cdots, c_n$，现要将这 n 个圆排进一个矩形框中，且要求各圆与矩形框的底边相切。圆排列问题要求从 n 个圆的所有排列中找出有最小长度的圆排列。例如，当 $n=3$，且所给的 3 个圆的半径分别为 1、1、2 时，这 3 个圆的最小长度的圆排列见图 5-8，其最小长度为 $2+4\sqrt{2}$。

算法设计：对于给定的 n 个圆，计算最小长度圆排列。

数据输入：由文件 input.txt 提供输入数据。文件的第 1 行是 1 个正整数 n，表示有 n 个圆。第 2 行有 n 个正数，分别表示 n 个圆的半径。

结果输出：将计算的最小长度输出到文件 output.txt。文件的第 1 行是最小长度，保留 5 位小数。

输入文件示例	输出文件示例
input.txt	output.txt
3	7.65685
1 1 2	

5-24 一般解空间搜索问题。

问题描述：设计一个用回溯法搜索一般解空间的函数，参数包括：生成解空间中下一扩展结点的函数、结点可行性判定函数和上界函数等必要的函数，并将此函数用于解图的 m 着色问题。

图的 m 着色问题描述如下：给定无向连通图 G 和 m 种不同的颜色。用这些颜色为图 G 的各顶点着色，每个顶点着一种颜色。如果有一种着色法，使 G 中每条边的 2 个顶点着不同颜色，则称这个图是 m 可着色的。图的 m 着色问题是对于给定图 G 和 m 种颜色，找出所有不同的着色法。

算法设计：对于给定的无向连通图 G 和 m 种不同的颜色，计算图的所有不同的着色法。

数据输入：由文件 input.txt 给出输入数据。第 1 行有 3 个正整数 n，k 和 m，表示给定的图 G 有 n 个顶点和 k 条边，m 种颜色。顶点编号为 $1, 2, \cdots, n$。接下来的 k 行中，每行有 2 个正整数 u，v，表示图 G 的一条边 (u, v)。

结果输出：将计算的不同的着色方案数输出到文件 output.txt。

输入文件示例	输出文件示例
input.txt	output.txt
5 8 4	48

```
1 2
1 3
1 4
2 3
2 4
2 5
3 4
4 5
```

5-25 最短加法链问题。

问题描述：最优求幂问题：给定一个正整数 n 和一个实数 x，如何用最少的乘法次数计算出 x^n。例如，可以用 6 次乘法逐步计算 x^{23} 如下：$x, x^2, x^3, x^5, x^{10}, x^{20}, x^{23}$。可以证明，计算 x^{23} 最少需要 6 次乘法。计算 x^{23} 的幂序列中各幂次 1、2、3、5、10、20、23 组成了一个关于整数 23 的加法链。一般情况下，计算 x^n 的幂序列中各幂次组成正整数 n 的一个加法链：

$$1=a_0<a_1<a_2<\cdots<a_r=n$$

$$a_i=a_j+a_k \qquad k\leqslant j<i;\ i=1, 2, \cdots, r$$

上述最优求幂问题相应于正整数 n 的最短加法链问题，即求 n 的一个加法链，使其长度 r 达到最小。正整数 n 的最短加法链长度记为 $l(n)$。

算法设计：对于给定的正整数 n，计算相应于正整数 n 的最短加法链。

数据输入：由文件 input.txt 给出输入数据。第 1 行有 1 个正整数 n。

结果输出：将计算的最短加法链长度 $l(n)$ 和相应的最短加法链输出到文件 output.txt。

输入文件示例	输出文件示例
input.txt	output.txt
23	6
	1 2 3 5 10 20 23

第6章 分支限界法

学习要点
- 理解分支限界法的剪枝搜索策略
- 掌握分支限界法的算法框架：
    （1）队列式（FIFO）分支限界法　　（2）优先队列式分支限界法
- 通过下面的应用范例学习分支限界法的设计策略：
    （1）单源最短路径问题　　　　　　（5）最大团问题
    （2）装载问题　　　　　　　　　　（6）旅行售货员问题
    （3）布线问题　　　　　　　　　　（7）电路板排列问题
    （4）0-1 背包问题　　　　　　　　（8）批处理作业调度问题

分支限界法类似回溯法，也是在问题的解空间上搜索问题解的算法。一般情况下，分支限界法与回溯法的求解目标不同。回溯法的求解目标是找出解空间中满足约束条件的所有解，而分支限界法的求解目标是找出满足约束条件的一个解，或是在满足约束条件的解中找出使某一目标函数值达到极大或极小的解，即在某种意义下的最优解。

由于求解目标不同，导致分支限界法与回溯法对解空间的搜索方式也不相同。回溯法以深度优先的方式搜索解空间，分支限界法则以广度优先或以最小耗费优先的方式搜索解空间。分支限界法的搜索策略是，在扩展结点处，先生成其所有的儿子结点（分支），再从当前的活结点表中选择下一个扩展结点。为了有效地选择下一扩展结点，加速搜索的进程，在每个活结点处，计算一个函数值（限界），并根据函数值，从当前活结点表中选择一个最有利的结点作为扩展结点，使搜索朝着解空间上有最优解的分支推进，以便尽快地找出一个最优解。这种方法称为分支限界法。人们已经用分支限界法解决了大量离散最优化的问题。

6.1 分支限界法的基本思想

分支限界法常以广度优先或以最小耗费（最大效益）优先的方式搜索问题的解空间树。问题的解空间树是表示问题解空间的一棵有序树，常见的有子集树和排列树。在搜索问题的解空间树时，分支限界法与回溯法的主要区别在于它们对当前扩展结点所采用的扩展方式不同。在分支限界法中，每个活结点只有一次机会成为扩展结点。活结点一旦成为扩展结点，就一次性产生其所有儿子结点。在这些儿子结点中，导致不可行解或导致非最优解的儿子结点被舍弃，其余儿子结点被加入活结点表中。此后，从活结点表中取下一结点成为当前扩展结点，并重复上述结点扩展过程。这个过程一直持续到找到所需的解或活结点表为空时为止。

从活结点表中选择下一扩展结点的不同方式导致不同的分支限界法。最常见的有以下两种方式。

1. 队列式（FIFO）分支限界法

队列式分支限界法将活结点表组织成一个队列，并按队列的先进先出原则选取下一个结点为当前扩展结点。

2. 优先队列式分支限界法

优先队列式的分支限界法将活结点表组织成一个优先队列，并按优先队列中规定的结点优先级选取优先级最高的下一个结点成为当前扩展结点。

优先队列中规定的结点优先级常用一个与该结点相关的数值 p 来表示。结点优先级的高低与 p 值的大小相关。最大优先队列规定 p 值较大的结点优先级较高。在算法实现时，通常用最大堆来实现最大优先队列，用最大堆的 Deletemax 运算抽取堆中下一个结点成为当前扩展结点，体现最大效益优先的原则。类似地，最小优先队列规定 p 值较小的结点优先级较高。在算法实现时，通常用最小堆来实现最小优先队列，用最小堆的 Deletemin 运算抽取堆中下一个结点成为当前扩展结点，体现最小费用优先的原则。

用优先队列式分支限界法解具体问题时，应根据具体问题的特点确定选用最大优先队列或最小优先队列来表示解空间的活结点表。

例如，考虑 $n=3$ 时 0-1 背包问题的一个实例如下：$w=[16, 15, 15]$，$p=[45, 25, 25]$，$c=30$。队列式分支限界法用一个队列来存储活结点表，优先队列式分支限界法则将活结点表组成优先队列并用最大堆来实现该优先队列。该优先队列的优先级定义为活结点所获得的价值。这个例子与第 5 章中讨论的例子相同，其解空间是图 5-1 中的子集树。

用队列式分支限界法解此问题时，算法从根结点 A 开始。初始时活结点队列为空，结点 A 是当前扩展结点。结点 A 的 2 个儿子结点 A 和 B 均为可行结点，故将这 2 个儿子结点按从左到右的顺序加入活结点队列，并且舍弃当前扩展结点 A。根据先进先出原则，下一个扩展结点是活结点队列的队首结点 B。扩展结点 B 得到其儿子结点 D 和 E。由于 D 是不可行结点，因此被舍去。E 是可行结点，被加入活结点队列。接下来，C 成为当前扩展结点，它的 2 个儿子结点 F 和 G 均为可行结点，因此被加入到活结点队列中。扩展下一个结点 E，得到结点 J 和 K。J 是不可行结点，因而被舍去。K 是可行的叶结点，表示所求问题的一个可行解，其价值为 45。

当前活结点队列的队首结点 F 成为下一个扩展结点，它的 2 个儿子结点 L 和 M 均为叶结点。L 表示获得价值为 50 的可行解，M 表示获得价值为 25 的可行解。G 是最后的一个扩展结点，其儿子结点 N 和 O 均为可行叶结点。最后，活结点队列已空，算法终止。算法搜索得到最优值为 50。

从这个例子容易看出，队列式分支限界法搜索解空间树的方式与解空间树的广度优先遍历算法极为相似，唯一的不同之处是，队列式分支限界法不搜索以不可行结点为根的子树。

优先队列式分支限界法从根结点 A 开始搜索解空间树。用一个极大堆表示活结点表的优先队列。初始时堆为空，扩展结点 A 得到它的 2 个儿子结点 B 和 C。这 2 个结点均为可行结点，因此被加入到堆中，结点 A 被舍弃。结点 B 获得的当前价值是 40，而结点 C 的当前价值为 0。因为结点 B 的价值大于结点 C 的价值，所以结点 B 是堆中最大元素，从而成为下一个扩展结点。扩展结点 B 得到结点 D 和 E。D 不是可行结点，因而被舍去。E 是可行结点被加入到堆中。E 的价值为 40，成为当前堆中最大元素，从而成为下一个扩展结点。扩展结点

E 得到 2 个叶结点 J 和 K。J 是不可行结点，被舍弃。K 是可行叶结点，表示所求问题的一个可行解，其价值为 45。此时，堆中仅剩下一个活结点 C，它成为当前扩展结点。它的 2 个儿子结点 F 和 G 均为可行结点，因此被插入到当前堆中。结点 F 的价值为 25，是堆中最大元素，成为下一个扩展结点。结点 F 的 2 个儿子 L 和 M 均为叶结点。叶结点 L 相应于价值为 50 的可行解。叶结点 M 相应于价值为 25 的可行解。叶结点 L 相应的解成为当前最优解。最后，结点 G 成为扩展结点，其儿子结点 N 和 O 均为叶结点，它们的价值分别为 25 和 0。接下来，存储活结点的堆已空，算法终止。算法搜索得到最优值为 50。相应的最优解是从根结点 A 到结点 L 的路径(0, 1, 1)。

在寻求问题的最优解时，与讨论回溯法时类似，可以用剪枝函数加速搜索。该函数给出每一个可行结点相应的子树可能获得的最大价值的上界。如果这个上界不会比当前最优值更大，则说明相应的子树中不含问题的最优解，因而可以剪去。另一方面，可以将上界函数确定的每个结点的上界值作为优先级，以该优先级的非增序抽取当前扩展结点。这种策略有时可以更迅速地找到最优解。

考察 4 城市旅行售货员的例子（见图 5-3），该问题的解空间树是一棵排列树。解此问题的队列式分支限界法以排列树中结点 B 作为初始扩展结点。此时，活结点队列为空。由于从图 G 的顶点 1 到顶点 2、3 和 4 均有边相连，因此结点 B 的儿子结点 C、D、E 均为可行结点，它们被加入到活结点队列中，并舍去当前扩展结点 B。当前活结点队列中的队首结点 C 成为下一个扩展结点。由于图 G 的顶点 2 到顶点 3 和 4 有边相连，故结点 C 的 2 个儿子结点 F 和 G 均为可行结点，从而被加入到活结点队列中。接下来，结点 D 和结点 E 相继成为扩展结点而被扩展。此时，活结点队列中的结点依次为 F、G、H、I、J、K。

结点 F 成为下一个扩展结点，其儿子结点 L 是叶结点，此时找到了一条旅行售货员回路，其费用为 59。从下一个扩展结点 G 得到叶结点 M，相应的旅行售货员回路的费用为 66。结点 H 依次成为扩展结点，得到结点 N 相应的旅行售货员回路，其费用为 25，这是当前最好的一条回路。下一个扩展结点是结点 I，由于从根结点到叶结点 I 的费用 26 已超过了当前最优值，因此没有必要扩展结点 I，以结点 I 为根的子树被剪去。最后，结点 J 和 K 被依次扩展，活结点队列成为空，算法终止。算法搜索得到最优值为 25，相应的最优解是从根结点到结点 N 的路径(1, 3, 2, 4, 1)。

解同一问题的优先队列式分支限界法用一极小堆来存储活结点表。其优先级是结点的当前费用。算法还是从排列树的结点 B 和空优先队列开始。结点 B 被扩展后，它的 3 个儿子结点 C、D 和 E 被依次插入堆中。此时，由于 E 是堆中具有最小当前费用（4）的结点，所以处于堆顶的位置，它自然成为下一个扩展结点。结点 E 被扩展后，其儿子结点 J 和 K 被插入当前堆中，它们的费用分别为 14 和 24。此时，堆顶元素是结点 D，它成为下一个扩展结点。它的 2 个儿子结点 H 和 I 被插入堆中。此时堆中含有结点 C、H、I、J、K。在这些结点中，结点 H 具有最小费用，从而它成为下一个扩展结点。扩展结点 H 后得到一条旅行售货员回路(1, 3, 2, 4, 1)，相应的费用为 25。接下来，结点 J 成为扩展结点，由此得到另一条费用为 25 的回路(1, 4, 2, 3, 1)。此后的 2 个扩展结点是结点 K 和 I。由结点 K 得到的可行解费用高于当前最优解，结点 I 本身的费用已高于当前最优解，从而它们都不能得到更好的解。最后，优先队列为空，算法终止。

与 0-1 背包问题的例子类似，可以用一个限界函数在搜索过程中裁剪子树，以减少产生的活结点。此时剪枝函数是当前结点扩展后得到的最小费用的下界。如果在当前扩展结点处，这个下界不比当前最优值更小，则剪去以该结点为根的子树。另一方面，可以把每个结点的下界作为优先级，依非减序从活结点优先队列中抽取下一个扩展结点。

6.2　单源最短路径问题

单源最短路径问题适合于用分支限界法求解。先用单源最短路径问题的一个具体实例来说明算法的基本思想。在图 6-1 所给的有向图 G 中，每条边都有一个非负边权。要求图 G 的从源顶点 s 到目标顶点 t 之间的最短路径。解单源最短路径问题的优先队列式分支限界法用一极小堆来存储活结点表。其优先级是结点所对应的当前路长。算法从图 G 的源顶点 s 和空优先队列开始。结点 s 被扩展后，它的 3 个儿子结点被依次插入堆中。此后，算法从堆中取出具有最小当前路长的结点作为当前扩展结点，并依次检查与当前扩展结点相邻的所有顶点。如果从当前扩展结点 i 到顶点 j 有边可达，且从源出发，途经顶点 i 再到顶点 j 的相应的路径的长度小于当前最优路径长度，则将该顶点作为活结点插入到活结点优先队列中。这个结点的扩展过程一直继续到活结点优先队列为空时为止。

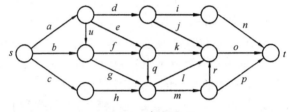

图 6-1　有向图 G

图 6-2 是用优先队列式分支限界法解图 6-1 的有向图 G 的单源最短路径问题所产生的解空间树。其中，每个结点旁边的数字表示该结点所对应的当前路长。由于图 G 中各边的权均非负，所以结点所对应的当前路长也是解空间树中以该结点为根的子树中所有结点对应的路长的一个下界。在算法扩展结点的过程中，一旦发现一个结点的下界不小于当前找到的最短路长，则算法剪去以该结点为根的子树。

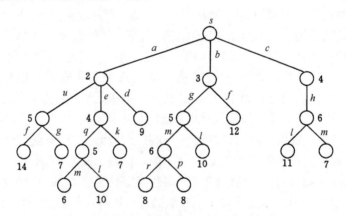

图 6-2　有向图 G 的单源最短路径问题的解空间树

在算法中，利用结点间的控制关系进行剪枝。例如在上例中，从源顶点 s 出发，经过边

a、e、q（路长为 5）和经过边 c、h（路长为 6）的 2 条路径到达图 G 的同一顶点。在该问题的解空间树中，这 2 条路径相应于解空间树的 2 个不同的结点 A 和 B。由于结点 A 所相应的路长小于结点 B 所相应的路长，因此以结点 A 为根的子树中所包含的从 s 到 t 的路长小于以结点 B 为根的子树中所包含的从 s 到 t 的路长。因而可以将以结点 B 为根的子树剪去。这时称结点 A 控制了结点 B。显然，算法可将被控制结点所相应的子树剪去。

下面给出的算法要找出从源顶点 s 到图 G 中所有其他顶点之间的最短路径，主要利用结点控制关系剪枝。在一般情况下，如果解空间树中以结点 y 为根的子树中所含的解优于以结点 x 为根的子树中所含的解，则结点 y 控制了结点 x，以被控制的结点 x 为根的子树可以剪去。

在具体实现时，算法用邻接矩阵表示所给的图 G，在类 Graph 中，用二维数组 c 存储图 G 的邻接矩阵，用数组 dist 记录从源到各顶点的距离，用数组 prev 记录从源到各顶点的路径上的前驱顶点。

要找的是从源到各顶点的最短路径，所以选用最小堆表示活结点优先队列。最小堆中元素的类型为 MinHeapNode。该类型结点包含域 i，用于记录该活结点所表示的图 G 中相应顶点的编号；length 表示从源到该顶点的距离。

```
template<class Type>
class Graph {
    friend void main(void);
public:
    void ShortestPaths(int);
private:
    int  n,                              // 图 G 的顶点数
         *prev;                          // 前驱顶点数组
         Type**c,                        // 图 G 的邻接矩阵
         *dist;                          // 最短距离数组
};
template<class Type>
class MinHeapNode {
    friend Graph<Type>;
public:
    operator int () const {  return length;  }
private:
    int  i;                              // 顶点编号
    Type  length;                        // 当前路长
};
```

具体算法可描述如下：

```
template<class Type>
void Graph<Type>::ShortestPaths(int v) {          // 单源最短路径问题的优先队列式分支限界法
    MinHeap<MinHeapNode<Type>> H(1000);           // 定义最小堆的容量为 1000
    MinHeapNode<Type> E;                          // 定义源为初始扩展结点
    E.i = v;
    E.length = 0;
    dist[v] = 0;
    while (true) {                                // 搜索问题的解空间
        for (int j=1; j <= n; j++) {
```

```
        if ((c[E.i][j]<inf) && (E.length + c[E.i][j] < dist[j])) { // 顶点i到顶点j可达,且满足控制约束
            dist[j] = E.length+c[E.i][j];
            prev[j] = E.i;
            MinHeapNode<Type> N;                          // 加入活结点优先队列
            N.i = j;
            N.length = dist[j];
            H.Insert(N);
        }
        try { H.DeleteMin(E); }                           // 取下一扩展结点
        catch (OutOfBounds) { break; }                    // 优先队列空
    }
  }
}
```

算法开始时创建一个最小堆,用于表示活结点优先队列。堆中每个结点的 length 值是优先队列的优先级。接着算法将源顶点 v 初始化为当前扩展结点。

算法中 while 循环体完成对解空间内部结点的扩展。对于当前扩展结点,算法依次检查与当前扩展结点相邻的所有顶点。如果从当前扩展结点 i 到顶点 j 有边可达,且从源出发,途经顶点 i,再到顶点 j 的所相应的路径的长度小于当前最优路径长度,则将该顶点作为活结点插入到活结点优先队列中。完成对当前结点的扩展后,算法从活结点优先队列中取出下一个活结点作为当前扩展结点,重复上述结点的分支扩展。这个结点的扩展过程一直继续到活结点优先队列为空时为止。算法结束后,数组 dist 返回从源到各顶点的最短距离。相应的最短路径可利用从前驱顶点数组 prev 记录的信息构造出来。

6.3 装载问题

装载问题已在第 5 章中详细描述,其实质是要求第 1 艘船的最优装载。装载问题是一个子集选取问题,因此其解空间树是一棵子集树。

1. 队列式分支限界法

下面描述的算法是解装载问题的队列式分支限界法,只求出要求的最优值,稍后将进一步讨论求出最优解。算法 MaxLoading 具体实施对解空间的分支限界搜索,其中队列 Q 用于存放活结点表。队列 Q 中元素的值表示活结点所相应的当前载重量。当元素的值为−1 时,表示队列已到达解空间树同一层结点的尾部。

算法 EnQueue 将活结点加入到活结点队列中,首先检查 i 是否等于 n。如果 $i=n$,则表示当前活结点为叶结点。由于叶结点不会被进一步扩展,因此不必加入到活结点队列中。此时只要检查该叶结点表示的可行解是否优于当前最优解,并适时更新当前最优解。当 $i<n$ 时,当前活结点是内部结点,应加入到活结点队列中。

MaxLoading 在开始时将 i 初始化为 1,bestw 初始化为 0,此时活结点队列为空。将同层结点尾部标志−1 加入到活结点队列中,表示此时位于第 1 层结点的尾部。Ew 存储当前扩展结点所相应的重量。在 while 循环中,首先检测当前扩展结点的左儿子结点是否为可行结点。如果是,则调用 EnQueue 将其加入到活结点队列中,然后将其右儿子结点加入到活结点队列中(右儿子结点一定是可行结点)。2 个儿子结点都产生后,当前扩展结点被舍弃。活

结点队列中的队首元素被取出作为当前扩展结点。由于队列中每层结点之后都有一个尾部标记-1，故在取队首元素时，活结点队列一定不空。当取出的元素是-1时，再判断当前队列是否为空。如果队列非空，则将尾部标记-1加入活结点队列，算法开始处理下一层的活结点。

```
template<class Type>
void EnQueue(Queue<Type>& Q, Type wt, Type& bestw, int i, int n) {  // 将活结点加入到活结点队列Q中
    if (i == n) {                                                    // 可行叶结点
        if (wt > bestw)
            bestw = wt;
    }
    else
        Q.Add(wt);                                                   // 非叶结点
}


template<class Type>
Type MaxLoading(Type w[], Type c, int n) {                           // 队列式分支限界法，返回最优载重量
    // 初始化
    Queue<Type> Q;                                                   // 活结点队列
    Q.Add(-1);                                                       // 同层结点尾部标志
    int  i = 1;                                                      // 当前扩展结点所处的层
    Type  Ew = 0,                                                    // 扩展结点所相应的载重量
          bestw = 0;                                                 // 当前最优载重量
    while (true) {                                                   // 搜索子集空间树
        if (Ew+w[i]<=c)                                              // 检查左儿子结点
        // x[i]=1
        EnQueue(Q, Ew+w[i], bestw, i, n);
        EnQueue(Q, Ew, bestw, i, n);                                 // 右儿子结点总是可行的
        // x[i]=0
        Q.Delete(Ew);                                               // 取下一扩展结点
        if (Ew == -1) {                                              // 同层结点尾部
            if (Q.IsEmpty())
                return bestw;
            Q.Add(-1);                                               // 同层结点尾部标志
            Q.Delete(Ew);                                           // 取下一扩展结点
            i++;
        }                                                           // 进入下一层
    }
}
```

算法 MaxLoading 的计算时间和空间复杂性均为 $O(2^n)$。

2. 算法的改进

与解装载问题的回溯法类似，可对上述算法做进一步改进。设 bestw 是当前最优解，Ew 是当前扩展结点所相应的重量，r 是剩余集装箱的重量，则当 Ew+r≤bestw 时，可将其右子树剪去。

算法 MaxLoading 初始时，将 bestw 置为 0，直到搜索到第一个叶结点时才更新 bestw。因此在算法搜索到第一个叶结点之前，总有 bestw=0，r>0，从而 Ew+r>bestw 总成立。也就是说，此时右子树测试不起作用。

为了使上述右子树测试尽早生效，应提早更新 bestw。我们知道，算法最终找到的最优值是所求问题的子集树中所有可行结点相应重量的最大值，结点相应的重量仅在搜索进入左子树时增加。因此，可在算法每次进入左子树时更新 bestw 的值。由此可对算法进一步改进如下：

```
template<class Type>
Type MaxLoading(Type w[], Type c, int n) {        // 队列式分支限界法，返回最优载重量
    // 初始化
    Queue<Type> Q;                                 // 活结点队列
    Q.Add(-1);                                     // 同层结点尾部标志
    int  i = 1;                                     // 当前扩展结点所处的层
    Type  Ew = 0,                                   // 扩展结点所相应的载重量
          bestw = 0,                                // 当前最优载重量
          r = 0;                                    // 剩余集装箱重量
    for (int j=2; j <= n; j++)
        r += w[j];
    while (true) {                                  // 搜索子集空间树
        // 检查左儿子结点
        Type wt = Ew+w[i];                          // 左儿子结点的重量
        if (wt <= c) {                              // 可行结点
            if (wt > bestw)
                bestw = wt;
            if (i < n)                              // 加入活结点队列
                Q.Add(wt);}
        if (Ew+r > bestw && i < n)                  // 检查右儿子结点
            Q.Add(Ew);                              // 可能含最优解
        Q.Delete(Ew);                               // 取下一扩展结点
        if (Ew == -1) {                             // 同层结点尾部
        if (Q.IsEmpty())
            return bestw;
        Q.Add(-1);                                  // 同层结点尾部标志
        Q.Delete(Ew);                               // 取下一扩展结点
        i++;                                        // 进入下一层
        r -= w[i];                                  // 剩余集装箱重量
        }
    }
}
```

当算法要将一个活结点加入活结点队列时，wt 的值不会超过 bestw，故不必更新 bestw。因此算法中可直接将该活结点插入到活结点队列中，不必动用 EnQueue 来完成插入。

3. 构造最优解

为了在算法结束后能方便地构造出与最优值相应的最优解，算法必须存储相应子集树中从活结点到根结点的路径。为此，可在每个结点处设置指向其父结点的指针，并设置左、右儿子标志。与此相应的数据类型由 QNode 表示。

```
template<class Type>
class  QNode {
    friend void EnQueue(Queue<QNode<Type> *> &, Type,
```

```
                    int, int, Type, QNode<Type>*, QNode<Type>*&, int *, bool);
        friend Type MaxLoading(Type*, Type, int, int*);
private:
    QNode *parent;                          // 指向父结点的指针
    bool  LChild;                           // 左儿子标志
    Type  weight;                           // 结点所相应的载重量
};
```

将活结点加入到活结点队列中的算法 EnQueue 做如下相应的修改：

```
template<class Type>
void EnQueue(Queue<QNode<Type> *> &Q, Type wt, int i, int n, Type bestw, QNode<Type>*E,
            QNode<Type> * &bestE, int bestx[], bool ch) {        // 将活结点加入到活结点队列 Q 中
    if (i == n) {                           // 可行叶结点
        if (wt == bestw) {
            bestE = E;                      // 当前最优载重量
            bestx[n] = ch;
        }
        return;
    }
    // 非叶结点
    QNode<Type> *b;
    b = new QNode<Type>;
    b->weight = wt;
    b->parent = E;
    b->LChild = ch;
    Q.Add(b);
}
```

修改后，算法可以在搜索子集树的过程中保存当前已构造出的子集树中的路径，从而可在结束搜索后，从子集树中与最优值相应的结点处向根结点回溯，构造出相应的最优解。根据上述思想设计的新的队列式分支限界法可表述如下。算法结束后，bestx 中存放算法找到的最优解。

```
template<class Type>
Type MaxLoading(Type w[], Type c, int n, int bestx[]) { // 队列式分支限界法，返回最优载重量，bestx 返回最优解
    // 初始化
    Queue<QNode<Type> *> Q;                 // 活结点队列
    Q.Add(0);                               // 同层结点尾部标志
    int  i = 1;                             // 当前扩展结点所处的层
    Type Ew = 0,                            // 扩展结点所相应的载重量
         bestw = 0,                         // 当前最优载重量
         r = 0;                             // 剩余集装箱重量
    for (int j=2; j <= n; j++)
        r += w[j];
    QNode<Type> *E = 0,                     // 当前扩展结点
                *bestE;                     // 当前最优扩展结点
    while (true) {                          // 搜索子集空间树
        // 检查左儿子结点
        Type wt = Ew+w[i];
```

```
      if (wt <= c) {                                 // 可行结点
        if (wt > bestw)
          bestw = wt;
        EnQueue(Q, wt, i, n, bestw, E, bestE, bestx, true);
      }
      // 检查右儿子结点
      if (Ew+r>bestw)
        EnQueue(Q, Ew, i, n,bestw, E, bestE, bestx, false);
      Q.Delete(E);                                   // 取下一扩展结点
      if (!E) {                                       // 同层结点尾部
        if (Q.IsEmpty())
          break;
        Q.Add(0);                                     // 同层结点尾部标志
        Q.Delete(E);                                  // 取下一扩展结点
        i++;                                          // 进入下一层
        r -= w[i];                                    // 剩余集装箱重量
      }
      Ew = E->weight;                                 // 新扩展结点所相应的载重量
  }
  // 构造当前最优解
  for (int j=n-1; j > 0; j--) {
    bestx[j] = bestE->LChild;
    bestE = bestE->parent;
  }
  return bestw;
}
```

4. 优先队列式分支限界法

解装载问题的优先队列式分支限界法用最大优先队列存储活结点表。活结点 x 在优先队列中的优先级定义为，从根结点到结点 x 的路径相应的载重量再加上剩余集装箱的重量之和。优先队列中优先级最大的活结点成为下一个扩展结点。优先队列中活结点 x 的优先级为 x.uweight。以结点 x 为根的子树中所有结点相应的路径的载重量不超过 x.uweight。子集树中叶结点相应的载重量与其优先级相同。因此在优先队列式分支限界法中，一旦有一个叶结点成为当前扩展结点，则可以断言该叶结点所相应的解即为最优解，此时可终止算法。

上述策略可以用两种方式来实现。第一种方式在结点优先队列的每个活结点中保存从解空间树的根结点到该活结点的路径，在算法确定了达到最优值的叶结点时，就在该叶结点处同时得到相应的最优解。第二种方式在算法的搜索进程中保存当前已构造出的部分解空间树，在算法确定了达到最优值的叶结点时，就可以在解空间树中从该叶结点开始向根结点回溯，构造出相应的最优解。下面的算法中采用第二种方式。

算法用元素类型为 HeapNode 的最大堆表示活结点优先队列。其中 uweight 是活结点优先级（上界）；level 是活结点在子集树中所处的层序号；子集空间树中结点类型为 bbnode。

```
template <class Type>class HeapNode;
class bbnode {
    friend void AddLiveNode(MaxHeap<HeapNode<int>> &, bbnode *, int, bool, int);
```

```
    friend int MaxLoading(int*, int, int, int*);
    friend class AdjacencyGraph;
private:
    bbnode  *parent;                        // 指向父结点的指针
    bool  LChild;                           // 左儿子结点标志
};
template<class Type>
class HeapNode {
    friend void AddLiveNode(MaxHeap<HeapNode<Type>> &, bbnode*, Type, bool, int);
    friend Type MaxLoading(Type*, Type, int, int*);
public:
    operator Type () const {  return uweight;  }
private:
    bbnode  *ptr;                           // 指向活结点在子集树中相应结点的指针
    Type  uweight;                          // 活结点优先级(上界)
    int  level;                             // 活结点在子集树中所处的层序号
};
```

在解装载问题的优先队列式分支限界法中，函数 AddLiveNode 将新产生的活结点加入到子集树中，并将这个新结点插入到表示活结点优先队列的最大堆中。

```
template<class Type>
// 将活结点加入到表示活结点优先队列的最大堆 H 中
void AddLiveNode(MaxHeap<HeapNode<Type>>&H, bbnode *E, Type wt, bool ch, int lev) {
    bbnode  *b = new bbnode;
    b->parent = E;
    b->LChild = ch;
    HeapNode<Type> N;
    N.uweight = wt;
    N.level = lev;
    N.ptr = b;
    H.Insert(N);
}
```

算法 MaxLoading 具体实施对解空间的优先队列式分支限界搜索。第 i+1 层结点的剩余重量 r[i]定义为 r[i]= $\sum\limits_{j=i+1}^{n}$ w[j]。变量 E 是子集树中当前扩展结点，Ew 是相应的重量。

算法开始时，i=1，Ew=0，子集树的根结点是扩展结点。算法的 while 循环体产生当前扩展结点的左、右儿子结点。如果当前扩展结点的左儿子结点是可行结点，即它相应的重量未超过船载容量，则将它加入到子集树的第 i+1 层上，并插入最大堆。扩展结点的右儿子结点总是可行的，故直接插入子集树的最大堆中。接着从最大堆中取出最大元素作为下一个扩展结点。如果此时不存在下一个扩展结点，则相应的问题无可行解。如果下一个扩展结点是叶结点，即子集树中第 n+1 层结点，则相应的可行解为最优解。该最优解相应的路径可由子集树中从该叶结点开始沿结点父指针逐步构造出来。具体算法描述如下：

```
template<class Type>
// 优先队列式分支限界法，返回最优载重量，bestx 返回最优解
Type MaxLoading(Type w[], Type c, int n, int bestx[]) {
    MaxHeap<HeapNode<Type>> H(1000);        // 定义最大堆的容量为 1000
```

```
Type *r = new Type [n+1];                    // 定义剩余重量数组 r
r[n] = 0;
for (int j=n-1; j > 0; j--)
  r[j] = r[j+1]+w[j+1];
// 初始化
int  i = 1;                                   // 当前扩展结点所处的层
bbnode  *E = 0;                               // 当前扩展结点
Type  Ew = 0;                                 // 扩展结点所相应的载重量
// 搜索子集空间树
while (i != n+1) {                            // 非叶结点
  // 检查当前扩展结点的儿子结点
  if (Ew+w[i] <= c)                           // 左儿子结点为可行结点
    AddLiveNode(H, E, Ew+w[i]+r[i], true, i+1);
  AddLiveNode(H, E, Ew+r[i], false, i+1);     // 右儿子结点
  HeapNode<Type> N;                           // 取下一扩展结点
  H.DeleteMax(N);                             // 非空
  i = N.level;
  E = N.ptr;
  Ew = N.uweight-r[i-1];
}
// 构造当前最优解
for (int j=n; j > 0; j--) {
  bestx[j] = E->LChild;
  E = E->parent;
}
return Ew;
}
```

变量 bestw 记录当前子集树中可行结点所相应的重量的最大值。当前活结点优先队列中可能包含某些结点的 uweight 值小于 bestw，以这些结点为根的子树中肯定不含最优解。如果不及时将这些结点从优先队列中删去，一方面耗费优先队列的空间资源，另一方面增加执行优先队列的插入和删除操作的时间。为了避免产生这些无效活结点，可以在活结点插入优先队列前测试 uweight>bestw。通过测试的活结点才插入优先队列中。这样可以避免产生一部分无效活结点。然而随着 bestw 不断增加，插入时有效的活结点，可能变成无效活结点。为了及时删除由于 bestw 的增加而产生的无效活结点，即使 uweight<bestw 的活结点，要求优先队列除了支持 Insert、DeleteMax 运算，还支持 DeleteMin 运算。这样的优先队列称为双端优先队列。有多种数据结构可有效地实现双端优先队列。

6.4 布线问题

印刷电路板将布线区域划分成 $n \times m$ 个方格阵列，如图 6-3(a)所示。精确的电路布线问题要求确定连接方格 a 的中点到方格 b 的中点的最短布线方案。在布线时，电路只能沿直线或直角布线，如图 6-3(b)所示。为了避免线路相交，已布了线的方格做了封锁标记，其他线路不允许穿过被封锁的方格。

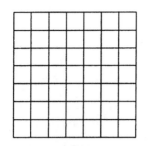

(a) 布线区域

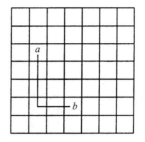

(b) 沿直线或直角布线

图 6-3　印刷电路板布线方格阵列

下面讨论用队列式分支限界法来解布线问题。布线问题的解空间是一个图。解此问题的队列式分支限界法从起始位置 a 开始将它作为第一个扩展结点。与该扩展结点相邻且可达的方格成为可行结点被加入到活结点队列中，并且将这些方格标记为 1，即从起始方格 a 到这些方格的距离为 1。接着，从活结点队列中取出队首结点作为下一个扩展结点，并将与当前扩展结点相邻且未标记过的方格标记为 2，并存入活结点队列。这个过程一直继续到算法搜索到目标方格 b 或活结点队列为空时为止。

在实现上述算法时，首先定义一个表示电路板上方格位置的类 Position，它的两个私有成员 row 和 col 分别表示方格所在的行和列。在电路板的任何一个方格处，布线可沿右、下、左、上 4 个方向进行，沿这 4 个方向的移动分别记为移动 0、1、2、3。在表 6-1 中，offset[i].row 和 offset[i].col（i=0, 1, 2, 3）分别给出了沿这 4 个方向前进一步相对于当前方格的相对位移。

表 6-1　移动方向的相对位移

移动 i	方向	offset[i].row	offset[i].col
0	右	0	1
1	下	1	0
2	左	0	–1
3	上	–1	0

在实现上述算法时，用二维数组 grid 表示所给的方格阵列。初始时，grid[i][j]=0，表示该方格允许布线，grid[i][j]=1 表示该方格被封锁，不允许布线。为了便于处理方格边界的情况，算法在所给方格阵列四周设置一道"围墙"，即增设标记为"1"的附加方格。开始时，测试初始方格与目标方格是否相同。如果这两个方格相同，则不必计算，直接返回最短距离 0，否则设置方格阵列的"围墙"，初始化位移矩阵 offset，将起始位置的距离标记为 2。数字 0 和 1 用于表示方格的开放或封锁状态，所以在表示距离时不用这两个数字，将距离的值都加 2。实际距离应为标记距离减 2。算法从起始位置 start 开始，标记所有标记距离为 3 的方格并存入活结点队列，然后依次标记所有标记距离为 4、5、…的方格，直至到达目标方格 finish 或活结点队列为空时为止。具体算法可描述如下：

```
// 计算从起始位置 start 到目标位置 finish 的最短布线路径
bool FindPath(Position start, Position finish,int& PathLen, Position * &path) {
    // 找到最短布线路径则返回 true，否则返回 false
    if ((start.row == finish.row) && (start.col == finish.col)) {
        PathLen = 0;
        return true;
    }
    // 设置方格阵列"围墙"
    for (int i=0; i <= m+1; i++)
        grid[0][i] = grid[n+1][i] = 1;                    // 顶部和底部
```

```
for (int i=0; i <= n+1; i++)
    grid[i][0] = grid[i][m+1] = 1;                    // 左翼和右翼
// 初始化相对位移
Position offset[4];
offset[0].row = 0;      offset[0].col = 1;            // 右
offset[1].row = 1;      offset[1].col = 0;            // 下
offset[2].row = 0;      offset[2].col = -1;           // 左
offset[3].row = -1;     offset[3].col = 0;            // 上
int   NumOfNbrs = 4;                                  // 相邻方格数
Position  here, nbr;
here.row = start.row;
here.col = start.col;
grid[start.row][start.col] = 2;
LinkedQueue<Position> Q;                              // 标记可达方格位置
do {                                                  // 标记可达相邻方格
    for (int i=0; i < NumOfNbrs; i++) {
        nbr.row=here.row+offset[i].row;
        nbr.col=here.col+offset[i].col;
        if (grid[nbr.row][nbr.col] == 0) {
            // 该方格未标记
            grid[nbr.row][nbr.col] = grid[here.row][here.col]+1;
            if ((nbr.row == finish.row) && (nbr.col == finish.col))
                break;                                // 完成布线
            Q.Add(nbr);
        }
    }
    // 是否到达目标位置 finish
    if ((nbr.row == finish.row) && (nbr.col == finish.col))
        break;                                        // 完成布线
    // 活结点队列是否非空
    if (Q.IsEmpty())
        return false;                                 // 无解
    Q.Delete(here);                                   // 取下一个扩展结点
} while(true);
// 构造最短布线路径
PathLen = grid[finish.row][finish.col]-2;
path = new Position [PathLen];
// 从目标位置 finish 开始向起始位置回溯
here = finish;
for (int j=PathLen-1; j >= 0; j--) {
    path[j] = here;
    // 找前驱位置
    for (int i=0; i < NumOfNbrs; i++) {
        nbr.row = here.row+offset[i].row;
        nbr.col = here.col+offset[i].col;
        if (grid[nbr.row][nbr.col] == j+2)
            break;
    }
    here = nbr;                                       // 向前移动
```

```
    }
    return true;
}
```

图 6-4 是在 7×7 方格阵列中布线的例子。其中起始位置是 a=(3, 2)，目标位置是 b=(4, 6)，阴影方格表示被封锁的方格。当算法搜索到目标方格 b 时，将目标方格 b 标记为从起始位置 a 到 b 的最短距离。本例中，a 到 b 的最短距离是 9。要构造出与最短距离相应的最短路径，从目标方格开始向起始方格方向回溯，逐步构造出最优解。每次向标记距离比当前方格标记距离少 1 的相邻方格移动，直至到达起始方格为止。在图 6-4(a)的例子中，从目标方格 b 移到(5, 6)，然后移至(6, 6)……最终移至起始方格 a，得到相应的最短路径，如图 6-4(b)所示。

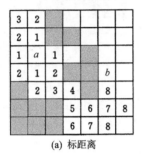

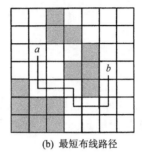

(a) 标距离　　　　　　　　　(b) 最短布线路径

图 6-4　布线算法示例

由于每个方格成为活结点进入活结点队列最多 1 次，故活结点队列中最多只处理 $O(mn)$ 个活结点。扩展每个结点需 $O(1)$ 时间，因此算法共耗时 $O(mn)$。构造相应的最短距离需要 $O(L)$ 时间，其中 L 是最短布线路径的长度。

6.5　0-1 背包问题

在解 0-1 背包问题的优先队列式分支限界法中，活结点优先队列中结点元素 N 的优先级由该结点的上界函数 Bound 计算出的值 uprofit 给出。该上界函数在解 0-1 背包问题的回溯法中讨论过。子集树中以结点 N 为根的子树中任一结点的价值不超过 N.profit。可用最大堆来实现活结点优先队列。堆中元素类型为 HeapNode，其私有成员有 uprofit、profit、weight 和 level。对于任意活结点 N，N.weight 是结点 N 所相应的重量；N.profit 是 N 相应的价值；N.uprofit 是结点 N 的价值上界，最大堆以这个值作为优先级。子集空间树中结点类型为 bbnode。

```
class Object {
    friend int Knapsack(int*, int*, int, int, int*);
public:
    int operator<=(Object a) const {  return (d >= a.d);  }
private:
    int  ID;
    float  d;                                    // 单位重量价值
};
template <class Typew, class Typep> class Knap;
class bbnode {
    friend Knap<int, int>;
    friend int Knapsack(int*, int*, int, int, int*);
```

```
private:
  bbnode *parent;                              // 指向父结点的指针
  bool  LChild;                                // 左儿子结点标志
};
template<class Typew, class Typep>
class HeapNode {
  friend Knap<Typew, Typep>;
public:
  operator Typep () const {  return uprofit;  }
private:
  Typep  uprofit,                              // 结点的价值上界
         profit;                               // 结点相应的价值
  Typew  weight;                               // 结点相应的重量
  int  level;                                  // 活结点在子集树中所处的层序号
  bbnode *ptr;                                 // 指向活结点在子集树中相应结点的指针
};
```

算法中用到的类 Knap 与解 0-1 背包问题的回溯法中用到的类 Knap 十分相似。它们的区别是新的类中没有成员变量 bestp，而增加了新的成员 bestx。bestx[i]=1，当且仅当最优解含有物品 i。

```
template<class Typew, class Typep>
class Knap {
  friend Typep Knapsack(Typep*, Typew*, Typew, int, int*);
public:
  Typep MaxKnapsack();
private:
  MaxHeap<HeapNode<Typep, Typew>> *H;
  Typep Bound(int i);
  void AddLiveNode(Typep up, Typep cp, Typew cw, bool ch, int level);
  bbnode *E;                                   // 指向扩展结点的指针
  Typew  c;                                    // 背包容量
  int  n;                                      // 物品总数
  Typew *w;                                    // 物品重量数组
  Typep *p;                                    // 物品价值数组
  Typew  cw;                                   // 当前装包重量
  Typep  cp;                                   // 当前装包价值
  int  *bestx;                                 // 最优解
};
```

上界函数 Bound 计算结点所相应价值的上界。

```
template<class Typew, class Typep>Typep Knap<Typew, Typep>::Bound(int i) { // 计算结点所相应价值的上界
  Typew  cleft = c-cw;                         // 剩余容量
  Typep  b = cp;                               // 价值上界
  // 以物品单位重量价值递减序装填剩余容量
  while (i <= n && w[i] <= cleft) {
    cleft -= w[i];
    b += p[i];
    i++;
  }
```

```
    if (i <= n)                              // 装填剩余容量装满背包
        b += p[i]/w[i] * cleft;
    return b;
}
```

函数 AddLiveNode() 将一个新的活结点插入到子集树和优先队列中。

```
template<class Typep, class Typew>
// 将一个新的活结点插入到子集树和最大堆 H 中
void Knap<Typep, Typew>::AddLiveNode(Typep up, Typep cp, Typew cw, bool ch, int lev) {
    bbnode *b = new bbnode;
    b->parent = E;
    b->LChild = ch;
    HeapNode<Typep, Typew> N;
    N.uprofit = up;
    N.profit = cp;
    N.weight = cw;
    N.level = lev;
    N.ptr = b;
    H->Insert(N);
}
```

算法 MaxKnapsack 实施对子集树的优先队列式分支限界搜索，其中假定各物品依其单位重量价值从大到小排好序。相应的排序过程可在算法的预处理部分完成。

算法中，E 是当前扩展结点，cw 是该结点所相应的重量，cp 是相应的价值，up 是价值上界。while 循环不断扩展结点，直到子集树的叶结点成为扩展结点为止，此时优先队列中所有活结点的价值上界均不超过该叶结点的价值。因此该叶结点相应的解为问题的最优解。

在 while 循环内部，算法先检查当前扩展结点的左儿子结点的可行性。如果该左儿子结点是可行结点，则将它加入到子集树和活结点优先队列中。当前扩展结点的右儿子结点一定是可行结点，仅当右儿子结点满足上界约束时才将它加入子集树和活结点优先队列。算法 MaxKnapsack 具体描述如下：

```
template<class Typew, class Typep>
Typep Knap<Typew, Typep>::MaxKnapsack() {    // 优先队列式分支限界法，返回最大价值，bestx 返回最优解
    H=new MaxHeap<HeapNode<Typep, Typew>>(1000);  // 定义最大堆的容量为 1000
    bestx = new int [n+1];                    // 为 bestx 分配存储空间
    // 初始化
    int  i = 1;
    E = 0;
    cw = cp = 0;
    Typep  bestp = 0;                         // 当前最优值
    Typep  up = Bound(1);                     // 价值上界
    // 搜索子集空间树
    while (i != n+1) {                        // 非叶结点
        // 检查当前扩展结点的左儿子结点
        Typew  wt = cw+w[i];
        if (wt <= c) {                        // 左儿子结点为可行结点
            if (cp+p[i] > bestp)
                bestp = cp+p[i];
```

```
                AddLiveNode(up, cp+p[i], cw+w[i], true, i+1);
            }
            up=Bound(i+1);
            // 检查当前扩展结点的右儿子结点
            if (up >= bestp)                           // 右子树可能含最优解
                AddLiveNode(up, cp, cw, false, i+1);
            // 取下一扩展结点
            HeapNode<Typep, Typew> N;
            H->DeleteMax(N);
            E = N.ptr;
            cw = N.weight;
            cp = N.profit;
            up = N.uprofit;
            i = N.level;
        }
        // 构造当前最优解
        for (int j=n; j > 0; j--) {
            bestx[j] = E->LChild;
            E = E->parent;
        }
        return cp;
}
```

下面的 Knapsack 函数完成对输入数据的预处理。其主要任务是将各物品依其单位重量价值从大到小排好序，再调用 MaxKnapsack 函数完成对子集树的优先队列式分支限界搜索。

```
template<class Typew, class Typep>
Typep Knapsack(Typep p[], Typew w[], Typew c, int n, int bestx[]) {    // 返回最大价值, bestx 返回最优解
    // 初始化
    Typew  W = 0;                              // 装包物品重量
    Typep  P = 0;                              // 装包物品价值
    Object  *Q = new Object [n];               // 定义依单位重量价值排序的物品数组
    for (int i=1; i <= n; i++) {
        // 单位重量价值数组
        Q[i-1].ID = i;
        Q[i-1].d = 1.0*p[i]/w[i];
        P += p[i];
        W += w[i];
    }
    if (W <= c)
        return P;                              // 所有物品装包
    Sort(Q, n);                                // 依单位重量价值排序
    // 创建类 Knap 的数据成员
    Knap<Typew, Typep> K;
    K.p = new Typep [n+1];
    K.w = new Typew [n+1];
    for (int i=1; i <= n; i++) {
        K.p[i] = p[Q[i-1].ID];
        K.w[i] = w[Q[i-1].ID];
    }
```

```
        K.cp=0;
        K.cw=0;
        K.c=c;
        K.n=n;
        Typep bestp = K.MaxKnapsack();                    // 调用 MaxKnapsack 求问题的最优解
        for (int j =1; j <= n; j++)
            bestx[Q[j-1].ID] = K.bestx[j];
        delete[] Q;
        delete[] K.w;
        delete[] K.p;
        delete[] K.bestx;
        return bestp;
    }
```

6.6　最大团问题

最大团问题的解空间树也是一棵子集树。解最大团问题的优先队列式分支限界法与解装载问题的优先队列式分支限界法相似。算法构造的解空间树中结点类型是 bbnode，活结点优先队列中元素类型为 CliqueNode。每个 CliqueNode 类型的结点都以变量 cn 表示与该结点相应的团的顶点数，un 表示该结点为根的子树中最大顶点数的上界，level 表示结点在子集空间树中所处的层次。ch 是左、右儿子结点标记，当 ch=1 时，该结点是其父结点的左儿子结点；当 ch=0 时，该结点是右儿子结点。ptr 是指向解空间树中相应结点的指针，用 cn+n-level+1 作为顶点数上界 un 的值。由此可省去一个变量 cn 或 level，因为从 un 的值可推出省去的变量值。un 实际上也是优先队列中元素的优先级。算法总是从活结点优先队列中抽取具有最大 un 值的元素作为下一个扩展元素。

```
class bbnode {
    friend class Clique;
private:
    bbnode *parent;                          // 指向父结点的指针
    bool  LChild;                            // 左儿子结点标志
};
class CliqueNode {
    friend class Clique;
public:
    operator int () const {  return un;  }
private:
    int  cn,                                 // 当前团的顶点数
         un,                                 // 当前团最大顶点数的上界
         level;                              // 结点在子集空间树中所处的层次
    bbnode *ptr;                             // 指向活结点在子集树中相应结点的指针
};
```

在具体实现时，用邻接矩阵表示所给的图 G。在类 Clique 中用二维数组 a 存储图 G 的邻接矩阵。

```
class Clique {
   friend void main(void);
public:
   int BBMaxClique(int []);
private:
   void AddLiveNode(MaxHeap<CliqueNode>&H, int cn, int un, int level, bbnode E[], bool ch);
   int **a,                                    // 图 G 的邻接矩阵
        n;                                     // 图 G 的顶点数
};
```

算法中，AddLiveNode 的功能是将当前构造的活结点加入到子集空间树中并插入活结点优先队列中。

```
// 将活结点加入到子集空间树中并插入最大堆中
void Clique::AddLiveNode(MaxHeap<CliqueNode> &H, int cn, int un, int level, bbnode E[], bool ch) {
   bbnode *b = new bbnode;
   b->parent = E;
   b->LChild = ch;
   CliqueNode N;
   N.cn = cn;
   N.ptr = b;
   N.un = un;
   N.level = level;
   H.Insert(N);
}
```

算法 BBMaxClique 实现对子集解空间树的最大优先队列式分支限界搜索。子集树的根结点是初始扩展结点，这个特殊的扩展结点的 cn 值为 0。变量 i 表示当前扩展结点在解空间树中所处的层次。初始时，扩展结点相应的 i 值为 1，当前最大团的顶点数存储在变量 bestn 中。

在 while 循环中，不断从活结点优先队列中抽取当前扩展结点并实施对该结点的扩展。while 循环的终止条件是遇到子集树中的叶结点（即 $n+1$ 层结点）成为当前扩展结点。对于子集树中的一个叶结点，有 un=cn。此时活结点优先队列中剩余结点的 un 值均不超过当前扩展结点的 un 值，从而进一步搜索不可能得到更大的团，此时算法已找到最优解。

在扩展内部结点时，首先考察其左儿子结点。在左儿子结点处，将顶点 i 加入到当前团中，并检查该顶点与当前团中其他顶点之间是否有边相连。当顶点 i 与当前团中所有顶点之间都有边相连，则相应的左儿子结点是可行结点，否则不是可行结点。为了检测左儿子结点的可行性，算法从当前扩展结点开始向根结点回溯，确定当前团中的顶点，同时检查当前团中的顶点与顶点 i 的连接情况。如果经检测，左儿子结点是可行结点，则将它加入到子集树中并插入活结点优先队列。继续考察当前扩展结点的右儿子结点。当 un>bestn 时，右子树中可能含有最优解，此时将右儿子结点加入到子集树中并插入到活结点优先队列中。

由于每个图都有最大团，因此在从最大堆中抽取极大元素时不必测试堆是否为空。算法的 while 循环仅当遇到叶结点时退出。

```
int Clique::BBMaxClique(int bestx[]) {          // 解最大团问题的优先队列式分支限界法
   MaxHeap<CliqueNode> H(1000);                 // 定义最大堆的容量为 1000
   // 初始化
```

```
 bbnode  *E = 0;
 int   i = 1,
       cn = 0,
       bestn = 0;
 // 搜索子集空间树
 while (i != n+1) {                                      // 非叶结点
    // 检查顶点 i 与当前团中其他顶点之间是否有边相连
    bool  OK = true;
    bbnode  *B = E;
    for (int j=i-1; j > 0; B=B->parent, j--) {
       if (B->LChild && a[i][j] == 0) {
          OK = false;
          break;
       }
       if (OK) {                                         // 左儿子结点为可行结点
          if (cn+1 > bestn)
             bestn = cn+1;
          AddLiveNode(H, cn+1, cn+n-i+1, i+1, E, true);
       }
       if (cn+n-i >= bestn)
          AddLiveNode(H, cn, cn+n-i, i+1, E, false);     // 右子树可能含最优解
       // 取下一扩展结点
       CliqueNode  N;
       H.DeleteMax(N);                                   // 堆非空
       E = N.ptr;
       cn = N.cn;
       i = N.level;
    }
 }
 for (int j=n; j > 0; j--) {                             // 构造当前最优解
    bestx[j] = E->LChild;
    E = E->parent;
 }
 return bestn;
}
```

6.7　旅行售货员问题

　　旅行售货员问题的解空间树是一棵排列树。与前面关于子集树的讨论类似，实现对排列树搜索的优先队列式分支界法也可以有两种实现方式。一种是仅使用一个优先队列来存储活结点，优先队列中的每个活结点都存储从根到该活结点的相应路径。另一种是用优先队列来存储活结点，并同时存储当前已构造出的部分排列树。在这种方式下，优先队列中的活结点不必存储从根到该活结点的相应路径，这条路径可在必要时从存储的部分排列树中获得。在下面的讨论中采用第一种方式。

　　在具体实现时，用邻接矩阵表示所给的图 *G*。在类 Traveling 中用二维数组 a 存储图 *G* 的邻接矩阵。

```
template<class Type>
class Traveling {
    friend void main(void);
public:
    Type BBTSP(int v[]);
private:
    int  n;                        // 图 G 的顶点数
    Type **a,                      // 图 G 的邻接矩阵
         NoEdge,                   // 图 G 的无边标志
         cc,                       // 当前费用
         bestc;                    // 当前最小费用
};
```

要找最小费用旅行售货员回路，选用最小堆表示活结点优先队列。最小堆中元素的类型为 MinHeapNode。该类型结点包含域 x，用于记录当前解；s 表示结点在排列树中的层次，从排列树的根结点到该结点的路径为 x[0:s]，需要进一步搜索的顶点是 x[s+1:n-1]。cc 表示当前费用，lcost 是子树费用的下界，rcost 是 x[s:n-1]中顶点最小出边费用和。具体算法可描述如下：

```
template<class Type>
class MinHeapNode {
    friend Traveling<Type>;
public:
    operator Type () const {  return lcost;  }
private:
    Type  lcost,                   // 子树费用的下界
          cc,                      // 当前费用
          rcost;                   // x[s:n-1]中顶点最小出边费用和
    int   s,                       // 根结点到当前结点的路径为 x[0:s]
          *x;                      // 需要进一步搜索的顶点是 x[s+1:n-1]
};
```

开始时创建一个最小堆，表示活结点优先队列。堆中每个结点的 lcost 值是优先队列的优先级。接着计算图中每个顶点的最小费用出边并用 Minout 记录。如果所给的有向图中某个顶点没有出边，则该图不可能有回路，算法即结束。如果每个顶点都有出边，则根据计算出的 Minout 作算法初始化。算法的第 1 个扩展结点是排列树中根结点的唯一儿子结点（图 5-3 中的结点 B），已确定的回路中唯一顶点为顶点 1。初始时有 s=0, x[0]=1, x[1:n-1]=(2, 3, …, n)，cc=0 且 rcost=$\sum_{j=s}^{n}$Minout[i]。算法中用 bestc 记录当前最优值。

```
template<class Type>
Type Traveling<Type>::BBTSP(int v[]) {      // 解旅行售货员问题的优先队列式分支限界法
    MinHeap<MinHeapNode<Type>>H(1000);      // 定义最小堆的容量为 1000
    Type  *MinOut = new Type [n+1];
    // 计算 MinOut[i]=顶点 i 的最小出边费用
    Type  MinSum = 0;                       // 最小出边费用和
    for (int i=1; i <= n; i++) {
        Type  Min = NoEdge;
```

```
    for (int j=1; j <= n; j++)
        if (a[i][j] != NoEdge && (a[i][j]<Min || Min == NoEdge))
            Min=a[i][j];
    if (Min == NoEdge)                          // 无回路
        return NoEdge;
    MinOut[i] = Min;
    MinSum += Min;
}
// 初始化
MinHeapNode<Type> E;
E.x = new int [n];
for (int i=0; i < n; i++)
    E.x[i] = i+1;
E.s = 0;
E.cc = 0;
E.rcost = MinSum;
Type bestc = NoEdge;
// 搜索排列空间树
while (E.s < n-1) {                             // 非叶结点
    if (E.s == n-2) {                           // 当前扩展结点是叶结点的父结点
        // 再加 2 条边构成回路，所构成回路是否优于当前最优解
        if (a[E.x[n-2]][E.x[n-1]] != NoEdge && a[E.x[n-1]][1] != NoEdge &&
                (E.cc + a[E.x[n-2]][E.x[n-1]]+a[E.x[n-1]][1] < bestc || bestc == NoEdge)) {
            // 费用更小的回路
            bestc = E.cc + a[E.x[n-2]][E.x[n-1]] + a[E.x[n-1]][1];
            E.cc = bestc;
            E.lcost = bestc;
            E.s++;
            H.Insert(E);
        }
        else
            delete[] E.x;                       // 舍弃扩展结点
    }
    else {                                      // 产生当前扩展结点的儿子结点
        for (int i=E.s+1; i < n; i++) {
            if (a[E.x[E.s]][E.x[i]] != NoEdge) {
                Type  cc = E.cc+a[E.x[E.s]][E.x[i]];    // 可行儿子结点
                Type  rcost = E.rcost-MinOut[E.x[E.s]];
                Type  b = cc+rcost;             // 下界
                if (b < bestc || bestc == NoEdge) {     // 子树可能含最优解，结点插入最小堆
                    MinHeapNode<Type> N;
                    N.x = new int [n];
                    for (int j=0; j < n; j++)
                        N.x[j] = E.x[j];
                    N.x[E.s+1] = E.x[i];
                    N.x[i] = E.x[E.s+1];
                    N.cc = cc;
                    N.s = E.s+1;
                    N.lcost = b;
```

```
                N.rcost = rcost;
                H.Insert(N);
              }
            }
          }
          delete[] E.x;                      // 完成结点扩展
        }
        try {  H.DeleteMin(E);  }            // 取下一扩展结点
        catch(OutOfBounds) {  break;  }      // 堆已空
     }
     if (bestc == NoEdge)                     // 无回路
        return NoEdge;
     for (int i=0; i < n; i++)                // 将最优解复制到 v[1:n]
        v[i+1] = E.x[i];
     while (true) {                           // 释放最小堆中所有结点
        delete [] E.x;
        try {  H.DeleteMin(E);  }
        catch(OutOfBounds) {  break;  }
     }
     return bestc;
}
```

算法中 while 循环的终止条件是排列树的叶结点成为当前扩展结点。当 $s=n-1$ 时，已找到的回路前缀是 x[0:n-1]，已包含图 G 的所有 n 个顶点。当 $s=n-1$ 时，相应的扩展结点表示叶结点。此时该叶结点所相应的回路的费用等于 cc 和 lcost 的值。剩余的活结点的 lcost 值不小于已找到的回路的费用，都不可能导致费用更小的回路。因此，已找到的叶结点相应的回路是一个最小费用旅行售货员回路，算法可以结束。

while 循环体完成对排列树内部结点的扩展。对于当前扩展结点，算法分两种情况处理。

当 $s=n-2$ 时，当前扩展结点是排列树中某个叶结点的父结点。如果该叶结点相应一条可行回路且费用小于当前最小费用，则将该叶结点插入到优先队列中，否则舍去该叶结点。

当 $s<n-2$ 时，算法依次产生当前扩展结点的所有儿子结点。当前扩展结点所相应的路径是 x[0:s]，其可行儿子结点是从剩余顶点 x[s+1:n-1] 中选取的顶点 x[i]，且(x[s], x[i])是有向图 G 中的一条边。对于当前扩展结点的每个可行儿子结点，计算出其前缀(x[0:s], x[i])的费用 cc 和相应的下界 lcost。当 lcost<bestc 时，将这个可行儿子结点插入到活结点优先队列中。

算法结束时返回找到的最小费用，相应的最优解由数组 v 给出。

6.8 电路板排列问题

电路板排列问题的解空间树也是一棵排列树，采用优先队列式分支限界法找出所给电路板的最小密度布局。算法中用最小堆表示活结点优先队列。最小堆中元素类型是 BoardNode。每个 BoardNode 类型的结点包含域 x，表示结点相应的电路板排列；s 表示该结点已确定的电路板排列 x[1:s]；cd 表示当前密度；now[j]表示 x[1:s]中所含连接块 j 中的电路板数。具体算法描述如下：

```
class BoardNode {
```

```
    friend int BBArrangement(int **, int, int, int* &);
public:
    operator int () const {  return cd;  }
private:
    int  *x,                                // x[1:n]记录电路板排列
        s,                                  // x[1:s]是当前结点相应的部分排列
        cd,                                 // x[1:s]的密度
        *now;                               // now[j]是x[1:s]所含连接块j中电路板数
};
```

算法 BBArrangement 是解电路板排列问题的优先队列式分支限界法的主体。算法开始时，将排列树的根结点置为当前扩展结点。在初始扩展结点处还没有选定电路板，故 $s=0$，$cd=0$，$now[i]=0$（$1 \leqslant i \leqslant n$），且数组 x 初始化为单位排列。数组 total 初始化为 total[i]等于连接块 i 所含电路板数。bestd 表示当前最小密度，bestx 是相应的最优解。

do-while 循环完成对排列树内部结点的有序扩展，依次从活结点优先队列中取出具有最小 cd 值的结点作为当前扩展结点，并加以扩展。如果当前扩展结点的 cd≥bestd，则优先队列中其余活结点都不可能导致最优解，此时算法结束。

算法将当前扩展结点分为两种情形处理。当 $s=n-1$ 时，已排定 $n-1$ 块电路板，故当前扩展结点是排列树中的叶结点的父结点。x 表示相应于该叶结点的电路板排列。计算出与 x 相应的密度并在必要时更新当前最优值 bestd 和相应的当前最优解 bestx。

当 $s<n-1$ 时，算法依次产生当前扩展结点的所有儿子结点。对于当前扩展结点的每一个儿子结点 N，计算出其相应的密度 N.cd。当 N.cd<bestd 时，将该儿子结点插入到活结点优先队列中。当 N.cd≥bestd 时，以 N 为根的子树中不可能有比当前最优解 bestx 更好的解，故可将结点 N 舍去。

```
int BBArrangement(int **B, int n, int m, int* &bestx) {   // 解电路板排列问题的优先队列式分支限界法
    MinHeap<BoardNode> H(1000);                            // 活结点最小堆
    // 初始化
    BoardNode  E;
    E.x = new int [n+1];
    E.s = 0;
    E.cd = 0;
    E.now = new int [m+1];
    int  *total = new int [m+1];
    // now[i]=x[1:s]所含连接块i中电路板数, total[i]为连接块i中电路板数
    for (int i=1; i <= m; i++) {
        total[i] = 0;
        E.now[i] = 0;
    }
    for (int i=1; i <= n; i++) {
        E.x[i] = i;                                        // 初始排列为12345...n
        for (int j=1; j <= m; j++)
            total[j] += B[i][j];                           // 连接块j中电路板数
    }
    int  bestd = m+1;                                      // 当前最小密度
    bestx = 0;
    do {                                                   // 结点扩展
```

```
    if (E.s == n-1) {                        // 仅一个儿子结点
        int  ld = 0;                         // 最后一块电路板的密度
        for (int j=1; j <= m; j++)
          ld += B[E.x[n]][j];
            if (ld<bestd) {                  // 密度更小的电路板排列
                delete[] bestx;
                bestx = E.x;
                bestd = max(ld, E.cd);
            }
            else
                delete[] E.x;
            delete[] E.now;
        }
        else {                               // 产生当前扩展结点的所有儿子结点
        for (int i=E.s+1; i <= n; i++) {
          BoardNode  N;
          N.now = new int [m+1];
          for (int j=1; j <= m; j++)
            N.now[j] = E.now[j]+B[E.x[i]][j]; // 新插入的电路板
          int ld=0;                          // 新插入电路板的密度
          for (int j=1; j <= m; j++)
            if (N.now[j]>0 && total[j] != N.now[j])
                ld++;
          N.cd=max(ld, E.cd);
          if (N.cd<bestd) {                  // 可能产生更好的叶结点
              N.x = new int [n+1];
              N.s = E.s+1;
              for (int j=1; j <= n; j++)
                  N.x[j] = E.x[j];
              N.x[N.s] = E.x[i];
              N.x[i] = E.x[N.s];
              H.Insert(N);
          }
          else
              delete[] N.now;
        }
        delete[] E.x;                        // 完成当前结点扩展
    }
    try { H.DeleteMin(E); }                   // 取下一扩展结点
    catch(OutOfBounds) { return bestd; }      // 无扩展结点
} while (E.cd < bestd);
// 释放最小堆中所有结点
do {
    delete[] E.x;
    delete[] E.now;
    try { H.DeleteMin(E); }
    catch (…) { break; }
} while (true);
return bestd;
```

6.9 批处理作业调度

给定 n 个作业的集合 $J=\{J_1, J_2, \cdots, J_n\}$。每个作业 J_i 都有两项任务要分别在 2 台机器上完成。每个作业必须先由机器 1 处理，再由机器 2 处理。作业 J_i 需要机器 j 的处理时间为 t_{ji}（$i=1, 2, \cdots, n$; $j=1, 2$）。对于一个确定的作业调度，设 F_{ji} 是作业 i 在机器 j 上完成处理的时间，则所有作业在机器 2 上完成处理的时间和 $f = \sum_{i=1}^{n} F_{2i}$ 称为该作业调度的完成时间和。批处理作业调度问题要求对于给定的 n 个作业，制定最佳作业调度方案，使其完成时间和达到最小。

可用优先队列式分支限界法解此问题。由于要从 n 个作业的所有排列中找出有最小完成时间和的作业调度，因此批处理作业调度问题的解空间树是一棵排列树。对于批处理作业调度问题，可以证明存在最佳作业调度使得在机器 1 和机器 2 上作业以相同次序完成。

在作业调度问题相应的排列空间树中，每个结点 E 都对应于一个已安排的作业集 $M \subseteq \{1, 2, \cdots, n\}$。以该结点为根的子树中所含叶结点的完成时间和可表示为

$$f = \sum_{i \in M} F_{2i} + \sum_{i \notin M} F_{2i}$$

设 $|M|=r$，且 L 是以结点 E 为根的子树中的叶结点，相应的作业调度为 $\{p_k\}$（$k=1, 2, \cdots, n$），其中，p_k 是第 k 个安排的作业。如果从结点 E 开始到叶结点 L 的路上，每个作业 p_k 在机器 1 上完成处理后都能立即在机器 2 上开始处理，即从 p_{r+1} 开始，机器 1 没有空闲时间，则对于该叶结点 L 有

$$\sum_{i \notin M} F_{2i} = \sum_{k=r+1}^{n} \left[F_{1p_r} + (n-k+1)t_{1p_k} + t_{2p_k} \right] = S_1$$

如果不能做到上面这点，则 S_1 只会增加，从而有 $\sum_{i \notin M} F_{2i} \geqslant S_1$。

类似地，如果从结点 E 开始到结点 L 的路上，从作业 p_{r+1} 开始，机器 2 没有空闲时间，则

$$\sum_{i \notin M} F_{2i} \geqslant \sum_{k=r+1}^{n} \left[\max\left(F_{2p_r}, F_{1p_r} + \min_{i \notin M} t_{1i} \right) + (n-k+1)t_{2p_k} \right] = S_2$$

同理可知，S_2 是 $\sum_{i \notin M} F_{2i}$ 的下界。由此得到在结点 E 处相应子树中叶结点完成时间和的下界是

$$f \geqslant \sum_{i \in M} F_{2i} + \max\{S_1, S_2\}$$

式中，S_1 与 S_2 的计算依赖于叶结点 L 相应的作业调度 $\{p_k, k=1, 2, \cdots, n\}$。如果选择 p_k，使 t_{1p_k} 在 $k \geqslant r+1$ 时依非减序排列，则 S_1 取得极小值 $\hat{S}_1$。同理，如果选择 p_k 使 t_{2p_k} 依非减序排列，则 S_2 取得极小值 $\hat{S}_2$。因此，$S_1 \geqslant \hat{S}_1$，$S_2 \geqslant \hat{S}_2$，且 $\hat{S}_1$ 和 $\hat{S}_2$ 与叶结点的调度无关，从而有

$$f \geqslant \sum_{i \in M} F_{2i} + \max\{\hat{S}_1, \hat{S}_2\}$$

这可以作为优先队列式分支限界法中的限界函数。

算法用最小堆表示活结点优先队列。最小堆中元素类型是 MinHeapNode。每个 MinHeapNode 类型的结点包含域 x，表示结点所相应的作业调度。s 表示该结点已安排的作业

是 x[1:s]。f1 表示当前已安排的作业在机器 1 上的最后完成时间；f2 表示当前已安排的作业在机器 2 上的最后完成时间；sf2 表示当前已安排的作业在机器 2 上的完成时间和；bb 表示当前完成时间和的下界。函数 Init()完成最小堆结点初始化；函数 NewNode()产生最小堆新结点。

```
class Flowshop;
class MinHeapNode {
    friend Flowshop;
public:
    operator int () const {  return bb;  }
private:
    void Init(int), NewNode(MinHeapNode, int, int, int, int);
    int  s,                          // 已安排作业数
         f1,                         // 机器 1 上最后完成时间
         f2,                         // 机器 2 上最后完成时间
         sf2,                        // 当前机器 2 上的完成时间和
         bb,                         // 当前完成时间和下界
         *x;                         // 当前作业调度
};
void MinHeapNode::Init(int n) {             // 最小堆结点初始化
  x = new int [n];
  for (int i=0; i < n; i++)
    x[i] = i;
  s = 0;
  f1 = 0;
  f2 = 0;
  sf2 = 0;
  bb = 0;
}
void MinHeapNode::NewNode(MinHeapNode E, int Ef1, int Ef2, int Ebb, int n) { // 最小堆新结点
  x = new int [n];
  for (int i=0; i < n; i++)
    x[i] = E.x[i];
  f1 = Ef1;
  f2 = Ef2;
  sf2 = E.sf2+f2;
  bb = Ebb;
  s = E.s+1;
}
```

在具体实现时，用二维数组 M 表示所给的 n 个作业在机器 1 和机器 2 所需的处理时间。在类 Flowshop 中，用二维数组 b 存储排好序的作业处理时间，数组 a 表示数组 M 和 b 的对应关系。bestc 记录当前最小完成时间和。bestx 记录相应的当前最优解。算法 Sort 实现对各作业在机器 1 和 2 上所需时间排序。函数 Bound()用于计算完成时间和下界。

```
class Flowshop {
    friend void main(void);
public:
    int BBFlow(void);
private:
```

```
    int   Bound(MinHeapNode, int &, int &, bool **);
    void Sort(void);
    int   n,                                          // 作业数
        **M,                                          // 各作业所需的处理时间数组
        **b,                                          // 各作业所需的处理时间排序数组
        **a,                                          // 数组 M 和 b 的对应关系数组
        *bestx,                                       // 最优解
         bestc;                                       // 最小完成时间和
    bool  **y;                                        // 工作数组
};


void Flowshop::Sort(void) {                           // 对各作业在机器 1 和 2 上所需时间排序
    int  *c = new int [n];
    for (int j=0; j < 2; j++) {
        for (int i=0; i < n; i++) {
            b[i][j] = M[i][j];
             c[i] = i;
        }
        for (int i=0; i < n-1 ;i++) {
            for (int k=n-1; k > i; k--) {
                if (b[k][j] < b[k-1][j]) {
                    Swap(b[k][j], b[k-1][j]);
                    Swap(c[k], c[k-1]);
                }
                for (int i=0; i < n; i++)
                    a[c[i]][j]=i;
            }
        }
    }
    delete [] c;
}


int Flowshop::Bound(MinHeapNode E, int & f1, int & f2, bool **y) {     // 计算完成时间和下界
    for (int k=0; k < n ;k++)
        for (int j=0; j < 2; j++)
            y[k][j] = false;
    for (int k=0; k <= E.s; k++)
        for (int j=0; j < 2; j++)
            y[a[E.x[k]][j]][j] = true;
    f1 = E.f1 + M[E.x[E.s]][0];
    f2 = ((f1 > E.f2) ? f1 : E.f2) + M[E.x[E.s]][1];
    int  sf2 = E.sf2+f2;
    int  s1 = 0, s2 = 0, k1 = n-E.s, k2 = n-E.s, f3 = f2;
    for (int j=0; j < n; j++) {                        // 计算 s1 的值
        if (!y[j][0]) {
            k1--;
            if (k1 == n-E.s-1)
                f3 = (f2 > f1+b[j][0]) ? f2 : f1+b[j][0];
            s1 += f1 + k1*b[j][0];
```

```
      }
   }
   for (int j=0; j < n; j++) {                         // 计算 s2 的值
      if (!y[j][1]) {
         k2--;
         s1 += b[j][1];
         s2 += f3 + k2*b[j][1];
      }
   }
   return sf2+((s1>s2) ? s1 : s2);                      // 返回完成时间和下界
}
```

算法 BBFlow 是解批处理作业调度问题的优先队列式分支限界法的主体。算法开始时，将排列树的根结点置为当前扩展结点。在初始扩展结点处还没有选定的作业，故 $s=0$，数组 x 初始化为单位排列。

while 循环完成对排列树内部结点的有序扩展，依次从活结点优先队列中取出具有最小 bb 值的结点作为当前扩展结点，并加以扩展。

算法将当前扩展结点 E 分为两种情形处理。当 $E.s=n$ 时，已排定 n 个作业，故当前扩展结点 E 是排列树中的一个叶结点。$E.x$ 表示相应于该叶结点的作业调度。$E.sf2$ 是相应该叶结点的完成时间和。当 $E.sf2<bestc$ 时更新当前最优值 bestc 和相应的当前最优解 bestx。

当 $E.s<n$ 时，算法依次产生当前扩展结点 E 的所有儿子结点。对于当前扩展结点的每个儿子结点 N，计算其相应的完成时间和的下界 bb。当 $bb<bestc$ 时，将该儿子结点 N 插入到活结点优先队列中。而当 $bb \geqslant bestc$ 时，以 N 为根的子树中不可能有比当前最优解 bestx 更好的解，故将结点 N 舍去。

解批处理作业调度问题的优先队列式分支限界法可描述如下：

```
int Flowshop::BBFlow(void) {                // 解批处理作业调度问题的优先队列式分支限界法
   Sort();                                  // 对各作业在机器 1 和 2 上所需时间排序
   MinHeap<MinHeapNode>H(1000);             // 定义最小堆的容量为 1000
   MinHeapNode  E;
   E.Init(n);                               // 初始化
   while (E.s <= n ) {                      // 搜索排列空间树
      if (E.s == n ) {                      // 叶结点
         if (E.sf2 < bestc) {
            bestc = E.sf2;
            for (int i=0; i < n; i++)
               bestx[i]=E.x[i];
         }
         delete [] E.x;
      }
      else {                                // 产生当前扩展结点的儿子结点
         for (int i=E.s; i < n; i++) {
            Swap(E.x[E.s], E.x[i]);
            int  f1, f2;
            int  bb = Bound(E, f1, f2, y);
            if (bb < bestc ) {              // 子树可能含最优解，结点插入最小堆
               MinHeapNode N;
```

```
            N.NewNode(E, f1, f2, bb, n);
            H.Insert(N);
         }
         Swap(E.x[E.s], E.x[i]);
      }
      delete[] E.x;
   }                                      // 完成结点扩展
   try { H.DeleteMin(E); }                // 取下一扩展结点
   catch(OutOfBounds) { break; }          // 堆已空
   }
   return bestc;
}
```

算法分析题 6

6-1 栈式分支限界法将活结点表以后进先出（LIFO）的方式存储于一个栈中。试设计一个解 0-1 背包问题的栈式分支限界法，并说明栈式分支限界法与回溯法的区别。

6-2 修改解装载问题的分支限界算法 MaxLoading，使得算法在结束前释放所有已由 EnQueue 产生的结点。

6-3 解装载问题的分支限界算法中，由 EnQueue 产生的结点可以在算法结束前一次性删除，然而那些没有活儿子结点或没有叶结点的扩展结点可以立即被删除。试设计一个在算法中及时删除不用结点的方案，并讨论其时间与空间之间的折衷。

6-4 试修改解装载问题和解 0-1 背包问题的优先队列式分支限界法，使其仅使用一个最大堆来存储活结点，而不必存储产生的解空间树。

6-5 试修改解装载问题和解 0-1 背包问题的优先队列式分支限界法，使得算法在运行结束时释放所有类型为 bbnode 和 HeapNode 的结点所占用的空间。

6-6 在解最大团问题的优先队列式分支限界法中，当前扩展结点满足 $cn+n-i \geqslant bestn$ 的右儿子结点被插入到优先队列中。如果将这个条件修改为满足 $cn+n-i > bestn$ 右儿子结点插入优先队列，仍能保证算法的正确性吗？为什么？

6-7 考虑最大团问题的子集空间树中第 i 层的一个结点 x，设 MinDegree(x)是以结点 x 为根的子树中所有结点度数的最小值。

（1）设 $x.u = \min\{x.cn+n-i+1, \text{MinDegree}(x)+1\}$，证明以结点 x 为根的子树中任意叶结点相应的团的大小不超过 $x.u$。

（2）依此 $x.u$ 的定义重写算法 BBMaxClique。

（3）比较新旧算法所需的计算时间和产生的排列树结点数。

6-8 试修改解旅行售货员问题的分支限界法，使得 $s=n-2$ 的结点不插入优先队列，而是将当前最优排列存储于 bestp 中。这样修改后，算法在下一个扩展结点满足条件 Lcost $\geqslant$ bestc 时结束。

6-9 试修改解旅行售货员问题的分支限界法，使得算法保存已产生的排列树。

6-10 试设计解电路板排列问题的队列式分支限界法，并使算法在运行结束时输出最优解和最优值。

算法实现题6

6-1 最小长度电路板排列问题。

问题描述：最小长度电路板排列问题是大规模电子系统设计中提出的实际问题。该问题的提法是，将 n 块电路板以最佳排列方案插入带有 n 个插槽的机箱中。n 块电路板的不同的排列方式对应不同的电路板插入方案。

设 $B=\{1, 2, \cdots, n\}$ 是 n 块电路板的集合。集合 $L=\{N_1, N_2, \cdots, N_m\}$ 是 n 块电路板的 m 个连接块。其中每个连接块 N_i 是 B 的一个子集，且 N_i 中的电路板用同一根导线连接在一起。在最小长度电路板排列问题中，连接块的长度是指该连接块中第 1 块电路板到最后 1 块电路板之间的距离。

试设计一个队列式分支限界法找出所给 n 个电路板的最佳排列，使得 m 个连接块中最大长度达到最小。

算法设计：对于给定的电路板连接块，设计一个队列式分支限界法，找出所给 n 个电路板的最佳排列，使得 m 个连接块中最大长度达到最小。

数据输入：由文件 input.txt 给出输入数据。第 1 行有 2 个正整数 n 和 m（$1 \leqslant m, n \leqslant 20$）。接下来的 n 行中，每行有 m 个数。第 k 行的第 j 个数为 0 表示电路板 k 不在连接块 j 中，为 1 表示电路板 k 在连接块 j 中。

结果输出：将计算的电路板排列最小长度及其最佳排列输出到文件 output.txt。文件的第 1 行是最小长度；接下来的 1 行是最佳排列。

输入文件示例	输出文件示例
input.txt	output.txt
8 5	4
1 1 1 1 1	5 4 3 1 6 2 8 7
0 1 0 1 0	
0 1 1 1 0	
1 0 1 1 0	
1 0 1 0 0	
1 1 0 1 0	
0 0 0 0 1	
0 1 0 0 1	

6-2 最小权顶点覆盖问题。

问题描述：给定一个赋权无向图 $G=(V, E)$，每个顶点 $v \in V$ 都有权值 $w(v)$。如果 $U \subseteq V$，且对任意 $(u, v) \in E$ 有 $u \in U$ 或 $v \in U$，就称 U 为图 G 的一个顶点覆盖。G 的最小权顶点覆盖是指 G 中所含顶点权之和最小的顶点覆盖。

算法设计：对于给定的无向图 G，设计一个优先队列式分支限界法，计算 G 的最小权顶点覆盖。

数据输入：由文件 input.txt 给出输入数据。第 1 行有 2 个正整数 n 和 m，表示给定的图 G 有 n 个顶点和 m 条边，顶点编号为 1, 2, $\cdots$, n。第 2 行有 n 个正整数表示 n 个顶点的权。接下来的 m 行中，每行有 2 个正整数 u 和 v，表示图 G 的一条边 (u, v)。

结果输出：将计算的最小权顶点覆盖的顶点权之和以及最优解输出到文件 output.txt。文件的第 1 行是最小权顶点覆盖顶点权之和；第 2 行是最优解 x_i（$1 \leqslant i \leqslant n$），$x_i=0$ 表示顶点 i

不在最小权顶点覆盖中，x_i=1 表示顶点 i 在最小权顶点覆盖中。

输入文件示例	输出文件示例
input.txt	output.txt
7 7	13
1 100 1 1 1 100 10	1 0 1 1 0 0 1
1 6	
2 4	
2 5	
3 6	
4 5	
4 6	
6 7	

6-3 无向图的最大割问题。

问题描述：给定一个无向图 $G=(V, E)$，设 $U \subseteq V$ 是 G 的顶点集。对任意$(u, v) \in E$，若 $u \in U$ 且 $v \in V-U$，就称(u, v)为关于顶点集 U 的一条割边。顶点集 U 的所有割边构成图 G 的一个割。G 的最大割是指 G 中所含边数最多的割。

算法设计：对于给定的无向图 G，设计一个优先队列式分支限界法，计算 G 的最大割。

数据输入：由文件 input.txt 给出输入数据。第 1 行有 2 个正整数 n 和 m，表示给定的图 G 有 n 个顶点和 m 条边，顶点编号为 1, 2, …, n。接下来的 m 行中，每行有 2 个正整数 u 和 v，表示图 G 的一条边(u, v)。

结果输出：将计算的最大割的边数和顶点集 U 输出到文件 output.txt。文件的第 1 行是最大割的边数；第 2 行是表示顶点集 U 的向量 x_i（$1 \leqslant i \leqslant n$），$x_i$=0 表示顶点 i 不在顶点集 U 中，x_i=1 表示顶点 i 在顶点集 U 中。

输入文件示例	输出文件示例
input.txt	output.txt
7 18	12
1 4	1 1 1 0 1 0 0
1 5	
1 6	
1 7	
2 3	
2 4	
2 5	
2 6	
2 7	
3 4	
3 5	
3 6	
3 7	
4 5	
4 6	
5 6	
5 7	
6 7	

6-4 最小重量机器设计问题。

问题描述：设某一机器由 n 个部件组成，每种部件都可以从 m 个不同的供应商处购得。设 w_{ij} 是从供应商 j 处购得的部件 i 的重量，c_{ij} 是相应的价格。设计一个优先队列式分支限界法，给出总价格不超过 d 的最小重量机器设计。

算法设计：对于给定的机器部件重量和机器部件价格，设计一个优先队列式分支限界法，计算总价格不超过 d 的最小重量机器设计。

数据输入：由文件 input.txt 给出输入数据。第 1 行有 3 个正整数 n、m 和 d。接下来的 $2n$ 行，每行 n 个数。前 n 行是 c，后 n 行是 w。

结果输出：将计算的最小重量，以及每个部件的供应商输出到文件 output.txt。

输入文件示例	输出文件示例
input.txt	output.txt
3 3 4	4
1 2 3	1 3 1
3 2 1	
2 2 2	
1 2 3	
3 2 1	
2 2 2	

6-5 运动员最佳配对问题。

问题描述：羽毛球队有男女运动员各 n 人。给定 2 个 $n \times n$ 矩阵 P 和 Q。$P[i][j]$ 是男运动员 i 和女运动员 j 配对组成混合双打的男运动员竞赛优势；$Q[i][j]$ 是女运动员 i 和男运动员 j 配合的女运动员竞赛优势。由于技术配合和心理状态等因素影响，$P[i][j]$ 不一定等于 $Q[j][i]$。男运动员 i 和女运动员 j 配对组成混合双打的男女双方竞赛优势为 $P[i][j] \times Q[j][i]$。设计一个算法，计算男女运动员最佳配对法，使各组男女双方竞赛优势的总和达到最大。

算法设计：设计一个优先队列式分支限界法，对于给定的男女运动员竞赛优势，计算男女运动员最佳配对法，使各组男女双方竞赛优势的总和达到最大。

数据输入：由文件 input.txt 给出输入数据。第 1 行有 1 个正整数 n（$1 \leqslant n \leqslant 20$）。接下来的 $2n$ 行，每行 n 个数。前 n 行是 p，后 n 行是 q。

结果输出：将计算的男女双方竞赛优势的总和的最大值输出到文件 output.txt。

输入文件示例	输出文件示例
input.txt	output.txt
3	52
10 2 3	
2 3 4	
3 4 5	
2 2 2	
3 5 3	
4 5 1	

6-6 n 后问题。

问题描述：在 $n \times n$ 格的棋盘上放置彼此不受攻击的 n 个皇后。按照国际象棋的规则，皇后可以攻击与之处在同一行或同一列或同一斜线上的棋子。n 皇后问题等价于在 $n \times n$ 格的棋盘上放置 n 个皇后，任何两个皇后不放在同一行或同一列或同一斜线上。

算法设计：设计一个解 n 后问题的队列式分支限界法，计算在 $n \times n$ 个方格上放置彼此不受攻击的 n 个皇后的一个放置方案。

数据输入：由文件 input.txt 给出输入数据。第 1 行有 1 个正整数 n。

结果输出：将计算的彼此不受攻击的 n 个皇后的一个放置方案输出到文件 output.txt。文件的第 1 行是 n 个皇后的放置方案。

输入文件示例	输出文件示例
input.txt	output.txt
5	1 3 5 2 4

6-7 布线问题。

问题描述：假设要将一组元件安装在一块线路板上，为此需要设计一个线路板布线方案。各元件的连线数由连线矩阵 conn 给出。元件 i 和元件 j 之间的连线数为 $conn(i, j)$。如果将元件 i 安装在线路板上位置 r 处，而将元件 j 安装在线路板上位置 s 处，则元件 i 和元件 j 之间的距离为 $dist(r, s)$。确定了所给的 n 个元件的安装位置，就确定了一个布线方案。与此布线方案相应的布线成本为 $dist(r, s) \times \sum_{1 \leqslant i < j \leqslant n} conn(i, j)$。试设计一个优先队列式分支限界法，找出所给 n 个元件的布线成本最小的布线方案。

算法设计：对于给定的 n 个元件，设计一个优先队列式分支限界法，计算最佳布线方案，使布线费用达到最小。

数据输入：由文件 input.txt 给出输入数据。第 1 行有 1 个正整数 n（$1 \leqslant n \leqslant 20$）。接下来的 $n-1$ 行，每行 $n-i$ 个数，表示元件 i 和元件 j 之间连线数（$1 \leqslant i < j \leqslant 20$）。

结果输出：将计算的最小布线费用以及相应的最佳布线方案输出到文件 output.txt。

输入文件示例	输出文件示例
input.txt	output.txt
3	10
2 3	1 3 2
3	

6-8 最佳调度问题。

问题描述：假设有 n 个任务由 k 个可并行工作的机器完成。完成任务 i 需要的时间为 t_i。试设计一个算法找出完成这 n 个任务的最佳调度，使得完成全部任务的时间最早。

算法设计：对任意给定的整数 n 和 k，以及完成任务 i 需要的时间为 t_i（$i=1, 2, \cdots, n$）。设计一个优先队列式分支限界法，计算完成这 n 个任务的最佳调度。

数据输入：由文件 input.txt 给出输入数据。第 1 行有 2 个正整数 n 和 k。第 2 行的 n 个正整数是完成 n 个任务需要的时间。

结果输出：将计算的完成全部任务的最早时间输出到文件 output.txt。

输入文件示例	输出文件示例
input.txt	output.txt
7 3	17
2 14 4 16 6 5 3	

6-9 无优先级运算问题。

问题描述：给定 n 个正整数和 4 个运算符+、−、*、/，且运算符无优先级，如 2+3*5=25。对于任意给定的整数 m，试设计一个算法，用以上给出的 n 个数和 4 个运算符，产生整数 m，且用的运算次数最少。给出的 n 个数中每个数最多只能用一次，但每种运算符可以任意使用。

算法设计：对于给定的 n 个正整数，设计一个优先队列式分支限界法，用最少的无优先级运算次数产生整数 m。

数据输入：由文件 input.txt 给出输入数据。第 1 行有 2 个正整数 n 和 m。第 2 行是给定的用于运算的 n 个正整数。

结果输出：将计算的产生整数 m 的最少无优先级运算次数以及最优无优先级运算表达式输出到文件 output.txt。

输入文件示例	输出文件示例
input.txt	output.txt
5 25	2
5 2 3 6 7	2+3*5

6-10 世界名画陈列馆问题。

问题描述：世界名画陈列馆由 $m \times n$ 个排列成矩形阵列的陈列室组成。为了防止名画被盗，需要在陈列室中设置警卫机器人哨位。除了监视所在的陈列室，每个警卫机器人还可以监视与它所在的陈列室相邻的上、下、左、右 4 个陈列室。试设计一个安排警卫机器人哨位的算法，使名画陈列馆中每个陈列室都在警卫机器人的监视下，且所用的警卫机器人数最少。

算法设计：设计一个优先队列式分支限界法，计算警卫机器人的最佳哨位安排，使名画陈列馆中每个陈列室都在警卫机器人的监视下，且所用的警卫机器人数最少。

数据输入：由文件 input.txt 给出输入数据。第 1 行有 2 个正整数 m 和 n（$1 \leq m, n \leq 20$）。

结果输出：将计算的警卫机器人数及其最佳哨位安排输出到文件 output.txt。文件的第 1 行是警卫机器人数；接下来的 m 行中每行 n 个数，0 表示无哨位，1 表示有哨位。

输入文件示例	输出文件示例
input.txt	output.txt
4 4	4
	0 0 1 0
	1 0 0 0
	0 0 0 1
	0 1 0 0

6-11 子集空间树问题。

问题描述：试设计一个用队列式分支限界法搜索子集空间树的函数，其参数包括结点可行性判定函数和上界函数等必要的函数，并将此函数用于解装载问题。

装载问题描述如下：有一批共 n 个集装箱要装上一艘载重量为 c 的轮船，其中集装箱 i 的重量为 w_i。找出一种最优装载方案，将轮船尽可能装满，即在装载体积不受限制的情况下，将尽可能重的集装箱装上轮船。

算法设计：对于给定的 n 个集装箱和轮船的载重量，计算最优装载方案。

数据输入：由文件 input.txt 给出输入数据。第 1 行有 2 个正整数 n 和 c。n 是集装箱数，c 是轮船的载重量。接下来的 1 行中有 n 个正整数，表示集装箱的重量。

结果输出：将计算的最大装载重量输出到文件 output.txt。

输入文件示例	输出文件示例
input.txt	output.txt
5 10	10
7 2 6 5 4	

6-12 排列空间树问题。

问题描述：试设计一个用队列式分支限界法搜索排列空间树的函数，其参数包括结点可行性判定函数和上界函数等必要的函数，并将此函数用于解电路板排列问题。

电路板排列问题是大规模电子系统设计中提出的实际问题。该问题的提法是，将 n 块电路板以最佳排列方案插入带有 n 个插槽的机箱中。n 块电路板的不同的排列方式对应于不同的电路板插入方案。设 $B=\{1, 2, \cdots, n\}$ 是 n 块电路板的集合。集合 $L=\{N_1, N_2, \cdots, N_m\}$ 是 n 块电路板的 m 个连接块。其中每个连接块 N_i 是 B 的一个子集，且 N_i 中的电路板用同一根导线连接在一起。在设计机箱时，插槽一侧的布线间隙由电路板排列的密度确定。因此，电路板排列问题要求对于给定电路板连接条件（连接块），确定电路板的最佳排列，使其具有最小密度。

算法设计：对于给定电路板连接条件，计算电路板的最佳排列，使其具有最小密度。

数据输入：由文件 input.txt 提供输入数据。文件的第 1 行是 2 个正整数 n 和 m，表示有 n 块电路板和 m 个连接块。接下来的 n 行，每行有 m 个数，第 i 行的第 j 个数 a[i][j]=1 表示第 i 块电路板在第 j 个连接块中，否则第 i 块电路板不在第 j 个连接块中。

结果输出：将计算的最小密度和电路板的最佳排列输出到文件 output.txt。文件的第 1 行是最小密度，第 2 行是电路板的最佳排列。

输入文件示例	输出文件示例
input.txt	output.txt
8 5	4
1 1 1 1 1	2 3 4 5 1 6 7 8
0 1 0 1 0	
0 1 1 1 0	
1 0 1 1 0	
1 0 1 0 0	
1 1 0 1 0	
0 0 0 0 1	
0 1 0 0 1	

6-13　一般解空间的队列式分支限界法。

问题描述：试设计一个用队列式分支限界法搜索一般解空间的函数，其参数包括结点可行性判定函数和上界函数等必要的函数，并将此函数用于解布线问题。

印制电路板将布线区域划分成 $n \times m$ 个方格阵列（见图 6-3(a)）。精确的电路布线问题要求确定连接方格 a 的中点到方格 b 的中点的最短布线方案。在布线时，电路只能沿直线或直角布线（见图 6-3(b)）。为了避免线路相交，已布线了的方格做了封锁标记，其他线路不允许穿过被封锁的方格。

算法设计：对于给定的布线区域，计算最短布线方案。

数据输入：由文件 input.txt 给出输入数据。第 1 行有 3 个正整数 n、m、k，分别表示布线区域方格阵列的行数、列数和封闭的方格数。接下来的 k 行中，每行 2 个正整数，表示被封闭的方格所在的行号和列号。最后的 2 行，每行也有 2 个正整数，分别表示开始布线的方格 (p, q) 和结束布线的方格 (r, s)。

结果输出：将计算的最短布线长度和最短布线方案输出到文件 output.txt。文件的第 1 行是最短布线长度。从第 2 行起，每行 2 个正整数，表示布线经过的方格坐标。如果无法布线，则输出"No Solution!"。

输入文件示例	输出文件示例
input.txt	output.txt
8 8 3	1 1
3 3	2 1
4 5	3 1
6 6	4 1
2 1	5 1
7 7	6 1
	7 1
	7 2
	7 3
	7 4
	7 5
	7 6
	7 7

6-14 子集空间树问题。

问题描述：试设计一个用优先队列式分支限界法搜索子集空间树的函数。该函数的参数包括结点可行性判定函数和上界函数等必要的函数，并将此函数用于解 0-1 背包问题。

0-1 背包问题描述如下：给定 n 种物品和一背包。物品 i 的重量是 w_i，其价值为 v_i，背包的容量为 C。问应如何选择装入背包的物品，使得装入背包中物品的总价值最大，在选择装入背包的物品时，对每种物品 i 只有两种选择，即装入背包或不装入背包。不能将物品 i 装入背包多次，也不能只装入部分的物品 i。

0-1 背包问题形式化描述如下：给定 $C>0$，$w_i>0$，$v_i>0$（$1 \leqslant i \leqslant n$），要求 n 元 0-1 向量 $(x_1, x_2, \cdots, x_n)$，$x_i \in \{0, 1\}$（$1 \leqslant i \leqslant n$），使得 $\sum\limits_{i=1}^{n} w_i x_i \leqslant C$，而且 $\sum\limits_{i=1}^{n} v_i x_i$ 达到最大。因此，0-1 背包问题是一个特殊的整数规划问题。

$$\begin{cases} \max \sum\limits_{i=1}^{n} v_i x_i \\ \max \sum\limits_{i=1}^{n} w_i x_i \leqslant C \end{cases} \quad x_i \in \{0,1\}, 1 \leqslant i \leqslant n$$

算法设计：对于给定的 n 种物品的重量和价值，以及背包的容量，计算可装入背包的最大价值。

数据输入：由文件 input.txt 提供输入数据。文件第 1 行有 2 个正整数 n 和 C，分别表示有 n 种物品，背包的容量为 C。接下来的 2 行中，每行有 n 个数，分别表示各物品的价值和重量。

结果输出：将最佳装包方案及其最大价值输出到文件 output.txt。文件的第 1 行是最大价值，第 2 行是最佳装包方案。

输入文件示例	输出文件示例
input.txt	output.txt
5 10	15
6 3 5 4 6	1 1 0 0 1
2 2 6 5 4	

6-15 排列空间树问题。

问题描述：试设计一个用优先队列式分支限界法搜索排列空间树的函数，其参数包括结点可行性判定函数和上界函数等必要的函数，并将此函数用于解批处理作业调度问题。给定 n 个作业的集合 $J=\{J_1, J_2, \cdots, J_n\}$。每个作业 J_i 都有 2 项任务分别在 2 台机器上完成。每个作业必须先由机器 1 处理，再由机器 2 处理。作业 J_i 需要机器 j 的处理时间为 t_{ji} ($i=1, 2, \cdots, n$; $j=1, 2$)。对于一个确定的作业调度，设 F_{ji} 是作业 i 在机器 j 上完成处理的时间。所有作业在机器 2 上完成处理的时间和 $f=\sum_{i=1}^{n} F_{2i}$ 称为该作业调度的完成时间和。

批处理作业调度问题要求对于给定的 n 个作业，制定最佳作业调度方案，使其完成时间和达到最小。

算法设计：对于给定的 n 个作业，计算最佳作业调度方案。

数据输入：由文件 input.txt 提供输入数据。文件第 1 行有 1 个正整数 n，表示作业数。接下来的 n 行中，每行有 2 个正整数 i 和 j，分别表示在机器 1 和机器 2 上完成该作业所需的处理时间。

结果输出：将最佳作业调度方案及其完成时间和输出到文件 output.txt。文件的第 1 行是完成时间和，第 2 行是最佳作业调度方案。

输入文件示例	输出文件示例
input.txt	output.txt
3	18
2 1	1 3 2
3 1	
2 3	

6-16 一般解空间的优先队列式分支限界法。

问题描述：试设计一个用优先队列式分支限界法搜索一般解空间的函数，其参数包括结点可行性判定函数和上界函数等必要的函数，并将此函数用于解布线问题。

印刷电路板将布线区域划分成 $n \times m$ 个方格阵列（见图 6-3(a)）。精确的电路布线问题要求确定连接方格 a 的中点到方格 b 的中点的最短布线方案。在布线时，电路只能沿直线或直角布线（见图 6-3(b)）。为了避免线路相交，已布线了的方格做了封锁标记，其他线路不允许穿过被封锁的方格。

算法设计：对于给定的布线区域，计算最短布线方案。

数据输入：由文件 input.txt 给出输入数据。第 1 行有 3 个正整数 n、m、k，分别表示布线区域方格阵列的行数、列数和封闭的方格数。接下来的 k 行中，每行 2 个正整数，表示被封闭的方格所在的行号和列号。最后的 2 行，每行也有 2 个正整数，分别表示开始布线的方格 (p, q) 和结束布线的方格 (r, s)。

结果输出：将计算的最短布线长度和最短布线方案输出到文件 output.txt。文件的第 1 行是最短布线长度。从第 2 行起，每行 2 个正整数，表示布线经过的方格坐标。如果无法布线，则输出 "No Solution!"。

输入文件示例	输出文件示例
input.txt	output.txt
8 8 3	11
3 3	2 1

4 5	3 1
6 6	4 1
2 1	5 1
7 7	6 1
	7 1
	7 2
	7 3
	7 4
	7 5
	7 6
	7 7

6-17 推箱子问题。

问题描述：码头仓库是划分为 $n×m$ 个格子的矩形阵列。有公共边的格子是相邻格子。当前仓库中有的格子是空闲的，有的格子则已经堆放了沉重的货物。由于堆放的货物很重，单凭仓库管理员的力量是无法移动的。仓库管理员有一项任务：要将一个小箱子推到指定的格子上去。管理员可以在仓库中移动，但不能跨过已经堆放了货物的格子。管理员站在与箱子相对的空闲格子上时，可以做一次推动，把箱子推到另一相邻的空闲格子。推箱时只能向管理员的对面方向推。由于要推动的箱子很重，仓库管理员想尽量减少推箱子的次数。

算法设计：对于给定的仓库布局，以及仓库管理员在仓库中的位置和箱子的开始位置和目标位置，设计一个解推箱子问题的分支限界法，计算出仓库管理员将箱子从开始位置推到目标位置所需的最少推动次数。

数据输入：由文件 input.txt 提供输入数据。输入文件第 1 行有 2 个正整数 n 和 m（$1≤n, m≤100$），表示仓库是 $n×m$ 个格子的矩形阵列。接下来有 n 行，每行有 m 个字符，表示格子的状态。

S——格子上放了不可移动的沉重货物；　　　　　P——箱子的初始位置；

w——格子空闲；　　　　　　　　　　　　　　K——箱子的目标位置。

M——仓库管理员的初始位置；

结果输出：将计算的最少推动次数输出到文件 output.txt。如果仓库管理员无法将箱子从开始位置推到目标位置则输出"No Solution！"。

输入文件示例	输出文件示例
input.txt	output.txt
10 12	7
SSSSSSSSSSSS	
SwwwwwwwSSSS	
SwSSSwwSSSS	
SwSSSwwSKSS	
SwSSSwwSwSS	
SwwwwwPwwwww	
SSSSSSSwSwSw	
SSSSSSMwSwww	
SSSSSSSSSSSS	
SSSSSSSSSSSS	

第7章 随机化算法

学习要点
- 理解产生伪随机数的算法
- 掌握数值随机化算法的设计思想
- 掌握蒙特卡罗算法的设计思想
- 掌握拉斯维加斯算法的设计思想
- 掌握舍伍德算法的设计思想

前面各章讨论的算法的每个计算步骤都是确定的，而本章讨论的随机化算法允许算法在执行过程中随机地选择下一个计算步骤。在许多情况下，当算法在执行过程中面临一个选择时，随机性选择常比最优选择省时。因此，随机化算法可在很大程度上降低算法的复杂度。

随机化算法的一个基本特征是对所求解问题的同一实例用同一随机化算法求解两次可能得到完全不同的效果。这两次求解所需的时间甚至得到的结果可能有相当大的差别。一般情况下，可将随机化算法大致分为4类：数值随机化算法、蒙特卡罗（Monte Carlo）算法、拉斯维加斯（Las Vegas）算法和舍伍德（Sherwood）算法。

数值随机化算法常用于数值问题的求解，得到的往往是近似解，且近似解的精度随计算时间的增加而不断提高。在许多情况下，要计算出问题的精确解是不可能的或没有必要的，因此用数值随机化算法可得到相当满意的解。

蒙特卡罗方法用于求问题的准确解。对于许多问题来说，近似解毫无意义。例如，一个判定问题，其解为"是"或"否"，二者必居其一，不存在任何近似解答。又如，要求一个整数的因子时所给出的解答必须是准确的，整数的近似因子没有任何意义。用蒙特卡罗算法能求得问题的一个解，但这个解未必是正确的。其求得正确解的概率依赖于算法所用的时间，算法所用的时间越多，得到正确解的概率就越高。蒙特卡罗算法的主要缺点也在于此。一般情况下，无法有效地判定得到的解是否肯定正确。

拉斯维加斯算法不会得到不正确的解。一旦用拉斯维加斯算法找到一个解，这个解就一定是正确解，但有时找不到解。与蒙特卡罗算法类似，拉斯维加斯算法找到正确解的概率随着所用的计算时间的增加而提高。对于所求解问题的任一实例，用同一拉斯维加斯算法反复对该实例求解足够多次，可使求解失效的概率任意小。

舍伍德算法总能求得问题的一个解，且求得的解总是正确的。当一个确定性算法在最坏情况下的计算复杂性与其在平均情况下的计算复杂性有较大差别时，可在这个确定性算法中引入随机性将它改造成一个舍伍德算法，消除或减少问题的好坏实例间的这种差别。舍伍德算法的精髓不是避免算法的最坏情形行为，而是设法消除这种最坏情形行为与特定实例之间的关联性。

在本章的后续各节中将分别讨论上述4类随机化算法。

7.1 随机数

随机数在随机化算法设计中扮演着十分重要的角色。在现实计算机上无法产生真正的随机数，因此在随机化算法中使用的随机数都是一定程度上随机的，即伪随机数。线性同余法是产生伪随机数最常用的方法。由线性同余法产生的随机序列 $a_1, a_2, \cdots, a_n, \cdots$ 满足

$$\begin{cases} a_0 = d \\ a_n = (ba_{n-1}+c) \bmod m & n=1, 2, \cdots \end{cases}$$

式中，$b \geq 0$，$c \geq 0$，$d \geq m$。d 称为该随机序列的种子。如何选取该方法中的常数 b、c 和 m 直接关系到所产生的随机序列的随机性能。这是随机性理论研究的内容，已超出本书讨论的范围。从直观上看，m 应取得充分大，因此可取 m 为机器大数，另应取 $\gcd(m, b)=1$，所以可取 b 为一素数。

为了在设计随机化算法时便于产生所需的随机数，建立一个随机数类 RandomNumber，包含一个需由用户初始化的种子 randSeed。给定初始种子后，即可产生与之相应的随机序列。种子 randSeed 是一个无符号整型数，可由用户选定也可用系统时间自动产生。函数 Random() 的输入参数 $n \leq 65536$ 是一个无符号整型数，返回 $0 \sim n-1$ 范围内的一个随机整数。函数 fRandom() 返回 [0, 1) 内的一个随机实数。

```
// 随机数类
const unsigned long  maxshort = 65536L;
const unsigned long  multiplier = 1194211693L;
const unsigned long  adder = 12345L;
class RandomNumber {
private:
   unsigned long randSeed;                    // 当前种子
public:
   RandomNumber(unsigned long s=0);           // 构造函数，默认值0表示由系统自动产生种子
   unsigned short Random(unsigned long n);    // 产生 0:n-1 之间的随机整数
   double fRandom(void);                      // 产生(0, 1)之间的随机实数
};
```

函数 Random() 在每次计算时，用线性同余式计算新的种子 randSeed，其高 16 位的随机性较好。将 randSeed 右移 16 位，得到一个 $0 \sim 65535$ 间的随机整数，再将此随机整数映射到 $0 \sim n-1$ 范围内。

对于函数 fRandom()，先用函数 Random(maxshort) 产生一个 $0 \sim$ maxshort-1 之间的整型随机序列，将每个整型随机数除以 maxshort，就得到 [0, 1) 区间中的随机实数。

```
RandomNumber::RandomNumber (unsigned long s) {        // 产生种子
   if (s == 0)
      randSeed = time(0);                             // 用系统时间产生种子
   else
      randSeed = s;                                   // 由用户提供种子
}

unsigned short RandomNumber::Random (unsigned long n) {   // 产生 0:n-1 之间的随机整数
   randSeed = multiplier * randSeed + adder;
   return (unsigned short)((randSeed>>16) % n);
```

```
}

double RandomNumber::fRandom (void) {                    // 产生[0,1]之间的随机实数
    return Random(maxshort)/double(maxshort);
}
```

下面用计算机产生的伪随机数来模拟抛硬币试验。假设抛 10
次硬币，每次抛硬币得到正面和反面是随机的。抛 10 次硬币构成
一个事件。调用 Random(2)返回一个二值结果：返回 0，表示抛硬
币得到反面；返回 1，表示得到正面。下面的算法 TossCoins 模拟
抛 10 次硬币这一事件。在主程序中反复用函数 TossCoins 模拟抛
10 次硬币这一事件 50000 次。用 head[i]（0≤i≤10）记录这 50000
次模拟恰好得到 i 次正面的次数。最终输出模拟抛硬币事件得到
正面事件的频率图，如图 7-1 所示。

```
 0    *
 1    *
 2      *
 3         *
 4           *
 5            *
 6           *
 7         *
 8      *
 9    *
10    *
```

图 7-1 模拟抛硬币得到的
正面事件频率

```
int TossCoins(int numberCoins) {                         // 随机抛硬币
    static RandomNumber  coinToss;
    int  i, tosses = 0;
    for (i=0; i < numberCoins; i++)
        tosses += coinToss.Random(2);                    // Random(2)=1 表示正面
    return tosses;
}
// 测试程序
void main(void) {                                        // 模拟随机抛硬币事件
    const int NCOINS=10;
    const long NTOSSES=50 000L;
    // heads[i]是得到 i 次正面的次数
    long  i, heads[NCOINS + 1];
    int  j, position;
    for (j=0; j < NCOINS+1; j++)                          // 初始化数组 heads
        heads[j] = 0;
    for (i=0; i < NTOSSES; i++)                           // 重复50000次模拟事件
        heads[TossCoins(NCOINS)]++;
    for (i=0; i <= NCOINS; i++) {                         // 输出频率图
        position = int (float(heads[i])/NTOSSES * 72);
        cout<<setw(6)<<i<<";
        for (j=0; j < position-1; j++)
            cout<<" ";
        cout<<"*"<<endl;
    }
}
```

7.2 数值随机化算法

7.2.1 用随机投点法计算 π 值

设有一半径为 r 的圆及其外切四边形（如图 7-2(a)所示），向该正方形随机地投掷 n 个点。

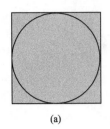

(a)　　　　　(b)

图 7-2　计算 π 值的随机投点法

设落入圆内的点数为 k。由于所投入的点在正方形上均匀分布，因而所投入的点落入圆内的概率为 $\dfrac{\pi r^2}{4r^2}=\dfrac{\pi}{4}$。所以当 n 足够大时，k 与 n 之比就逼近这一概率，即 $\dfrac{\pi}{4}$，从而 $\pi\approx\dfrac{4k}{n}$。由此可得用随机投点法计算 π 值的数值随机化算法。具体实现时只要在第一象限计算即可，如图 7-2(b)所示。

```
double Darts(int n) {              // 用随机投点法计算π值
  static RandomNumber  dart;
  int  k = 0;
  for (int i=1; i <= n; i++) {
    double x= dart.fRandom();
    double y= dart.fRandom();
    if ((x*x+y*y) <= 1)
      k++;
  }
  return 4*k/double(n);
}
```

7.2.2　计算定积分

（1）用随机投点法计算定积分

设 $f(x)$ 是[0, 1]上的连续函数，且 $0\leqslant f(x)\leqslant 1$。需要计算积分值 $I=\displaystyle\int_0^1 f(x)\mathrm{d}x$。积分 I 等于图 7-3 中的面积 G。在图 7-3 所示单位正方形内均匀地作投点试验，则随机点落在曲线 $y=f(x)$ 下面的概率为

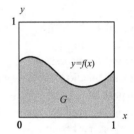

图 7-3　计算定积分的随机投点法

$$P_r\{y\leqslant f(x)\}\int_0^1\int_0^{f(x)}\mathrm{d}y\mathrm{d}x=\int_0^1 f(x)\mathrm{d}x=I$$

假设向单位正方形内随机地投入 n 个点 (x_i, y_i)（$i=1, 2, \cdots, n$）。随机点 (x_i, y_i) 落入 G 内，则 $y_i\leqslant f(x_i)$。如果有 m 个点落入 G 内，则 $\bar{I}=\dfrac{m}{n}$ 近似等于随机点落入 G 内的概率，即 $\bar{I}\approx\dfrac{m}{n}$。

由此可设计出计算积分 I 的数值随机化算法。

```
double Darts(int n) { // 用随机投点法计算定积分
  static RandomNumber  dart;
  int  k = 0;
  for (int i=1; i <= n; i++) {
    double  x = dart.fRandom();
    double  y = dart.fRandom();
    if (y <= f(x))
      k++;
  }
```

```
    return k/double(n);
 }
```

如果所遇到的积分形式为 $I = \int_a^b f(x)\mathrm{d}x$。其中，$a$ 和 b 为有限值；被积函数 $f(x)$ 在区间 $[a, b]$ 中有界，并用 M、L 分别表示其最大值和最小值。此时可作变量代换 $x=a+(b-a)z$，将所求积分变为 $I=cI^*+d$。式中，

$$c = (M-L)(b-a), \quad d = L(b-a), \quad I^* = \int_0^1 f^*(z)\mathrm{d}z$$

$$f^*(z) = \frac{1}{M-L}[f(a+(b-a)z)-L] \qquad (0 \leqslant f^*(z) \leqslant 1)$$

因此，I^* 可用随机投点法计算。

（2）用平均值法计算定积分

任取一组相互独立、同分布的随机变量 $\{\xi_i\}$，ξ_i 在 $[a, b]$ 中服从分布律 $f(x)$，令 $g^*(x)=\dfrac{g(x)}{f(x)}$，则 $\{g^*(\xi_i)\}$ 也是一组互相独立、同分布的随机变量，而且

$$E(g^*(\xi_i)) = \int_a^b g^*(x)f(x)\mathrm{d}x = \int_a^b g(x)\mathrm{d}x = I$$

由强大数定理

$$P_r \cdot \left(\lim_{n \to \infty} \frac{1}{n} \sum_{i=1}^n g_*(\xi_i) = I \right) = 1$$

若选 $\overline{I} = \dfrac{1}{n}\sum_{i=1}^n g^*(\xi_i)$，则 $\overline{I}$ 依概率 1 收敛于 I。平均值法就是用 $\overline{I}$ 作为 I 的近似值。

假设要计算的积分形式为 $I = \int_a^b g(x)\mathrm{d}x$，其中被积函数 $g(x)$ 在区间 $[a, b]$ 内可积。任意选择一个有简便方法可以进行抽样的概率密度函数 $f(x)$，使其满足下列条件：① 当 $g(x) \neq 0$（$a \leqslant x \leqslant b$）时，$f(x) \neq 0$；② $\int_a^b f(x)\mathrm{d}x = 1$。如果记

$$g^*(x) = \begin{cases} \dfrac{g(x)}{f(x)} & f(x) \neq 0 \\ 0 & f(x) \neq 0 \end{cases}$$

则所求积分可以写为

$$I = \int_a^b g^*(x)f(x)\mathrm{d}x$$

由于 a 和 b 为有限值，可取 $f(x)$ 为均匀分布

$$f(x) = \begin{cases} \dfrac{1}{b-a} & a \leqslant x \leqslant b \\ 0 & x < a, \; x > b \end{cases}$$

这时所求积分变为

$$I = (b-a)\int_a^b g(x)\frac{1}{b-a}\mathrm{d}x$$

在$[a, b]$区间上随机抽取一个点x_i（$i=1, 2, \cdots, n$），则均值$\overline{I} = \frac{b-a}{n} \sum\limits_{i=1}^{n} g(x_i)$可作为所求积分$I$的近似值。

由此可设计出计算积分I的平均值法如下：

```
double Integration(double a, double b, int n) {        // 用平均值法计算定积分
    static RandomNumber  rnd;
    double y = 0;
    for (int i=1; i <= n ;i++) {
        double  x = (b-a)*rnd.fRandom()+a;
        y += g(x);
    }
    return (b-a)*y/double(n);
}
```

7.2.3　解非线性方程组

假设我们要求解下面的非线性方程组

$$\begin{cases} f_1(x_1, x_2, \cdots, x_n) = 0 \\ f_2(x_1, x_2, \cdots, x_n) = 0 \\ \cdots \\ f_n(x_1, x_2, \cdots, x_n) = 0 \end{cases}$$

式中，$x_1, x_2, \cdots, x_n$是实变量，f_i（$i=1, 2, \cdots, n$）是未知量$x_1, x_2, \cdots, x_n$的非线性实函数。要求上述方程组在指定求根范围内的一组解$x_1^*, x_2^*, \cdots, x_n^*$。

解决这类问题有多种数值方法，最常用的有线性化方法和求函数极小值方法。应当指出，在使用某种具体算法求解的过程中有时会遇到一些麻烦，甚至使方法失效而不能获得近似解，此时可以求助于随机化算法。一般而言，随机化算法需耗费较多时间，但其设计思想简单，易于实现，因此在实际使用中还是比较有效的。对于精度要求较高的问题，随机化算法常常可以提供一个较好的初值。下面介绍求解非线性方程组的随机化算法的基本思想。

为了求解所给的非线性方程组，构造一目标函数

$$\Phi(x) = \sum f_i^2(x)$$

式中，$x = (x_1, x_2, \cdots, x_n)$。易知，函数$\Phi(x)$的极小值点即是所求非线性方程组的一组解。

在求函数$\Phi(x)$的解时可采用简单随机模拟算法。在指定求根区域内，选定一个x_0作为根的初值。按照预先选定的分布（如以x_0为中心的正态分布、均匀分布、三角分布等），逐个选取随机点x，计算目标函数$\Phi(x)$，并把满足精度要求的随机点x作为所求非线性方程组的近似解。这种方法直观、简单，但工作量较大。下面介绍的随机搜索算法可以克服这个缺点。

在指定的求根区域D内，选定一个随机点x_0作为随机搜索的出发点。在搜索过程中，假设第j步随机搜索得到的随机搜索点为x_j。在第$j+1$步，先计算下一步的随机搜索方向r，再计算搜索步长a，由此得到第$j+1$步的随机搜索增量Δx_j。从当前点x_j依随机搜索增量Δx_j得到第$j+1$步的随机搜索点$x_{j+1}=x_j+\Delta x_j$。当$\Phi(x_{j+1})<\varepsilon$时，取$x_{j+1}$为所求非线性方程组的近似解，否则进行下一步新的随机搜索过程。

具体算法可描述如下：

```
bool NonLinear(double *x0, double *dx0, double *x, double a0, double epsilon,
               double k, int n, int Steps, int M) {        // 解非线性方程组的随机化算法
    static RandomNumber  rnd;
    bool  success;                                          // 搜索成功标志
    double  *dx, *r;
    dx = new double [n+1];                                  // 步进增量向量
    r = new double [n+1];                                   // 搜索方向向量
    int  mm = 0;                                            // 当前搜索失败次数
    int  j = 0;                                             // 迭代次数
    double  a = a0;                                         // 步长因子
    for (int i=1; i <= n; i++) {
        x[i] = x0[i];
        dx[i] = dx0[i];
    }
    double  fx = f(x, n);                                   // 计算目标函数值
    double  min = fx;                                       // 当前最优值
    while ((min>epsilon) && (j<Steps)) {                    // (1)计算随机搜索步长
        if (fx < min) {                                     // 搜索成功
            min = fx;
            a *= k;
            success = true;
        }
        else {                                              // 搜索失败
            mm++;
            if (mm > M)
                a /= k;
            success = false;
        }
        for (int i=1; i <= n ;i++)                          // (2)计算随机搜索方向和增量
            r[i] = 2.0*rnd.fRandom()-1;
        if (success)
            for (int i=1; i <= n; i++)
                dx[i] = a*r[i];
        else {
            for (int i=1; i <= n; i++)
                dx[i] = a*r[i]-dx[i];
        }
        for (int i=1; i <= n; i++)                          // (3)计算随机搜索点
            x[i] += dx[i];
        fx=f(x, n);                                         // (4)计算目标函数值
    }
    if (fx <= epsilon)
        return true;
    else
        return false;
}
```

7.3   舍伍德算法

分析算法在平均情况下的计算复杂性时,通常假定算法的输入数据服从某一特定的概率分布。例如,在输入数据是均匀分布时,快速排序算法所需的平均时间是 $O(n\log n)$。而当其输入已"几乎"排好序时,这个时间界就不再成立。此时可采用舍伍德算法(Sherwood)消除算法所需计算时间与输入实例间的这种联系。

设 A 是一个确定性算法,当它的输入实例为 x 时所需的计算时间记为 $t_A(x)$。设 X_n 是算法 A 的输入规模为 n 的实例的全体,则当问题的输入规模为 n 时,算法 A 所需的平均时间为

$$\bar{t}_A(n) = \sum_{x \in X_n} t_A(x) / |X_n|$$

这显然不能排除存在 $x \in X_n$ 使得 $t_A(x) \gg \bar{t}_A(n)$ 的可能性。我们希望获得一个随机化算法 B,使得对问题的输入规模为 n 的每个实例 $x \in X_n$ 均有 $t_B(x) = \bar{t}_A(n) + s(n)$。对于具体实例 $x \in X_n$,算法 B 偶尔需要较 $\bar{t}_A(n) + s(n)$ 多的计算时间。但这仅仅由于算法所做的概率选择引起的,与具体实例 x 无关。定义算法 B 关于规模为 n 的随机实例的平均时间为

$$\bar{t}_B(n) = \sum_{x \in X_n} t_B(x) / |X_n|$$

易知,$\bar{t}_B(n) = \bar{t}_A(n) + s(n)$。这就是舍伍德算法设计的基本思想。当 $+s(n)$ 与 $\bar{t}_A(n)$ 相比可忽略时,舍伍德算法可获得很好的平均性能。

7.3.1   线性时间选择算法

第 2 章中讨论了快速排序算法和线性时间选择算法。这两个算法的随机化版本就是舍伍德型随机化算法。这两个算法的核心都在于选择合适的划分基准。对于选择问题而言,用拟中位数作为划分基准可以保证在最坏情况下用线性时间完成选择。如果只简单地用待划分数组的第一个元素作为划分基准,则算法的平均性能较好,而在最坏情况下需要 $O(n^2)$ 计算时间。舍伍德型选择算法则随机地选择一个数组元素作为划分基准。这样既能保证算法的线性时间平均性能,也避免了计算拟中位数的麻烦。

非递归的舍伍德型选择算法可描述如下:

```cpp
template<class Type>
Type select(Type a[], int l, int r, int k) {        // 计算a[l:r]中第k小元素
    static RandomNumber  rnd;
    while (true) {
        if (l >= r)
            return a[l];
        int i = l,
            j = l+rnd.Random(r-l+1);                 // 随机选择的划分基准
        Swap(a[i], a[j]);
        j = r+1;
        Type  pivot = a[l];
        // 以划分基准为轴作元素交换
        while (true) {
            while (a[++i] < pivot)  ;
            while (a[--j] > pivot)  ;
```

```
        if (i >= j)
            break;
        Swap(a[i], a[j]);
    }
    if (j-1+1 == k)
        return pivot;
    a[l] = a[j];
    a[j] = pivot;
    if (j-1+1 < k) {                       // 对子数组重复划分过程
        k = k-j+1-1;
        l = j+1;
    }
    else
        r=j-1;
    }
}


template<class Type>
Type Select(Type a[], int n, int k) {      // 计算 a[0:n-1]中的第 k 小元素
    if (k<1 || k>n)                        // 假设 a[n]是一个键值无穷大的元素
        throw OutOfBounds();
    return select(a, 0, n-1, k);
}
```

由于算法 Select 使用随机数产生器随机地产生 l 和 r 之间的一个随机整数，因此产生的划分基准是随机的。可以证明，当用算法 Select 对含有 n 个元素的数组进行划分时，划分出的低区子数组中含有一个元素的概率为 $2/n$，含有 i 个元素的概率为 $1/n$（$i=2, 3, \cdots, n-1$）。设 $T(n)$ 是算法 Select 作用于一个含有 n 个元素的输入数组上所需的期望时间的上界，且 $T(n)$ 是单调递增的。在最坏情况下，第 k 小元素总是被划分在较大的子数组中。由此可以得到关于 $T(n)$ 的递归式

$$T(n) \leqslant \frac{1}{n}\left(T(\max)1, n-1)) + \sum_{i-1}^{n-1} T(\max)i, n-i)) \right) + O(n)$$

$$\leqslant \frac{1}{n}\left(T(n-1) + 2\sum_{i=n/2}^{n-1} T(i) \right) + O(n) = \frac{2}{n}\sum_{i=n/2}^{n-1} T(i) + O(n)$$

在上面的推导中，从第 1 行到第 2 行是因为 $\max(1, n-1)=n-1$，而

$$\max(i, n-i) = \begin{cases} i & i \geqslant \dfrac{n}{2} \\ n-i & i < \dfrac{n}{2} \end{cases}$$

且 n 是奇数时，$T(n/2), T(n/2+1), \cdots, T(n-1)$ 在和式中均出现 2 次；n 是偶数时，$T(n/2+1)$，$T(n/2+2), \cdots, T(n-1)$ 均出现 2 次，$T(n/2)$ 只出现 1 次。因此，第 2 行中的和式是第 1 行中和式的上界。从第 2 行到第 3 行是因为在最坏情况下 $T(n-1)=O(n^2)$，故可将 $T(n-1)/n$ 包含在 $O(n)$ 项中。

解上面的递归式可得 $T(n)=O(n)$。换句话说，非递归的舍伍德型选择算法 Select 可以在 $O(n)$ 平均时间内找出 n 个输入元素中的第 k 小元素。

综上所述，开始时考虑的是一个有很好平均性能的选择算法，但在最坏情况下对某些实例算法效率较低。此时采用概率方法，将上述算法改造成舍伍德型算法，使得该算法以高概率对任何实例均有效。对于舍伍德型快速排序算法，分析是类似的。

上述舍伍德型选择算法对确定性选择算法所做的修改非常简单且容易实现。但有时所给的确定性算法无法直接改造成舍伍德型算法，此时可借助随机预处理技术，不改变原有的确定性算法，仅对其输入进行随机洗牌，同样可收到舍伍德算法的效果。例如，对于确定性选择算法，可以用下面的洗牌算法 Shuffle 将数组 a 中元素随机排列，然后用确定性选择算法求解。这样做的效果与舍伍德型算法是一样的。

```
template<class Type>
void Shuffle(Type a[], int n) {                    // 随机洗牌算法
    static RandomNumber  rnd;
    for (int i=0; i < n; i++) {
        int  j = rnd.Random(n-i)+i;
        Swap(a[i], a[j]);
    }
}
```

7.3.2 搜索有序表

有序字典是表示有序集很有用的抽象数据类型，支持对有序集的搜索、插入、删除、前驱、后继等运算。许多基本数据结构可用于实现有序字典。下面讨论一种基本的数据结构。

用两个数组表示含有 n 个元素的有序集 S。value[0:n]存储有序集中的元素，link[0:n]存储有序集中元素在数组 value 中位置的指针。link[0]指向有序集中第 1 个元素，即 value[link[0]]是集合中的最小元素。一般地，如果 value[i]是所给有序集 S 中的第 k 个元素，则 value[link[i]]是 S 中的第 $k+1$ 个元素。S 中元素的有序性表现为，对于任意 $1 \leq i \leq n$ 有 value[i]$\leq$value[link[i]]。对集合 S 中的最大元素 value[k]有，link[k]=0 且 value[0]是一个大数。例如，有序集 S={1, 2, 3, 5, 8, 13, 21}的一种表示方式如图 7-4 所示。

i	0	1	2	3	4	5	6	7
Value[i]	∞	2	3	13	1	5	21	8
Link[i]	4	2	5	6	1	7	0	3

图 7-4　用数组表示有序集

在此例中，link[0]=4 指向 S 中最小元素 value[4]=1，这种表示有序集的方法实际上是用数组来模拟有序链表。有序链表可采用顺序搜索的方式在所给的有序集 S 中搜索链值为 x 的元素。如果有序集 S 含有 n 个元素，则在最坏情况下，顺序搜索算法所需的时间为 $O(n)$。

利用数组下标的索引性质，可以设计一个随机化搜索算法，以改进算法的搜索时间复杂性。算法的基本思想是，随机抽取数组元素若干次，从较接近搜索元素 x 的位置开始做顺序搜索。可以证明，如果随机抽取数组元素 k 次，则其后顺序搜索所需的平均比较次数为 $O(n/(k+1))$。因此如果取 $k\lfloor\sqrt{n}\rfloor$，则算法所需的平均计算时间为 $O(\sqrt{n})$。

下面讨论上述算法的实现细节。用数组来表示的有序链表由类 OrderedList 定义如下：

```
template<class Type>
class OrderedList {
public:
    OrderedList(Type small, Type Large, int MaxL);
```

```
    ~OrderedList();
    bool Search(Type x, int& index);        // 搜索指定元素
    int SearchLast(void);                    // 搜索最大元素
    void Insert(Type k);                     // 插入指定元素
    void Delete(Type k);                     // 删除指定元素
    void Output();                           // 输出集合中元素
  private:
    int  n;                                  // 当前集合中元素个数
    int  MaxLength;                          // 集合中最大元素个数
    Type *value;                             // 存储集合中元素的数组
    int  *link;                              // 指针数组
    RandomNumber  rnd;                       // 随机数产生器
    Type  Small;                             // 集合中元素的下界
    Type  TailKey;                           // 集合中元素的上界
};
template<class Type>
OrderedList<Type>::OrderedList(Type small, Type Large, int MaxL) {        // 构造函数
    MaxLength = MaxL;
    value = new Type [MaxLength+1];
    link = new int [MaxLength+1];
    TailKey = Large;
    n = 0;
    link[0] = 0;
    value[0] = TailKey;
    Small = small;
}
template<class Type>
OrderedList<Type>::~OrderedList() {            // 析构函数
    delete value;
    delete link;
}
```

其中，MaxLength 是集合中元素个数的上限；Small 和 TailKey 分别是全集合中元素的下界和上界；OrderedList 的构造函数初始化其私有成员数组 value 和 link，它的析构函数则释放 value 和 link 占用的所有空间。

OrderedList 类的共享成员函数 Search()用来搜索当前集合中的元素 x。当搜索到元素 x 时，将该元素在数组 value 中的位置返回到 index 中，并返回 true，否则返回 false。

```
template<class Type>
bool OrderedList<Type>::Search(Type x, int& index) {  // 搜索集合中指定元素 k
    index = 0;
    Type  max = Small;
    int  m = floor(sqrt(double(n)));                    // 随机抽取数组元素次数
    for (int i=1; i <= m; i++) {
        int  j = rnd.Random(n)+1;                       // 随机产生数组元素位置
        Type  y = value[j];
        if ((max<y) && (y<x)) {
            max = y;
            index = j;
```

```
        }
    }
    while (value[link[index]]<x)                    // 顺序搜索
        index = link[index];
    return (value[link[index]] == x);
}
```

有了函数 Search()，就容易设计支持集合的插入和删除运算的算法 Insert 和 Delete 如下。插入运算首先用函数 Search()确认待插入元素 k 不在当前集合中，然后将新插入的元素存储在 value[$n+1$]中，并修改相应的指针。Insert 算法所需的平均计算时间显然为 $O(\sqrt{n})$。

```
template<class Type>
void OrderedList<Type>::Insert(Type k) {            // 插入指定元素
    if ((n == MaxLength) || (k >= TailKey))
        return;
    int  index;
    if (!Search(k, index)) {
        value[++n] = k;
        link[n] = link[index];
        link[index] = n;
    }
}
```

删除运算首先用函数 Search()找到待删除元素 k 在当前集合中的位置，然后修改待删除元素 k 的前驱元素的 link 指针，使其指向待删除元素 k 的后继元素。被删除元素 k 在有序表中产生的空洞，由当前集合中的最大元素来填补。搜索当前集合中的最大元素的任务由函数 SearchLast()来完成，与函数 Search()类似，所需的平均计算时间也是 $O(\sqrt{n})$。因此，实现删除运算的算法 Delete 所需的平均计算时间为 $O(\sqrt{n})$。

```
template<class Type>
int OrderedList<Type>::SearchLast(void) {           // 搜索集合中最大元素
    int  index = 0;
    Type  x = value[n];
    Type  max = Small;
    int m = floor(sqrt(double(n)));                 // 随机抽取数组元素次数
    for (int i=1; i <= m; i++) {
        int  j = rnd.Random(n)+1;                   // 随机产生数组元素位置
        Type y = value[j];
        if ((max<y) && (y<x)) {
            max = y;
            index = j;
        }
    }
    while (link[index] != n)                         // 顺序搜索
        index = link[index];
    return index;
}


template<class Type>
```

```
void OrderedList<Type>::Delete(Type k) {          // 删除集合中指定元素 k
    if ((n==0) || (k>= TailKey))
        return;
    int  index;
    if (Search(k, index)) {
        int  p = link[index];
        if (p == n)
            link[index] = link[p];
        else {
            if (link[p] != n) {
                int  q = SearchLast();
                link[q] = p;
                link[index] = link[p];
            }
            value[p] = value[n];
            link[p] = link[n];
        }
        n--;
    }
}
```

7.3.3 跳跃表

舍伍德算法的设计思想还可用于设计高效的数据结构，跳跃表就是一例。如果用有序链表表示含有 n 个元素的有序集 S，则在最坏情况下，搜索 S 中一个元素需要 $\Omega(n)$ 计算时间。提高有序链表效率的一个技巧是在有序链表的部分结点处增设附加指针以提高其搜索性能。在增设附加指针的有序链表中搜索一个元素时，可借助附加指针跳过链表中若干结点，加快搜索速度。这种增加了向前附加指针的有序链表称为跳跃表。应在跳跃表的哪些结点增加附加指针，以及在该结点处应增加多少指针完全采用随机化方法确定。这使得跳跃表可在 $O(\log n)$ 平均时间内支持有序集的搜索、插入和删除等运算。例如，图 7-5(a) 是一个没有附加指针的有序链表，图 7-5(b) 在图 7-5(a) 的基础上增加了跳跃一个结点的附加指针，图 7-5(c) 在图 7-5(b) 的基础上又增加了跳跃 3 个结点的附加指针。

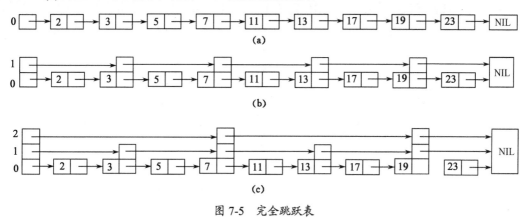

图 7-5 完全跳跃表

在跳跃表中，如果一个结点有 $k+1$ 个指针，则称此结点为一个 k 级结点。

以图 7-5(c)中跳跃表为例，看如何在该跳跃表中搜索元素 8。从该跳跃表的最高级，即第 2 级开始搜索。利用 2 级指针发现元素 8 位于结点 7 和 19 之间。此时在结点 7 处降至 1 级指针继续搜索，发现元素 8 位于结点 7 和 13 之间。最后，在结点 7 处降至 0 级指针进行搜索，发现元素 8 位于结点 7 和 11 之间，从而知道元素 8 不在所搜索的集合 S 中。

在一般情况下，给定一个含有 n 个元素的有序链表，可以将它改造成一个完全跳跃表，使得每个 k 级结点含有 $k+1$ 个指针，分别跳过 2^k-1，$2^{k-1}-1$，$\cdots$，2^0-1 个中间结点。第 i 个 k 级结点安排在跳跃表的位置 $i2^k$（$i \geqslant 0$）处，这样就可以在 $O(\log n)$ 时间内完成集合成员的搜索运算。在一个完全跳跃表中，最高级的结点是 $\lceil \log n \rceil$ 结点。

完全跳跃表与完全二叉搜索树的情形非常类似，虽然可以有效地支持成员搜索运算，但不适用集合动态变化的情况。集合元素的插入和删除运算会破坏完全跳跃表原有的平衡状态，影响后继元素搜索的效率。为了在动态变化中维持跳跃表中附加指针的平衡性，必须使跳跃表中 k 级结点数维持在总结点数的一定比例范围内。在一个完全跳跃表中，50%的指针是 0 级指针，25%的指针是 1 级指针，$\cdots$，($100/2^{k+1}$)%的指针是 k 级指针。因此，在插入一个元素时，以概率 1/2 引入一个 0 级结点，以概率 1/4 引入一个 1 级结点，$\cdots$，以概率 $1/2^{k+1}$ 引入一个 k 级结点。另一方面，一个 i 级结点指向下一个同级或更高级的结点，所跳过的结点数不再准确地维持在 2^i-1。经过这样的修改，就可以在插入或删除一个元素时，通过对跳跃表的局部修改来维持其平衡性。跳跃表中结点的级别在插入时确定，一旦确定便不再更改。图 7-6 是遵循上述原则的跳跃表的例子。对其进行搜索与对完全跳跃表所做的搜索是一样的。

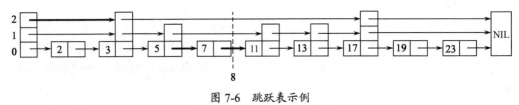

图 7-6 跳跃表示例

如果希望在图 7-6 所示的跳跃表中插入一个元素 8，则应先在跳跃表中搜索其插入位置。经搜索发现，应在结点 7 和 11 之间插入元素 8。此时在结点 7 和 11 之间增加 1 个存储元素 8 的新结点，并以随机的方式确定新结点的级别。例如，如果元素 8 是作为一个 2 级结点插入，则应对图 7-6 中与虚线相交的指针进行调整如图 7-7(a)所示。如果新插入的结点是一个 1 级结点，则只要修改 2 个指针，如图 7-7(b)所示。图 7-6 中与虚线相交的指针是在插入新结点后有可能被修改的指针，这些指针可在搜索元素插入位置时动态地保存起来，以供实施插入时使用。

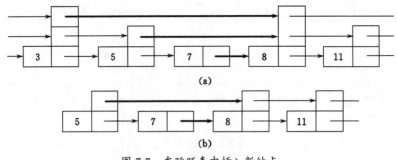

图 7-7 在跳跃表中插入新结点

在上述算法中，关键的问题是如何随机地生成新插入结点的级别。注意到在一个完全跳跃表中，具有 i 级指针的结点中有一半同时具有 $i+1$ 级指针。为了维持跳跃表的平衡性，我们可以事先确定一个实数 p（$0<p<1$），并要求在跳跃表中维持在具有 i 级指针的结点中同时具有 $i+1$ 级指针的结点所占比例约为 p。为此，在插入一个新结点时，先将其结点级别初始化为 0，然后用随机数生成器反复地产生一个 $[0, 1)$ 间的随机实数 q。如果 $q<p$，则使新结点级别增加 1，直至 $q \geqslant p$。由此过程可知，所产生的新结点的级别为 0 的概率为 $1-p$，级别为 1 的概率为 $p(1-p)$，…，级别为 i 的概率为 $p^i(1-p)$。如此产生的新结点的级别有可能是一个很大的数，甚至远远超过表中元素的个数。为了避免这种情况，用 $\log_{p^{-1}} n$ 作为新结点级别的上界。其中，n 是当前跳跃表中结点个数。当前跳跃表中任一结点的级别不超过 $\log_{p^{-1}} n$。

在具体实现时，可用一预先确定的常数 MaxLevel 作为跳跃表结点级别的上界。

下面讨论跳跃表的实现细节。跳跃表结点类型由类 SkipNode 定义如下：

```
template<class EType, class KType> class SkipList;
template<class EType, class KType>
class SkipNode {
    friend SkipList<EType, KType>;
private:
    SkipNode(int size) { next = new SkipNode<EType, KType>*[size]; }
    ~SkipNode() { delete [] next; }
    EType  data;
    SkipNode<EType, KType> **next;                          // 指针数组
};
```

其中，data 域存放集合中元素，next 是该结点的指针数组，next[i]是它的第 i 级指针。跳跃表由类 SkipList 定义如下：

```
template<class EType, class KType>
class SkipList {
public:
    SkipList(KType Large, int MaxE=10 000, float p=0.5);
    ~SkipList();
    bool Search(const KType& k, EType& e) const;
    SkipList<EType,KType>& Insert(const EType& e);
    SkipList<EType,KType>& Delete(const KType& k, EType& e);
    void Output();
private:
    int Level();
    SkipNode<EType, KType> *SaveSearch(const KType& k);
    int  MaxLevel;                          // 跳跃表级别上界
    int  Levels;                            // 当前最大级别
    RandomNumber  rnd;                      // 随机数产生器
    float  Prob;                            // 用于分配结点级别
    KType  TailKey;                         // 元素键值上界
    SkipNode<EType, KType> *head;           // 头结点指针
    SkipNode<EType, KType> *NIL;            // 尾结点指针
    SkipNode<EType, KType> **last;          // 指针数组
};
```

其中，MaxE 是集合中元素个数的上限，p 的定义如前所述。跳跃表中 0 级链元素从小到大排列。

跳跃表的构造函数初始化跳跃表的一些参数值，如 Prob、Levels、MaxLevel、TailKey 等。析构函数释放跳跃表占用的所有空间。

```cpp
template<class EType, class KType>
SkipList<EType,KType>::SkipList(KType Large, int MaxE, float p) {      // 构造函数
    Prob = p;
    MaxLevel = ceil(log(MaxE) / log(1/p))-1;                           // 初始化跳跃表级别上界
    TailKey = Large;                                                   // 元素键值上界
    Levels = 0;                                                        // 初始化当前最大级别
    // 创建头、尾结点和数组 last
    head = new SkipNode<EType, KType> (MaxLevel+1);
    NIL = new SkipNode<EType, KType>(0);
    last = new SkipNode<EType, KType> *[MaxLevel+1];
    NIL->data = Large;
    // 将跳跃表初始化为空表
    for (int i=0; i <= MaxLevel; i++)
        head->next[i] = NIL;
}

template<class EType, class KType>
SkipList<EType, KType>::~SkipList() {                                  // 析构函数
    SkipNode<EType, KType> *next;
    while (head != NIL) {                                              // 删除所有结点
        next = head->next[0];
        delete head;
        head = next;
    }
    delete NIL;
    delete[] last;
}
```

对跳跃表所表示的有序集的搜索、插入和删除等运算均要求对类 EType 进行重载，以便在 EType 与 KType 的成员间进行比较，并明确 EType 和 KType 成员间的相互赋值的定义。例如，当 EType 和 KType 分别是 int 和 long 时，其元素重载定义如下：

```cpp
class element {
    friend void main(void);
public:
    operator long() const {  return key;  }
    element& operator = (long y) {
        key = y;
        return *this;
    }
private:
    int   data;
    long  key;
};
```

SkipList 类有两个搜索函数。当需要搜索集合中键值为 k 的元素时，可用共享成员函数 Search()来搜索。当搜索到键值为 k 的元素时，将该元素返回到 e 中，并返回 true，否则返回 false。算法 Search 从最高级指针链开始搜索，一直到 0 级指针链。在每一级搜索中尽可能地接近要搜索的元素。当算法从 for 循环退出时，正好处在欲寻找元素的左边。与 0 级指针所指的下一个元素进行比较，即可确定要找的元素是否在跳跃表中。

```cpp
template<class EType, class KType>
bool SkipList<EType, KType>::Search(const KType& k, EType& e) const  {// 搜索指定元素 k
  if (k >= TailKey)
    return false;
  // 位置 p 恰好位于指定元素 k 之前
  SkipNode<EType, KType> *p = head;
  for (int i=Levels; i>= 0; i--)                    // 逐级向下搜索
    while (p->next[i]->data < k)                    // 在第 i 级链中搜索
      p = p->next[i];
  e = p->next[0]->data;
  return (e==k);
}
```

SkipList 的第 2 个搜索函数是私有成员函数 SaveSearch()，由插入和删除操作来调用。除了完成 Search 的功能，SaveSearch()还把每级中遇到的上一个结点存放在数组 last 中，供插入和删除操作修改跳跃表指针时使用。

```cpp
template<class EType, class KType>
// 搜索指定元素 k，并将每级中遇到的上一个结点存放在数组 last 中
SkipNode<EType,KType>* SkipList<EType,KType>::SaveSearch(const KType& k) {
  // 位置 p 恰好位于指定元素 k 之前
  SkipNode<EType, KType> *p = head;
  for (int i=Levels; i>= 0; i--) {
    while (p->next[i]->data< k)
      p = p->next[i];
    last[i] = p;                                     // 上一个第 i 级结点
  }
  return (p->next[0]);
}
```

在跳跃表中插入一个元素的算法可描述如下。在插入一个新结点时，算法随机地为其分配一个结点级别。当要插入的元素键值超过 TailKey 或表中已有相同键值的元素时，函数 Insert()将引发 BadInput 异常。如果在执行插入时已没有足够的空间，则由 new 引发一个 NoMem 异常，当元素 e 被成功插入后，Insert()返回跳跃表。

```cpp
template<class EType, class KType>
int SkipList<EType, KType>::Level() {               // 产生不超过 MaxLevel 的随机级别
  int  lev = 0;
  while (rnd.fRandom() < Prob)
    lev++;
  return (lev <= MaxLevel) ? lev : MaxLevel;
}

template<class EType, class KType>
```

```
SkipList<EType, KType>& SkipList<EType, KType>::Insert(const EType& e) {    // 插入指定元素 e
    KType  k = e;                                                           // 取得元素键值
    if (k >= TailKey)
        throw BadInput();                                                   // 元素键值超界
    // 检查元素是否已存在
    SkipNode<EType, KType> *p = SaveSearch(k);
    if (p->data == e)
        throw BadInput();                                                   // 元素已存在
    int  lev = Level();                                                     // 元素不存在，确定新结点级别
    if (lev > Levels) {                                                     // 调整各级别指针
        for (int i=Levels+1; i <= lev; i++)
            last[i] = head;
        Levels = lev;
    }
    // 产生新结点，并将新结点插入 p 之后
    SkipNode<EType, KType> *y =new SkipNode<EType, KType>(lev+1);
    y->data = e;
    for (int i=0; i <= lev; i++) {                                          // 插入第 i 级链
        y->next[i] = last[i]->next[i];
        last[i]->next[i] = y;
    }
    return *this;
}
```

从跳跃表中删除一个元素的算法可描述如下：删除跳跃表中键值为 k 的元素，并将所删除的元素存放在 e 中；在执行过程中，若没有找到键值为 k 的元素，则引发 BadInput 异常。算法中的 while 循环用来修改 Levels 的值，找出至少包含一个元素的指针级别。当跳跃表为空时，Levels 被置为 0。

```
template<class EType, class KType>
// 删除键值为 k 的元素，并将所删除元素存入 e
SkipList<EType, KType>& SkipList<EType, KType>::Delete(const KType& k, EType& e) {
    if (k >= TailKey)
        throw BadInput();                                                   // 元素键值超界
    SkipNode<EType, KType> *p = SaveSearch(k);                              // 搜索待删除元素
    if (p->data != k)
        throw BadInput();                                                   // 未找到
    // 从跳跃表中删除结点
    for (int i=0; i <= Levels && last[i]->next[i]==p; i++)
        last[i]->next[i] = p->next[i];
    // 更新当前级别
    while (Levels > 0 && head->next[Levels] == NIL)
        Levels--;
    e=p->data;
    delete p;
    return *this;
}

template<class EType, class KType>
void SkipList<EType, KType>::Output() {                                     // 输出集合中元素
```

```
SkipNode<EType, KType> *y = head->next[0];
for (; y != NIL; y = y->next[0])
    cout<<y->data<<' ';
cout<<endl;
}
```

当跳跃表中有 n 个元素时，在最坏情况下，对跳跃表进行搜索、插入和删除运算所需的计算时间均为 $O(n+\text{MaxLevel})$。在最坏情况下，可能只有一个 MaxLevel 级的元素，其余元素均在 0 级链上，此时跳跃表退化为有序链表。由于跳跃表采用了随机化技术，它的每种运算（搜索、插入和删除）在最坏情况下的期望时间均为 $O(\log n)$。

在一般情况下，跳跃表的 1 级链上约有 np 个元素，2 级链上大约有 np^2 个元素，…，i 级链上大约有 np^i 个元素。因此跳跃表指针域占用空间的平均值是

$$n\sum_i p^i = n/(1-p)$$

即跳跃表所占用的空间为 $O(n)$。特别地，当 $p=0.5$ 时，约需 $2n$ 个指针空间。

7.4 拉斯维加斯算法

舍伍德型算法的优点是，其计算时间复杂性对所有实例而言相对均匀，但与其相应的确定性算法相比，其平均时间复杂性没有改进。拉斯维加斯（Las Vegas）算法则不然，它能显著地改进算法的有效性，甚至对某些迄今为止找不到有效算法的问题，也能得到满意的结果。

拉斯维加斯算法的一个显著特征是它所做的随机性决策有可能导致算法找不到所需的解，因此通常用一个 bool 型函数表示拉斯维加斯型算法。当算法找到一个解时，返回 true，否则返回 false。拉斯维加斯算法的典型调用形式为 bool success=LV(x,y)，其中 x 是输入参数；当 success 的值为 true 时，y 返回问题的解。当 success 值为 false 时，算法未能找到问题的解。此时可对同一实例再次独立地调用相同的算法。

设 $p(x)$ 是对输入 x 调用拉斯维加斯算法获得问题的解的概率。一个正确的拉斯维加斯算法应该对所有输入 x 均有 $p(x)>0$。在更强意义下，要求存在一个常数 $\delta>0$，使得对问题的每个实例 x 均有 $p(x)\geqslant\delta$。设 $s(x)$ 和 $e(x)$ 分别是算法对于具体实例 x 求解成功或求解失败所需的平均时间，考虑下面的算法：

```
void Obstinate(InputType x, OutputType &y) {    // 反复调用拉斯维加斯算法 LV(x,y)，直到找到问题的一个解 y
    bool  success = false;
    while (!success)
        success = LV(x, y);
}
```

由于 $p(x)>0$，故只要有足够的时间，对任何实例 x，上述算法 Obstinate 总能找到问题的解。设 $t(x)$ 是算法 Obstinate 找到具体实例 x 的解所需的平均时间，则

$$t(x)=p(x)s(x)+(1-p(x))(e(x)+t(x))$$

解此方程可得

$$t(x)=s(x)+\frac{1-p(x)}{p(x)}e(x)$$

7.4.1 *n* 后问题

n 后问题提供了设计高效的拉斯维加斯算法的很好的例子。在用回溯法解 *n* 后问题时，实际上是在系统地搜索整个解空间树的过程中找出满足要求的解。但忽略了一个重要事实：对于 *n* 后问题的任何一个解而言，每个皇后在棋盘上的位置无任何规律，不具有系统性，而更像是随机放置的。由此容易想到下面的拉斯维加斯算法。在棋盘上相继的各行中随机地放置皇后，并注意使新放置的皇后与已放置的皇后互不攻击，直至 *n* 个皇后均已相容地放置好，或已没有下一个皇后的可放置位置时为止。

具体算法可描述如下。类 Queen 的私有成员 *n* 表示皇后个数，数组 x 存储 *n* 后问题的解。

```
class Queen {
   friend void nQueen(int);
private:
   bool  Place(int k);             // 测试皇后 k 置于第 x[k]列的合法性
   bool  QueensLV(void);           // 随机放置 n 个皇后拉斯维加斯算法
   int   n,                        // 皇后个数
         x, y;                     // 解向量
};
```

类 Queen 的私有成员函数 Place(*k*)用于测试将皇后 *k* 置于第 x[*k*]列的合法性。

```
bool Queen::Place(int k) {         // 测试皇后 k 置于第 x[k]列的合法性
   for (int j=1; j<k; j++)
      if ((abs(k-j) == abs(x[j]-x[k])) || (x[j] == x[k]))
         return false;
   return true;
}
```

类 Queen 的私有成员函数 QueensLV(void)实现在棋盘上随机放置 *n* 个皇后的拉斯维加斯算法。

```
bool Queen::QueensLV(void) {       // 随机放置 n 个皇后的拉斯维加斯算法
   RandomNumber  rnd;             // 随机数产生器
   int  k = 1;                     // 下一个放置的皇后编号
   int  count = 1;
   while ((k <= n) && (count > 0)) {
      count = 0;
      for (int i=1; i <= n; i++) {
         x[k]=i;
         if (Place(k))
            y[count++] = i;
      }
      if (count>0)
         x[k++] = y[rnd.Random(count)];   // 随机位置
   }
   return (count>0);                // count>0 表示放置成功
}
```

类似算法 Obstinate，可以通过反复调用随机放置 *n* 个皇后的拉斯维加斯算法 QueensLV()，直至找到 *n* 后问题的解。

```
void nQueen(int n) {                    // 解 n 后问题的拉斯维加斯算法
   Queen  X;
   // 初始化 X
   X.n = n;
   int  *p = new int [n+1];
   for (int i=0; i <= n; i++)
     p[i] = 0;
   X.x = p;
   // 反复调用随机放置 n 个皇后的拉斯维加斯算法，直至放置成功
   while (!X.QueensLV())  ;
   for (int i=1; i <= n; i++)
     cout<<p[i]<<"";
   cout<<endl;
   delete[] p;
}
```

上述算法一旦发现无法再放置下一个皇后时，就要全部重新开始。如果将上述随机放置策略与回溯法相结合，可能获得更好的效果。可以先在棋盘的若干行中随机地放置皇后，然后在后继行中用回溯法继续放置，直至找到一个解或宣告失败。随机放置的皇后越多，后继回溯搜索所需的时间就越少，但失败的概率就越大。

与回溯法相结合的解 n 后问题的拉斯维加斯算法描述如下：

```
class Queen {
   friend void nQueen(int);
private:
   bool  Place(int k);                  // 测试皇后 k 置于第 x[k]列的合法性
   void  Backtrack(int t);              // 解 n 皇后问题的回溯法
   bool  QueensLV(int stopVegas);       // 随机放置 n 个皇后拉斯维加斯算法
   int  n, *x, *y;
};
```

类 Queen 的私有成员函数 Place(k)用于测试将皇后 k 置于第 x[k]列的合法性。
类 Queen 的私有成员函数 Backtrack(t)是解 n 后问题的回溯法。

```
bool Queen::Place(int k) {              // 测试皇后 k 置于第 x[k]列的合法性
   for (int j=1; j<k; j++)
     if ((abs(k-j) == abs(x[j]-x[k])) || (x[j] == x[k]))
        return false;
   return true;
}
bool Queen::Backtrack(int t) {          // 解 n 皇后问题的回溯法
   if (t > n) {
     for (int i=1; i <= n; i++)
        y[i] = x[i];
     return;
   }
   else {
     for (int i=1; i <= n; i++) {
        x[t] = i;
        if (Place(t) && Backtrack(t+1)
```

```
        return true;
    }
  }
  return false;
}
```

类 Queen 的私有成员函数 QueensLV(stopVegas)实现在棋盘上随机放置若干皇后的拉斯维加斯算法。其中，1≤stopVegas≤n，表示随机放置的皇后数。

```
bool Queen::QueensLV(int stopVegas) {           // 随机放置 n 个皇后拉斯维加斯算法
  RandomNumber  rnd;
  int   k = 1;                                   // 随机数产生器
  int   count = 1;
  // 1≤stopVegas≤n 表示允许随机放置的皇后数
  while ((k <= stopVegas) && (count > 0)) {
    count = 0;
    for (int i=1; i <= n; i++) {
      x[k] = i;
      if (Place(k))
        y[count++] = i;
    }
    if (count > 0)
      x[k++] = y[rnd.Random(count)];            // 随机位置
  }
  return (count>0);                              // count>0 表示放置成功
}
```

算法的回溯搜索部分与解 n 后问题的回溯法类似，不同的是只要找到一个解就可以了。

```
void nQueen(int n) {                            // 与回溯法相结合的解 n 后问题的拉斯维加斯算法
  Queen  X;
  // 初始化 X
  X.n =n;
  int  *p = new int [n+1];
  int  *q = new int [n+1];
  for (int i=0; i <= n; i++) {
    p[i] = 0;
    q[i] = 0;
  }
  X.y = p;
  X.x = q;
  int  stop = 5;
  if(n > 15)
    stop = n-15;
  bool  found = false;
  while (!X.QueensLV(stop)) ;
  if(X.Backtrack(stop+1)){                       // 算法的回溯搜索部分
    for (int i=1; i <= n; i++)
      cout<<p[i]<<" ;
    found = true;
  }
```

228

```
    cout << endl;
    delete[] p;
    delete[] q;
    return found;
}
```

表 7-1 给出了用上述算法解 8 后问题时，对于不同的 stopVegas 值，算法成功的概率 p，一次成功搜索访问的结点数平均值 s，一次不成功搜索访问的结点数平均值 e，以及反复调用算法使得最终找到一个解所访问的结点数的平均值 $t=s+(1-p)e/p$。stopVegas=0 相应于完全使用回溯法的情形。

表 7-1　解 8 后问题的拉斯维加斯算法中不同 stopVegas 值所相应的算法效率

stopVegas	p	a	e	t
0	1.0000	114.00	—	114.00
1	1.0000	39.63	—	39.63
2	0.8750	22.53	39.67	28.20
3	0.4931	13.48	15.10	29.01
4	0.2618	10.31	8.79	35.10
5	0.1624	9.33	7.29	46.92
6	0.1375	9.05	6.98	53.50
7	0.1293	9.00	6.97	55.93
8	0.1293	9.00	6.97	55.93

表 7-2 是当 $n=12$ 时，关于若干 stopVegas 值的统计数据。由此可以看出，当 $n=12$ 时，取 stopVegas=5 时，算法效率很高。

表 7-2　解 12 后问题的拉斯维加斯算法中不同 stopVegas 值所相应的算法效率

stopVegas	p	a	e	t
0	1.0000	262.00	—	262.00
5	0.5039	33.88	47.23	80.39
12	0.0465	13.00	10.20	222.11

7.4.2　整数因子分解

设 $n>1$ 是一个整数。关于整数 n 的因子分解问题是找出 n 的如下形式的唯一分解式：

$$n = p_1^{m_1} p_2^{m_2} \cdots p_k^{m_k}$$

式中，$p_1<p_2<\cdots<p_k$ 是 k 个素数，$m_1, m_2,\cdots, m_k$ 是 k 个正整数。

如果 n 是一个合数，则 n 必有一个非平凡因子 x（$1<x<n$），使得 x 可以整除 n。

给定一个合数 n，求 n 的一个非平凡因子的问题称为整数 n 的因子分割问题。

本章的 7.5 节会讨论一个用于测试给定整数的素性的蒙特卡罗算法。有了测试素性的算法后，整数的因子分解问题就转化为整数的因子分割问题。

下面的算法 Split(n)可实现对整数的因子分割。

```
int split(int n) {
    int m = floor(sqrt(double(n)));
```

```
   for (int i=2; i <= m; i++)
      if (n%i == 0)
         return i;
   return 1;
}
```

在最坏情况下，算法 Split(n)所需的计算时间为 $\Omega(\sqrt{n})$。当 n 较大时，上述算法无法在可接受的时间内完成因子分割任务。对于给定的正整数 n，设其位数为 $m = \lceil \log_{10}(1+n) \rceil$。由 $\sqrt{n} = \theta(10^{m/2})$ 知，算法 Split(n)是关于 m 的指数时间算法。

到目前为止，还没有找到解因子分割问题的多项式时间算法。事实上，算法 Split(n)是对范围在 $1 \sim x$ 的所有整数进行了试除而得到范围在 $1 \sim x^2$ 的任一整数的因子分割。下面要讨论的求整数 n 的因子分割的拉斯维加斯算法是由 Pollard 提出的，其效率比算法 Split(n)有较大的提高。Pollard 算法用与算法 Split(n)相同的工作量就可以得到在 $1 \sim x^4$ 范围内整数的因子分割。

Pollard 算法在开始时选取 $0 \sim (n-1)$ 范围内的随机数 x_1，然后递归地由 $x_i = (x_{i-1}^2 - 1) \bmod n$ 产生无穷序列 $x_1, x_2, \cdots, x_k, \cdots$。

对于 $i = 2^k (k=0, 1, \cdots)$ 和 $2^k < j \leqslant 2^{k+1}$，算法计算出 $x_j - x_i$ 与 n 的最大公因子 $d = \gcd(x_j - x_i, n)$。如果 d 是 n 的非平凡因子，则实现对 n 的一次分割，算法输出 n 的因子 d。

求整数 n 因子分割的拉斯维加斯算法 Pollard(n)可描述如下。其中，$\gcd(a, b)$ 是求 2 个整数最大公因数的欧几里得算法。

```
int gcd(int a, int b) {                    // 求整数 a 和 b 最大公因数的欧几里得算法
   if (b == 0)
      return a;
   else
      return gcd(b, a%b);
}

void Pollard(int n) {                      // 求整数 n 因子分割的拉斯维加斯算法
   RandomNumber  rnd;
   int  i = 1;
   int  x = rnd.Random(n);                 // 随机整数
   int  y = x;
   int  k = 2;
   while (true) {
      i++;
      x = (x*x-1) % n;                      // x_i=( x_{i-1}^2 -1) mod n
      int  d = gcd(y-x, n);                 // 求 n 的非平凡因子
      if ((d>1) && (d<n))
         cout<<d<<endl;
      if (i == k) {
         y = x;
         k *= 2;
      }
   }
}
```

对 Pollard 算法更深入的分析可知，执行算法的 while 循环约 $\sqrt{p}$ 次后，Pollard 算法会输出 n 的一个因子 p。由于 n 的最小素因子 $p \leqslant n$，故 Pollard 算法可在 $O(n^{1/4})$ 时间内找到 n 的一个素因子。

在上述 Pollard 算法中还可将产生序列 x_i 的递归式改为

$$x_i(x_{i-1}^2 - c) \bmod n$$

式中，c 是一个不等于 0 和 2 的整数。

7.5 蒙特卡罗算法

在实际应用中常会遇到一些问题，不论采用确定性算法或随机化算法，都无法保证每次能得到正确的解。蒙特卡罗算法则在一般情况下可以保证，对问题的所有实例都以高概率给出正确解，但是通常无法判定一个具体解是否正确。

7.5.1 蒙特卡罗算法的基本思想

设 p 是实数且 $1/2 < p < 1$。如果一个蒙特卡罗（Monte Carlo）算法对于问题的任一实例得到正确解的概率不小于 p，则称该蒙特卡罗算法是 p 正确的，且称 $p-1/2$ 是该算法的优势。

如果对于同一实例，蒙特卡罗算法不会给出两个不同的正确解答，则称该蒙特卡罗算法是一致的。

有些蒙特卡罗算法除了具有描述问题实例的输入参数，还具有描述错误解可接受概率的参数，其计算时间复杂性通常由问题的实例规模以及错误解可接受概率的函数来描述。

对于一致的 p 正确蒙特卡罗算法，要提高获得正确解的概率，只要执行该算法若干次，并选择出现频次最高的解即可。

在一般情况下，设 ε 和 δ 是两个正实数，且 $\varepsilon + \delta < 1/2$。设 $MC(x)$ 是一致的 $1/2 + \varepsilon$ 正确的蒙特卡罗算法，且 $C_\varepsilon = -2/\log(1 - 4\varepsilon^2)$。如果调用算法 $MC(x)$ 至少 $C_\varepsilon \log(1/\delta)$ 次，并返回各次调用出现频次最高的解，就可以得到解同一问题的一个一致的 $1 - \delta$ 正确的蒙特卡罗算法。由此可见，不论算法 $MC(x)$ 的优势 $\varepsilon > 0$ 多小，都可以通过反复调用来放大算法的优势，最终得到的算法具有可接受的错误概率。

要证明上述论断，设 $n > C_\varepsilon \log(1/\delta)$ 是重复调用 $1/2 + \varepsilon$ 正确的算法 $MC(x)$ 的次数，且 $p = (1/2 + \varepsilon)$，$q = 1 - p = (1/2 - \varepsilon)$，$m = \lfloor n/2 \rfloor + 1$。经 n 次反复调用算法 $MC(x)$，找到问题的一个正确解，则该正确解至少应出现 m 次，其出现错误概率最多是

$$\sum_{i=0}^{m-1} \mathrm{Prob}\{n次调用出现 i 次正确解\}$$

$$\leqslant \sum_{i=0}^{m-1} \binom{n}{i} p^i q^{n-i} = (pq)^{n/2} \sum_{i=0}^{m-1} \binom{n}{i} (p/q)^{n/2-i}$$

$$\leqslant (pq)^{n/2} \sum_{i=0}^{m-1} \binom{n}{i} \qquad (由于 q/p < 1 且 n/2 - i \geqslant 0)$$

$$\leqslant (pq)^{n/2} \sum_{i=0}^{n} \binom{n}{i} = (pq)^{n/2} 2^n = (4pq)^{n/2} = (1 - 4\varepsilon^2)^{n/2}$$

$$\leqslant (1 - 4\varepsilon^2)^{(C_\varepsilon/2) \log(1/\delta)} \qquad (由于 0 < (1 - 4\varepsilon^2) < 1)$$

$$= 2^{-\log(1/\delta)}$$
$$= \delta \qquad\qquad （由于对任意 x > 0 有 x^{1/\log x} = 2）$$

由此可知，重复 n 次调用算法 MC(x)得到正确解的概率至少为 $1-\delta$。

更进一步的分析表明，如果重复调用一个一致的 $1/2+\varepsilon$ 正确的蒙特卡罗算法 $2m-1$ 次，得到正确解的概率至少为 $1-\delta$，式中，

$$\delta = \frac{1}{2} - \varepsilon \sum_{i}^{m-1} \left(\frac{1}{4} - \varepsilon^2\right)^i \binom{2i}{i} \leqslant \frac{(1-4\varepsilon^2)^m}{4\varepsilon\sqrt{\pi m}}$$

在实际使用中，大多数蒙特卡罗法经重复调用后正确率提高很快。

设 MC(x)是解某个判定问题 D 的蒙特卡罗算法。当 MC(x)返回 true 时，解总是正确的，当它返回 false 时有可能产生错误的解。称这类蒙特卡罗算法为偏真算法。

当多次调用一个偏真蒙特卡罗算法时，只要有一次调用返回 true，就可以断定相应的解为 true。稍后将看到，在这种情况下，只要重复调用偏真蒙特卡罗算法 4 次，就可以将解的正确率从 55% 提高到 95%，重复调用算法 6 次，可将解的正确率提高到 99%。而且对于偏真蒙特卡罗算法而言，原来对 p 正确算法的要求 $p>1/2$ 可以放松为 $p>0$ 即可。

现在回到一般问题，即讨论的问题不一定是一个判定问题。设 y_0 是所求解问题的一个特殊的解，如判定问题的 true 解。对于一个解所给问题的蒙特卡罗算法 MC(x)，如果存在问题实例的子集 X，使得：① 当 $x \in X$ 时，MC(x)返回的解是正确的；② 当 $x \in X$ 时，正确解是 y_0，但 MC(x)返回的解未必是 y_0。则称上述算法 MC(x)是偏 y_0 的算法。

设 MC(x)是一致的 p 正确偏 y_0 的蒙特卡罗算法。MC(x)返回的解为 y_0。这里讨论以下两种情形：

（1）$y=y_0$ 的情形

此时，MC(x)返回的解是正确的。事实上，当 $x \in X$ 时，MC(x)返回的解总是正确的。当 $x \in X$ 时，正确解是 y_0，故此时算法返回的解也是正确的。

（2）$y \neq y_0$ 的情形

在这种情形下，当 $x \in X$ 时，y 是正确的。当 $x \in X$ 时，y 是错误的。因为此时的正确解是 y_0，而 $y \neq y_0$。但是由于算法是 p 正确的，产生这种错误的概率不超过 $1-p$。

在一般情况下，如果重复 k 次调用 MC(x)，所返回的解依次为 $y_1, y_2, \cdots, y_k$，则：

① 存在 i 使 $y_i = y_0$，此时 y_0 为正确解；

② 存在 $i \neq j$，使得 $y_i \neq y_j$，此时必有 $x \in X$，因此可知正确解为 y_0；

③ 对所有 i 有 $y_i = y$，但 $y \neq y_0$，此时，正确解仍有可能是 y_0。

如果情形③发生，则每次调用 MC(x)均产生错误解 y，但发生这种情况的概率不超过 $(1-p)k$。

由上面的讨论可知，重复调用一致的、p 正确、偏 y_0 的蒙特卡罗算法 k 次，可得到一个 $1-(1-p)k$ 正确的蒙特卡罗算法，且所得算法仍是一致的偏 y_0 的蒙特卡罗算法。特别地，调用一个偏真蒙特卡罗算法 k 次可将其正确概率从 p 提高到 $1-(1-p)k$。

7.5.2　主元素问题

设 T[1:n]是一个含有 n 个元素的数组。当 |{i | T[i]=x} | >$n/2$ 时，称元素 x 是数组 T 的主

元素。对于给定的输入数组 T，考虑下面判定所给数组 T 是否含有主元素的蒙特卡罗算法 Majority。

```
RandomNumber rnd;
template<class Type>
bool Majority(Type *T, int n) {                    // 判定主元素的蒙特卡罗算法
    int  i = rnd.Random(n)+1;
    Type  x = T[i];                                // 随机选择数组元素
    int  k = 0;
    for (int j=1; j <= n; j++)
        if (T[j] == x)
            k++;
    return (k>n/2);                                // k>n/2 时，T 含有主元素
}
```

上述算法对随机选择的数组元素 x，测试它是否为数组 T 的主元素。如果算法返回的结果为 true，则随机选择的数组元素 x 是数组 T 的主元素，显然数组 T 含有主元素。反之，如果算法返回的结果为 false，则数组 T 未必没有主元素。可能数组 T 含有主元素，而随机选择的数组元素 x 不是 T 的主元素。由于数组 T 的非主元素个数小于 $n/2$，因此上述情况发生的概率小于 1/2。由此可见，上述判定数组 T 的主元素存在性的算法是一个偏真的 1/2 正确算法。换句话说，如果数组 T 含有主元素，则算法以大于 1/2 的概率返回 true，否则算法肯定返回 false。

在实际使用时，50%的错误概率是不可容忍的。使用前面讨论过的重复调用技术可将错误概率降低到任何可接受值的范围内。首先来看重复调用 2 次的算法 Majority2 如下：

```
template<class Type>
bool Majority2(Type *T, int n) {                   // 重复调用 2 次算法 Majority
    if (Majority(T, n))
        return true;
    else
        return Majority(T, n);
}
```

如果数组 T 不含主元素，则每次调用 Majority(T, n)返回的值肯定是 false，从而 Majority2 返回的值肯定也是 false。如果数组 T 含有主元素，则算法 Majority(T, n)返回 true 的概率 p 大于 1/2，而当 Majority(T, n)返回 true 时，Majority2 也返回 true。另一方面，Majority2 的第一次调用 Majority(T, n)返回 false 的概率为 $1-p$，第二次调用 Majority(T, n)仍以概率 p 返回 true。因此当数组 T 含有主元素时，Majority2 返回 true 的概率是 $p+(1-p)p=1-(1-p)^2>3/4$。也就是说，算法 Majority2 是一个偏真 3/4 正确的蒙特卡罗算法。

在算法 Majority2 中，重复调用 Majority(T, n)所得到的结果是相互独立的。当数组 T 含有主元素时，某次调用 Majority(T, n)返回 false 并不会影响下一次调用 Majority(T, n)返回值为 true 的概率。因此，k 次重复调用 Majority(T, n)均返回 false 的概率小于 2^{-k}。另一方面，在 k 次调用中，只要有一次调用返回的值为 true，即可断定数组 T 含有主元素。对于任何给定的 $\varepsilon>0$，下面的算法 MajorityMC 重复调用 $\log(1/\varepsilon)$ 次算法 Majority。它是偏真的蒙特卡罗算法，且其错误概率小于 ε。

```
template<class Type>
bool MajorityMC(Type *T, int n, double e) {        // 重复 log(1/ε)次调用算法 Majority
   int  k = ceil(log(1/e)/log(2));
   for (int i=1; i <= k; i++)
      if (Majority(T, n))
         return true;
   return false;
}
```

算法 MajorityMC 所需的计算时间显然是 $O(n\log(1/\varepsilon))$。

7.5.3　素数测试

关于素数的研究已有相当长的历史，近代密码学的研究又给它注入了新的活力。其中素数的测试是一个非常重要的问题。Wilson 定理给出了一个数是素数的充要条件。

Wilson 定理　对于给定的正整数 n，判定 n 是一个素数的充要条件是

$$(n-1)! \equiv -1(\bmod\ n)$$

Wilson 定理有很高的理论价值，但实际用于素性测试所需的计算量太大，无法实现对较大素数的测试。到目前为止，尚未找到素数测试的有效的确定性算法或拉斯维加斯型算法。

首先容易想到下面的素数测试随机化算法 Prime。

```
bool Prime(unsigned int n) {
   RandomNumber  rnd;
   int  m = floor(sqrt(double(n)));
   unsigned int  a = rnd.Random(m-2)+2;
   return (n%a != 0);
}
```

算法 Prime 返回 false 时，幸运地找到 n 的一个非平凡因子，因此可以肯定 n 是一个合数。但是对于上述算法 Prime 来说，即使 n 是一个合数，算法仍以高概率返回 true。例如，当 $n=2623=43\times61$ 时，算法 Prime 在 2～51 范围内随机选择一个整数 a，仅当选择到 $a=43$ 时，算法返回 false，其余情况均返回 true。在 2～51 范围内选到 $a=43$ 的概率约为 2%，因此算法以 98%的概率返回错误的结果 true。当 n 增大时，情况就更糟。当然，在上述算法中可以用欧几里得算法判定 n 与 a 是否互素，以提高测试效率，但结果仍不理想。

著名的费尔马小定理为素数判定提供了一个有力的工具。

费尔马小定理　如果 p 是一个素数，且 $0<a<p$，则 $a^{p-1}\equiv1(\bmod\ p)$。

例如，67 是一个素数，则 $2^{66}\bmod 67=1$。

利用费尔马小定理，对于给定的整数 n，可以设计素数判定算法。通过计算 $d=2^{n-1}\bmod n$ 来判定整数 n 的素性。当 $d\neq1$ 时，n 肯定不是素数；当 $d=1$ 时，n 很可能是素数。但也存在合数 n 使得 $2^{n-1}\equiv1(\bmod\ n)$。例如，满足此条件的最小合数是 $n=341$。为了提高测试的准确性，可以随机地选取整数 $1<a<n-1$，然后用条件 $a^{n-1}\equiv 1(\bmod\ n)$判定整数 n 的素性。例如，对于 $n=341$，取 $a=3$ 时，有 $3^{340}\equiv56 (\bmod\ 341)$。故可判定 n 不是素数。

费尔马小定理毕竟只是素数判定的一个必要条件。满足费尔马小定理条件的整数 n 未必全是素数。有些合数也满足费尔马小定理的条件，这些合数被称为 Carmichael 数，前 3 个

Carmichael 数是 561、1105 和 1729。Carmichael 数是非常少的。在 1~100 000 000 的整数中，只有 255 个 Carmichael 数。

利用下面的二次探测定理可以对上面的素数判定算法做进一步改进，以避免将 Carmichael 数当做素数。

二次探测定理　如果 p 是一个素数，且 $0<x<p$，则方程 $x^2 \equiv 1(\bmod p)$ 的解为 $x=1$，$p-1$。

事实上，$x^2 \equiv 1(\bmod p)$ 等价于 $x^2-1 \equiv 0(\bmod p)$。由此可知

$$(x-1)(x+1) \equiv 0(\bmod p)$$

故 p 必须整除 $x-1$ 或 $x+1$。由于 p 是素数且 $0<x<p$，推出 $x=1$ 或 $x=p-1$。

利用二次探测定理，可以在利用费尔马小定理计算 $a^{n-1} \bmod n$ 的过程中增加对整数 n 的二次探测。一旦发现违背二次探测条件，即可得出 n 不是素数的结论。

下面的算法 power 用于计算 $a^p \bmod n$，并在计算过程中实施对 n 的二次探测。

```
// 计算 apmod n，并实施对 n 的二次探测
void power( unsigned int a, unsigned int p, unsigned int n,unsigned int &result, bool &composite) {
    unsigned int  x;
    if (p == 0)
        result = 1;
    else {
        power(a, p/2, n, x, composite);          // 递归计算
        result = (x*x)%n;                          // 二次探测
        if ((result == 1) && (x != 1) && (x != n-1))
            composite = true;
        if ((p%2) == 1)                           // p 是奇数
            result=(result*a) % n;
    }
}
```

在算法 power 的基础上，可设计素数测试的蒙特卡罗算法 Prime 如下：

```
bool Prime(unsigned int n) {               // 素数测试的蒙特卡罗算法
    RandomNumber  rnd;
    unsigned int  a, result;
    bool  composite = false;
    a = rnd.Random(n-3)+2;
    power(a, n-1, n, result, composite);
    if (composite || (result != 1))
        return false;
    else
        return true;
}
```

算法 Prime 返回 false 时，整数 n 一定是合数。当算法 Prime 返回值为 true 时，整数 n 在高概率意义下是素数。仍然可能存在合数 n，对于随机选取的基数 a，算法返回 true。但对于上述算法的深入分析表明，当 n 充分大时，这样的基数 a 不超过 $(n-9)/4$ 个。由此可知，上述算法 Prime 是一个偏假 3/4 正确的蒙特卡罗算法。

正如前面讨论过的，算法 Prime 的错误概率可通过多次重复调用而迅速降低。重复调用 k 次 Prime 算法的蒙特卡罗算法 PrimeMC 可描述如下：

```
bool PrimeMC(unsigned int n,unsigned int k) {     // 重复调用 k 次 Prime 算法的蒙特卡罗算法
    RandomNumber  rnd;
    unsigned int  a, result;
    bool  composite = false;
    for (int i=1; i <= k; i++) {
        a = rnd.Random(n-3)+2;
        power(a, n-1, n, result, composite);
        if (composite || (result != 1))
            return false;
    }
    return true;
}
```

算法 PrimeMC 的错误概率不超过 $(1/4)^k$。这是一个保守的估计，实际使用的效果要好得多。

算法分析题 7

7-1 在实际应用中，常需模拟服从正态分布的随机变量，其密度函数为

$$\frac{1}{\sigma\sqrt{2\pi}}e^{\frac{(x-a)^2}{2\sigma^2}}$$

式中，a 为均值，σ 为标准差。

如果 s 和 t 是 $(-1, 1)$ 中均匀分布的随机变量，且 $s^2+t^2<1$，令

$$p = s^2 + t^2$$
$$q = \sqrt{(-2\ln p)/p}$$
$$u = sq$$
$$v = tq$$

则 u 和 v 是服从标准正态分布（$a=0, \sigma=1$）的两个互相独立的随机变量。

（1）利用上述事实，设计一个模拟标准正态分布随机变量的算法。

（2）将上述算法扩展到一般的正态分布。

7-2 设有一个文件含有 n 个记录。

（1）试设计一个算法随机抽取该文件中 m 个记录。

（2）如果事先不知道文件中记录的个数，应如何随机抽取其中的 m 个记录？

7-3 试设计一个算法，随机地产生范围在 $1\sim n$ 的 m 个随机整数，且要求这 m 个随机整数互不相同。

7-4 设 X 是含有 n 个元素的集合，从 X 中均匀地选取元素。设第 k 次选取时首次出现重复。

（1）试证明当 n 充分大时，k 的期望值为 $\beta\sqrt{n}$。其中，$\beta\sqrt{\pi/2} = 1.253$。

（2）由此设计一个计算给定集合 X 中元素个数的概率算法。

7-5 试设计一个随机化算法计算 $365!/340!365^{25}$，并精确到 4 位有效数字。

7-6 一个问题是易验证的是指对该问题的给定实例的每个解，都可以有效地验证其正确性。例如，求一个整数的非平凡因子问题是易验证的，而求一个整数的最小非平凡因子就不是易验证的。在一般情况下，易验证问题未必是易解的。

（1）给定一个解易验证问题 P 的蒙特卡罗方法，设计一个相应的解问题 P 的拉斯维加斯算法。

（2）给定一个解易验证问题 P 的拉斯维加斯算法，设计一个相应的解问题 P 的蒙特卡罗算法。

7-7　用数组模拟有序链表的数据结构，设计支持下列运算的舍伍德型算法，并分析各种运算所需的计算时间：

（1）Predeceessor　找出一给定元素 x 在有序集 S 中的前驱元素；

（2）Successor　找出一给定元素 x 在有序集 S 中的后继元素；

（3）Min　找出有序集 S 中的最小元素；

（4）Max　找出有序集 S 中的最大元素。

7-8　采用数组模拟有序链表的数据结构，设计一个舍伍德型排序算法，使算法最坏情况下的平均计算时间为 $O(n3/2)$。

7-9　如果对于某个 n 值，n 后问题无解，则算法将陷入死循环。

（1）证明或否定下述论断：对于 $n \geqslant 4$，n 后问题有解。

（2）是否存在正数 δ，使得对所有 $n \geqslant 4$ 算法成功的概率至少是 δ？

7-10　假设已有一个算法 Prime(n)可用于测试整数 n 是否为一素数。还有一个算法 Split(n)可以实现对合数 n 的因子分割。试利用这两个算法，设计一个对给定整数 n 进行因子分解的算法。

7-11　（1）试证明下面的算法 Primality 能以 80%以上的正确率判定给定的整数 n 是否为素数。另一方面，举出整数 n 的一个例子，表明算法对此整数 n 总是给出错误的解答，进而说明该算法不是一个蒙特卡罗算法。

```
bool Primality(int n) {
  if (gcd(n, 30030) == 1)
    return true;
  else
    return false;
}
```

（2）试找出上述算法 Primality 中可用于替换整数 30030 的另一个整数（可使用大整数），使得用此整数代替 30030 后，算法的正确率提高到 85%以上。

7-12　设 mc(x)是一致的 75%正确的蒙特卡罗算法，考虑下面的算法：

```
mc3(x) {
  int  t, u, v;
  t = mc(x);
  u = mc(x);
  v = mc(x);
  if ((t == u) || (t == v))
    return t;
  return v;
}
```

（1）试证明上述算法 mc3(x)是一致的 27/32 正确的算法，因此是 84%正确的。

（2）试证明如果 mc(x)不是一致的，则 mc3(x)的正确率有可能低于 71%。

7-13 设 $I=\{1, 2, \cdots, n\}$，$S\subseteq I$ 是 I 的一个子集。mc(x)是一个偏假 p 正确蒙特卡罗算法。该算法用于判定所给的整数 $1\leqslant x\leqslant n$ 是否为集合 S 中的整数，即 $x\in S$。设 $q=1-p$。由偏假算法的定义可知，对任意 $x\in S$ 有 $\text{Prob}\{mc(x)=true\}=1$。当 $x\in S$ 时，$\text{Prob}\{mc(x)=true\}\leqslant q$。考虑下面的产生 S 中随机元素的算法 GenRand 如下：

```
bool RepeatMC(int x, int k) {
  int  i = 0;
  bool  ans = true;
  while (ans && (i<k)) {
    i++;
    ans = mc(x);
  }
  return ans;
}

int GenRand(int n, int k) {
  RandomNumber  rnd;
  int  x = rnd.Random(n)+1;
  while (!RepeatMC(x, k))
    x = rnd.Random(n)+1;
  return x;
}
```

假设由语句"x=rnd.Random(n)+1;"产生的整数 $x\in S$ 的概率为 r，证明算法 GenRand 返回的整数不在 S 中的概率最多为

$$\frac{1}{1+\dfrac{r}{1-r}q^{-k}}$$

7-14 设算法 A 和 B 是解同一判定问题的两个有效的蒙特卡罗算法。算法 A 是 p 正确偏真算法，算法 B 是 q 正确偏假算法。试利用这两个算法设计一个解同一问题的拉斯维加斯算法，并使所得到的算法对任何实例的成功率尽可能高。

7-15 考虑下面的无限循环算法：

```
void PrintPrimes(void) {
  cout<<'2'<<endl;
  cout<<'3'<<endl;
  int  n = 5;
  while (true) {
    int  m = floor(log(double(n)));
    if (PrimeMC(n, m))
      cout<<n<<endl;
    n = n+2;
  }
}
```

每个素数都会被上述算法输出。但是除了所有素数，算法可能偶尔错误地输出某些合数。说明上述情况不太可能发生。或更精确，证明上述算法错误地输出一个合数的概率小于 1%。

7-16 给定三个 $n\times n$ 矩阵 A、B 和 C，下面的偏假 1/2 正确的蒙特卡罗算法用于判定

$AB=C$。

```
bool Product(int **A, int **B, int **C, int n) {        // 判定 AB=C 的蒙特卡罗算法
    RandomNumber  rnd;
    int  *x = new int [n+1];
    int  *y = new int [n+1];
    int  *z = new int [n+1];
    for (int i=1; i <= n; i++) {
        x[i] = rnd.Random(2);
        if (x[i] == 0)
            x[i] = -1;
    }
    Mult(B, x, y, n);
    Mult(A, y, z, n);
    Mult(C, x, y, n);
    for (int i=1; i <= n; i++)
        if (y[i] != z[i])
            return false;
    return true;
}
```

算法所需的计算时间为 $O(n^2)$。显然，当 $AB=C$ 时，算法 Product(A, B, C, n)返回 true。试证明当 $AB \neq C$ 时，算法返回值为 false 的概率至少为 1/2（提示：考虑矩阵 $AB-C$ 并证明当 $AB \neq C$ 时，将该矩阵各行相加或相减最终得到的行向量至少有一半是非零向量）。

算法实现题 7

7-1　模平方根问题。

问题描述：设 p 是奇素数，$1 \leq x \leq p-1$，如果存在一个整数 y（$1 \leq y \leq p-1$），使得 $x \equiv y^2 \pmod{p}$，则称 y 是 x 的模 p 平方根。例如，63 是 55 的模 103 平方根。试设计一个求整数 x 的模 p 平方根的拉斯维加斯算法。算法的计算时间应为 $\log p$ 的多项式。

算法设计：设计一个拉斯维加斯算法，对于给定的奇素数 p 和整数 x，计算 x 的模 p 平方根。

数据输入：由文件 input.txt 给出输入数据。第 1 行有 2 个正整数 p 和 x。

结果输出：将计算的 x 的模 p 平方根输出到文件 output.txt。当不存在 x 的模 p 平方根时，输出 0。

输入文件示例	输出文件示例
input.txt	output.txt
103 55	63

7-2　素数测试问题。

问题描述：试设计一个素数测试的偏真蒙特卡罗算法，对于测试的整数 n，所述算法是一个关于 $\log n$ 的多项式时间算法。结合教材中素数测试的偏假蒙特卡罗算法，设计一个素数测试的拉斯维加斯算法（见算法分析题 7-14）。

算法设计：设计一个拉斯维加斯算法，对于给定的正整数，判定其是否为素数。

数据输入：由文件 input.txt 给出输入数据。第 1 行有 1 个正整数 p。

结果输出：将计算结果输出到文件 output.txt。若正整数 p 是素数，则输出"YES"，否则输出"NO"。

输入文件示例	输出文件示例
input.txt	output.txt
103	YES

7-3 集合相等问题。

问题描述：给定两个集合 S 和 T，试设计一个判定 S 和 T 是否相等的蒙特卡罗算法。

算法设计：设计一个拉斯维加斯算法，对于给定的集合 S 和 T，判定其是否相等。

数据输入：由文件 input.txt 给出输入数据。第 1 行有 1 个正整数 n，表示集合的大小。接下来的 2 行，每行有 n 个正整数，分别表示集合 S 和 T 中的元素。

结果输出：将计算结果输出到文件 output.txt。若集合 S 和 T 相等则输出"YES"，否则输出"NO"。

输入文件示例	输出文件示例
input.txt	output.txt
3	YES
2 3 7	
7 2 3	

7-4 逆矩阵问题。

问题描述：给定两个 $n×n$ 矩阵 A 和 B，试设计一个判定 A 和 B 是否互逆的蒙特卡罗算法（算法的计算时间应为 $O(n^2)$）。

算法设计：设计一个蒙特卡罗算法，对于给定的矩阵 A 和 B，判定其是否互逆。

数据输入：由文件 input.txt 给出输入数据。第 1 行有 1 个正整数 n，表示矩阵 A 和 B 为 $n×n$ 矩阵。接下来的 $2n$ 行，每行有 n 个实数，分别表示矩阵 A 和 B 中的元素。

结果输出：将计算结果输出到文件 output.txt。若矩阵 A 和 B 互逆则输出"YES"，否则输出"NO"。

输入文件示例	输出文件示例
input.txt	output.txt
3	YES
1 2 3	
2 2 3	
3 3 3	
−1 1 0	
1 −2 1	
0 1 −0.666667	

7-5 多项式乘积问题。

问题描述：给定阶数分别为 n、m 和 $n+m$ 的多项式 $p(x)$、$q(x)$ 和 $r(x)$。试设计一个判定 $p(x)q(x)=r(x)$ 的偏假 1/2 正确的蒙特卡罗算法，并要求算法的计算时间为 $O(n+m)$。

算法设计：设计一个蒙特卡罗算法，对于给定多项式 $p(x)$、$q(x)$ 和 $r(x)$，判定 $p(x)q(x)=r(x)$ 是否成立。

数据输入：由文件 input.txt 给出输入数据。第 1 行有 3 个正整数 n、m、l，分别表示多项式 $p(x)$、$q(x)$ 和 $r(x)$ 的阶数。接下来的 3 行，每行分别有 n、m、l 个实数，分别表示多项式 $p(x)$、$q(x)$ 和 $r(x)$ 的系数。

结果输出：将计算结果输出到文件 output.txt。若 $p(x)q(x)=r(x)$ 成立，则输出"YES"，否则输出"NO"。

输入文件示例	输出文件示例
input.txt	output.txt
2 1 3	YES
1 2 3	
2 2	
2 6 10 6	

7-6 皇后控制问题。

问题描述：在 $n×n$ 个方格组成的棋盘上的任一方格中放置一个皇后，该皇后可以控制其所在的行、列及对角线上的所有方格。对于给定的自然数 n，在 $n×n$ 个方格组成的棋盘上最少要放置多少个皇后才能控制棋盘上的所有方格，且放置的皇后互不攻击？

算法设计：设计一个拉斯维加斯算法，对于给定的自然数 n（$1≤n≤100$）计算在 $n×n$ 个方格组成的棋盘上最少要放置多少个皇后才能控制棋盘上的所有方格，且放置的皇后互不攻击。

数据输入：由文件 input.txt 给出输入数据。第 1 行有 1 个正整数 n。

结果输出：将计算的最少皇后数及最佳放置方案输出到文件 output.txt。文件的第 1 行是最少皇后数；接下来的 1 行是皇后的最佳放置方案。

输入文件示例	输出文件示例
input.txt	output.txt
8	5
	0 3 6 0 0 2 5 8

7-7 3-SAT 问题。

问题描述：SAT 的一个实例是 k 个布尔变量 $x_1, x_2, \cdots, x_k$ 的 m 个布尔表达式 $A_1, A_2, \cdots, A_m$。若存在各布尔变量 x_i（$1≤i≤k$）的 0，1 赋值，使每个布尔表达式 A_i（$1≤i≤m$）都取值为 1，则称布尔表达式 $A_1A_2\cdots A_m$ 是可满足的。

（1）合取范式的可满足性问题 CNF-SAT

如果一个布尔表达式是一些因子和之积，则称为合取范式（Conjunctive Normal Form，CNF）。这里的因子是变量 x 或 $\bar{x}$。例如，$(x_1+x_2)(x_2+x_3)(\bar{x}_1+\bar{x}_2+x_3)$ 就是一个合取范式，而 $x_1x_2+x_3$ 就不是合取范式。

（2）k-SAT

如果一个布尔合取范式的每个乘积项最多是 k 个因子的析取式，就称为 k 元合取范式，简记为 k-CNF。k-SAT 问题是判定一个 k-CNF 是否可满足。特别地，当 $k=3$ 时，3-SAT 问题在 NP 完全问题树中具有重要地位。

（3）MAX-SAT

给定 k 个布尔变量 $x_1, x_2, \cdots, x_k$ 的 m 个布尔表达式 $A_1, A_2, \cdots, A_m$，求各布尔变量 x_i（$1≤i≤k$）的 0、1 赋值，使尽可能多的布尔表达式 A_i 取值为 1。

（4）Weighted-MAX-SAT

给定 k 个布尔变量 $x_1, x_2, \cdots, x_k$ 的 m 个布尔表达式 $A_1, A_2, \cdots, A_m$，每个布尔表达式 A_i 都有权值 w_i，求各布尔变量 x_i（$1≤i≤k$）的 0、1 赋值，使取值 1 的布尔表达式权值之和达到最大。

算法设计：对于给定的带权 3-CNF，设计一个蒙特卡罗算法，使其权值之和尽可能大。

数据输入：由文件 input.txt 给出输入数据。第 1 行有 2 个正整数 k 和 m，分别表示变量数和布尔表达式数。接下来的 m 行中，每行有 5 个整数 w、i、j、k、0，表示相应表达式的权值为 w，表达式含的变量下标分别为 i、j、k，行末以 0 结尾。下标为负数时，表示相应的变量为取反变量。

结果输出：将计算的最大权值输出到文件 output.txt。

输入文件示例	输出文件示例
input.txt	output.txt
5 3	26
9 3 1 4 0	
9 1 −5 3 0	
8 2 −5 1 0	

7-8　战车问题。

问题描述：在 $n×n$ 格的棋盘上放置彼此不受攻击的车。按照国际象棋规则，车可以攻击与之处在同一行或同一列上的车。在棋盘上的若干个格中设置了堡垒，战车无法穿越堡垒攻击别的战车。对于给定的设置了堡垒的 $n×n$ 格棋盘，设法放置尽可能多的彼此不受攻击的车。

算法设计：对于给定的设置了堡垒的 $n×n$ 格棋盘，设计一个随机化算法，在棋盘上放置尽可能多的彼此不受攻击的车。

数据输入：由文件 input.txt 给出输入数据。第 1 行有 1 个正整数 n。接下来的 n 行中，每行有 1 个由字符"."和"X"组成的长度为 n 的字符串。

结果输出：将计算的在棋盘上可以放置的彼此不受攻击的战车数输出到文件 output.txt。

输入文件示例	输出文件示例
input.txt	output.txt
4	6
....	
..X.	
.X..	
....	

第8章 线性规划与网络流

学习要点
- 理解线性规划算法模型
- 掌握解线性规划问题的单纯形算法
- 理解网络与网络流的基本概念
- 掌握网络最大流的增广路算法
- 掌握网络最大流的预流推进算法
- 掌握网络最小费用流的消圈算法
- 掌握网络最小费用流的最小费用路算法
- 掌握网络最小费用流的网络单纯形算法

8.1 线性规划问题和单纯形算法

8.1.1 线性规划问题及其表示

线性规划问题可表示为如下形式：

$$\max \sum_{j=1}^{n} c_j x_j \tag{8.1}$$

$$\text{s.t.} \quad \sum_{t=1}^{n} a_{it} x_t \leqslant b_i \quad (i=1, 2, \cdots, m_1) \tag{8.2}$$

$$\sum_{t=1}^{n} a_{jt} x_t \leqslant b_j \quad (j=m_1+1, \cdots, m_1+m_2) \tag{8.3}$$

$$\sum_{t=1}^{n} a_{kt} x_t \geqslant b_k \quad (k=m_1+m_2+1, \cdots, m_1+m_2+m_3) \tag{8.4}$$

$$x_t \geqslant 0 \quad (t=1, 2, \cdots, n) \tag{8.5}$$

上面各式中，$x_1, x_2, \cdots, x_n$ 是 n 个独立变量。

式（8.1）是线性规划问题的目标函数。max 是 maximize 的缩写，表示求极大值。稍后将看到求目标函数极小值 min 的线性规划问题很容易转换为与之等价的求目标函数极大值的线性规划问题。

式（8.2）～式（8.5）是线性规划问题的约束条件。s.t.是 subject to 的缩写，表示"满足于"。式（8.2）有 m_1 个不等式（≤）约束，式（8.3）有 m_2 个等式约束，式（8.4）有 m_3 个不等式（≥）约束。式（8.2）～式（8.4）约束总个数为 $m=m_1+m_2+m_3$。式（8.2）～式（8.4）中的系数 a_{ij} 可正可负，也可以是零。所有约束的右端参数规定为非负数，即 $b_j \geqslant 0$（$j=1, 2, \cdots, m$），但这只是一种约定而已，因为可以用–1 去乘任何一个约束的两端。式（8.5）是线性规划问题的变量非负性约束条件。

变量 $x_1, x_2, \cdots, x_n$ 满足约束条件式（8.2）～式（8.5）的一组值称为线性规划问题的一个可行解。所有可行解构成的集合称为线性规划问题的可行区域。使目标函数取得极值的可行解称为最优解。在最优解处目标函数的值称为最优值。

有些情况下可能不存在最优解。通常有两种情况：① 根本没有可行解，即给定的约束条件之间是相互排斥的，可行区域为空集；② 目标函数没有极值。也就是说，在 n 维空间的某个方向上，目标函数值可以无限增大，而仍满足约束条件，此时目标函数值无界。

下面给出线性规划问题的一个具体例子。

$$\max z = x_1 + x_2 + 3x_3 - x_4 \tag{8.6}$$

$$\begin{aligned}
\text{s.t.} \quad & x_1 + 2x_3 \leqslant 18 \\
& 2x_2 - 7x_4 \leqslant 0 \\
& x_1 + x_2 + x_3 + x_4 = 9 \\
& x_2 - x_3 + 2x_4 \geqslant 1 \\
& x_i \geqslant 0 \qquad\qquad (i=1, 2, 3, 4)
\end{aligned} \tag{8.7}$$

此例中，$n=4$，$m_1=2$，$m_2=m_3=1$，$m=m_1+m_2+m_3=4$。这个问题的解为 $(x_1, x_2, x_3, x_4) = (0, 3.5, 4.5, 1)$，最优值为 16。下面将详细讨论如何求解。

8.1.2 线性规划基本定理

使约束条件式（8.2）～式（8.5）中的某 n 个约束以等号满足的可行解称为线性规划问题的基本可行解。若 $n>m$，则基本可行解中至少有 $n-m$ 个分量为 0。也就是说，基本可行解中最多有 m 个分量非零。

线性规划基本定理 如果线性规划问题有最优解，则必有一基本可行最优解。

上述定理的重要意义在于，它把一个最优化问题转化为一个组合问题，即在式（8.2）～式（8.5）的 $m+n$ 个约束条件中，确定最优解应满足其中哪 n 个约束条件的问题。由此可知，只要对不同的组合进行测试，并比较每种情况下的目标函数值，就能找到最优解。

盲目测试的计算量很大。Dantzig 于 1948 年首先提出了针对这一问题的单纯形算法。单纯形算法的特点是：① 只对约束条件的若干组合进行测试，测试的每步都使目标函数的值增加；② 一般经过不大于 m 或 n 次迭代就可求得最优解。

自从提出单纯形算法后，人们已从实践经验中得到单纯形算法的性质②，但是直到 1982 年才由 Smale 给出其正确性的严格证明。

8.1.3 约束标准型线性规划问题的单纯形算法

当线性规划问题中没有不等式约束式（8.2）和式（8.4），而只有等式约束式（8.3）和变量非负约束式（8.5）时，称该线性规划问题具有标准形式。

为便于讨论，不妨先考察一类更特殊的标准形式线性规划问题。在这类线性规划问题中，在每个等式约束中至少有一个变量的系数为正，且这个变量只在该约束中出现。在每个约束方程中选择一个这样的变量，并以它作为变量求解该约束方程，这样选出来的变量称为左端变量或基本变量，其总数为 m（$=m_2$）个。剩下的 $n-m$ 个变量称为右端变量或非基本变量。这类特殊的标准形式线性规划问题称为约束标准型线性规划问题。

虽然约束标准型线性规划问题非常特殊，但是对于理解线性规划问题的单纯形算法非常重要。稍后将看到，任意一个线性规划问题都可以转换为约束标准型线性规划问题。

先看一个约束标准型线性规划问题的例子：

$$\max z = -x_2 + 3x_3 - 2x_5 \qquad (8.8)$$

$$\text{s.t.} \quad \begin{aligned} x_1 + 3x_2 - x_3 + 2x_5 &= 7 \\ x_4 - 2x_2 + 4x_3 &= 12 \\ x_6 - 4x_2 + 3x_3 + 8x_5 &= 10 \\ x_i &\geq 0 \qquad (i=1,2,3,4,5,6) \end{aligned} \qquad (8.9)$$

此例中，$n=6$，$m=3$；基本变量为 x_1、x_4 和 x_6；非基本变量为 x_2、x_3 和 x_5。注意，这里的目标函数式（8.8）中仅包含非基本变量。这实际上并不是一种特殊要求，因为出现在目标函数中的基本变量可以用约束方程代入消去。

对于任何约束标准型线性规划问题，只要将所有非基本变量都置为 0，从约束方程式中解出满足约束的基本变量的值，即可求得一个基本可行解。当然，这个基本可行解未必是最优解。单纯形算法的基本思想就是从一个基本可行解出发，进行一系列的基本可行解的变换。每次变换将一个非基本变量与一个基本变量互调位置，且保持当前的线性规划问题是一个与原问题完全等价的标准型线性规划问题。

为了便于表达，将式（8.8）和式（8.9）包含的信息记录在如图 8-1 所示的单纯形表中。该问题的一个明显的基本可行解是 $x = (7, 0, 0, 12, 0, 10)$。

		x_2	x_3	x_5
z	0	−1	3	−2
x_1	7	3	−1	2
x_4	12	−2	4	0
x_6	10	−4	3	8

图 8-1　单纯形表

单纯形算法的第 1 步是选出使目标函数增加的非基本变量作为入基变量。查看单纯形表的第 1 行（也称为 z 行）中标有非基本变量的各列中的值，依次让每个非基本变量从当前值开始增加，同时保持其余非基本变量仍为 0；然后考察变化结果，看目标函数值是增加还是减小了。考察的目的是选出使目标函数增加的非基本变量作为入基变量。容易看出，z 行中的正系数非基本变量都满足要求。在上面单纯形表的 z 行中只有 1 列为正，即非基本变量 x_3 相应的列，其值为 3。因此，选取非基本变量 x_3 作为入基变量。

单纯形算法的第 2 步是选取离基变量。在单纯形表中，考察由第 1 步选出的入基变量所对应的列。在基本变量变为负值前，查看入基变量可以增到多大。如果入基变量所在的列与基本变量所在行交叉处的元素为负数，那么该元素将不受任何限制，相应的基本变量只会越变越大。如果入基变量所在列的所有元素都是负值，则目标函数无界，说明已经得到了问题的无界解。

如果选出的列中有一个或多个元素为正数，就要弄清到底是哪一个数首先限制了入基变量值的增加。显然，这个受限的增加量可以用入基变量所在列的元素（称为主元素）来除主元素所在行的"常数列"（最左边的列）中元素而得到。所得到数值越小说明受到限制越多。因此，应该选取受到限制最多的基本变量作为离基变量，才能保证将入基变量与离基变量互调位置后，仍满足约束条件。

在上面的例子中，唯一的一个正值为 z 行元素 3，所在列中有两个正元素，即 4 和 3。由于 $\min\{12/4, 10/3\}=3$，故应该选取 x_4 为离基变量；入基变量 x_3 取值为 3。

单纯形算法的第 3 步是转轴变换，目的是将入基变量与离基变量互调位置。给入基变量一个增值，使之成为基本变量；同时修改离基变量，让入基变量所在列中离基变量所在行的元素值减为零，并使之成为非基本变量。

对上面的例子，首先解离基变量相应的方程

$$x_4 - 2x_2 + 4x_3 = 12$$

将入基变量 x_3 用离基变量 x_4 表示为

$$x_3 - \frac{1}{2}x_2 + \frac{1}{4}x_4 = 3$$

再将其代入其他基本变量 x_1 和 x_6 所在的行中消去 x_3，得到

$$x_1 + \frac{5}{2}x_2 + \frac{1}{4}x_4 + 2x_5 = 10$$

$$x_6 - \frac{5}{2}x_2 - \frac{3}{4}x_4 + 8x_5 = 1$$

代入目标函数得到

$$z = 9 + \frac{1}{2}x_2 - \frac{3}{4}x_4 - 2x_5$$

至此，可以形成新单纯形表 1 如图 8-2 所示。

单纯形算法的第 4 步是转回并重复第 1 步，进一步改进目标函数值。

不断重复上述过程，直到 z 行的所有非基本变量系数都变成负值为止。这表明目标函数不可能再增加了。

在上面的单纯形表中，唯一的正值 z 行元素为非基本变量 x_2 相应的列，其值为 1/2。因此，选取非基本变量 x_2 作为入基变量，所在列中有唯一的正元素 5/2，即基本变量 x_1 相应行的元素。因此，选取 x_1 为离基变量。

再经第 3 步的转轴变换得到的新单纯形表 2 如图 8-3 所示。

		x_2	x_4	x_5
z	9	1/2	−3/4	−2
x_1	10	5/2	1/4	2
x_3	3	−1/2	1/4	0
x_6	1	−5/2	−3/4	8

图 8-2　新单纯形表 1

		x_1	x_4	x_5
z	11	−1/5	−4/5	−12/5
x_2	4	5/2	1/10	4/5
x_3	5	1/5	3/10	2/5
x_6	11	1	−1/2	10

图 8-3　新单纯形表 2

新单纯形表 2 的 z 行的所有非基本变量系数都变成负值，因此求解过程结束。

整个问题的解可以从最后一张单纯形表的常数列中读出。在上面的单纯形表中可以看到，目标函数的最大值为 11，最优解为 $x^* = (0, 4, 5, 0, 0, 11)$。

回顾单纯形算法的计算过程可以看出，整个过程可以用单纯形表的形式归纳为一系列基本矩阵运算。主要运算为转轴变换，该变换类似解线性方程组的高斯消去法中的消元变换。

不妨设当前的单纯形表如图 8-4 所示。其中，$x_1, x_2, \cdots, x_m$ 为基本变量，$x_{m+1}, x_{m+2}, \cdots, x_n$ 为非基本变量，基本变量下标集 $B = \{1, 2, \cdots, m\}$，非基本变

		x_{m+1}	x_{m+2}	$\cdots$	x_n
z	c_0	c_{m+1}	c_{m+2}	$\cdots$	c_n
x_1	b_1	$a_{1(m+1)}$	$a_{1(m+2)}$	$\cdots$	a_{1n}
x_2	b_2	$a_{2(m+1)}$	$a_{2(m+2)}$	$\cdots$	a_{2n}
$\vdots$	$\vdots$	$\vdots$	$\vdots$		$\vdots$
x_m	b_m	$a_{m(m+1)}$	$a_{m(m+2)}$	$\cdots$	a_{mn}

图 8-4　当前单纯形表

量下标集 $N=\{m+1, m+2, \cdots, n\}$，当前基本可行解为 $(b_1, b_2, \cdots, b_m, 0, \cdots, 0)$。

单纯形算法计算步骤如下。

步骤 1 选入基变量。如果所有 $c_j \leq 0$，则当前基本可行解为最优解，计算结束，否则取 $c_e > 0$，相应的非基本变量 x_e 为入基变量。

步骤 2 选离基变量。对于步骤 1 选出的入基变量 x_e，如果所有 $a_{ie} \leq 0$（$i=1, 2, \cdots, m$），则最优解无界，计算结束。否则，计算 $\theta = \min\limits_{a_{ie}>0} \left\{ \dfrac{b_i}{a_{ie}} \right\} = \dfrac{b_k}{a_{ke}}$，选取基本变量 x_k 为离基变量。

新的基本变量下标集 $\bar{B} = B + \{e\} - \{k\}$，新的非基本变量下标集 $\bar{N} = N + \{k\} - \{e\}$。

步骤 3 做转轴变换。新单纯形表中各元素变换如下：

$$\begin{cases} \bar{b}_i = b_i - a_{ie}\dfrac{b_k}{a_{ke}}(i \in \bar{B}) \\ \bar{b}_e = \dfrac{b_k}{a_{ke}} \end{cases} \tag{8.10}$$

$$\begin{cases} \bar{b}_{ij} = a_{ij} - a_{ie}\dfrac{a_{kj}}{a_{ke}}(i \in \bar{B}, j \in \bar{N}) \\ \bar{a}_{ik} = -\dfrac{a_{ie}}{a_{ke}} \end{cases} \tag{8.11}$$

$$\begin{cases} \bar{a}_{ej} = \dfrac{a_{kj}}{a_{ke}}(j \in \bar{N}) \\ \bar{a}_{ek} = -\dfrac{1}{a_{ke}} \end{cases} \tag{8.12}$$

$$\begin{cases} \bar{c}_i = c_i - c_e\dfrac{a_{kj}}{a_{ke}}(i \in \bar{N}) \\ \bar{c}_{ek} = -\dfrac{c_e}{a_{ke}} \end{cases} \tag{8.13}$$

步骤 4 转步骤 1。

8.1.4　将一般问题转化为约束标准型线性规划问题

有几种巧妙的办法可以将一般线性规划问题转化为约束标准型线性规划问题。

首先，需要把式（8.2）或式（8.4）的不等式约束转化为等式约束。例如，式（8.7）中的不等式约束的转化，具体做法是引入松弛变量，利用松弛变量的非负性将不等式转化为等式。松弛变量记为 y_i，有 $m_1 + m_3$ 个。在求解过程中，应当将松弛变量与原来变量 x_i 同样对待。在求解结束后，抛弃松弛变量。

例如，在引入松弛变量后，目标函数式（8.6）未发生变化，式（8.7）变换成如下形式：

$$\begin{array}{l} x_1 + 2x_3 + y_1 = 18 \\ 2x_2 - 7x_4 + y_2 = 0 \\ x_1 + x_2 + x_3 + x_4 = 9 \\ x_2 - x_3 + 2x_4 - y_3 = 1 \end{array} \tag{8.14}$$

注意，松弛变量前的符号由相应的原不等式的方向所决定。

为了进一步构造标准型约束，还需要引入 m 个人工变量，记为 z_i。

例如，在式（8.14）的每个等式约束中都引入一个人工变量，将其变换为

$$
\begin{aligned}
&z_1 + x_1 + 2x_3 + y_1 = 18 \\
&z_2 + 2x_2 - 7x_4 + y_2 = 0 \\
&z_3 + x_1 + x_2 + x_3 + x_4 = 9 \\
&z_4 + x_2 - x_3 + 2x_4 - y_3 = 1
\end{aligned}
\tag{8.15}
$$

至此，原问题已经变换为等价的约束标准型线性规划问题。

对极小化线性规划问题，只要将目标函数乘以−1 即可化为等价的极大化线性规划问题。

8.1.5　一般线性规划问题的两阶段单纯形算法

细心的读者可能已经发现，除非所有 z_i 都是 0，否则式（8.14）与式（8.15）并不等价。为了解决这个问题，在求解时必须分两个阶段进行。

第 1 阶段用一个辅助目标函数替代原来的目标函数式（8.6），即

$$
z' = -z_1 - z_2 - z_3 - z_4 = -(28 - 2x_1 - 4x_2 - 2x_3 + 4x_4 - y_1 - y_2 - y_3)
\tag{8.16}
$$

其中，后一个等式是将式（8.15）代入得到的。

这个线性规划问题称为原线性规划问题相应的辅助线性规划问题。现在，对辅助线性规划问题用单纯形算法求解。显然，如果原线性规划问题有可行解，则辅助线性规划问题就有最优解，且其最优值为 0，即所有 z_i 都为 0。在辅助线性规划问题最后的单纯形表中，所有 z_i 均为非基本变量。划掉所有 z_i 相应的列，剩下的就是只含 x_i 和 y_i 的约束标准型线性规划问题。换句话说，单纯形算法第 1 阶段的任务就是构造一个初始基本可行解。

第 2 阶段是求解由第 1 阶段导出的问题。此时要用原来的目标函数进行求解。如果在辅助线性规划问题最后的单纯形表中，z_i 不全为 0，则原线性规划问题没有可行解，从而原线性规划问题无解。

8.1.6　单纯形算法的描述和实现

下面讨论一般线性规划问题的两阶段单纯形算法的实现。用一个 C++类 LinearProgram 表示解线性规划问题的单纯形算法。

```
class LinearProgram {
public:
    LinearProgram(char *filename);
    ~LinearProgram();
    void solve();
private:
    int enter(int objrow);
    int leave(int col);
    int simplex(int objrow);
    int phase1();
    int phase2();
    int compute();
    void swapbasic(int row, int col);
    void pivot(int row, int col);
```

```cpp
    void stats();
    void setbasic(int *basicp);
    void output();
    int  m,                        // 约束总数
         n,                        // 变量数
         m1,                       // 不等式约束数（≤）
         m2,                       // 等式约束数
         m3,                       // 不等式约束数（≥）
         n1, n2,                   // n1=n + m3; n2=n 1+ m1;
         error,                    // 记录错误类型
         *basic,                   // 基本变量下标
         *nonbasic;                // 非基本变量下标
    double  **a, minmax;
};
```

其中，主要数据项是存储单纯形表的二维数组 a，其存储内容如图 8-5 初始单纯形表所示，实际存储的是粗线框表示的部分。

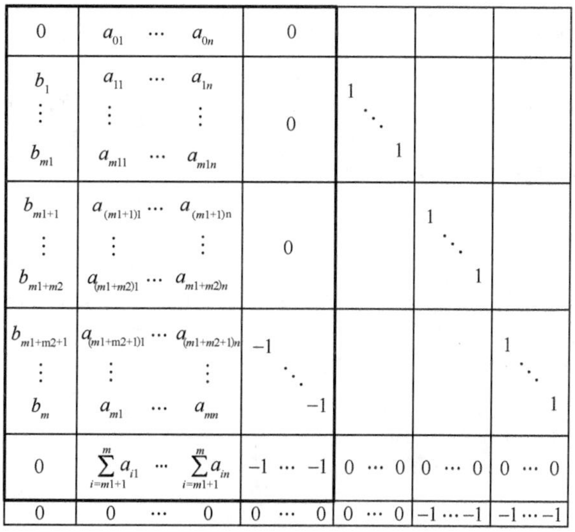

0	a_{01} $\cdots$ a_{0n}	0			
b_1 $\vdots$ b_{m1}	a_{11} $\cdots$ a_{1n} $\vdots$ $\vdots$ a_{m11} $\cdots$ a_{m1n}	0	$\begin{smallmatrix}1\\&\ddots\\&&1\end{smallmatrix}$		
b_{m1+1} $\vdots$ b_{m1+m2}	$a_{(m1+1)1}$ $\cdots$ $a_{(m1+1)n}$ $\vdots$ $\vdots$ $a_{(m1+m2)1}$ $\cdots$ $a_{(m1+m2)n}$	0		$\begin{smallmatrix}1\\&\ddots\\&&1\end{smallmatrix}$	
$b_{m1+m2+1}$ $\vdots$ b_m	$a_{(m1+m2+1)1}$ $\cdots$ $a_{(m1+m2+1)n}$ $\vdots$ $\vdots$ a_{m1} $\cdots$ a_{mn}	$\begin{smallmatrix}-1\\&\ddots\\&&-1\end{smallmatrix}$			$\begin{smallmatrix}1\\&\ddots\\&&1\end{smallmatrix}$
0	$\sum\limits_{i=m1+1}^{m} a_{i1}$ $\cdots$ $\sum\limits_{i=m1+1}^{m} a_{in}$	$-1 \cdots -1$	$0 \cdots 0$	$0 \cdots 0$	$0 \cdots 0$
0	0 $\cdots$ 0	$0 \cdots 0$	$0 \cdots 0$	$-1 \cdots -1$	$-1 \cdots -1$

图 8-5　初始单纯形表

1．构造初始单纯形表

首先，从标准输入文件中读入数据，构造初始单纯形表。

```cpp
LinearProgram::LinearProgram(char *filename) {
    ifstream  inFile;
    int  i, j;
    double  value;
    cout<<"按照下列格式输入数据:"<<endl;
    cout<<"1 : +1 (max)或 -1 (min); m; n"<<endl;
    cout<<"2 : m1; m2; m3"<<endl;
    cout<<"约束系数和右端项"<<endl;
    cout<<"目标函数系数"<<endl<<endl;
    error = 0;
    inFile.open(filename);
```

```
        inFile>>minmax;
        inFile>>m;
        inFile>>n;
        //  输入各类约束数
        inFile>>m1;
        inFile>>m2;
        inFile>>m3;
        if (m != m1+m3+m2)
           error = 1;
        n1 =n  + m3;
        n2 = n + m1 + m3;
        Make2DArray(a, m+2 ,n1+1);
        basic = new int[m+2];
        nonbasic = new int[n1+1];
        //  初始化基本变量和非基本变量
        for (i=0; i <= m+1; i++)
           for (j=0; j <= n1; j++)
              a[i][j] = 0.0;
        for (j=0; j <= n1; j++)
           nonbasic[j] = j;
        for (i=1, j=n1+1; i <= m; i++, j++)              // 引入松弛变量和人工变量
           basic[i] = j;
        for (i=m-m3+1, j=n+1; i <= m; i++, j++) {
           a[i][j] = -1.0;
           a[m+1][j] = -1.0;
        }
        for (i=1; i <= m; i++) {                         // 输入约束系数和右端项
           for (j=1; j <= n; j++) {
              inFile >> value;
              a[i][j] = value;
           }
           inFile>>value;
           if (value < 0)
              error = 1;
           a[i][0] = value;
        }
        for (j=1; j <= n; j++) {                         // 输入目标函数系数
           inFile>>value;
           a[0][j] = value * minmax;
        }
        for (j=1; j <= n; j++){                          // 引入人工变量，构造第 1 阶段的辅助目标函数
           for (i=m1+1, value=0.0; i <= m; i++)
              value += a[i][j];
           a[m+1][j]=value;
        }
        inFile.close();
    }
```

2. 约束标准型线性规划问题的单纯形算法

函数 simplex(objrow)根据目标函数系数所在的行 objrow，执行约束标准型线性规划问题的单纯形算法。

```cpp
int LinearProgram::simplex(int objrow) {
    for(int row=0; ;){
        int  col = enter(objrow);
        if (col>0)
            row = leave(col);
        else
            return 0;
        if (row > 0)
            pivot(row, col);
        else
            r eturn 2;
    }
}
```

其中，函数 enter(objrow)根据目标函数系数所在的行 objrow，选取入基变量。

```cpp
int LinearProgram::enter(int objrow) {
    double  temp=DBL-EPSILON;
    for (int j=1, col=0; j <= n1; j++) {
        if (nonbasic[j] <= n2 && a[objrow][j] > temp) {
            col = j;
            temp=a[objrow][j];
//          break;                              // Bland 避免循环法则
        }
    }
    return col;
}
```

函数 leave(col)根据入基变量所在的列 col，选取离基变量。

```cpp
int LinearProgram::leave(int col) {
    double  temp = DBL-MAX;
    for (int i=1, row=0; i <= m; i++){
        double  val = a[i][col];
        if (val > DBL-EPSILON) {
            val = a[i][0]/val;
            if (val < temp) {
                row = i;
                temp = val;
            }
        }
    }
    return row;
}
```

函数 pivot(row, col)以入基变量所在的列 col 和离基变量所在行 row 交叉处元素 a[row][col]为轴心，做转轴变换。

```
void LinearProgram::pivot(int row, int col) {
    for (int j=0; j <= n1; j++)
        if (j!= col)
            a[row][j] = a[row][j]/a[row][col];
        a[row][col] = 1.0/a[row][col];
        for (int i=0; i <= m+1; i++) {
            if (i != row) {
                for (int j=0; j <= n1; j++) {
                    if (j!= col) {
                        a[i][j] = a[i][j]-a[i][col]*a[row][j];
                        if (fabs(a[i][j]) < DBL-EPSILON)
                            a[i][j] = 0.0;
                    }
                    a[i][col] = -a[i][col]*a[row][col];
                }
            }
        }
    swapbasic(row,col);
}
```

函数 swapbasic (row, col)交换基本变量 row 和非基本变量 col 的位置。

```
void LinearProgram::swapbasic(int row, int col) {
    int  temp = basic[row];
    basic[row] = nonbasic[col];
    nonbasic[col] = temp;
}
```

3．两阶段单纯形算法

函数 compute()对一般的线性规划问题执行两阶段单纯形算法。

```
int LinearProgram::compute() {
    if (error>0)
        return error;
    if (m != m1) {
        error = phase1();
        if (error > 0)
            return error;
    }
    return phase2();
}
```

其中，构造初始基本可行解的第 1 阶段单纯形算法由 phase1()实现。辅助目标函数存储在数组 a 的第 trows 行。

```
int LinearProgram::phase1() {
    error = simplex(m+1);
    if (error>0)
        return error;
    for (int i=1; i <= m; i++)
```

```
        if (basic[i] > n2) {
          if (a[i][0] > DBL-EPSILON)
            return 3;
          for (int j=1; j <= n1; j++) {
            if (fabs(a[i][j]) >= DBL-EPSILON) {
              pivot(i, j);
              break;
            }
          }
        }
      }
    }
    return 0;
}
```

单纯形算法第 2 阶段根据第 1 阶段找到的基本可行解，对原来的目标函数用单纯形算法求解。原目标函数存储在数组 a 的第 0 行。

```
int LinearProgram::phase2() {
    return simplex(0);
}
```

函数 solve()是执行两阶段单纯形算法的公有函数。

```
void LinearProgram::solve() {
    cout<<endl<<"***线性规划---单纯形算法 ***"<<endl<<endl;
    error = compute();
    switch (error){
      case 0: output(); break;
      case 1: cout<<".输入数据错误 --"<<endl; break;
      case 2: cout<<".无界解 --"<<endl; break;
      case 3: cout<<".无可行解 --"<<endl;
    }
    cout<<"计算结束"<<endl;
}
```

函数 output()输出两阶段单纯形算法的计算结果。

```
void LinearProgram::output() {
    int  width=8, *basicp;
    double  zero = 0.0;
    basicp = new int[n+m+1];
    setbasic(basicp);
    cout.setf(ios::fixed|ios::showpoint|ios::right);
    cout.precision(4);
    stats();
    cout<<endl<<"最优值: "<<-minmax*a[0][0]<<endl<<endl;
    cout<<"最优解: "<<endl<<endl;
    for (int j=1; j <= n; j++) {
      cout<<"x"<<j<<" =";
      if (basicp[j] != 0)
        cout<<setw(width)<<a[basicp[j]][0];
      else
```

```
        cout<<setw(width)<<zero;
      cout<<endl;
  }
  cout<<endl;
  delete []basicp;
}
```

8.1.7 退化情形的处理

用单纯形算法解一般的线性规划问题时，可能遇到退化的情形，即在迭代计算的某一步中，常数列中的某个元素的值变成 0，使得相应的基本变量取值为 0。如果选取退化的基本变量为离基变量，则转轴变换前后的目标函数值不变。在这种情况下，算法不能保证目标函数值严格递增，因此可能出现无限循环。

考察下面的由 Beale 在 1955 年提出的退化问题的例子。

$$\max z = \frac{3}{4}x_1 - 20x_2 + \frac{1}{2}x_3 - 6x_4$$

$$\text{s.t.} \ \frac{1}{4}x_1 - 8x_2 - x_3 + 9x_4 \leqslant 0$$

$$\frac{1}{2}x_1 - 12x_2 - \frac{1}{2}x_3 + 3x_4 \leqslant 0$$

$$x_3 \leqslant 1$$

$$x_i \geqslant 0 \ (i = 1, \ 2, \ 3, \ 4)$$

按照两阶段单纯形算法求解该问题将出现无限循环。

Bland 提出了用单纯形算法解退化的线性规划问题是避免循环的一个简单易行的方法。Bland 提出在单纯形算法迭代中，按照下面两个简单规则来避免循环。

规则 1 设 $e = \min \{j \mid c_j > 0\}$，取 x_e 为入基变量。

规则 2 设 $k = \min \left\{ l \left| \dfrac{b_l}{a_{le}} = \min\limits_{a_{ie}>0} \left\{ \dfrac{b_i}{a_{ie}} \right\} \right. \right\}$，取 x_k 为离基变量。

前面的算法 leave(col) 已经按照规则 2 选取离基变量。选取入基变量的算法 enter(objrow) 中只要增加一个 break 语句即可。参见前面的算法描述。

8.1.8 应用举例

1. 仓库租赁问题

某企业计划为流通的货物租赁一批仓库。必须保证在时间段 i（$i = 1, 2, \cdots, n$）有 b_i 的仓库容量可用。现有若干仓库源可供选择。设 c_{ij} 是从时间段 i 到时间段 j（$1 \leqslant i \leqslant j \leqslant n$）租用 1 个单位仓库容量的价格。如何安排仓库租赁计划，才能满足各时间段的仓库需求，且使租赁费用最少？

设租用时间段 i 到时间段 j 的仓库容量为 y_{ij}（$1 \leqslant i \leqslant j \leqslant n$），则租用仓库的总费用为

$$\sum_{i=1}^{k} \sum_{j=1}^{n} c_{ij} y_{ij}$$

在时间段 k 可用的仓库容量为

$$\sum_{i=1}^{k}\sum_{j=k}^{n}y_{ij}$$

由此可见，仓库租赁问题可表述为下面的线性规划问题：

$$\min \sum_{i=1}^{n}\sum_{j=i}^{n}c_{ij}y_{ij}$$

$$\text{s.t.} \sum_{i=1}^{k}\sum_{j=k}^{n}y_{ij} \geqslant b_k \quad (k=1,2,\cdots,n)$$

$$y_{ij} \geqslant 0 \qquad (1 \leqslant i \leqslant j \leqslant n)$$

设 $m=n(n+1)/2$，则

$$(y_{11}, y_{12}, \cdots, y_{1n}, y_{22}, y_{23}, \cdots, y_{2n}, \cdots, y_{nn}) = (x_1, x_2, \cdots, x_m)$$

$$(c_{11}, c_{12}, \cdots, c_{1n}, c_{22}, c_{23}, \cdots, c_{2n}, \cdots, c_{nn}) = (d_1, d_2, \cdots, d_m)$$

上述线性规划问题可表述为 n 个约束和 m 个变量的标准型线性规划问题：

$$\min d^{\mathrm{T}}x$$

$$\text{s.t.} \; Ax \geqslant b$$

$$x \geqslant 0$$

式中，

$$A = \begin{bmatrix} 1 & 1 & \cdots & 1 & 1 & 0 & 0 & \cdots & 0 & 0 & 0 & \cdots & 0 \\ 0 & 1 & \cdots & 1 & 1 & 1 & 1 & \cdots & 1 & 0 & & & \\ 0 & 0 & 1 & \cdots & 1 & 0 & 1 & \cdots & 1 & \vdots & \vdots & \vdots & \vdots \\ \vdots & \vdots & \vdots & \ddots & \vdots & \vdots & \vdots & \ddots & \vdots & 0 & 0 & 0 & 0 \\ 0 & 0 & \cdots & 0 & 1 & 0 & \cdots & 0 & 1 & 0 & \cdots & 0 & 1 \end{bmatrix}$$

下面的算法从给定的仓库租赁问题的输入来构造矩阵 A 和相应的线性规划问题的输入参数，从而可用前面讨论的单纯形算法求解。

```cpp
void input(char *filename,char *file) {
    ifstream  inFile;
    ofstream  outFile;
    int  *b, *c ,**d;
    int  i, j ,k, p, q, n, m;
    inFile.open(filename);
    inFile>>n;
    m = n*(n+1)/2;
    b = new int [n];
    c = new int [m];
    Make2DArray(d, n, m);
    for(i=0; i < n; i++)
        inFile>>b[i];
    for(i=0, k=0; i < n; i++)
        for(j=0; j < n-i; j++)
            inFile>>c[k++];
    inFile.close();
    for(i=0; i < n; i++)
        for(j=0; j < m; j++)
            d[i][j] = 0;
    for(k=0; k < n; k++){
        p = n-k;
        q = k*n-k*(k-1)/2;
```

```
      for(i=0; i < p; i++)
         for(j=i; j < p; j++)
            d[i+k][q+j] = 1;
   }
   outFile.open(file);
   outFile<<-1<<""<<n<<""<<m<<endl;
   outFile<<0<<""<<0<<""<<n<<endl;
   for(i=0; i < n; i++){
      for(j=0; j < m; j++)
         outFile<<d[i][j]<<"";
      outFile<<b[i]<<endl;
   }
   for(i=0; i < m; i++)
      outFile<<c[i]<<"";
   outFile<<endl;
   outFile.close();
   delete []b;
   delete []c;
   Delete2DArray(d,n);
}
```

8.2 最大网络流问题

8.2.1 网络与流

1. 基本概念和术语

先介绍与网络流有关的一些基本概念。

（1）网络

设 G 是一个简单有向图，$G=(V, E)$，$V=\{1, 2, \cdots, n\}$。在 V 中指定一个顶点 s，称为源；指定另一个顶点 t，称为汇。对于有向图 G 的每条边$(v, w)\in E$，对应有一个值 $\text{cap}(v, w)\geqslant 0$，称它为边的容量。通常把这样的有向图 G 称为一个网络。

（2）网络流

网络上的流是定义在网络的边集合 E 上的一个非负函数 $\text{flow}=\{\text{flow}(v, w)\}$，并称 $\text{flow}(v, w)$ 为边(v, w)上的流量。

（3）可行流

满足下述条件的流 flow 称为可行流：

① 容量约束　对每一条边$(v, w)\in E$，$0\leqslant\text{flow}(v, w)\leqslant\text{cap}(v, w)$。

② 平衡约束　对于中间顶点，流出量=流入量，即对每个 $v\in V$（$v\neq s, t$）有顶点 v 的流出量-顶点 v 的流入量=0，即

$$\sum_{(v, w)\in E}\text{flow}(v, w) - \sum_{(v, w)\in E}\text{flow}(w, v) = 0$$

对于源 s

$$s\text{ 的流出量}-s\text{ 的流入量}=源的净输出量 f$$

即
$$\sum_{(s, v)\in E} \text{flow}(s, v) - \sum_{(v, s)\in E} \text{flow}(v, s) = f$$

对于汇 t，有 t 的流入量 $-t$ 的流出量 = 汇的净输入量 f，即
$$\sum_{(v, t)\in E} \text{flow}(v, t) - \sum_{(t, v)\in E} \text{flow}(t, v) = f$$

式中，f 称为这个可行流的流量，即源的净输出量（或汇的净输入量）。

可行流总是存在的。例如，让所有边的流量 $\text{flow}(v, w) = 0$，就得到一个流量 $f=0$ 的可行流（称为 0 流）。

（4）边流

对于网络 G 的一个给定的可行流 flow，将网络中满足 $\text{flow}(v, w) = \text{cap}(v, w)$ 的边称为饱和边，称 $\text{flow}(v, w) < \text{cap}(v, w)$ 的边为非饱和边，称 $\text{flow}(v, w)=0$ 的边为零流边，称 $\text{flow}(v, w)>0$ 的边为非零流边。如果边 (v, w) 既不是一条零流边也不是一条饱和边时，则称为弱流边。

（5）最大流

最大流问题即求网络 G 的一个可行流 flow，使其流量 f 达到最大，即 flow 满足
$$0 \leqslant \text{flow}(v, w) \leqslant \text{cap}(v, w) \qquad (v, w)\in E$$

且
$$\sum \text{flow}(v, w) - \sum \text{flow}(w, v) = \begin{cases} f & v = s \\ 0 & v \neq s, t \\ -f & v = t \end{cases}$$

（6）流的费用

在实际应用中，与网络流有关的问题涉及流量和费用因素。此时，网络的每条边 (v, w) 除了给定容量 $\text{cap}(v, w)$，还定义了一个单位流量费用 $\text{cost}(v, w)$。对于网络中给定的流 flow，其费用定义为
$$\text{cost}(\text{flow}) = \sum_{(v, w)\in E} \text{cost}(v, w) \times \text{flow}(v, w)$$

（7）残流网络

对于给定的流网络 G 及其上的流 flow，网络 G 关于流 flow 的残流网络 G^* 与 G 有相同的顶点集 V，而网络 G 中的每条边对应 G^* 中的一条边或两条边。设 (v, w) 是 G 的一条边。当 $\text{flow}(v, w)>0$ 时，(w, v) 是 G^* 中的一条边，该边的容量为 $\text{cap}^*(w, v) = \text{flow}(v, w)$；当 $\text{flow}(v, w) < \text{cap}(v, w)$ 时，(v, w) 是 G^* 中的一条边，该边的容量为 $\text{cap}^*(v, w) = \text{cap}(v, w) - \text{flow}(v, w)$。

按照残流网络的定义，当原网络 G 中的边 (v, w) 是一条零流边时，残流网络 G^* 中有唯一的一条边 (v, w) 与之对应，且该边的容量为 $\text{cap}(v, w)$。当原网络 G 中的边 (v, w) 是一条饱和边时，残流网络 G^* 中有唯一的一条边 (w, v) 与之对应，该边的容量为 $\text{cap}(v, w)$。当原网络 G 中的边 (v, w) 是一条弱流边时，残流网络 G^* 中有两条边 (v, w) 和 (w, v) 与之对应，这两条边的容量分别为 $\text{cap}(v, w) - \text{flow}(v, w)$ 和 $\text{flow}(v, w)$。

残流网络是设计与网络流有关算法的重要工具。

2．流网络数据结构

以下用类 EDGE 表示网络中的边。

```
class EDGE {
    int  pv, pw, pcap, pcost, pflow;
public:
```

```cpp
    EDGE(int v, int w, int cap, int cost) : pv(v), pw(w), pcap(cap), pcost(cost), pflow(0) { }
    int v() const { return pv;  }
    int w() const { return pw;  }
    int cap() const { return pcap;  }
    int cost() const { return pcost;  }
    int wt(int v) const { return from(v) ? -pcost : pcost;  }
    int flow() const { return pflow;  }
    bool from (int v) const { return pv == v;  }
    bool residual(int v) const { return (pv==v && pcap-pflow>0 || pw==v && pflow>0 );  }
    int other(int v) const { return from(v) ? pw : pv;  }
    int capRto(int v) const { return from(v) ? pflow : pcap - pflow;  }
    int costRto(int v) const { return from(v) ? -pcost : pcost;  }
    void addflowRto(int v, int d) { pflow += from(v) ? -d : d;  }
};
```

其中，私有成员 pv 和 pw 分别表示边的起点和终点；pcap、pcost 和 pflow 分别表示边的容量、费用和流量。

类 EDGE 的大部分公有成员是简单自明的，有些在用到时再进一步解释。

函数 from()和 other()与有向边的方向有关。如果 e 是指向一条边的指针，当 $e{\rightarrow}from(v)$ 返回 true 时，v 是边 e 的起点；当 $e{\rightarrow}other(v)$ 时，则返回边 e 的不同于 v 的另一个端点。

函数 residual()、capRto()、costRto()、addflowRto()与残流网络有关。

函数 residual(v)用于判断残流网络中是否有一条以 v 为起点的边。

函数 capRto()给出残流网络中边的容量。如果 e 是指向边(v, w)的指针，e 的容量为 c，流量为 f，则按残流网络的定义 $e{\rightarrow}capRto(w)$是 $c{-}f$，而 $e{\rightarrow}capRto(v)$是 f。

函数 costRto()给出残流网络中边的费用。如果边 e 的费用是 cost，则按残流网络的定义 $e{\rightarrow}costRto(w)$是 cost，而 $e{\rightarrow}capRto(v)$是$-cost$。

函数 addflowRto()改变残流网络中边的流量。如果 e 是指向边(v, w)的指针，e 的流量为 f，则 $e{\rightarrow}addflowRto(w, d)$将 e 的流量改变为 $f{+}d$，而 $e{\rightarrow}addflowRto(v, d)$将 e 的流量改变为 $f{-}d$。

下面用类 GRAPH 表示一般的网络。

```cpp
template<class Edge>class GRAPH {
    int Vcnt, Ecnt; bool digraph;
    vector<vector<Edge *>>adj;
public:
    GRAPH(int V, bool digraph=false) : adj(V+1), Vcnt(V+1), Ecnt(0), digraph(digraph) {
        for (int i=0; i <= V; i++)
            adj[i].assign(V+1, 0);
    }
    GRAPH(){ }
    int V() const { return Vcnt;  }
    int E() const { return Ecnt;  }
    bool directed() const { return digraph;  }
    void insert(Edge *e) {
        int v=e->v(), w=e->w();
        if (adj[v][w] == 0)
            Ecnt++;
```

```
            adj[v][w] = e;
            if (!digraph)
                adj[w][v] = e;
        }
        void remove(Edge *e) {
            int  v=e->v(), w=e->w();
            if (adj[v][w] != 0)
                Ecnt--;
            adj[v][w] = 0;
            if (!digraph)
                adj[w][v] = 0;
        }
        Edge* edge(int v, int w) const {
            return adj[v][w];
        }
        void read(char *filename, int& s,int& t, int &se, int &te) {
            int  i, j, n, m, nmax, cap, cost;
            ifstream  inFile;
            inFile.open(filename);
            inFile>>n>>m>>s>>se>>t>>te>>nmax;
            for (int k=0; k < m; k++) {
                inFile>>i>>j>>cap>>cap>>cost;
                if (cap > 0)
                    insert(new EDGE(i, j, cap, cost));
            }
            insert(new EDGE(nmax+1, 0, se, 0));
            s =n max+1;
            inFile.close();
        }
    }
    void checksd(int s, int t, int &ss, int &dd) {
        ss = 0;
        dd = 0;
        for (int i=0; i < Vcnt; i++){
            if (adj[s][i] && adj[s][i]->from(s) && adj[s][i]->flow()>0)
                ss += adj[s][i]->flow();
            if (adj[i][t] && adj[i][t]->from(i) && adj[i][t]->flow()>0)
                dd += adj[i][t]->flow();
        }
    }
};
```

上述结构用图的邻接矩阵表示一般网络，其私有成员 Vcnt 和 Ecnt 分别表示网络中的顶点数和边数，adj 是邻接矩阵，digraph 是有向图标志。

类 GRAPH 的大部分公有成员是简单自明的，有些在用到时再进一步解释。

网络的搜索游标功能是有序地搜索网络中与某个顶点相关联的各条边，将其定义为一个特殊的类 adjIterator。

```
template<class Edge>
```

```
class adjIterator {
  const GRAPH<Edge> &G;
  int  i, j, v;
public:
  adjIterator(const GRAPH<Edge>&G, int v) : G(G), v(v), i(0), j(0) { }
  Edge *beg() {
    i =-1;
    j =-1;
    return nxt();
  }
  Edge *nxt(){
    for (i++; i < G.V(); i++)
      if (G.edge(v, i))
        return G.edge(v, i);
    for (j++; j < G.V(); j++)
      if (G.edge(j, v))
        return G.edge(j, v);
    return 0;
  }
  bool end() const {
    return (i>= G.V() && j>= G.V());
  }
};
```

其中，beg()是搜索的起始边；nxt()是下一条要搜索的边；end()表示搜索结束。

8.2.2 增广路算法

1. 算法基本思想

设 P 是网络 G 中联结源 s 和汇 t 的一条路。定义路的方向是从 s 到 t。可以将路 P 上的边分成两类：一类边的方向与路的方向一致，称为向前边，其全体记为 P^+；另一类边的方向与路的方向相反，称为向后边，其全体记为 P^-。

设 flow 是一个可行流，P 是从 s 到 t 的一条路，若 P 满足下列条件，则称 P 为关于可行流 flow 的一条可增广路：① 在 P 的所有向前边 (v, w) 上，flow(v, w)<cap(v, w)，即 P^+ 中的每一条边都是非饱和边；② 在 P 的所有向后边 (v, w) 上，flow(v, w)>0，即 P^- 中的每条边都是非零流边。

可增广路是残流网络中一条容量大于 0 的路。

具有上述特征的路 P 称为可增广路，因为可以通过修正路 P 上所有边流量 flow(v, w)，将当前可行流改进成一个流值更大的可行流。

具体做法是：

① 使不属于可增广路 P 的边 (v, w) 上的流量保持不变。

② 可增广路 P 上的所有边 (v, w) 上的流量按下述规则变化：在向前边 (v, w) 上，flow(v, w)+d；在向后边 (v, w) 上，flow(v, w)-d。

也就是按下面的公式修改当前的流：

$$\text{flow}(v, w) = \begin{cases} \text{flow}(v, w) + d & (v, w) \in P^+ \\ \text{flow}(v, w) - d & (v, w) \in P^- \\ \text{flow}(v, w) & (v, w) \in P \end{cases}$$

式中，d 称为可增广量，按下述原则确定：d 取得尽量大，使变化后的流仍为可行流。不难看出，按照这个原则，d 既不能超过每条向前边(v, w)的 $\text{cap}(v, w)-\text{flow}(v, w)$，也不能超过每条向后边$(v, w)$的 $\text{flow}(v, w)$。因此 d 应该等于向前边上的 $\text{cap}(v, w)-\text{flow}(v, w)$ 与向后边上的 $\text{flow}(v, w)$的最小值，也就是残流网络中 P 的最大容量。

增广路定理　设 flow 是网络 G 的一个可行流，如果不存在从 s 到 t 关于 flow 的可增广路 P，则 flow 是 G 的一个最大流。

2. 算法描述

根据前面的讨论，可设计求最大流的增广路算法如下。该算法也常称为 Ford Fulkerson 算法。

```
template<class Graph, class Edge>class MAXFLOW {
    const Graph  &G;
    int  s, t, maxf;
    vector<int> wt;
    vector<Edge *>st;
    int ST(int v) const {  return st[v]->other(v);  }
    void augment(int s, int t) {
        int  d = st[t]->capRto(t);
        for (int v=ST(t); v != s; v=ST(v))
            if (st[v]->capRto(v) < d)
                d = st[v]->capRto(v);
        st[t]->addflowRto(t, d);
        maxf += d;
        for (v=ST(t); v != s; v=ST(v))
            st[v]->addflowRto(v, d);
    }
    bool pfs();
public:
    MAXFLOW(const Graph &G, int s, int t, int &maxflow) : G(G), s(s), t(t), st(G.V()), wt(G.V()), maxf(0) {
        while (pfs())
            augment(s, t);
        maxflow+=maxf;
    }
};
```

上面描述的是一个适用于一大类算法的广义的算法框架。算法的基本思想是，用一个 PFS（优先级优先搜索，Priority First Search）算法找到网络中的一条从 s 到 t 的可增广路，然后沿此可增广路增流，直到网络中找不到可增广路时为止。

算法中用向量 st 存储 pfs 搜索到的网络支撑树，用 st[v]存储指向树边 e 的指针，e 是连接 v 和 v 的父结点的边。函数 ST[v]返回支撑树中 v 的父结点。

算法 augment(s, t)首先沿 st 给出的可增广路计算可增广量 d，再沿可增广路增流。

整个算法的关键和难点是如何寻找关于当前可行流的可增广路，特别是当网络中顶点数和边数较多时，寻找可增广路的算法 pfs 的效率至关重要。

```
template<class Graph, class Edge>
bool MAXFLOW<Graph, Edge>::pfs() {
    PQ<int>pQ(G.V(), wt);
    for (int v=0; v < G.V(); v++) {
        wt[v] = 0;
        st[v] = 0;
        pQ.insert(v);
    }
    wt[s] = M;
    pQ.change(s);
    while (!pQ.empty()) {
        int  v = pQ.deletemax();
        wt[v] = M;
        if (v == t || (v!= s && st[v] == 0))
            break;
        adjIterator<Edge>A(G, v);
        for (Edge* e=A.beg(); !A.end(); e=A.nxt()) {
            int  w = e->other(v);
            int  cap = e->capRto(w);
            int  P = cap<wt[v] ? cap : wt[v];
            if (cap>0 && P>wt[w]) {
                wt[w] = P;
                pQ.change(w);
                st[w] = e;
            }
        }
    }
    return st[t] != 0;
}
```

上面描述的算法 pfs 实际上是一个适用于寻找可增广路的算法框架，用一个优先队列 pQ 记录搜索优先级，按搜索优先级依次搜索网络的各条边，直至找到一条可增广路。不同的优先级将导致不同的搜索效果。例如，算法 pfs 中将优先级定义为残流网络中边的容量。相应的算法也称为最大容量增广路算法。如果用最短路长作为优先级，则算法中的优先队列就是一个普通队列。此时的优先级搜索就是广度优先搜索，与此相应的增广路算法称为最短增广路算法。

算法中的 M 是网络最大边容量的一个上界，向量 wt 用于记录搜索顶点的优先级。优先队列类 PQ 可用堆实现如下。

```
template<class keyType>class PQ {
    int  d, N;
    vector<int>pq, qp;
    const vector<keyType> &a;
    void exch(int i, int j) {
        int  t = pq[i];
        pq[i] = pq[j];
        pq[j] =t ;
```

```
            qp[pq[i]] = i;
            qp[pq[j]] = j;
        }
        void fixUp(int k) {
            while (k>1 && a[pq[(k+d-2)/d]] < a[pq[k]]) {
                exch(k, (k+d-2)/d);
                k = (k+d-2)/d;
            }
        }
        void fixDown(int k, int N) {
            int j;
            while ((j=d*(k-1)+2) <= N) {
                for (int i=j+1; i < j+d && i <= N; i++)
                    if (a[pq[j]] < a[pq[i]])
                        j = i;
                if (!(a[pq[k]] < a[pq[j]]))
                    break;
                exch(k, j);
                k = j;
            }
        }
    }
public:
    PQ(int N, const vector<keyType> &a, int d=3) : a(a), pq(N+1, 0), qp(N+1, 0), N(0), d(d) { }
    int empty() const {  return N == 0;  }
    void insert(int v) {
        pq[++N] = v;
        qp[v] = N;
        fixUp(N);
    }
    int deletemax() {
        exch(1, N);
        fixDown(1, N-1);
        return pq[N--];
    }
    void change(int k) {  fixUp(qp[k]);  }
};
```

3. 算法的计算复杂性

容易看出，增广路算法的效率由下面两个因素确定：整个算法找可增广路的次数、每次找可增广路所需的时间。由此可见，求网络最大流的增广路算法的效率主要由算法 pfs 确定。pfs 算法的效率又与优先队列的选择密切相关，当优先队列以最大容量为优先级时，得到最大容量增广路算法。当优先队列以最短路为优先级时，得到最短增广路算法。

如果给定的网络中有 n 个顶点和 m 条边，且每条边的容量不超过 M，可以证明，在一般情况下，增广路算法中找可增广路的次数不超过 nM 次。

对于最短增广路算法，在最坏情况下，找可增广路的次数不超过 $nm/2$ 次。找 1 次可增广路最多需要 $O(m)$ 计算时间。因此，在最坏情况下，最短增广路算法所需的计算时间为 $O(nm^2)$。

当给定的网络是稀疏网络时，即$m=O(n)$时，最短增广路算法所需的计算时间为$O(n^3)$。

对于最大容量增广路算法，在最坏情况下，找可增广路的次数不超过 $2m\lg M$ 次。由于使用堆来存储优先队列，找 1 次增广路最多需要 $O(n\lg n)$ 计算时间。因此，在最坏情况下，最大容量增广路算法所需的计算时间为 $O(mn\lg n\lg M)$。当给定的网络是稀疏网络时，最大容量增广路算法所需的计算时间为 $O(n^2\lg n\lg M)$。

8.2.3　预流推进算法

1. 算法基本思想

增广路算法的特点是找到可增广路后，立即沿可增广路对网络流进行增广。每次增广可能需要对最多 $n-1$ 条边进行操作。因此，在最坏情况下，每次增广需要 $O(n)$ 计算时间。在有些情况下，这个代价是很高的。下面是一个极端的例子。

图 8-6 给出了一个说明增广路算法的例子，在该图所示的网络中，$s=1$，$t=20$。边$(1, 2)$, $(2, 3)$, $\cdots$, $(8, 9)$上的容量为 10，其他边（顶点 9 的出边和顶点 20 的入边）的容量均为 1。无论用哪种增广路算法，都会找到 10 条增广路，每条路长为 10，容量为 1。因此，共需 10 次增广，每次增广需要对 10 条边进行操作，每条边增广 1 个单位流量。然而，注意到这 10 条增广路中的前 9 个顶点（前 8 条边）是完全一样的。如果直接将前 8 条边的流量增广 10 个单位，而只对后面长为 2 的不同的有向路单独操作，就可以节省许多计算时间。这就是预流推进（preflow push）算法的基本思想。也就是说，预流推进算法注重对每条边的增流，而不必每次一定对一条增广路增流。通常将沿一条边增流的运算称为一次推进（push）。

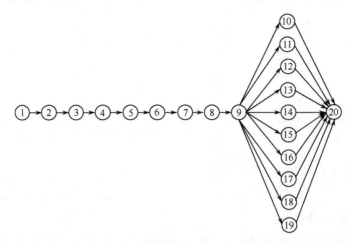

图 8-6　说明增广路算法的例子

在算法的推进过程中，网络流满足容量约束，但一般不满足流量平衡约束。此外，从每个顶点（s 和 t 除外）流出的流量之和总是小于等于流入该顶点的流量之和，这种流称为预流（preflow），这也是这类算法被称为预流推进算法的原因。下面先给出预流的严格定义。

给定网络 $G=(V, E)$，一个预流是定义在 G 的边集 E 上的一个正边流函数。该函数满足容量约束，即对 G 的每条边$(v, w)\in E$，满足 $0\leqslant\text{flow}(v, w)\leqslant\text{cap}(v, w)$。

对 G 的每个中间顶点满足：流出量小于或等于流入量，即对每个 $v\in V$（$v\neq s, t$）有

$$\sum_{(v, w)\in E} \mathrm{flow}(v, w) \leqslant \sum_{(w, v)\in E} \mathrm{flow}(w, v)$$

满足条件

$$\sum_{(v, w)\in E} \mathrm{flow}(v, w) \leqslant \sum_{(w, v)\in E} \mathrm{flow}(w, v)$$

的中间顶点 v 称为活顶点。量

$$\sum_{(w, v)\in E} \mathrm{flow}(w, v) \leqslant \sum_{(v, w)\in E} \mathrm{flow}(v, w)$$

称为顶点 v 的存流。按此定义，源 s 和汇 t 不可能成为活顶点。

对网络 G 上的一个预流，如果存在活顶点，则说明该预流不是可行流。预流推进算法就是要选择活顶点，并通过把一定的流量推进到它的邻点，尽可能地将当前活顶点处正的存流减少为 0，直至网络中不再有活顶点，从而使预流成为可行流。如果当前活顶点有多个邻点，首先推进到哪个邻点呢？由于算法最后的目的是尽可能将流推进到汇点 t，因此算法应寻求把流量推进到它的邻点中距顶点 t 最近的顶点。预流推进算法中用到一个高度函数 $h()$ 来确定推流边。

对于给定网络 $G=(V, E)$ 的一个流，其高度函数 $h()$ 是定义在 G 的顶点集 V 上的一个非负函数。该函数满足：① 对于 G 的残流网络中的每条边 (u, v)，有 $h(u) \leqslant h(v)+1$；② $h(t)=0$。G 的残流网络中满足 $h(u)=h(v)+1$ 的边 (u, v) 称为 G 的可推流边。

下面的函数 heights() 以每个顶点在残流网络中到汇点 t 的最短路长作为其高度函数值来构造一个有效的高度函数。

```
void heights() {
  QUEUE<int>queue(G.V());
  for (int i=0; i < G.V(); i++)
    h[i] = 0;
  queue.put(t);
  while (!queue.empty()) {                      //广度优先搜索
    int  v = queue.get();
    //搜索与顶点 v 相连的边
    adjIterator<Edge>A(G, v);
    for (Edge* e=A.beg(); !A.end(); e=A.nxt()) {
      int  w = e->other(v);
      if (h[w] == 0 && e->residual(w)) {
        h[w] = h[v]+1;
        queue.put(w);
      }
    }
  }
  h[s]=G.V();
}
```

下面给出一般的预流推进算法的基本框架：一般的预流推进算法。

步骤 0 构造初始预流 flow。对源顶点 s 的每条出边 (s, v)，令 $\mathrm{flow}(s, v)=\mathrm{cap}(s, v)$，对其余边 (u, v)，令 $\mathrm{flow}(u, v)=0$。构造一个有效的高度函数 $h()$。

步骤 1 如果残流网络中不存在活顶点，则计算结束，已经得到最大流，否则转步骤 2。

步骤 2 在网络中选取活顶点 v。如果存在顶点 v 的出边为可推流边，则选取一条这样的可推流边，并沿此边推流；否则，令 $h(v)=\min\{h(w)+1 \mid (v, w)$ 是当前残流网络中的边$\}$，并转步骤 1。

一般的预流推进算法的每次迭代是一次推进运算或一次高度重新标号运算。对于推进运算，如果推进的流量等于推流边上的残留容量，则称为饱和推进，否则称为非饱和推进。

算法终止时，网络中不含有活顶点，此时只有顶点 s 和 t 的存流量非零，所以此时的预流实际上已经是一个可行流。又由于在算法预处理阶段已经令 $h(s)=n$，而高度函数在计算过程中不会减小，因此算法在计算过程中可以保证网络中不存在可增广路。根据增广路定理，算法终止时的可行流是一个最大流。

一般的预流推进算法并未给出如何选择活顶点和可推流边。不同的选择策略导致不同的预流推进算法。在基于顶点的预流推进算法中，选定一个活顶点后，算法沿该活顶点的所有推流边进行推流运算，直至无可推流边或该顶点的存流量变成 0 时为止。

2. 算法描述

基于顶点的预流推进算法可描述如下：

```
template<class Graph, class Edge>class MAXFLOW {
  const Graph &G;
  int  s, t;
  vector<int> h, wt, st;
  PQ<int> gQ;
public:
  MAXFLOW(Graph &G, int s, int t, int &maxflow) :
        G(G), s(s), t(t), h(G.V(),0), wt(G.V(), 0), st(G.V(), 0), gQ(G.V(), h) {
    heights();
    wtmax();
    gQ.put(s);
    st[s] = 1;
    while (!gQ.empty()) {
      int  v = gQ.get();
      st[v] = 0;
      discharge(v);
      relabel(v);
    }
    maxflow += wt[t];
  }
};
```

算法中用一个广义队列 gQ 存储当前活顶点集合。向量 st 是活顶点标志，st[v]=1 表示顶点 v 是活顶点。向量 wt 存储当前活顶点的存流量。

函数 heights() 初始化高度函数。

函数 wtmax() 对源顶点 s，计算 $\text{wt}[s] = \sum\limits_{(s, v \in E)} \text{cap}(s, v)$。

```
void wtmax() {
  adjIterator<Edge> A(G, s);
  for (Edge* e=A.beg(); !A.end(); e=A.nxt())
```

```
    if (e->from(s))
        wt[s] += e->cap();
}
```

函数 push(*e*, *v*, *w*, *f*)对可推流边(*v*, *w*)推进流量*f*。

```
void push(Edge* e,int v,int w, int f) {
    e->addflowRto(w, f);
    wt[v] -= f;
    wt[w] += f;
}
```

函数 discharge(*v*)对活顶点 *v* 执行基于顶点的预流推进运算。

```
void discharge(int v) {
    adjIterator<Edge>A(G, v);
    for (Edge* e=A.beg(); !A.end(); e=A.nxt()) {
        int  w = e->other(v);
        int  cap = e->capRto(w);
        int  P = cap<wt[v] ? cap : wt[v];
        if (P>0 && (v == s || h[v] == h[w]+1)) {
            push(e, v, w, P);
            if ((w!= s) && (w!= t) && (!st[w])) {
                gQ.put(w);
                st[w] = 1;
            }
        }
    }
}
```

函数 relabel(*v*)对活顶点 *v* 执行高度重新标号运算。

```
void relabel(int v) {
    if (v != s && v != t && wt[v]>0) {
        int  hv = INT_MAX;
        adjIterator<Edge> A(G, v);
        for (Edge* e=A.beg();!A.end(); e=A.nxt()) {
            int  w = e->other(v);
            if (e->residual(v) && h[w]<hv)
                hv = h[w];
        }
        if (hv < INT_MAX)
            h[v] = hv+1;
        gQ.put(v);
        st[v] = 1;
    }
}
```

3. 算法的计算复杂性

上面的基于顶点的预流推进算法用一个广义队列 gQ 存储当前活顶点集合。这个广义队列可以是通常的 FIFO 队列、LIFO 栈、随机化队列、随机化栈，或按各种优先级定义的优先队列。由此可见，上面的基于顶点的预流推进算法实际上包括了一大类算法。因此，算法的效率与广义优先队列的选择密切相关。

如果选用通常的 FIFO 队列，则在最坏情况下，预流推进算法求最大流所需的计算时间为 $O(mn^2)$，其中 m 和 n 分别为图 G 的边数和顶点数。

如果以顶点高度值为优先级，选用优先队列实现预流推进算法，则在最坏情况下，求最大流所需的计算时间为 $O(\sqrt{m}n^2)$。这个算法也称为最高顶点标号预流推进算法。

近来已提出许多其他预流推进算法的实现策略，在最坏情况下，算法所需的计算时间已接近 $O(mn)$。

8.2.4　最大流问题的变换与应用

1. 一般网络的最大流问题

在一般情况下，网络可能有多个源和多个汇，此时可将一般网络的最大流问题转换为与之等价的单源单汇网络的最大流问题。具体做法是：在原网络的基础上，增加一个虚源 s 和一个虚汇 t，如果原网络有 p 个源 $s_1, s_2, \cdots, s_p$ 和 q 个汇 $t_1, t_2, \cdots, t_q$，则在原网络中增加 p 条以 s 为起点的边 $(s, s_1), (s, s_2), \cdots, (s, s_p)$，以及 q 条以 t 为终点的边 $(t_1, t), (t_2, t), \cdots, (t_q, t)$。新增各边的容量分别定义为顶点 $s_1, s_2, \cdots, s_p$ 的流出量和顶点 $t_1, t_2, \cdots, t_q$ 的流入量。新网络的最大流对应于原网络的最大流。

2. 可行流问题

在有多个源和多个汇的网络中，给每个源一个正的流量，给每个汇一个负的流量，且所有源和所有汇流量的代数和为零。可行流问题要求判断对于给定的多源和多汇网络是否存在满足源和汇流量约束的可行流。可行流问题实际上是前面所说的一般网络的最大流问题，容易转换为如下标准的最大流问题。

```
template<class Graph, class Edge>class FEASIBLE {
    const Graph &G;
public:
    FEASIBLE(const Graph &G, vector<int>sd) : G(G) {
        int  maxflow, ss, dd, supply, demand;
        Graph F(G.V()+2, 1);
        for (int v=0; v < G.V(); v++) {
            adjIterator<Edge>A(G, v);
            for (Edge* e=A.beg(); !A.end(); e=A.nxt())
                F.insert(e);
        }
        int  s = G.V(), t = G.V()+1;
        supply = 0;
        demand = 0;
        for (int i=0; i < G.V(); i++) {
            if (sd[i] >= 0) {
                supply += sd[i];
                F.insert(new EDGE(s, i, sd[i]));
            }
        }
```

```
else {
    demand -= sd[i];
    F.insert(new EDGE(i, t, -sd[i]));
}
MAXFLOW<Graph, Edge> (F, s, t, maxflow);
F.checksd(s, t, ss, dd);
if(supply == ss)
    cout<<"supply ok"<<endl;
else
    cout<<"supply not enough"<<endl;
if(demand == dd)
    cout<<"demand met"<<endl;
else
    cout<<"demand not met"<<endl;
F.outflow();
}
};
```

其中，函数 checksd(s, t, ss, dd)用于计算源 s 的总流出量 ss 和汇 t 的总流入量 dd。

```
void checksd(int s,int t, int &ss, int &dd) {
    ss = 0;
    dd = 0;
    for (int i=0; i < Vcnt; i++) {
        if (adj[s][i] && adj[s][i]->from(s) && adj[s][i]->flow()>0 )
            ss += adj[s][i]->flow();
        if (adj[i][t] && adj[i][t]->from(i) && adj[i][t]->flow()>0 )
            dd += adj[i][t]->flow();
    }
}
```

3．网络的顶点容量约束

在有顶点容量约束的网络最大流问题中，除了需要满足边容量约束，在网络的某些顶点处还要满足顶点容量约束，即流经该顶点的流量不能超过给定的约束值。这类问题容易转换为标准的最大流问题。只要将有顶点容量约束的顶点 u 用一条边(u, v)来替换，原来顶点 u 的入边仍为顶点 u 的入边，原来顶点 u 的出边改为顶点 v 的出边。连接顶点 u 和顶点 v 只有一条边(u, v)，其边容量为原顶点 u 的顶点容量。容易看出，变换后网络的最大流就是原网络中满足顶点约束的最大流。

4．二分图的最大匹配问题

设 $G=(V, E)$是一个无向图。如果顶点集合 V 可分割为两个互不相交的子集 X 和 Y，并且每条边(i, j)关联的两个顶点 i 和 j 分属于这两个不同的顶点集，则称图 G 为一个二分图。

图匹配问题可描述如下：设 $G=(V, E)$是一个图。如果 $M \subseteq E$，且 M 中任何两条边都不与同一个顶点相关联，则称 M 是 G 的一个匹配。G 的边数最多的匹配称为 G 的最大（基数）匹配。

二分图的最大匹配问题就是在已知图 G 是一个二分图的前提下，求 G 的最大匹配。

给定一个二分图 G 和将图 G 的顶点集合 V 分成互不相交的两部分的顶点子集 X 和 Y，如下构造与之相应的网络 F：① 增加一个源 s 和一个汇 t；② 从 s 向 X 的每个顶点都增加一条边，从 Y 的每个顶点都向 t 增加一条边；③ 原图 G 中的每条边都改为相应的由 X 指向 Y 的有向边；④ 置所有边的容量为 1。

求网络 F 的最大流。在从 X 指向 Y 的边集中，流量为 1 的边对应二分图中的匹配边。最大流值对应二分图 G 的最大匹配边数。

具体算法可实现如下：

```
template<class Graph, class Edge>class BMATCHING {
   const Graph  &G;
public:
   BMATCHING(const Graph &G, int N1) : G(G) {
      int  s, t, maxflow;
      Graph F(G.V()+2, 1);
      for (int v=0; v < G.V(); v++) {
         adjIterator<Edge> A(G, v);
         for (Edge* e=A.beg(); !A.end(); e=A.nxt())
            F.insert(e);
      }
      s=G.V();
      t=G.V()+1;
      for (int i=0; i < N1; i++)
         F.insert(new EDGE(s, i, 1));
      for (i=N1; i < s; i++)
         F.insert(new EDGE(i, t, 1));
      MAXFLOW<Graph, Edge>(F, s, t, maxflow);
      for (i=0; i < N1; i++) {
         adjIterator<Edge>A(F, i);
         for (EDGE* e=A.beg(); !A.end(); e=A.nxt())
            if (e->flow()==1 && e->from(i) && e->capRto(i) == 1 )
               cout<<e->v()<<"->"<<e->w()<<endl;
      }
   }
};
```

上述算法中，原图为 G，顶点集 X 和 Y 分别为 $X=\{0,1,\cdots,N_1-1\}$；$Y=\{N_1,N_1+1,\cdots,n-1\}$。

网络 F 的每条边的容量不超过 1，所以用增广路算法求其最大流所需的计算时间为 $O(mn)$，其中 m 和 n 分别为图 G 的边数和顶点数，从而用上述算法求二分图的最大匹配所需的计算时间为 $O(mn)$。

5. 带下界约束的最大流问题

前面讨论的网络最大流问题中每条边(v,w)都有一个容量约束 $cap(v, w)$，它实际上是对边 (v, w) 上流量的一个上界约束。在更一般的情况下，除了边容量的上界约束，还有边流量的下界约束，即对于每条边(v, w)还有一个边流量的下界约束 $caplow(v, w)$。在这种情况下，对可行流 flow 的容量约束相应地改变为 $caplow(v, w) \leq flow(v, w) \leq cap(v, w)$，表示这类网络的边结构进行如下相应改变：

```
class EDGE {
   int  pv, pw, pcap, pcaplow, pflow, pflag;
public:
```

```
EDGE(int v, int w, int caplow, int cap) : pv(v), pw(w), pcaplow(caplow), pcap(cap), pflow(0), pflag(0) { }
int v() const {  return pv;  }
int w() const {  return pw;  }
int cap() const {  return pcap;  }
int caplow() const {  return pcaplow;  }
int flow() const {  return pflow;  }
bool from (int v) const{  return pv == v;  }
void sublow() {  pcap - =pcaplow;  }
void addlow() {
   pcap += pcaplow;
   pflow += pcaplow;
   pflag = 1;
}
bool residual(int v) const { return (pv == v && pcap-pflow>0 || pw == v && pflow>0);  }
int other(int v) const {  return from(v) ? pw : pv;  }
int capRto(int v) const {  return from(v) ? pflow-pcaplow*pflag : pcap - pflow;  }
void addflowRto(int v, int d) {  pflow += from(v) ? -d : d;  }
};
```

对于带下界约束的最大流问题通常可分两个阶段求解。第 1 阶段先找满足约束条件的可行流，第 2 阶段将找到的可行流扩展成最大流。

第 1 阶段先将找满足约束条件的可行流问题转换成一个等价的循环可行流问题。变换方法是在原网络中增加一条容量充分大的边(t, s)。这条边将从 s 流到 t 的流量再送回到 s，构成一个循环流。原网络有可行流当且仅当新网络有循环可行流。

设 flow 是新网络的一个循环可行流，则

① 对每个 $v \in V$（包括 s, t），有

$$顶点 v 的流出量 - 顶点 v 的流入量 = 0$$

即

$$\sum_{(v,w) \in E} \text{flow}(v, w) - \sum_{(w,v) \in E} \text{flow}(w, v) = 0$$

② 对每条边$(v, w) \in E$，$\text{caplow}(v, w) \leqslant \text{flow}(v, w) \leqslant \text{cap}(v, w)$。

进一步对流进行变换，设对每条边$(v, w) \in E$，$x(v, w) = \text{flow}(v, w) - \text{caplow}(v, w)$，代入上述①和②，得到如下结果。

③ 对每个顶点 $v \in V$，有

$$\sum_{(v,w) \in E} x(v, w) - \sum_{(w,v) \in E} x(w, v) = \text{sd}(v)$$

$$\text{sd}(v) = \sum_{(w,v) \in E} \text{caplow}(w, v) - \sum_{(v,w) \in E} \text{caplow}(v, w)$$

④ 对每条边 $(v, w) \in E$，$x(v, w) \leqslant \text{cap}(v, w) - \text{caplow}(v, w)$。

容易看出，$\sum_{v \in V} \text{sd}(v) = 0$。因此，上述循环可行流问题实际上就是前面讨论过的一般网络中的可行流问题。

实现上述思想的算法 feasible (G, s, t, sd)描述如下：

```
void read(char *filename,int& s,int& t, vector<int>& sd) {
   int  i, j, n, m, caplow, cap;
   ifstream  inFile;
```

```
    inFile.open(filename);
    inFile>>n>>m>>s>>t;
    for (int k=0; k < m; k++) {
        inFile>>i>>j>>caplow>>cap;
        sd[j] += caplow;
        sd[i] -= caplow;
        insert(new EDGE(i, j, caplow, cap));
    }
    inFile.close();
}
void feasible(Graph &G, int s, int t, vector<int>sd) {
    int  ss, dd, supply, demand, maxflow = 0;
    Graph F(G.V()+2, 1);
    for (int v=0; v < G.V(); v++) {
        adjIterator<Edge> A(G, v);
        for (Edge* e=A.beg(); !A.end(); e=A.nxt()) {
            if (e->from(v)) {
                e->sublow();
                F.insert(e);
            }
        }
    }
    F.insert(new EDGE(t, s, 0, INT-MAX));
    s = G.V();
    t = G.V()+1;
    supply = 0;
    demand = 0;
    for (int i=0; i < G.V(); i++) {
        if (sd[i] >= 0) {
            supply += sd[i];
            F.insert(new EDGE(s, i, 0, sd[i]));
        }
        else {
            demand -= sd[i];
            F.insert(new EDGE(i, t, 0, -sd[i]));
        }
        MAXFLOW<Graph, Edge>(F, s, t, maxflow);
        F.checksd(s, t, ss, dd);
        if(supply == ss)
            cout<<"supply ok"<<endl;
        else
            cout<<"supply not enough"<<endl;
        if(demand == dd)
            cout<<"demand met"<<endl;
        else
            cout<<"demand not met"<<endl;
        for (v=0; v < G.V(); v++) {
            adjIterator<Edge>A(G, v);
            for (Edge* e=A.beg(); !A.end(); e = A.nxt())
```

```
        if (e->from(v))
          e->addlow();
      }
    }
  }
```

找到可行流 x 后，对每条边 $(v, w) \in E$，按照 $flow(v, w) = x(v, w) + caplow(v, w)$ 计算得到原网络的一个可行流 $flow$。在此可行流的基础上，进一步用增广路算法扩展为一个最大流。上述两阶段算法可描述如下：

```
template<class Graph, class Edge>class LOWER {
  const Graph &G;
public:
  LOWER(Graph &G, int s, int t, vector<int>sd) : G(G) {
    int maxflow = 0;
    feasible(G, s, t, sd);
    adjIterator<Edge>A(G, s);
    for (Edge* e=A.beg(); !A.end(); e=A.nxt())
      if (e->from(s))
        maxflow += e->flow();
    MAXFLOW<Graph, Edge>(G, s, t, maxflow);
    cout<<endl<<"Maxflow ="<<maxflow<<endl<<endl;
    G.outflow();
  }
};
```

注意，在第 1 阶段中，残流网络中向后边 (v, w) 的容量是 $flow(v, w)$；在第 2 阶段中，残流网络中向后边 (v, w) 的容量是 $flow(v, w) - caplow(v, w)$，因此算法中用标志变量 pflag 表示算法的阶段。当算法在第 1 阶段时，pflag=0；当算法在第 2 阶段时，pflag=1。在网络边结构中函数 capRto(v) 修改为

```
int capRto(int v) const {  return from(v) ? pflow-pcaplow*pflag : pcap-pflow;  }
```

6. 带下界约束的最小流问题

带下界约束的最小流问题是找网络中满足流量上、下界约束的最小可行流。

与带下界约束的最大流算法类似，可用两阶段方法求解。第 1 阶段先找满足约束条件的可行流。第 2 阶段以 t 为源，以 s 为汇，用增广路算法反向求解可找到最小可行流。

带下界约束的最小流算法可描述如下：

```
template<class Graph, class Edge>class LOWER {
  const Graph &G;
public:
  LOWER(Graph &G, int s, int t, vector<int>sd) : G(G) {
    int maxflow = 0;
    feasible(G, s, t, sd);
    adjIterator<Edge>A(G, s);
    for (Edge* e=A.beg(); !A.end(); e=A.nxt())
      if (e->from(s))
        maxflow -= e->flow();
```

```
        MAXFLOW<Graph, Edge>(G, t, s, maxflow);
        cout<<endl<<"Maxflow ="<<(-maxflow)<<endl<<endl;
        G.outflow();
    }
};
```

7．表格数据取整问题

给定一个 p 行 q 列的实数表格 $A=\{a_{ij}\}$，其第 i 行和第 j 列的和分别为 r_i 和 c_j。表格数据取整问题要求将所给的实数表格 A 变换为一个相应的整数表格 $B=\{b_{ij}\}$，使得

① $b_{ij}=\text{round}(a_{ij})$

② $\displaystyle\sum_{j=1}^{q} b_{ij} = \text{round}(r_i), \sum_{i=1}^{p} b_{ij} = \text{round}(c_i)$

式中，$\text{round}(x)$ 是对实数 x 的取整运算，可以是下取整 $\text{floor}(x)$，也可以是上取整 $\text{ceil}(x)$。

这个问题可以转换为一个带下界约束的可行流问题。对于给定的表格 A，构造网络 G 如下。网络 G 中有 $p+q+2$ 个顶点 $\{s, t, v_1, v_2, \cdots, v_p; w_1, w_2, \cdots, w_q\}$ 和 $pq+p+q$ 条边 $\{(v_i, w_j), (s, v_i), (w_j, t)\}$（$i=1, 2, \cdots, p; j=1, 2, \cdots, q$）。其中，边 (v_i, w_j) 的容量上、下界分别为 $\text{floor}(a_{ij})$ 和 $\text{ceil}(a_{ij})$；边 (s, v_i) 的容量上、下界分别为 $\text{floor}(r_i)$ 和 $\text{ceil}(r_i)$；边 (w_j, t) 的容量上、下界分别为 $\text{floor}(c_j)$ 和 $\text{ceil}(c_j)$。

易知，网络 G 的一个可行流对应于表格数据取整问题的一个解。

8.3　最小费用流问题

8.3.1　最小费用流

1．网络流的费用

在实际应用中，与网络流有关的问题不仅涉及流量，还有费用因素。此时网络的每条边 (v, w) 除了给定容量 $\text{cap}(v, w)$，还定义了一个单位流量费用 $\text{cost}(v, w)$。对于网络中一个给定的流 flow，其费用定义为

$$\text{cost(flow)}=\sum_{(v, w)\in E} \text{cost}(v, w)\times \text{flow}(v, w)$$

对于给定网络 G 中的流，其费用可计算如下：

```
template<class Graph, class Edge>
static int cost(Graph &G) {
    int x = 0;
    for (int v=0; v < G.V(); v++) {
        adjIterator<Edge>A(G, v);
        for (Edge* e=A.beg(); !A.end(); e=A.nxt())
            if (e->from(v) && e->costRto(e->w())<INT-MAX)
                x += e->flow()*e->costRto(e->w());
    }
    return x;
}
```

2．最小费 OP 用流问题

对于给定的网络 G，求其最大费用流 flow，使流的总费用

$$\text{cost(flow)}= \sum_{(v,w)\in E} \text{cost}(v,w) \times \text{flow}(v,w)$$

最小。

3．最小费用可行流问题

对于给定的多源多汇网络 G，求其可行流 flow，使可行流的总费用

$$\text{cost(flow)}= \sum_{(v,w)\in E} \text{cost}(v,w) \times \text{flow}(v,w)$$

最小。

前面已经讨论过，可行流问题等价于最大流问题。类似地，最小费用可行流问题也等价于最小费用流问题。

8.3.2 消圈算法

1．算法基本思想

在与最小费用流问题有关的算法中，仍然沿用残流网络的概念。此时，残流网络中边的费用定义为

```
int costRto(int v) {  return from(v) ? -pcost : pcost;  }
```

也就是说，当残流网络中的边是向前边时，其费用不变；当残流网络中的边是向后边时，其费用为原费用的负值。

由于残流网络中存在负费用边，所以残流网络中不可避免地会产生负费用圈。而在与最小费用流问题有关的算法中，负费用圈是一个重要概念。

最小费用流问题的最优性条件定理　网络 G 的最大流 flow 是 G 的一个最小费用流的充分且必要条件是，flow 相应的残流网络中没有负费用圈。

根据这一定理，可以设计出求最小费用流的消圈算法如下：

步骤 0　用最大流算法构造最大流 flow。

步骤 1　如果残流网络中不存在负费用圈，则计算结束，已经找到最小费用流；否则，转步骤 2。

步骤 2　沿找到的负费用圈增流，并转步骤 1。

2．算法描述

求最小费用流的消圈算法实现如下：

```
template<class Graph, class Edge>class MINCOST {
  Graph  &G;
  int  s, t;
  vector<int> wt;
  vector<Edge *> st
public:
  MINCOST(Graph &G, int s, int t) : G(G), s(s), t(t), st(G.V()), wt(G.V()) {
    int  flow = 0;
```

```
        MAXFLOW<Graph, Edge>(G, s, t, flow);
        for (int x=negcyc(); x != -1; x=negcyc())
            augment(x, x);
    }
};
```

算法中用向量 st 存储找到的负费用圈。算法的核心是找负费用圈算法 negcyc()。

```
int negcyc() {
    for(int i=0; i < G.V(); i++) {
        int  neg = negcyc(i);
        if(neg >= 0)
            return neg;
    }
    return -1;
}
```

其中,函数 negcyc(*i*)以顶点 *i* 为起点,用找负费用圈算法 Bellman-Ford 在残流网络中搜索负费用圈。

```
int negcyc(int ss) {
    st.assign(G.V(), 0);
    wt.assign(G.V(), INT_MAX);
    QUEUE<int> Q(2*G.V());
    int  N = 0;
    wt[ss] = 0.0;
    Q.put(ss);
    Q.put(G.V());
    while (!Q.empty()) {
        int  v;
        while ((v=Q.get()) == G.V()) {
            if (N++ > G.V())
                return -1;
            Q.put(G.V());
        }
        adjIterator<Edge>A(G, v);
        for (Edge* e=A.beg(); !A.end(); e=A.nxt()) {
            int  w = e->other(v);
            if (e->capRto(w) == 0)
                continue;
            double  P = wt[v] + e->wt(w);
            if (P < wt[w]) {
                wt[w] = P;
                //开始搜索负费用圈
                for (int node_test=v; (st[node_test] != 0 && node_test != ss); node_test=ST(node_test)) {
                    if (ST(node_test) == w) {
                        st[w] = e;
                        return w;
                    }
                    st[w] = e;
                    Q.put(w);
```

```
          }
        }
      }
    }
    return -1;
  }
```

找到负费用圈后由 augment (x, x) 从负费用圈的起点 x 开始，沿找到的负费用圈增流。

```
int ST(int v) const {
  if (st[v] == 0) {
    cout<<"error!"<<endl;
    return 0;
  }
  else
    return st[v]->other(v);
}
void augment(int s, int t) {
  int  d = st[t]->capRto(t);
  for (int v=ST(t); v != s; v=ST(v))
    if (st[v]->capRto(v)<d)
      d = st[v]->capRto(v);
  st[t]->addflowRto(t, d);
  for (v=ST(t); v != s; v=ST(v))
    st[v]->addflowRto(v, d);
}
```

3. 算法的计算复杂性

如果给定的网络中有 n 个顶点和 m 条边，且每条边的容量不超过 M，每条边的费用不超过 C，由于最大流的费用不超过 mCM，而每次消去负费用圈至少使得费用下降 1 个单位，因此最多执行 mCM 次找负费用圈和增流运算。用 Bellman.Ford 算法找 1 次负费用圈需要 $O(mn)$ 计算时间。因此，求最小费用流的消圈算法在最坏情况下需要 $O(m^2nCM)$ 计算时间。

8.3.3 最小费用路算法

1. 算法基本思想

上面的消圈算法首先找到网络中的一个最大流，然后通过消去负费用圈使费用降低。最小费用路算法不用先找最大流，而是用类似于求最大流的增广路算法的思想，不断在残流网络中寻找从源 s 到汇 t 的最小费用路，然后沿最小费用路增流，直至找到最小费用流。残流网络中从源 s 到汇 t 的最小费用路是残流网络中从 s 到 t 的以费用为权的最短路。残流网络中边的费用定义为

$$\text{wt}(v, w) = \begin{cases} \text{cost}(v, w) & (v, w) \in P^+ \\ -\text{cost}(w, v) & (v, w) \in P^- \end{cases}$$

即当残流网络中边 (v, w) 是向前边时，其费用为 $\text{cost}(v, w)$；当 (v, w) 是向后边时，其费用为 $-\text{cost}(w, v)$。

按此思想，可以设计出求最小费用流的最小费用路算法如下：

步骤 0 初始可行零流。

步骤 1 如果不存在最小费用路，则计算结束，已经找到最小费用流；否则，用最短路算法在残流网络中找从 s 到 t 的最小费用可增广路，转步骤 2。

步骤 2 沿找到的最小费用可增广路增流，并转步骤 1。

2．算法描述

求最小费用流的最小费用路算法实现如下：

```
template<class Graph, class Edge>class MINCOST {
    Graph   &G;
    int   s, t, flow;
    vector<int> wt;
    vector<Edge *> st;
public:
    MINCOST(Graph &G, int s, int t, int se) : G(G), s(s), t(t), flow(se), st(G.V()), wt(G.V()) {
        while(shortest())
            augment(s, t);
    }
};
```

找最小费用路的算法由 shortest()实现如下：

```
bool shortest() {
    st.assign(G.V(), 0);
    wt.assign(G.V(), INT_MAX);
    QUEUE<int> Q(2*G.V());
        int N=0;
    if(flow <= 0)
        return false;
    wt[s] = 0.0;
    Q.put(s);
    Q.put(G.V());
    while (!Q.empty()) {
        int  v;
        while ((v=Q.get()) == G.V()) {
            if (N++>G.V())
                return (wt[t]<INT_MAX);
            Q.put(G.V());
        }
        adjIterator<Edge>A(G, v);
        for (Edge* e=A.beg(); !A.end(); e=A.nxt()) {
            int  w = e->other(v);
            if (e->capRto(w) == 0)
                continue;
            int  P = wt[v] + e->wt(w);
            if (P < wt[w]) {
                wt[w] = P;
                st[w] = e;
                Q.put(w);
            }
```

```
    }
  }
  return (wt[t] < INT_MAX);
}
```

找到最小费用路后由 augment(s, t)从 s 开始，沿找到的最小费用路增流。

```
int ST(int v) const {
  if (st[v] == 0) {
    cout<<"error!"<<endl;
    return 0;
  }
  else
    return st[v]->other(v);
}
void augment(int s, int t) {
  int  d = st[t]->capRto(t);
  for (int v=ST(t); v != s; v=ST(v))
    if (st[v]->capRto(v)<d)
      d = st[v]->capRto(v);
  if (d > flow)
    d = flow;
  st[t]->addflowRto(t, d);
  for (v=ST(t); v != s; v=ST(v))
    st[v]->addflowRto(v, d);
  flow -= d;
}
```

3．算法的计算复杂性

算法的主要计算量在于连续寻找最小费用路并增流。如果给定的网络中有 n 个顶点和 m 条边，且每条边的容量不超过 M，每条边的费用不超过 C，由于每次增流至少使得流值增加 1 个单位，因此最多执行 M 次找最小费用路算法。如果找 1 次最小费用路需要 $S(m, n, C)$ 计算时间，则求最小费用流的最小费用路算法需要 $O(MS(m, n, C))$ 计算时间。

8.3.4　网络单纯形算法

1．算法基本思想

消圈算法的计算复杂度不仅与算法找到的负费用圈有关，而且与每次找负费用圈所需的时间有关。虽然网络单纯形算法是从解线性规划问题的单纯形算法演变而来的，但从算法的运行机制来看，可以将网络单纯形算法看作另一类消圈算法。其基本思想是用一个可行支撑树结构来加速找负费用圈的过程。

对于给定的网络 G 和一个可行流，相应的可行支撑树定义为 G 的一棵包含所有弱流边的支撑树。

网络单纯形算法的第一步就是构造可行支撑树。从一个可行流出发，不断找由弱流边组成的圈，然后沿找到的弱流圈增流，消除所有弱流圈。在剩下的所有弱流边中加入零流边或饱和边构成一棵可行支撑树。

在可行支撑树结构的基础上，网络单纯形算法通过顶点的势函数，巧妙地选择非树边，使它与可行支撑树中的边构成负费用圈。然后，沿找到的负费用圈增流。

定义了顶点的势函数 Φ 后，残流网络中各边(v, w)的势费用定义为
$$c^*(v,w)=c(v,w)-(\Phi(v)-\Phi(w))$$
式中，$c(v, w)$是(v, w)在残流网络中的费用。

如果对可行支撑树中所有边(v, w)有 $c^*(v, w)=0$，则相应的势函数 Φ 是一个有效势函数。

对于一棵可行支撑树，如果将一条非树边加入可行支撑树，产生残流网络中的一个负费用圈，则称该非树边为一条可用边。

可用边定理 给定一棵可行支撑树及其上的一个有效势函数，非树边 e 是一条可用边的充分必要条件是，e 是一条有正势费用的饱和边，或 e 是一条有负势费用的零流边。

事实上，设$e=(v, w)$。边 e 与树边 $t_1, t_2, \cdots, t_d$构成一个圈 cycle：$t_1, t_2, \cdots, t_d, t_1$。式中，$v=t_1$，$w=t_d$，$-$cycle：$t_1, t_d, \cdots, t_2, t_1$。按照边的势费用定义有
$$c(w, v) = c^*(w, v) + \Phi(t_d) - \Phi(t_1)$$
$$c(t_1, t_2) = \Phi(t_1) - \Phi(t_2)$$
$$c(t_2, t_3) = \Phi(t_2) - \Phi(t_3)$$
$$\cdots\cdots$$
$$c(t_{d-1}, t_d) = \Phi(t_{d-1}) - \Phi(t_d)$$

各式相加得 $\qquad\qquad$ cost(cycle) $=c^*(w, v)$

由此可见，e 是一条可用边当且仅当 cost(cycle)<0；当且仅当 $c^*(w, v)<0$；当且仅当 e 是一条有正势费用的饱和边，或 e 是一条有负势费用的零流边。

最优性条件定理 对于给定网络 G 的可行流 flow 及相应的可行支撑树 T，如果不存在 T 的可用边，则 flow 是一个最小费用流。

事实上，如果不存在 T 的可用边，则由可用边的定义知残流网络中没有负费用圈。又由最小费用流问题的最优性条件知 flow 是一个最小费用流。

根据这一最优性条件定理，可以设计求最小费用流的网络单纯形算法如下：

步骤 0 构造 flow 为初始可行零流。构造相应的可行支撑树 T 和有效的顶点势函数。

步骤 1 如果不存在 T 的可用边，则计算结束，已经找到最小费用流，否则转步骤 2。

步骤 2 选取 T 的一条可用边与 T 的树边构成负费用圈，沿找到的负费用圈增流，从 T 中删去一条饱和边或零流边，重构可行支撑树，并转步骤 1。

2．算法描述

实现网络单纯形算法首先面临的是如何表示可行支撑树。可行支撑树需要支持如下 3 个基本运算：① 计算顶点势函数；② 沿负费用圈增流；③ 删除一条树边或插入一条树边。

有多种数据结构可满足上述要求。一种简单的数据结构是父指针向量。用父指针向量 st 存储支撑树中各边。向量单元 st$[v]$中存储的边是支撑树中的一条指向根结点方向的边(v, w)。结点 v 的父结点为 w，边 st$[v]$的父边是 st$[w]$。

用此数据结构可实现如下求最小费用流的网络单纯形算法：

```
template<class Graph, class Edge>class MINCOST {
    const Graph &G;
    int  s, t, valid;
```

```
        vector<Edge *> st;
        vector<int> mark, phi;
    public:
        MINCOST(Graph &G, int s, int t, int se) : G(G), s(s), t(t), st(G.V()), mark(G.V(), -1), phi(G.V())){
            int  m, c;
            upbound(m, c);
            m = m*G.V();
            c = c*G.V();
            Edge *z = new EDGE(s, t, se, c);
            G.insert(z);
            z->addflowRto(t, se);
            dfsR(z, t);
            for (valid=1; ; valid++){
                phi[t] = z->costRto(s);
                mark[t] = valid;
                for (int v=0; v < G.V(); v++)
                    if (v != t)
                        phi[v] = phiR(v);
                Edge *x = besteligible();
                int  rcost = costR(x, x->v());
                if (full(x) && rcost <= 0 || empty(x) && rcost >= 0)
                    break;
                update(augment(x), x);
            }
            G.remove(z);
            delete z;
        }
};
```

算法中向量 phi 存储顶点势函数 Φ 的值。向量 mark 是计算势函数时用到的标记向量。参数 se 是流入源 s 的流量。算法开始计算前，先在网络中增加一条虚边 z = (s, t)。该边的容量为 se，费用充分大。初始时，该边中的流量为 se。这条边的作用是在网络最大流的流量小于 se 时，将多余的流通过该边送到汇 t。其中用下面的函数 upbound(m, c) 计算网络中的最大边容量和最大边费用：

```
void upbound(int &cap, int &cost) {
    cap = 0;
    cost = 0;
    for (int i=0; i < G.V(); i++) {
        for (int j=0; j < G.V(); j++) {
            if (G.edge(v, w) && cap<G.edge(v, w)->cap())
                cap = G.edge(v, w)->cap();
            if (G.edge(v, w) && cost<G.edge(v, w)->cost())
                cost = G.edge(v, w)->cost();
        }
    }
}
```

函数 dfsR(e, w) 以边 e 的顶点 w 为根结点，用深度优先搜索算法建立初始支撑树。

```
void dfsR(Edge *e, int w) {
    int  v = e->other(w);
    st[v] = e;
    mark[v] = 1;
    mark[w] = 1;
    dfs(v);
    dfs(w);
    mark.assign(G.V(), -1);
}
void dfs(int v) {                                        // 从顶点 v 开始进行深度优先搜索
    adjIterator<Edge>A(G, v);
    for (Edge* e=A.beg(); !A.end(); e=A.nxt()){
        int  w = e->other(v);
        if (mark[w] == -1) {
            st[w] = e;
            mark[w] = 1;
            dfs(w);
        }
    }
}
```

按照有效顶点势函数的定义，对支撑树的所有边(v, w)，有 $c^*(v, w)=0$，因此有 $\Phi(v)=\Phi(w)-c(v, w)$。函数 phiR(v) 依此公式在支撑树中递归地计算顶点势函数的值 $\Phi(v)$。

在 $e=st[v]=(v, w)$ 时，函数 ST[v] 返回 w。

```
int ST(int v) const {
    if (st[v] == 0)
        return 0;
    else
        return st[v]->other(v);
}
int phiR(int v) {
    if (mark[v] == valid)
        return phi[v];
    phi[v] = phiR(ST(v))-st[v]->costRto(v);
    mark[v] = valid;
    return phi[v];
}
```

确定网络单纯形算法效率的一个重要因素是选取可用边的算法效率。有多种不同策略实现这个选择。下面的算法 besteligible() 选取使负费用圈的费用绝对值最大的可用边。

函数 costR (e, v) 计算边 e 的势费用。

```
int costR(Edge *e, int v) {
    int  R = e->cost() + phi[e->w()]-phi[e->v()];
    return e->from(v) ? R : -R;
}
Edge *besteligible() {
    Edge  *x = 0;
    for (int v=0, min=INT_MAX; v < G.V(); v++) {
```

```
      adjIterator<Edge>A(G, v);
      for (Edge* e=A.beg(); !A.end(); e=A.nxt()) {
        if (e->capRto(e->other(v))>0) {
          if (e->capRto(v) == 0) {
            if (costR(e, v) < min) {
              x = e;
              min = costR(e, v);
            }
          }
        }
      }
    }
    return x;
}
```

选出可用边 x 后，由 augment(x)沿边 x 和支撑树的树边构成的负费用圈增流。完成增流后，返回负费用圈中的一条饱和边或零流边。

算法首先根据可用边 x 是饱和边还是零流边来确定负费用圈的边(v, w)。然后，计算顶点 v 和 w 的最近公共祖先 r。负费用圈由边(v, w)、支撑树中从顶点 w 到 r 的路，以及支撑树中从 r 到顶点 v 的路组成。沿此负费用圈计算出最大可增流量 d，再次沿负费用圈对每条边增流 d。由于可行支撑树中有饱和边和零流边，因此，如果算法找到的负费用圈中含有这种边，则出现退化情况，即算法中的最大可增流量 $d=0$。此时并没有实际增流，因此算法可能会陷入无限循环。幸运的是有一种简单的方法可以避免无限循环。如果在选取支撑树删除边时，总选取最靠近根结点的那条边，则可以保证算法不会无限循环。下面的算法 augment(x)正是按照这种策略选取删除边的。

```
Edge *augment(Edge *x) {
  int  v = full(x) ? x->w() : x->v();        // 负费用圈的方向
  int  w = x->other(v);
  int  r = lca(v, w);                        // 顶点 v 和 w 的最近公共祖先
  int  d = x->capRto(w);
  for (int u=w; u != r; u=ST(u))
    if (st[u]->capRto(ST(u))<d)
      d = st[u]->capRto(ST(u));
  for (u=v; u != r; u=ST(u))
    if (st[u]->capRto(u)<d)
      d = st[u]->capRto(u);
  x->addflowRto(w, d);
  Edge* e = x;
  for (u=w; u != r; u=ST(u)) {
    st[u]->addflowRto(ST(u), d);
    if (st[u]->capRto(ST(u)) == 0)
      e = st[u];
  }
  for (u=v; u != r; u=ST(u)) {
    st[u]->addflowRto(u, d);
    if (st[u]->capRto(u) == 0)
      e = st[u];
```

```
    }
    return e;
}
```

其中，函数 full(x)和 empty(x)用于判别边 x 是饱和边还是零流边。函数 lca(v, w)用于计算顶点 v 和 w 的最近公共祖先。

```
bool full(Edge *x) {
    return (x->capRto(x->w()) == 0);
}
bool empty(Edge *x) {
    return (x->capRto(x->v()) == 0);
}
int lca(int v, int w) {
    mark[v] = ++valid;
    mark[w] = valid;
    while (v != w) {
        if (v != t)
            v=ST(v);
        if (v != t && mark[v] == valid)
            return v;
        mark[v] = valid;
        if (w != t)
            w=ST(w);
        if (w!= t && mark[w] == valid)
            return w;
        mark[w] = valid;
    }
    return v;
}
```

由 augment(x)完成沿负费用圈增流后，返回的边 e 是支撑树中的一条饱和边或零流边。进一步将边 x 加入支撑树，并从支撑树中删去边 e，重构新的可行支撑树。这个任务由 update(e, x)实现。设 x= (u, v)，e= (a, b)，顶点 u 和 v 的最近公共祖先是 r，则边 e 在支撑树中从顶点 u 到 r 的路上或在支撑树中从顶点 v 到 r 的路上。当边 e 在支撑树中从顶点 u 到 r 的路上时，删除边 e，支撑树中从顶点 u 到顶点 a 的路上各边方向应该反转。同样，当边 e 在支撑树中从顶点 v 到 r 的路上时，删除边 e 后，支撑树中从顶点 v 到顶点 a 的路上各边方向应该反转。

```
bool onpath(int a, int b, int c) {
    for (int i=a; i != c; i = ST(i))
        if (i == b)
            return true;
    return false;
}
void reverse(int u, int x) {
    Edge *e=st[u];
    for (int i=ST(u); e->other(i) != x; i=e->other(i)) {
        Edge *y = st[i];
        st[i] = e;
        e = y;
```

```
    }
}
void update(Edge *w, Edge *y) {
  if(w == y)
    return;
  int  u=y->w(), v=y->v(), x=w->w();
  if (x == t || st[x] != w)
    x = w->v();
  int  r = lca(u, v);
  if (onpath(u, x, r)) {
    reverse(u, x);
    st[u] = y;
    return;
  }
  if (onpath(v, x, r)) {
    reverse(v, x);
    st[v] = y;
    return;
  }
}
```

在上面的算法中，函数 onpath(a, b, c)用于判断顶点 b 是否在顶点 a 到顶点 c 的路上。函数 reverse(u, x)用于反转从顶点 u 到顶点 x 的路上各边的方向。

3. 算法的计算复杂性

如果给定的网络中有 n 个顶点和 m 条边，且每条边的容量不超过 M，每条边的费用不超过 C，由于最大流的费用不超过 mCM，而每次消去负费用圈至少使费用下降 1 个单位，因此最多执行 mCM 次找负费用圈和增流运算。用网络单纯形算法找 1 次负费用圈需要 $O(m)$ 计算时间。因此，求最小费用流的网络单纯形算法在最坏情况下需要 $O(m^2CM)$ 计算时间。

8.3.5 最小费用流问题的变换与应用

1. 带下界约束的最小费用流问题

与带下界约束的最大流问题类似，带下界约束的最小费用流问题也分两阶段求解。第 1 阶段先找满足约束条件的可行流；第 2 阶段将找到的可行流扩展成最小费用最大流。

```
template<class Graph, class Edge>class LOWER {
  const Graph  &G;
public:
  LOWER(Graph &G, int s, int t, int se, int te, vector<int>sd) : G(G) {
    int  maxflow = 0;
    feasible(G, s, t, sd);
    adjIterator<Edge> A(G, s);
    for(Edge* e=A.beg(); !A.end(); e=A.nxt())
      if (e->from(s))
        maxflow += e->flow();
    MINCOST<GRAPH<EDGE>, EDGE>(G, s, t, se);
    G.outflow();
```

```
    }
};
```

与带下界约束的最大流问题不同之处是第 2 阶段调用的是最小费用流算法。

2. 带下界约束的最小费用最小流问题

与带下界约束的最小流问题类似，带下界约束的最小费用最小流问题也分两阶段求解。第 1 阶段先找满足约束条件的可行流；第 2 阶段以 t 为源，以 s 为汇，用最小费用流算法反向求解可找到最小费用最小可行流。

```
template<class Graph, class Edge>class LOWER {
    const Graph &G;
public:
    LOWER(Graph &G, int s, int t, int se, int te, vector<int>sd) : G(G) {
        int  maxflow = 0;
        feasible(G, s, t, sd);
        adjIterator<Edge> A(G, s);
        for (Edge* e=A.beg(); !A.end(); e=A.nxt())
            if (e->from(s))
                maxflow -= e->flow();
        MINCOST<GRAPH<EDGE>, EDGE>(G, t, s, se);
        G.outflow();
    }
};
```

与带下界约束的最小流问题不同之处是第 2 阶段调用的是最小费用流算法。

3. 最小权二分匹配问题

给定一个带权二分图 H，找出 H 的一个最小权二分匹配。这个问题也称为指派问题。

设 H 的二分顶点集为 V_1 和 V_2。构造与 H 相应的网络 G 如下：增设源 s 和汇 t。源 s 到 V_1 中每个顶点有一条边，每条边的容量为 1，费用为 0。V_2 中每个顶点到汇 t 有一条边，每条边的容量为 1，费用为 0。H 中每条边相应于 G 中一条边，该边的容量为 1，费用为该边在 H 中的权。易知，G 的最小费用流相应于 H 的一个最小权二分匹配。

上述变换可用如下算法实现：

```
template<class Graph, class Edge>class ASSIGNMENT {
    const Graph  &G;
public:
    ASSIGNMENT(const Graph &G, int N1) : G(G) {
        int  s, t, sum = 0;
        Graph F(G.V()+2, 1);
        for (int v=0; v < G.V(); v++) {
            adjIterator<Edge> A(G, v);
            for (Edge* e=A.beg(); !A.end(); e=A.nxt())
                F.insert(e);
        }
        s = G.V();
        t = G.V()+1;
        for (int i=0; i < N1; i++)
```

```
        F.insert(new EDGE(s, i, 1,0));
      for (i=N1; i < s; i++)
        F.insert(new EDGE(i, t, 1,0));
      MINCOST<Graph, Edge> (F, s, t, N1);
      for (i=0; i < N1; i++) {
        adjIterator<Edge>A(F, i);
        for (EDGE* e=A.beg(); !A.end(); e=A.nxt())
          if (e->flow() == 1 &&e->from(i) )
            cout<<e->v()<<"->"<<e->w()<<endl;
      }
    }
};
```

4．特殊线性规划问题

考察下面的特殊线性规划问题：

$$\min cx$$
$$\text{s.t. } Ax \geq b$$
$$x \geq 0$$

式中，约束系数矩阵 A 具有特殊形式，即 A 是一个 0-1 矩阵，且 A 的每列中的 1 是连续排列的。例如，8.1 节中讨论的仓库租赁问题就是这类线性规划问题。下面用一个简单例子说明算法思想。

$$\min cx$$
$$\text{s.t. } \begin{bmatrix} 0 & 1 & 0 & 1 & 1 \\ 1 & 1 & 0 & 0 & 1 \\ 1 & 1 & 1 & 0 & 0 \\ 1 & 1 & 1 & 0 & 0 \end{bmatrix} x \geq \begin{bmatrix} 5 \\ 12 \\ 10 \\ 6 \end{bmatrix}$$
$$x \geq 0$$

引入松弛变量将不等式约束转换为等式约束。

$$\min cx$$
$$\text{s.t. } \begin{bmatrix} 0 & 1 & 0 & 1 & 1 & -1 & 0 & 0 & 0 \\ 1 & 1 & 0 & 0 & 1 & 0 & -1 & 0 & 0 \\ 1 & 1 & 1 & 0 & 0 & 0 & 0 & -1 & 0 \\ 1 & 1 & 1 & 0 & 0 & 0 & 0 & 0 & -1 \\ 0 & 0 & 0 & 0 & 0 & 0 & 0 & 0 & 0 \end{bmatrix} \begin{bmatrix} x \\ y \end{bmatrix} = \begin{bmatrix} 5 \\ 12 \\ 10 \\ 6 \\ 0 \end{bmatrix}$$
$$x, y \geq 0$$

式中，第 5 行是故意加入的恒等式 $0x+0y=0$。

从最后一行开始，每行减去上一行，得

$$\min cx$$
$$\text{s.t. } \begin{bmatrix} 0 & 1 & 0 & 1 & 1 & -1 & 0 & 0 & 0 \\ 1 & 0 & 0 & -1 & 0 & 1 & -1 & 0 & 0 \\ 0 & 0 & 1 & 0 & -1 & 0 & 1 & -1 & 0 \\ 0 & 0 & 0 & 0 & 0 & 0 & 0 & 1 & -1 \\ -1 & -1 & -1 & 0 & 0 & 0 & 0 & 0 & 1 \end{bmatrix} \begin{bmatrix} x \\ y \end{bmatrix} = \begin{bmatrix} 5 \\ 7 \\ -2 \\ -4 \\ -6 \end{bmatrix}$$
$$x, y \geq 0$$

此时的系数矩阵中，每列有一个 1 和一个 -1，正好对应网络中一条边的起点和终点。

另外，右端矩阵各行数值的代数和为 0。由此，可构造相应的网络，如图 8-7 所示为与

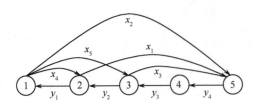

图 8-7　与特殊线性规划问题对应的网络

特殊线性规划问题对应的网络。

在一般情况下，特殊线性规划问题有 n 个变量和 m 个约束，则与特殊线性规划问题对应的网络中有 $m+1$ 个顶点和 $m+n$ 条边。设网络中的 $m+1$ 个顶点为 1，2，…，$m+1$。约束矩阵 A 的每行和每列都对应网络中一条边。例如，第 i 行对应于网络中的边 $(i+1, i)$，该边对应于松弛变量 y_i，其费用为 0。如果第 j 列中从第 p 行到第 q 行为连续的 1，其余各行为 0，则第 j 列对应于网络中的边 $(p, q+1)$，该边对应于变量 x_j，其费用为 c_j。网络中第 i 个顶点的流入（或流出）量为 $b_{i+1}-b_i$。

这是一个多源和多汇的网络，引入虚源 s 和虚汇 t 后，可将其变换为标准的单源单汇网络。该网络的一个最小费用流对应于特殊线性规划问题的一个解。

根据上面的讨论，可设计解特殊线性规划问题的算法如下：

```
class ConsecLP {
  int  ncon,                          // 约束数
       nvar,                          // 变量数
       **a, s, t, supply;
public:
  ConsecLP(char *filename) {
    read(filename);
    GRAPH<EDGE>G(ncon+3, 1);
    constructG(G);
    MINCOST<GRAPH<EDGE>, EDGE>(G, s, t, supply);
    cout<<" Minicost= "<<cost<GRAPH<EDGE>, EDGE>(G)<<endl;
    G.outx();
  }
};
```

其中，read 读入特殊线性规划问题的参数；constructG 根据读入数据构造相应的网络 G，然后用最小费用流算法求解；函数 outx() 根据最小费用流输出特殊线性规划问题的解。

构造网络的算法 constructG 描述如下：

```
void constructG(GRAPH<EDGE>&G) {
  int  i, j, p, q, maxc = 0;
  a[ncon+1][0] = 0;
  for (i=ncon+1; i > 1; i--)
    a[i][0] -= a[i-1][0];
  for (i=1; i <= ncon; i++)
    if (a[i][0] > maxc)
      maxc += a[i][0];
  for (j=1; j <= nvar; j++) {
    p = 0;
    q = 0;
    for (i=1; i <= ncon; i++) {
      if ((p == 0) && (a[i][j] == 1))
        p = i;
```

```
        if ((p>0) && (q == 0) && (a[i][j] == 0))
          q = i;
      }
      if (q == 0)
        q = ncon+1;
      EDGE *e=G.edge(p-1, q-1);
      if (e==0 || e!=0 && e->cost()>a[0][j])
        G.insert(new EDGE(p-1, q-1, maxc, a[0][j], j));
    }
    for (i=1; i <= ncon; i++)
      G.insert(new EDGE(i, i-1, maxc, 0, 0));
    s = ncon+1;
    t = ncon+2;
    supply = 0;
    for (i=1; i <= ncon+1; i++) {
      if (a[i][0] >= 0) {
        supply += a[i][0];
        G.insert(new EDGE(s, i-1, a[i][0], 0, 0));
      }
      else
        G.insert(new EDGE(i-1, t, -a[i][0], 0, 0));
    }
  }
```

5. 最小逃脱问题

逃脱问题示例如图 8-8 所示，这是一个由 m 行 n 列的结点组成的栅格状无向图，用 (i,j) 表示位于第 i 行第 j 列的结点。满足 $i=1$ 或 $i=m$ 或 $j=1$ 或 $j=n$ 的结点 (i,j) 是边界结点，其他结点为内部结点。每个内部结点处都有 4 个其他结点与其相邻。对于栅格中 f 个给定的起始点 (x_1, y_1)，(x_2, y_2)，…，(x_f, y_f)，逃脱问题要求确定是否存在从这 f 个起始点开始到栅格边界的 f 条不相交的路径。例如，图 8-8(a) 的栅格有一个逃脱，而图 8-8(b) 的栅格就没有逃脱。设每条栅格边的长度为 1。最小逃脱问题要求在所给栅格的所有逃脱中，找出逃脱路径总长度最短的一个逃脱。图 8-8(c) 中的逃脱是一个最小逃脱。

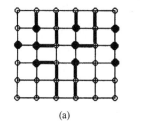 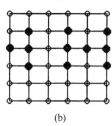 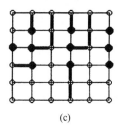

(a)   (b)   (c)

图 8-8　逃脱问题示例

对于给定的 $m×n$ 栅格，构造相应的费用流网络 G 如下：

① 将每个栅格点 (i,j) 拆成两个顶点 $v(i,j,1)$ 和 $v(i,j,2)$；用一条边 $(v(i,j,1), v(i,j,2))$ 连接这两个顶点，并设该边的容量为 1，费用为 0，$1 \le i \le m$，$1 \le j \le n$。

② 在一般情况下，将原来与栅格点 (i,j) 相邻的 4 个栅格点 $(i-1,j)$、$(i+1,j)$、$(i,j-1)$ 和 $(i,j+1)$

扩充变换为 8 个顶点，它们与顶点 $v(i,j,1)$ 和 $v(i,j,2)$ 的连接情况如图 8-9 所示。这 8 条边的容量和费用均为 1。当原栅格点 (i,j) 是起始栅格点时，没有进入顶点 $v(i,j,1)$ 的 4 条边。当原栅格点 (i,j) 是边界栅格点时，没有从顶点 $v(i,j,2)$ 发出的 4 条边。

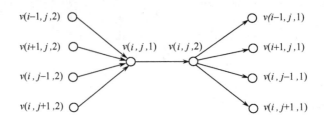

图 8-9　栅格点扩充变换

③ 增设一个源 s 和一个汇 t。

④ 对每个起始栅格点 (i,j) 增加一条边 $(s, v(i,j,1))$，其容量为 1，费用为 0。对每个边界栅格点 (i,j) 增加一条边 $(v(i,j,2), t)$，其容量为 1，费用为 0。

求网络 G 的最小费用最大流。当其流量为 f 时，求得的最小费用最大流即对应一个最小逃脱，其最小费用即为所求的最小逃脱路径总长度。

如果仅要求判断是否有一个逃脱，只要求网络 G 的最大流。当流量为 f 时，所给栅格至少有一个逃脱。否则，所给栅格没有逃脱。

根据前面的分析，可以将原问题变换为一个网络最小费用流问题。用解网络最小费用流问题算法即可有效地找到给定栅格的最小逃脱。具体实现算法如下：

```
class ESCAPE {
  int  n, mm, nn, f, s, t, *st;
  int btype(int i, int j) {
    int  b = 0;
    // b=0 表示内部未占点;
    // b=1 表示边界未占点;
    // b=2 表示内部被占点;
    // b=3 表示边界被占点;
    if ((i == 1) || (i == mm) || (j == 1) || (j == nn))
      b++;
    if (start(v, w))
      b += 2;
    return b;
  }
  int num(int i, int j) {
    if ((i >= 1) && (i <= mm) && (j >= 1) && (j <= nn))
      return ((i-1)*nn+j)*2;
    else
      return -1;
  }
  int start(int i, int j) {
    return st[(i-1)*nn+j];
  }
  void constructG(GRAPH<EDGE>&G) {
```

```
        int  u[5], v[5];
        for (int i=1; i <= mm; i++) {
            for (int j=1; j <= nn; j++) {
                int  k = num(v, w);
                int b = btype(v, w);
                u[1] = num(i-1, j);
                u[2] = num(i, j-1);
                u[3] = num(i+1, j);
                u[4] = num(i, j+1);
                v[1] = btype(i-1, j);
                v[2] = btype(i, j-1);
                v[3] = btype(i+1, j);
                v[4] = btype(i, j+1);
                G.insert(new EDGE(k, k+1, 1, 0));
                if (b>1)
                    G.insert(new EDGE(s, k, 1, 0));
                else {
                    for (int x=1; x<5; x++)
                        if ((u[x]>0) && ((v[x] == 0) || (v[x] == 2)))
                            G.insert(new EDGE(u[x]+1, k, 1, 1));
                    if ((b == 1)||(b == 3))
                        G.insert(new EDGE(k+1, t, 1, 0));
                }
            }
        }
    }
void read(char *filename) {
    int i, j;
    ifstream  inFile;
    inFile.open(filename);
    inFile>>mm>>nn>>f;
    n = mm*nn*2+2;
    st = new int[mm*nn+1];
    for (i=0; i <= mm*nn; i++)
        st[i] = 0;
    s = 0;
    t = 1;
    for (int k=0; k < f; k++) {
        inFile>>i>>j;
        st[(i-1)*nn+j] = 1;
    }
    inFile.close();
}
void trans(int i, int &u, int &v) {
    int  k=i/2;
    u = k/nn;
    v = k%nn;
    if (v == 0)
        v = nn;
```

```
        else
            u++;
    }
    void output(GRAPH<EDGE>&G) {
        int  u1, v1, u2, v2, sum = 0;
        adjIterator<EDGE> A(G, s);
        for (EDGE* e=A.beg(); !A.end(); e=A.nxt())
            if (e->from(s)&&e->flow()>0)
                sum++;
        if (sum<f) {
            cout<<"No solution!"<<endl;
            return;
        }
        cout<<"succesful!"<<endl;
        sum = 0;
        for (int i=2; i < n; i++) {
            adjIterator<EDGE>A(G, i);
            for (EDGE* e=A.beg(); !A.end(); e=A.nxt()) {
                if (e->from(i)&&e->flow()>0&&e->cost()>0) {
                    trans(i, u1, v1);
                    trans(e->w(), u2, v2);
                    cout<<"("<<u1<<","<<v1<<")-->("<<u2<<","<<v2<<")"<<endl;
                    sum++;
                }
            }
        }
        cout<<"Mincost="<<sum<<endl;
    }
public:
    ESCAPE(char *filename) {
        read(filename);
        GRAPH<EDGE>G(n, 1);
        constructG(G);
        MINCOST<GRAPH<EDGE>, EDGE>(G, s, t, f);
        output(G);
    }
};
```

算法分析题 8

8-1 试给出一个线性规划的例子，使其可行区域是无界的，但其最优目标函数值却是有限的。

8-2 试将单源最短路问题表示为一个线性规划问题。

8-3 试将网络最大流问题表示为一个线性规划问题。

8-4 试将网络最小费用流问题表示为一个线性规划问题。

8-5 某集团公司拥有自己的产品运输网络。该公司现在生产 k 种产品，每种产品都需要从其生产地运输到销售地。假设第 i 种产品的产地为 s_i，销售地为 t_i，需要的运输量为 d_i。集团公司需要规划其运输计划满足各种产品的运输需求。试建立该问题的线性规划模型。

8-6　试用单纯形算法解下面的线性规划问题：

$$\min z = x_1 + x_2 + x_3$$
$$\text{s.t.} \quad 2x_1 + 7.5x_2 + 3x_2 \geqslant 10000$$
$$20x_1 + 5x_2 + 10x_3 \geqslant 30000$$
$$x_1, x_2, x_3 \geqslant 0$$

8-7　无向图 $G=(V, E)$ 的边连通度为 k 是指最少需要移去 G 的 k 条边才能使 G 成为不连通图。例如，树的边连通度为 1；循环链的边连通度为 2。试用网络最大流算法求给定图 G 的边连通度。

8-8　试证明有向无环网络的最大流问题等价于标准网络最大流问题。

8-9　试将无向网络最大流问题变换为标准网络最大流问题。

8-10　设 $G=(V, E)$ 是源为 s，汇为 t，且容量均为整数的一个流网络。已知 f 是 G 的一个最大流。

①　假设一条边 $(u, v) \in E$ 的容量增 1，试设计在 $O(|V|+|E|)$ 时间内更新最大流 f 的算法。

②　假设一条边 $(u, v) \in E$ 的容量减 1，试设计在 $O(|V|+|E|)$ 时间内更新最大流 f 的算法。

8-11　试设计一个找混合图（既有无向边也有有向边的图）的欧拉回路的有效算法。

8-12　试将单源最短路问题表示为一个最小费用流问题。

8-13　试用最小费用流算法解中国邮路问题。

算法实现题 8

8-1　飞行员配对方案问题。

问题描述：第二次世界大战时期，英国皇家空军从沦陷国征募了大量外籍飞行员。由皇家空军派出的每架飞机都需要配备在航行技能和语言上能互相配合的 2 名飞行员，其中一名是英国飞行员，另一名是外籍飞行员。在众多的飞行员中，每名外籍飞行员都可以与其他若干名英国飞行员很好地配合。如何选择配对飞行的飞行员才能使一次派出最多的飞机。

算法设计：对于给定的外籍飞行员与英国飞行员的配合情况，找出一个最佳飞行员配对方案，使皇家空军一次能派出最多的飞机。

数据输入：由文件 input.txt 提供输入数据。文件第 1 行有 2 个正整数 m 和 n。n 是皇家空军的飞行员总数（$n<100$）；m 是外籍飞行员数。外籍飞行员编号为 $1\sim m$；英国飞行员编号为 $m+1\sim n$。接下来每行有 2 个正整数 i 和 j，表示外籍飞行员 i 可以和英国飞行员 j 配合。文件最后以 2 个 -1 结束。

结果输出：将最佳飞行员配对方案输出到文件 output.txt。第 1 行是最佳飞行员配对方案一次能派出的最多的飞机数 M。接下来的 M 行是最佳飞行员配对方案。每行有 2 个正整数 i 和 j，表示在最佳飞行员配对方案中，飞行员 i 和飞行员 j 配对。

如果所求的最佳飞行员配对方案不存在，则输出 "No Solution!"。

输入文件示例	输出文件示例
input.txt	output.txt
5 10	4

<table>
<tr><td>1 7</td><td>1 7</td></tr>
<tr><td>1 8</td><td>2 9</td></tr>
<tr><td>2 6</td><td>3 8</td></tr>
<tr><td>2 9</td><td>5 10</td></tr>
<tr><td>2 10</td><td></td></tr>
<tr><td>3 7</td><td></td></tr>
<tr><td>3 8</td><td></td></tr>
<tr><td>4 7</td><td></td></tr>
<tr><td>4 8</td><td></td></tr>
<tr><td>5 10</td><td></td></tr>
<tr><td>-1 -1</td><td></td></tr>
</table>

8-2 太空飞行计划问题。

问题描述： W 教授正在为国家航天中心计划一系列的太空飞行。每次太空飞行可进行一系列商业性实验从而获取利润。现已确定了一个可供选择的实验集合 $E=\{E_1, E_2, \cdots, E_m\}$ 和进行这些实验需要使用的全部仪器的集合 $I=\{I_1, I_2, \cdots, I_n\}$。实验 E_j 需要用到的仪器是 I 的子集 $R_j \subseteq I$。配置仪器 I_k 的费用为 c_k 美元。实验 E_j 的赞助商已同意为该实验结果支付 p_j 美元。W 教授的任务是找出一个有效算法，确定在一次太空飞行中要进行哪些实验并因此而配置哪些仪器，才能使太空飞行的净收益最大。这里的净收益是指进行实验所获得的全部收入与配置仪器的全部费用的差额。

算法设计： 对于给定的实验和仪器配置情况，找出净收益最大的实验计划。

数据输入： 由文件 input.txt 提供输入数据。文件第 1 行有 2 个正整数 m 和 n。m 是实验数，n 是仪器数。接下来的 m 行，每行是一个实验的有关数据。第一个数是赞助商同意支付该实验的费用，接着是该实验需要用到的若干仪器的编号。最后一行的 n 个数是配置每个仪器的费用。

结果输出： 将最佳实验方案输出到文件 output.txt。第 1 行是实验编号；第 2 行是仪器编号；最后一行是净收益。

输入文件示例	输出文件示例
input.txt	output.txt
2 3	1 2
10 1 2	1 2 3
25 2 3	17
5 6 7	

8-3 最小路径覆盖问题。

问题描述： 给定有向图 $G=(V, E)$。设 P 是 G 的一个简单路（顶点不相交）的集合。如果 V 中每个顶点恰好在 P 的一条路上，则称 P 是 G 的一个路径覆盖。P 中路径可以从 V 的任何一个顶点开始，长度也是任意的，特别地，可以为 0。G 的最小路径覆盖是 G 的所含路径条数最少的路径覆盖。

设计一个有效算法求一个有向无环图 G 的最小路径覆盖。

[提示：设 $V=\{1, 2, \cdots, n\}$，如下构造网络 $G_1=(V_1, E_1)$：

$$V_1 = \{x_0, x_1, \cdots, x_n\} \bigcup \{y_0, y_1, \cdots, y_n\}$$

$$E_1 = \left\{ (x_0, x_i) \mid i \in V \right\} \bigcup \left\{ (y_i, y_0) \mid i \in V \right\} \bigcup \left\{ (x_i, x_j) \mid (i, j) \in E \right\}$$

每条边的容量均为 1。求网络 G_1 的 (x_0, y_0) 最大流。]

算法设计：对于给定的有向无环图 G，找出 G 的一个最小路径覆盖。

数据输入：由文件 input.txt 提供输入数据。文件第 1 行有 2 个正整数 n 和 m。n 是给定有向无环图 G 的顶点数，m 是 G 的边数。接下来的 m 行，每行有 2 个正整数 i 和 j，表示一条有向边 (i, j)。

结果输出：将最小路径覆盖输出到文件 output.txt。从第 1 行开始，每行输出一条路径。文件的最后一行是最少路径数。

输入文件示例	输出文件示例
input.txt	output.txt
11 12	1 4 7 10 11
1 2	2 5 8
1 3	3 6 9
1 4	3
2 5	
3 6	
4 7	
5 8	
6 9	
7 10	
8 11	
9 11	
10 11	

8-4　魔术球问题。

问题描述：假设有 n 根柱子，现要按下述规则在这 n 根柱子中依次放入编号为 1, 2, 3, … 的球。

① 每次只能在某根柱子的最上面放球。

② 在同一根柱子中，任何 2 个相邻球的编号之和为完全平方数。

试设计一个算法，计算出在 n 根柱子上最多能放多少个球。例如，在 4 根柱子上最多可放 11 个球。

算法设计：对于给定的 n，计算在 n 根柱子上最多能放多少个球。

数据输入：由文件 input.txt 提供输入数据。文件第 1 行有 1 个正整数 n，表示柱子数。

结果输出：将 n 根柱子上最多能放的球数及相应的放置方案输出到文件 output.txt。文件的第 1 行是球数。接下来的 n 行，每行是一根柱子上的球的编号。

输入文件示例	输出文件示例
input.txt	output.txt
4	11
	1 8
	2 7 9
	3 6 10
	4 5 11

8-5　圆桌问题。

问题描述：假设有来自 n 个不同单位的代表参加一次国际会议。每个单位的代表数分别为 r_i（$i=1, 2, \cdots, n$）。会议餐厅共有 m 张餐桌，每张餐桌可容纳 c_i（$i=1, 2, \cdots, m$）个代表就餐。为了使代表们充分交流，希望从同一个单位来的代表不在同一个餐桌就餐。试设计一个算法，给出满足要求的代表就餐方案。

算法设计：对于给定的代表数和餐桌数以及餐桌容量，计算满足要求的代表就餐方案。

数据输入：由文件 input.txt 提供输入数据。文件第 1 行有 2 个正整数 m 和 n，m 表示餐桌数，n 表示单位数（$1 \leq m \leq 150$，$1 \leq n \leq 270$）。文件第 2 行有 m 个正整数，分别表示每个单位的代表数。文件第 3 行有 n 个正整数，分别表示每个餐桌的容量。

结果输出：将代表就餐方案输出到文件 output.txt。如果问题有解，在文件第 1 行输出 1，否则输出 0。接下来的 m 行给出每个单位代表的就餐桌号。如果有多个满足要求的方案，只要输出一个方案。

输入文件示例	输出文件示例
input.txt	output.txt
4 5	1
4 5 3 5	1 2 4 5
3 5 2 6 4	1 2 3 4 5
	2 4 5
	1 2 3 4 5

8-6 最长递增子序列问题。

问题描述：给定正整数序列 $x_1, x_2, \cdots, x_n$。要求：

① 计算其最长递增子序列的长度 s。

② 计算从给定的序列中最多可取出多少个长度为 s 的递增子序列。

③ 如果允许在取出的序列中多次使用 x_1 和 x_n，则从给定序列中最多可取出多少个长度为 s 的递增子序列。

算法设计：设计有效算法完成①、②、③提出的计算任务。

数据输入：由文件 input.txt 提供输入数据。文件第 1 行有 1 个正整数 n，表示给定序列的长度。接下来的 1 行有 n 个正整数 $x_1, x_2, \cdots, x_n$。

结果输出：将任务①、②、③的解答输出到文件 output.txt。第 1 行是最长递增子序列的长度 s。第 2 行是可取出的长度为 s 的递增子序列个数。第 3 行是允许在取出的序列中多次使用 x_1 和 x_n 时可取出的长度为 s 的递增子序列个数。

输入文件示例	输出文件示例
input.txt	output.txt
4	2
3 6 2 5	2
	3

8-7 试题库问题。

问题描述：假设一个试题库中有 n 道试题。每道试题都标明了所属类别。同一道题可能有多个类别属性。现要从题库中抽取 m 道题组成试卷。并要求试卷包含指定类型的试题。试设计一个满足要求的组卷算法。

算法设计：对于给定的组卷要求，计算满足要求的组卷方案。

数据输入：由文件 input.txt 提供输入数据。文件第 1 行有 2 个正整数 k 和 n（$2 \leq k \leq 20$，

$k \leqslant n \leqslant 1000$），$k$ 表示题库中试题类型总数，n 表示题库中试题总数。第 2 行有 k 个正整数，第 i 个正整数表示要选出的类型 i 的题数。这 k 个数相加就是要选出的总题数 m。接下来的 n 行给出了题库中每个试题的类型信息。每行的第 1 个正整数 p 表明该题可以属于 p 类，接着的 p 个数是该题所属的类型号。

结果输出：将组卷方案输出到文件 output.txt。文件第 i 行输出"i:"后接类型 i 的题号。如果有多个满足要求的方案，只要输出 1 个方案。如果问题无解，则输出"No Solution!"。

输入文件示例	输出文件示例
input.txt	output.txt
3 15	1: 1 6 8
3 3 4	2: 7 9 10
2 1 2	3: 2 3 4 5
1 3	
1 3	
1 3	
1 3	
3 1 2 3	
2 2 3	
2 1 3	
1 2	
1 2	
2 1 2	
2 1 3	
2 1 2	
1 1	
3 1 2 3	

8-8 机器人路径规划问题。

问题描述：机器人 Rob 可在一个树状路径上自由移动。给定树状路径 T 上的起点 s 和终点 t，机器人要从 s 运动到 t。树状路径 T 上有若干可移动的障碍物。由于路径狭窄，任何时刻在路径的任何位置不能同时容纳 2 个物体。每步可以将障碍物或机器人移到相邻的空顶点上。设计一个有效算法用最少移动次数使机器人从 s 运动到 t。

算法设计：对于给定的树 T，以及障碍物在树 T 中的分布情况，计算机器人从起点 s 到终点 t 的最少移动次数。

数据输入：由文件 input.txt 提供输入数据。文件的第 1 行有 3 个正整数 n，s 和 t，分别表示树 T 的顶点数，起点 s 的编号和终点 t 的编号。

接下来的 n 行分别对应于树 T 中编号为 0, 1, …, $n-1$ 的顶点。每行的第 1 个整数 h 表示顶点的初始状态，当 h=1 时表示该顶点为空顶点，当 h=0 时表示该顶点为满顶点，其中已有一个障碍物。第 2 个数 k 表示有 k 个顶点与该顶点相连。接下来的 k 个数是与该顶点相连的顶点编号。

结果输出：将计算出的机器人最少移动次数输出到文件 output.txt。如果无法将机器人从起点 s 移动到终点 t，则输出"No Solution!"。

输入文件示例	输出文件示例
input.txt	output.txt
5 0 3	3

```
                    1 1 2
                    1 1 2
                    1 3 0 1 3
                    0 2 2 4
                    1 1 3
```

8-9 方格取数问题。

问题描述：在一个有 $m \times n$ 个方格的棋盘中，每个方格中有一个正整数。现要从方格中取数，使任意两个数所在方格没有公共边，且取出的数的总和最大。试设计一个满足要求的取数算法。

算法设计：对于给定的方格棋盘，按照取数要求找出总和最大的数。

数据输入：由文件 input.txt 提供输入数据。文件第 1 行有 2 个正整数 m 和 n，分别表示棋盘的行数和列数。接下来的 m 行，每行有 n 个正整数，表示棋盘方格中的数。

结果输出：将取数的最大总和输出到文件 output.txt。

输入文件示例	输出文件示例
input.txt	output.txt
3 3	11
1 2 3	
3 2 3	
2 3 1	

8-10 餐巾计划问题。

问题描述：一个餐厅在相继的 N 天里，每天需用的餐巾数不尽相同。假设第 i 天需要 r_i 块餐巾（$i=1, 2, \cdots, N$）。餐厅可以购买新的餐巾，每块餐巾的费用为 p 分；或者把旧餐巾送到快洗部，洗一块需 m 天，其费用为 f 分；或者送到慢洗部，洗一块需 n 天（$n>m$），其费用为 s 分（$s<f$）。每天结束时，餐厅必须决定将多少块脏的餐巾送到快洗部，多少块餐巾送到慢洗部，以及多少块保存起来延期送洗。但是每天洗好的餐巾和购买的新餐巾数之和要满足当天的需求量。试设计一个算法，为餐厅合理地安排好 N 天中餐巾使用计划，使总的花费最小。

算法设计：编程找出一个最佳餐巾使用计划。

数据输入：由文件 input.txt 提供输入数据。文件第 1 行有 6 个正整数 N、p、m、f、n、s。N 是要安排餐巾使用计划的天数，p 是每块新餐巾的费用，m 是快洗部洗一块餐巾需用天数，f 是快洗部洗一块餐巾需要的费用，n 是慢洗部洗一块餐巾需用天数，s 是慢洗部洗一块餐巾需要的费用。接下来的 N 行是餐厅在相继的 N 天里，每天需用的餐巾数。

结果输出：将餐厅在相继的 N 天里使用餐巾的最小总花费输出到文件 output.txt。

输入文件示例	输出文件示例
input.txt	output.txt
3 10 2 3 3 2	145
5	
6	
7	

8-11 航空路线问题。

问题描述：给定一张航空图，图中顶点代表城市，边代表两个城市间的直通航线。现要求找出一条满足下述限制条件且途经城市最多的旅行路线：

① 从最西端城市出发，单向从西向东途经若干城市到达最东端城市，再单向从东向西飞回起点（可途经若干城市）。

② 除起点城市外，任何城市只能访问 1 次。

算法设计：对于给定的航空图，试设计一个算法，找出一条满足要求的最佳航空旅行路线。

数据输入：由文件 input.txt 提供输入数据。文件第 1 行有两个正整数 N 和 V，N 表示城市数（$N<100$），V 表示直飞航线数。接下来的 N 行中的每行是一个城市名，可乘飞机访问这些城市。城市名出现的顺序是从西向东。也就是说，设 i、j 是城市表列中城市出现的顺序，当 $i>j$ 时，表示城市 i 在城市 j 的东边，而且不会有两个城市在同一条经线上。城市名是一个长度不超过 15 的字符串，串中的字符可以是字母或阿拉伯数字。例如，AGR34 或 BEL4。

再接下来的 V 行中，每行有 2 个城市名，中间用空格隔开，如 city1 city2 表示 city1 到 city2 有一条直通航线，从 city2 到 city1 也有一条直通航线。

结果输出：将最佳航空旅行路线输出到文件 output.txt。文件第 1 行是旅行路线中所访问的城市总数 M。接下来的 $M+1$ 行是旅行路线的城市名，每行写一个城市名。首先是起点城市名，然后按访问顺序列出其他城市名。注意，最后一行（终点城市）的城市名必然是起点城市名。如果问题无解，则输出"No Solution!"。

输入文件示例	输出文件示例
input.txt	output.txt
8 9	7
Vancouver	Vancouver
Yellowknife	Edmonton
Edmonton	Montreal
Calgary	Halifax
Winnipeg	Toronto
Toronto	Winnipeg
Montreal	Calgary
Halifax	Vancouver
Vancouver Edmonton	
Vancouver Calgary	
Calgary Winnipeg	
Winnipeg Toronto	
Toronto Halifax	
Montreal Halifax	
Edmonton Montreal	
Edmonton Yellowknife	
Edmonton Calgary	

8-12 软件补丁问题。

问题描述：T 公司发现其研制的一个软件中有 n 个错误，随即为该软件发放了一批共 m 个补丁程序。每个补丁程序都有其特定的适用环境，某补丁只有在软件中包含某些错误而同时又不包含另一些错误时才可以使用。一个补丁在排除某些错误的同时，往往会加入另一些错误。换句话说，对于每个补丁 i，都有两个与之相应的错误集合 $B1[i]$ 和 $B2[i]$，使得仅当软件包含 $B1[i]$ 中的所有错误，而不包含 $B2[i]$ 中的任何错误时，才可以使用补丁 i。补丁 i 将修复软件中的某些错误 $F1[i]$，同时加入另一些错误 $F2[i]$。另外，每个补丁都耗费一定的时间。

试设计一个算法，利用 T 公司提供的 m 个补丁程序，将原软件修复成一个没有错误的软件，并使修复后的软件耗时最少。

算法设计：对于给定的 n 个错误和 m 个补丁程序，找到总耗时最少的软件修复方案。

数据输入：由文件 input.txt 提供输入数据。文件第 1 行有 2 个正整数 n 和 m，n 表示错误总数，m 表示补丁总数（$1 \leqslant n \leqslant 20$，$1 \leqslant m \leqslant 100$）。接下来 m 行给出了 m 个补丁的信息。每行包括一个正整数，表示运行补丁程序 i 所需时间以及 2 个长度为 n 的字符串，中间用一个空格符隔开。在第 1 个字符串中，如果第 k 个字符 bk 为 "+"，则表示第 k 个错误属于 $B1[i]$，若为 "−"，则表示第 k 个错误属于 $B2[i]$，若为 "0"，则第 k 个错误既不属于 $B1[i]$ 也不属于 $B2[i]$，即软件中是否包含第 k 个错误并不影响补丁 i 的可用性。在第 2 个字符串中，如果第 k 个字符 bk 为 "+"，则表示第 k 个错误属于 $F1[i]$，若为 "−"，则表示第 k 个错误属于 $F2[i]$，若为 "0"，则第 k 个错误既不属于 $F1[i]$ 也不属于 $F2[i]$，即软件中是否包含第 k 个错误不会因使用补丁 i 而改变。

结果输出：将总耗时数输出到文件 output.txt。如果问题无解，则输出 0。

输入文件示例	输出文件示例
input.txt	output.txt
3 3	8
1 000 00-	
1 00- 0-+	
2 0-- -++	

8-13 星际转移问题。

问题描述：由于人类对自然资源的消耗，人们意识到大约在 2300 年后，地球就不能再居住了。于是在月球上建立了新的绿地，以便在需要时移民。令人意想不到的是，2177 年冬由于未知的原因，地球环境发生了连锁崩溃，人类必须在最短的时间内迁往月球。现有 n 个太空站位于地球与月球之间，且有 m 艘公共交通太空船在其间来回穿梭。每个太空站可容纳无限多的人，而每艘太空船 i 只可容纳 $H[i]$ 个人。每艘太空船将周期性地停靠一系列的太空站，例如，(1, 3, 4) 表示该太空船将周期性地停靠太空站 134134134…每艘太空船从一个太空站驶往任一太空站耗时均为 1。人们只能在太空船停靠太空站（或月球、地球）时上下船。初始时，所有人全在地球上，太空船全在初始站。试设计一个算法，找出让所有人尽快全部转移到月球上的运输方案。

算法设计：对于给定的太空船的信息，找到让所有人尽快全部转移到月球上的运输方案。

数据输入：由文件 *input.txt* 提供输入数据。文件第 1 行有 3 个正整数 n（太空站个数）、m（太空船个数）和 k（需要运送的地球上的人数）。其中，$1 \leqslant m \leqslant 13$，$1 \leqslant n \leqslant 20$，$1 \leqslant k \leqslant 50$。

接下来的 m 行给出太空船的信息。第 $i+1$ 行说明太空船 pi。第 1 个数表示 pi 可容纳的人数 Hpi；第 2 个数表示 pi 一个周期停靠的太空站个数 r（$1 \leqslant r \leqslant n+2$）；随后 r 个数是停靠的太空站的编号 $Si1, Si2, \cdots, Sir$，地球用 0 表示，月球用 −1 表示。时刻 0 时，所有太空船都在初始站，然后开始运行。在时刻 1、2、3、…等正点时刻各艘太空船停靠相应的太空站。人只有在 0、1、2、…等正点时刻才能上、下太空船。

结果输出：将全部人员安全转移所需的时间输出到文件 output.txt。如果问题无解，则输出 0。

8-14 孤岛营救问题。

问题描述：1944 年，特种兵麦克接到美国国防部的命令，要求立即赶赴太平洋上的一个孤岛，营救被敌军俘虏的大兵瑞恩。瑞恩被关押在一个迷宫里，迷宫地形复杂，但幸好麦克得到了迷宫的地形图。迷宫的外形是一个长方形，其南北方向被划分为 N 行，东西方向被划分为 M 列，于是整个迷宫被划分为 $N \times M$ 个单元。每个单元的位置可用一个有序数对（单元的行号，单元的列号）来表示。南北或东西方向相邻的两个单元之间可能互通，也可能有一扇锁着的门，或者是一堵不可逾越的墙。迷宫中有一些单元存放着钥匙，并且所有的门被分成 P 类，打开同一类的门的钥匙相同，不同类门的钥匙不同。

大兵瑞恩被关押在迷宫的东南角，即 (N, M) 单元里，并已经昏迷。迷宫只有一个入口，在西北角。也就是说，麦克可以直接进入 $(1, 1)$ 单元。另外，麦克从一个单元移动到另一个相邻单元的时间为 1，拿取所在单元钥匙的时间及用钥匙开门的时间可忽略不计。

算法设计：试设计一个算法，帮助麦克以最快的方式到达瑞恩所在单元，营救大兵瑞恩。

数据输入：由文件 input.txt 提供输入数据。第 1 行有 3 个整数，分别表示 N、M、P 的值。第 2 行是 1 个整数 K，表示迷宫中门和墙的总数。第 I+2 行（$1 \leqslant I \leqslant K$），有 5 个整数，依次为 $Xi1$、$Yi1$、$Xi2$、$Yi2$、Gi：

当 $Gi \geqslant 1$ 时，表示 $(Xi1, Yi1)$ 单元与 $(Xi2, Yi2)$ 单元之间有一扇第 Gi 类的门；当 $Gi = 0$ 时，表示 $(Xi1, Yi1)$ 单元与 $(Xi2, Yi2)$ 单元之间有一堵不可逾越的墙（其中，$|Xi1−Xi2|+|Yi1−Yi2|=1$，$0 \leqslant Gi \leqslant P$）。

第 K+3 行是一个整数 S，表示迷宫中存放的钥匙总数。

第 K+3+J 行（$1 \leqslant J \leqslant S$）有 3 个整数，依次为 $Xi1$、$Yi1$、Qi：表示第 J 把钥匙存放在（$Xi1$、$Yi1$）单元里，并且第 J 把钥匙是用来开启第 Qi 类门的（其中 $1 \leqslant Qi \leqslant P$）。

输入数据中同一行各相邻整数之间用一个空格分隔。

结果输出：将麦克营救到大兵瑞恩的最短时间值输出到文件 output.txt。如果问题无解，则输出−1。

输入文件示例	输出文件示例
input.txt	output.txt
4 4 9	14
9	
1 2 1 3 2	
1 2 2 2 0	
2 1 2 2 0	
2 1 3 1 0	
2 3 3 3 0	
2 4 3 4 1	
3 2 3 3 0	
3 3 4 3 0	

```
4 3 4 4 0
2
2 1 2
4 2 1
```

8-15　汽车加油行驶问题

问题描述：给定一个 $N \times N$ 的交通方形网格，设其左上角为起点◎，坐标为$(1,1)$，X 轴向右为正，Y 轴向下为正，每个方格边长为 1，汽车加油行驶问题的交通方形网格如图 8-10 所示。一辆汽车从起点◎出发驶向右下角终点▲，其坐标为(N, N)。在若干个网格交叉点处，设置了油库，可供汽车在行驶途中加油。汽车在行驶过程中应遵守如下规则：

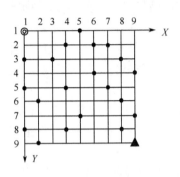

① 汽车只能沿网格边行驶，装满油后能行驶 K 条网格边。出发时汽车已装满油，在起点与终点处不设油库。

② 汽车经过一条网格边时，若其 X 坐标或 Y 坐标减小，则应付费用 B，否则免付费用。

③ 汽车在行驶过程中遇油库，应加满油并付加油费用 A。

④ 在需要时可在网格点处增设油库，并付增设油库费用 C（不含加油费用 A）。

⑤ ①～④中的各数 N、K、A、B、C 均为正整数，且满足约束：$2 \leqslant N \leqslant 100$，$2 \leqslant K \leqslant 10$。

设计一个算法，求出汽车从起点出发到达终点的一条所付费用最少的行驶路线。

图 8-10　汽车加油行驶问题的交通方形网格

算法设计：对于给定的交通网格，计算汽车从起点出发到达终点的一条所付费用最少的行驶路线。

数据输入：由文件 input.txt 提供输入数据。文件的第 1 行是 N、K、A、B、C 的值。第 2 行起是一个 $N \times N$ 的 0-1 方阵，每行 N 个值，至 $N+1$ 行结束。方阵的第 i 行第 j 列处的值为 1 表示在网格交叉点(i, j)处设置了一个油库，为 0 时表示未设油库。各行相邻两个数以空格分隔。

结果输出：将最小费用输出到文件 output.txt。

输入文件示例	输出文件示例
input.txt	output.txt
9 3 2 3 6	12
0 0 0 0 1 0 0 0 0	
0 0 0 1 0 1 1 0 0	
1 0 1 0 0 0 0 1 0	
0 0 0 0 0 1 0 0 1	
1 0 0 1 0 0 1 0 0	
0 1 0 0 0 0 0 0 1 0	
0 0 0 0 1 0 0 0 1	
1 0 0 1 0 0 0 1 0	
0 1 0 0 0 0 0 0 0	

8-16　数字梯形问题。

问题描述：给定一个由 n 行数字组成的数字梯形，如图 8-11 所示。梯形的第 1 行有 m 个数字。从梯形的顶部的 m 个数字开始，在每个数字处可以沿左下或右下方向移动，形成一条从梯形的顶至底的路径。

规则 1：从梯形的顶至底的 m 条路径互不相交。

规则 2：从梯形的顶至底的 m 条路径仅在数字结点处相交。

规则 3：从梯形的顶至底的 m 条路径允许在数字结点处相交或在边处相交。

算法设计：对于给定的数字梯形，分别按照规则 1、规则 2 和规则 3 计算出从梯形的顶至底的 m 条路径，使这 m 条路径经过的数字总和最大。

数据输入：由文件 input.txt 提供输入数据。文件的第 1 行中有 2 个正整数 m 和 n（m, n ≤20），分别表示数字梯形的第 1 行有 m 个数字，共有 n 行。接下来的 n 行是数字梯形中各行的数字。第 1 行有 m 个数字，第 2 行有 $m+1$ 个数字……

结果输出：将按照规则 1、规则 2 和规则 3 计算出的最大数字总和输出到文件 output.txt。每行一个最大总和。

```
         2   3
       3   4   5
     9  10   9   1
   1   1  10   1   1
 1   1  10  12   1   1
```

图 8-11 数字梯形

输入文件示例	输出文件示例
input.txt	output.txt
2 5	66
2 3	75
3 4 5	77
9 10 9 1	
1 1 10 1 1	
1 1 10 12 1 1	
2 3	
3 4 5	
9 10 9 1	
11 10 11	
111012 1 1	

8-17 运输问题。

问题描述：W 公司有 m 个仓库和 n 个零售商店。第 i 个仓库有 a_i 个单位的货物；第 j 个零售商店需要 b_j 个单位的货物。货物供需平衡，即 $\sum_{i=1}^{m} a_i = \sum_{j=1}^{n} b_j$。从第 i 个仓库运送每单位货物到第 j 个零售商店的费用为 c_{ij}。试分别设计一个将仓库中所有货物运送到零售商店的最优和最差运输方案，即使总运输费用最少或最多。

算法设计：对于给定的 m 个仓库和 n 个零售商店间运送货物的费用，计算最优运输方案和最差运输方案。

数据输入：由文件 input.txt 提供输入数据。文件的第 1 行有 2 个正整数 m 和 n，分别表示仓库数和零售商店数。接下来的一行中有 m 个正整数 a_i（$1 \leq i \leq m$），表示第 i 个仓库有 a_i 个单位的货物。再接下来的一行中有 n 个正整数 b_j（$1 \leq j \leq n$），表示第 j 个零售商店需要 b_j 个单位的货物。接下来的 m 行，每行有 n 个整数，表示从第 i 个仓库运送每单位货物到第 j 个零售商店的费用 c_{ij}。

结果输出：将计算的最少运输费用和最多运输费用输出到文件 output.txt。

输入文件示例	输出文件示例
input.txt	output.txt
2 3	48500

220 280   69140
170 120 210
77 39 105
150 186 122

8-18 分配工作问题。

问题描述： 有 n 件工作要分配给 n 个人做。第 i 个人做第 j 件工作产生的效益为 c_{ij}。试设计一个将 n 件工作分配给 n 个人做的最优和最差分配方案，使产生的总效益最大或最小。

算法设计： 对于给定的 n 件工作和 n 个人，计算最优分配方案和最差分配方案。

数据输入： 由文件 input.txt 提供输入数据。文件的第 1 行有 1 个正整数 n，表示有 n 件工作要分配给 n 个人做。接下来的 n 行中，每行有 n 个整数 c_{ij}（$1 \leqslant i \leqslant n$，$1 \leqslant j \leqslant n$），表示第 i 个人做第 j 件工作产生的效益为 c_{ij}。

结果输出： 将计算的最小总效益和最大总效益输出到文件 output.txt。

输入文件示例	输出文件示例
input.txt	output.txt
5	5
2 2 2 1 2	14
2 3 1 2 4	
2 0 1 1 1	
2 3 4 3 3	
3 2 1 2 1	

8-19 负载平衡问题。

问题描述： G 公司有 n 个沿铁路运输线环形排列的仓库，每个仓库存储的货物数量不等。如何用最少搬运量可以使 n 个仓库的库存数量相同。搬运货物时，只能在相邻仓库之间搬运。

算法设计： 对于给定的 n 个环形排列的仓库的库存量，计算使 n 个仓库的库存数量相同的最少搬运量。

数据输入： 由文件 input.txt 提供输入数据。文件的第 1 行中有 1 个正整数 n，表示有 n 个仓库。第 2 行中有 n 个正整数，表示 n 个仓库的库存量。

结果输出： 将计算的最少搬运量输出到文件 output.txt。

输入文件示例	输出文件示例
input.txt	output.txt
5	11
17 9 14 16 4	

8-20 最长 k 可重区间集问题。

问题描述： 给定实直线 L 上 n 个开区间组成的集合 I 和一个正整数 k，试设计一个算法，从开区间集合 I 中选取出开区间集合 $S \subseteq I$，使得在实直线 L 的任何一点 x，S 中包含点 x 的开区间个数不超过 k，且 $\sum\limits_{z \in S}|z|$ 达到最大。这样的集合 S 被称为开区间集合 I 的最长 k 可重区间集。$\sum\limits_{z \in S}|z|$ 称为最长 k 可重区间集的长度。

算法设计： 对于给定的开区间集合 I 和正整数 k，计算开区间集合 I 的最长 k 可重区间集的长度。

数据输入： 由文件 input.txt 提供输入数据。文件的第 1 行有 2 个正整数 n 和 k，分别表示开区间的个数和开区间的可重叠数。接下来的 n 行，每行有 2 个整数，表示开区间的左、右端点坐标。

结果输出：将计算的最长 k 可重区间集的长度输出到文件 output.txt。

输入文件示例	输出文件示例
input.txt	output.txt
4 2	15
1 7	
6 8	
7 10	
9 13	

8-21 最长 k 可重线段集问题。

问题描述：给定平面 XOY 上 n 个开线段组成的集合 I 和一个正整数 k，试设计一个算法，从开线段集合 I 中选取出开线段集合 $S \subseteq I$，使得在 X 轴上的任何一点 p，S 中与直线 $x=p$ 相交的开线段个数不超过 k，且 $\sum\limits_{z \in S} |z|$ 达到最大。这样的集合 S 称为开线段集合 I 的最长 k 可重线段集，$\sum\limits_{z \in S}$ 称为最长 k 可重线段集的长度。

对于任何开线段 z，设其端点坐标为 (x_0, y_0) 和 (x_1, y_1)，则开线段 z 的长度定义为

$$|z| = \left\lfloor \sqrt{(x_1 - x_0)^2 + (y_1 - y_0)^2} \right\rfloor$$

算法设计：对于给定的开线段集合 I 和正整数 k，计算开线段集合 I 的最长 k 可重线段集的长度。

数据输入：由文件 input.txt 提供输入数据。文件的第 1 行有 2 个正整数 n 和 k，分别表示开线段的个数和开线段的可重叠数。接下来的 n 行，每行有 4 个整数，表示开线段的 2 个端点坐标。

结果输出：将计算的最长 k 可重线段集的长度输出到文件 output.txt。

输入文件示例	输出文件示例
input.txt	output.txt
4 2	17
1 2 7 3	
6 5 8 3	
7 8 10 5	
9 6 13 9	

第9章 串与序列的算法

学习要点
- 理解串的基本概念。
- 掌握子串搜索的常用算法。
- 掌握构造后缀数组的算法及应用。
- 掌握比较序列的高效算法。

9.1 子串搜索算法

串与序列的算法是计算机科学领域的经典研究课题,尤其是在高速互联网、大数据与云计算及人工智能已经上升为国家战略性新兴产业的新时代,它的发展与应用更显示出勃勃生机。在生物信息学、信息检索、语言翻译、数据压缩、网络入侵检测、序列模式挖掘等诸多具有挑战性的前沿科学领域中,串与序列的算法都扮演着关键的角色。应用高效的串与序列的算法将是推进和提高这类先进系统总体性能的重要手段。

9.1.1 串的基本概念

串,也称为字符串,是由有限字符集 Σ 中的零个或多个字符组成的有限序列。一般记为

$$s = s[0]s[1]\cdots s[n-1]$$

其中,s 是串名,$s[i]$($0 \leq i \leq n-1$)是有限字符集 Σ 中的字符。

串中字符的个数 n 称为串的长度,也记为 $|s|$。0 个字符的串,即长度为 0 的串,称为空串,记为   。

字符集 Σ 上的所有串组成的集合记为 Σ^*。

当 $s \neq \epsilon$ 时,串中字符 $s[i]$($0 \leq i \leq n-1$)的下标 $i = 0,1,\cdots,|s|-1$ 称为该字符在串中的位置。因此,串中第 i 个字符的位置是 $i-1$。在串 s 中出现的字符的集合记为 alph(s)。例如,若 s=abaaab,则 $|s|=6$,且 alph(s)={a, b}。

两个串 x 和 y 的连接 xy 是将串 y 接在串 x 之后得到的串,也称为串 x 和 y 的乘积。

对于任何串 s 和非负整数 n,s 的幂 s^n 可递归地定义为

$$\begin{cases} s^0 = \epsilon \\ s^k = s^{k-1}s, \ \ 0 \leq k \leq n \end{cases}$$

串 s 的逆串也称为镜像,记为 $s^\sim$,是将串 s 反转得到的串

$$s^\sim = s[|s|-1]s[|s|-2]\cdots s[0]$$

设 x 和 y 是两个串,当

$$\begin{cases} |x| = |y| \\ x[i] = y[i], \ \ 1 \leq i \leq |x|-1 \end{cases}$$

时,称这两个串是相等的,记为 x=y。对于任何字符 a,x=y 当且仅当 xa=ya。

设 x 和 y 是两个串，若有另两个串 u 和 v，使得 y=uxv，则称串 x 是串 y 的一个子串。也就是说，子串 x 是由串 y 中任意连续的字符组成的子序列。串 y 中从 y[i]开始到 y[j]结束的连续 j−i+1 个字符组成的子串记为 y[i..j]。当 i>j 时，y[i..j]=ϵ。

特别地，当 u=ϵ 时，称 x 是 y 的一个前缀，记为 x⊏y；当 v=ϵ 时，称 x 是 y 的一个后缀，记为 x⊐y。例如，abc⊏abcca，cca⊐abcca。当 x⊏y 时，显然有|x|≤|y|。空串 是任何一个串的前缀和后缀。

当非空串 x 是 y 的子串时，称 x 在 y 中出现。一般情况下，x 可能在 y 中多处出现。当 y[i..i+|x|−1]=x 时，称 x 在 y 的位置 i 处出现。位置 i 称为 x 在 y 中的左端，位置 i+|x|−1 称为 x 在 y 中的右端。例如，y = babababababa 且 x = abab 时，x 在 y 中出现的位置如图 9-1 所示。

i	0	1	2	3	4	5	6	7	8	9
y[i]	b	a	b	a	b	a	b	a	b	a
左端		1		3		5				
右端					4		6		8	

图 9-1 x 在 y 中出现的位置

子串搜索，又称为串匹配，是关于串的最重要的基本运算之一。

对于给定的长度为 n 的主串 t[0..n−1]和长度为 m 的模式串 p[0..m−1]，$m≤n$，子串搜索运算就是找出 p 在 t 中出现的位置。

简单子串搜索算法的基本思想是：从主串 t 的第一个字符起和模式串 p 的第 1 个字符进行比较。若相等则继续逐个比较后续字符，否则从 t 的第 2 个字符起继续和 p 的第 1 个字符进行比较。依此类推，直至 p 中的每个字符依次和 t 中的一个子串中字符相等。此时搜索成功，否则称搜索失败。

简单子串搜索算法可描述如下。

```
int naive(const string& t,const string& p) {          // 简单子串搜索算法
  n = t.length();
  m = p.length();
  int  i = 0;
  while(i <= n-m) {
    int j = 0;
    while(j < m && t[i+j] == p[j])
      j++;
    if(j == m)
      return i;
    i++;
  }
  return -1;
}
```

例如，设主串 t = ababcabcacbab，模式串 p = abcac。用简单子串搜索算法搜索 p 在 t 中出现的位置的过程如图 9-2 所示。

在简单子串搜索算法中，二重循环在最坏情况下需要 $O((n-m)m)$ 时间。因此，简单子串搜索算法需要 $O((n-m)m)$ 时间。

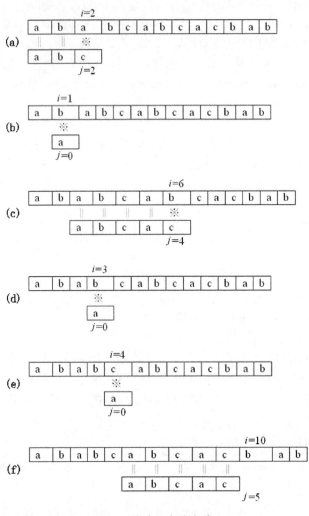

图 9-2　简单子串搜索算法

9.1.2　KMP 算法

KMP 算法是由 Knuth、Pratt 和 Morris 提出的一个高效的子串搜索算法，所需的计算时间为 $O(m+n)$，由此可知简单子串搜索算法不是最优算法。KMP 算法是在简单子串搜索算法思想的基础上进一步改进搜索策略得到的。简单子串搜索算法效率不高的主要原因是没有充分利用在搜索过程中已经得到的部分匹配信息。KMP 算法正是在这一点上对简单子串搜索算法做了实质性的改进，当出现字符比较不相等时，能够利用已经得到的部分匹配结果，将模式串向右滑动尽可能远的一段距离后，继续进行比较。

下面先来看一个具体例子。在图 9-2(c)中，当 $i=6$，$j=4$ 时，字符比较不相等。此时，从 $i=3$ 和 $j=0$ 重新开始比较。从图 9-2(c)的部分匹配中已经知道，主串中位置 3、4、5 处的字符分别为 b、c 和 a，因此在 $i=3$ 和 $j=0$，$i=4$ 和 $j=0$ 以及 $i=5$ 和 $j=0$ 这 3 次比较都是不必要的。此时只要将模式串向右滑动 3 个字符的位置，继续进行 $i=6$ 和 $j=1$ 处的字符比较即可。同理，在图 9-2(a)中发现字符不相等时，只要将模式串向右滑动 2 个字符的位置，继续进行 $i=2$ 和 $j=0$ 处的字符比较。由此可知，在整个搜索过程中，不会产生搜索指针的回溯，如图 9-3 所示。

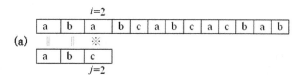

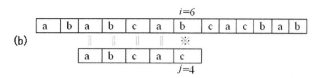

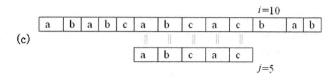

图 9-3　KMP 算法的搜索过程

在一般情况下，设主串为 t[0..n-1]，模式串为 p[0..m-1]，$m \leqslant n$。子串搜索问题就是要找到 $0 \leqslant i < n-m$，使得 t[i..i+m-1]=p[0..m-1]。

在 KMP 算法中，一个关键的问题是：已知 p[0..q]=t[i..i+q]，确定

$$p[0..k] = t[i'..i' + k] \tag{9.1}$$

且 $i' + k = i + q$ 成立的最小移动位置 $i' > i$。这个最小的移动位置 i' 保证了在它前面的位置都是无效匹配。在最好情况下，有 $i' = i + q$，此时在位置 $i, i+1, \cdots, i + q - 1$ 都不可能产生有效匹配。因此不论在什么情况下，由于从式（9.1）已知在位置 i' 前 k 个字符的匹配情况，因此不必再比较这 k 个字符。这些必要的信息可以通过对模式串 p 自身进行比较预先计算出来。事实上，t[i'..i' + k] 是主串中已经知道的部分，它是 p[0..q] 的一个后缀。因此式（9.1）也可解释为求最大的 $k < q$，使得 p[0..k] 是 p[0..q] 的一个后缀。由于当 $k < q$ 时，p[0..k] 是 p[0..q] 的一个真前缀，因此也可以说式（9.1）要确定 p[0..q] 的一个最大真前缀使其也是的一个后缀。确定出这样的 k 后，下一个可能的有效移动位置就是 $i' = i + q - k$。KMP 算法就是利用这个信息来改进简单子串搜索算法的。为此需要引入模式串 p[0..m-1] 的前缀函数 next 如下。

定义 1　对于给定的模式串 p[0..m-1]，其前缀函数 next 定义为

$$next(q) = \max_{-1 \leqslant k < q} \{k \mid p[0..k] \sqsupset p[0..q]\} \tag{9.2}$$

图 9-4 是关于模式串 ababababca 的前缀函数的例子。

i	0	1	2	3	4	5	6	7	8	9
$t[i]$	a	b	a	b	a	b	a	b	c	a
$next[i]$	-1	-1	0	1	2	3	4	5	-1	0

图 9-4　模式串 ababababca 的前缀函数

通过上面的分析可知，模式串的前缀函数将大大提高简单子串搜索算法的效率。由此可得到改进后的子串搜索算法——KMP 算法如下。

```
1    int KMP-Matcher(const string& t, const string& p) {        // KMP 算法
2        n = t.length();
```

```
3        m = p.length();
4        build(p, next);
5        int j = -1;
6        for (int i=0; i < n; i++) {
7          while(j > -1 && p[j+1] != t[i])
8            j = next[j];
9          if(p[j+1] == t[i])
10           j++;
11         if(j == m-1)
12           return i-m+1;
13       }
14       return -1;
15   }
```

算法 KMP-Matcher 的第 4 行中的 build(p, next)用于计算模式串 p 的前缀函数 next()。算法中比较字符 p[j+1]与 t[i]时可能出现 3 种情形。

① p[j+1]=t[i]。此时 i 和 j 均增 1，继续比较下一对字符 p[j+2]和 t[i+1]。

② p[j+1]≠t[i]且 j>-1。此时 i 不变，位置 j 退到 next[j]，即模式串 p 向右滑动 j=next[j] 个位置，继续比较 p[j+1]与 t[i]。

③ p[j+1]≠t[i]且 j=-1。此时 i 增 1，而 j 不变，继续比较 p[0]和 t[i+1]。

从算法 KMP-Matcher 中可以看出，前缀函数 next()的移动策略是 KMP 算法与简单子串搜索算法的唯一不同之处。因此，从前缀函数 next()的定义以及简单子串搜索算法的正确性，可以得到 KMP 算法的正确性。

现在考察 KMP 算法所需时间。除了计算前缀函数 next 所需时间，算法 KMP-Matcher 的主要时间耗费在于其 while 循环体所需计算时间。

设在算法结束时 $k=i-j$。事实上，k 就是算法根据前缀函数 next 计算出的滑动距离的总和。在算法整个执行过程中显然有 $k \leqslant n$。

算法在比较字符 p[j+1]与 t[i]时的 3 种不同情形中，出现情形①时，i 增 1，k 不变。出现情形②时，i 不变，k 增加 j-next[j]。由于 j>next[j]，k 至少增加 1。出现情形③时，由于 j 不变，所以 i 增 1，且 k 增 1。由此可见，while 循环体的每次迭代使 i 或 k 至少增 1。因此，while 循环体最多执行了 $2n$ 次。也就是说，除了计算前缀函数 next 所需时间外，KMP 算法所需计算时间为 $O(n)$。

用与算法 KMP-Matcher 类似的思想，可以设计预先计算前缀函数 next 的算法 build 如下。

```
1    void build(const string& p, int *next) {        // 计算前缀函数
2        next[0] = -1;
3        int j=-1;
4        for(int i=1; i <= m-1; i++) {
5          while(j>-1 && p[j+1] != p[i])
6            j = next[j];
7          if(p[j+1] == p[i])
8            j++;
9          next[i] = j;
10   }
```

由前缀函数的定义易知 next[0]=-1。对于任何 $j>0$，设已经计算出 next[0]、next[1]···next[i-1]。在 while 循环中通过比较 p[j+1]和 p[i]，找出 p[0..i]所有后缀中最大的真前缀 j。此时，如果 p[j+1]=p[i]，则由定义可知 next[i]=j+1，否则 next[i]=j。

与算法 KMP-Matcher 类似的分析可知，算法 build 的 while 循环体最多执行了 $2m$ 次。因此，预先计算前缀函数 next 的算法 build 所需计算时间为 $O(m)$。

综合可知，在最坏情况下，KMP 算法所需计算时间为 $O(m+n)$。

9.1.3 Rabin-Karp 算法

本节要讨论的 Rabin-Karp 子串搜索算法是基于串散列函数的指纹搜索算法。其基本思想是，先计算模式串的一个散列函数，然后用此散列函数在主串中搜索与模式串长度相同且散列值相同的子串，并进行比较。

称 Rabin-Karp 子串搜索算法为指纹搜索算法是因为，它只用了少量信息（散列值）来表示要搜索的模式串，因此模式串的散列值可以看作是它的指纹。用指纹在主串中搜索大大提高了搜索效率。

在一般情况下，可以用一个大小为 q 的散列表来存储字符串。将长度为 m 的字符串看作长度为 m 的 r 进制数，并对 q 取余后映射为[0, q-1]中的一个整数。

例如，将 p[i]、p[i+1]、···、p[i+m-1]看作长度为 m 的 r 进制数

$$x_i = p[i]r^{m-1} + p[i+1]r^{m-2} + \cdots + p[i+m-1]r^0 \qquad (9.3)$$

子串 p[i..i+m-1]的散列值就是 $h(x_i) = x_i \bmod q$。

对于给定的 r 和 q，计算子串 p[i..i+m-1]的散列值的算法描述如下。

```
1   long hash(const string& p,int i,int m) {        // 计算子串的散列值
2     long  h = 0;
3     for(int j=0; j<m; j++)
4       h = (r*h+p[i+j])%q;
5     return h;
6   }
```

根据这个串散列函数，可以将简单子串搜索算法改进如下。

```
1   int Rabin_Karp(const string& t,const string& p) {    // Rabin-Karp 算法
2     int  m = p.length();
3     int  n =t.length();
4     long hp=hash(p,0,m);
5     for(int i=0; i <= n-m; i++) {
6       long  ht = hash(t, i, m);
7       if(hp == ht)
8         return i;
9     }
10    return n;
11  }
```

由于计算子串的散列值比较费时，还不如直接比较字符串。但是在 Rabin-Karp 子串搜索算法中，采用滚动散列技术可以用 $O(1)$ 时间计算子串的散列值，从而使其在平均情况下，只用线性时间就可以完成子串搜索。

事实上，由式（9.3）可知，对于子串 p[i+1..i+m] 有

$$x_{i+1} = p[i+1]r^{m-1} + p[i+2]r^{m-2} + \cdots + p[i+m]r^0$$

等价于

$$x_{i+1} = (x_i - p[i]r^{m-1})r + p[i+m-1] \tag{9.4}$$

由此可知

$$
\begin{aligned}
h(x_{i+1}) &= x_{i+1} \bmod q \\
&= ((x_i - p[i]r^{m-1})r + p[i+m-1]) \bmod q \\
&= (((x_i - p[i]r^{m-1}) \bmod q)r + p[i+m-1]) \bmod q \\
&= ((h(x_i) - p[i]r^{m-1} \bmod q)r + p[i+m-1]) \bmod q
\end{aligned}
$$

换句话说，已知 $h(x_i)$ 的值，可以用 $O(1)$ 时间计算出 $h(x_{i+1})$ 的值。这就是滚动散列技术的基本思想。据此可以将简单 Rabin-Karp 子串搜索算法进一步改进如下。

```
int Rabin_Karp(const string& t,const string& p) {        // Rabin-Karp 子串搜索算法
  int  m = p.length();
  int  n = t.length();
  if(n < m)
    return n;
  long  ht = hash(t, 0, m);
  long  hp = hash(p, 0, m);
  long  rm = 1;
  for(int i=1; i < m; i++)                                // 计算 r(m-1) % q
    rm = (r*rm)%q;
  if((hp == ht) && check(t, p, 0, m))
    return 0;
  // 检测散列匹配，然后检测精确匹配
  for(int i=m; i < n; i++) {                              // 检测匹配
    ht = (ht+q-rm * t[i-m] % q) % q;
    ht = (ht*r+t[i]) % q;
    // 匹配
    int  offset = i-m+1;
    if((hp == ht) && check(t, p, offset, m))
      return offset;
  }
  return n;                                               // 不匹配
}
```

算法中，先计算模式串 p 的散列值 hp 以及主串 t 的首个 m 子串的散列值 ht，同时计算 $r^{m-1} \bmod q$ 并保存于 rm 备用。然后比较模式串的散列值 hp 和主串 t 的首个 m 子串的散列值 ht。如果找到匹配，则结束搜索。否则进入搜索循环。依此比较 p 与 t[i..i+m-1] 的散列值。在用滚动散列技术计算子串的散列值时，为了避免产生负数，加了一个 q。

Rabin-Karp 子串搜索算法与简单 Rabin-Karp 子串搜索算法有两个不同之处。

① Rabin-Karp 算法用滚动散列技术计算子串的散列值，每次需要 $O(1)$ 时间，而简单 Rabin-Karp 子串搜索算法需要 $O(m)$ 时间。

② 在 Rabin-Karp 算法中，找到散列值相等的子串后，进一步检查找到的子串是否匹配。

这是因为不同的子串可能有相同的散列值，即发生冲突的情况。

Rabin 和 Karp 已经证明，只要恰当选择 q 的值，发生冲突的概率为 $1/q$。当 q 的值很大时，发生冲突的概率非常小。

在找到散列值相等的子串后，还进一步检查找到的子串是否匹配，如果不匹配则继续搜索，直到找到匹配或宣告无匹配。这个算法实际上就是本书第 7 章介绍的 Las Vegas 算法。

事实上，如果不对子串是否匹配进一步检查，则算法正确的概率为 $1-1/q$。由此可以根据本书第 7 章介绍的 Monte Carlo 算法思想，对于不同的 q 值来重复计算，得到高概率正确的 Monte Carlo 算法。

在最坏情况下，Rabin-Karp 算法所需计算时间为 $O(nm)$。但是在平均情况下，Rabin-Karp 算法所需计算时间为 $O(n+m)$。

事实上，发生冲突的概率为 $1/q$，在主串中发生冲突的位置最多有 $n-m$ 处。所以在平均情况下，算法中对所有冲突进一步检查是否匹配的次数为 $(n-m)/q$。

也就是说，在平均情况下，算法所需计算时间是 $O(n)+O(m(n-m)/q)$。只要选择 $q>m$ 就有 $O(m(n-m)/q)=O(n-m)$。由此可见，在平均情况下，Rabin-Karp 算法所需计算时间为 $O(n+m)$。

9.1.4　多子串搜索与 AC 自动机

多子串搜索就是要在主串中搜索多个子串出现的位置。

确切地说，如果待搜索的多个字符串组成的集合为 $P=\{p_1[0..m_1], p_2[0..m_2], \cdots, p_k[0..m_k]\}$，$m=\sum_{i=1}^{k} m_i$，主串为 $t[0..n-1]$，多子串搜索问题就是找出 P 中字符串在 t 中出现的位置。

如果对 P 中每个字符串 p_i 用一次 KMP 算法找出其在 t 中出现的位置，则完成多子串搜索任务需要的计算时间为 $O(n+m_1+\cdots+n+m_k)=O(kn+m)$。当 P 中字符串个数较多时，这个算法的效率就太低了。Aho-Corasick 多子串搜索算法，又称为 AC 自动机，能在 $O(n+m+z)$ 时间内完成多子串搜索任务，其中 z 是 P 中字符串在 t 中出现的次数。

AC 自动机的基础数据结构是关键词树（Keyword Tree）。

定义 2　对于字符串集合 P 的关键词树 T 是满足如下 3 个条件的有向树。

① 每条边以唯一字符为该边的标号；

② 从同一结点出发的不同边的标号也不同；

③ P 中每个字符串 p_i 对应于 T 中一个结点 v，且从 T 的根结点到 v 的路径上各边的标号的连接组成字符串 p_i。T 的每个叶结点都对应 P 中的一个字符串。

AC 自动机是基于 P 的关键词树 T 的一个状态自动机。其中，关键词树 T 的每个结点表示一个状态。每个状态都用一个非负整数来表示，这个整数就是状态结点的编号。根结点的编号为 0。

在 AC 自动机 T 中，从结点根 0 到任一状态结点 s 的路径上各边的标号字符连接组成的字符串称为结点 s 的标号，记为 $\alpha(s)$。自动机由 3 个函数 g、f 和 output 控制其运行。其中，g 是转向（goto）函数，f 是失败（failure）函数，output 是输出函数。

例如，设 P=\{arrows, row, sun, under\}，则其相应的自动机如图 9-5 和图 9-6 所示。

在图 9-5 中，状态号为 0 的结点是开始结点。其余各结点的状态号分别为 1、2、$\cdots$、17。

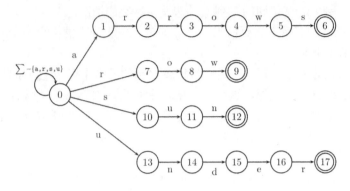

图 9-5　AC 自动机的转向函数 g

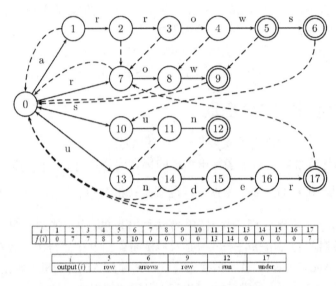

i	1	2	3	4	5	6	7	8	9	10	11	12	13	14	15	16	17
$f(i)$	0	7	7	8	9	10	0	0	0	0	0	13	14	0	0	0	7

i	5	6	9	12	17
output(i)	row	arrows	row	sun	under

图 9-6　AC 自动机的失败函数 f 和输出函数 output

转向函数 $g(i,\sigma)=\beta$ 表示从状态 i 出发，相应字符为 σ 时，转向状态 β。例如，在图 9-5 中 $g(0,r)=7$，表示从开始结点 0 出发，沿标号为 r 的边，转向结点 7。

当从结点 i 出发，没有标号为 σ 的边时，表示转向失败（fail），此时 $g(i,\sigma)=\beta=-1$。例如，在图 9-5 中的结点 1 处，除了 $g(1,r)=2$，对于 Σ 中的其他字符，$\sigma\neq r$ 均有 $g(1,\sigma)=-1$。

失败函数 f 实际上就是 KMP 算法中的前缀函数在多子串搜索问题中的推广。$f(i)=j$ 表示从状态 i 出发，转向函数转向失败时，转向状态结点 j。此时，从结点 0 到 j 所对应的字符串 $\alpha(j)$ 是从结点 0 到 i 对应的字符串 $\alpha(i)$ 的最长后缀。例如，在图 9-6 中，$f(5)=9$，表示从状态 5 出发，转向函数转向失败时，转向状态结点 9。此时，从结点 0 到 9 对应的字符串是 row，从结点 0 到 5 对应的字符串是 arrow。字符串 row 是字符串 arrow 的后缀，而且是所有从结点 0 开始的子串中 arrow 的最长后缀。

输出函数 output(i)对应于结点 i 要输出的 P 中字符串，表示在结点 i 找到的 P 中字符串。

对于给定的字符串集合 P=$\{p_1[0..m_1], p_2[0..m_2], \cdots, p_k[0..m_k]\}$，构造与之相应的 AC 自动机的算法分为两部分。在第一部分中确定状态结点和转向函数，在第二部分中计算失败函数。输出函数的计算开始于第一部分，并在第二部分中完成。

AC 自动机的状态结点可以表示为：

```
typedef struct node {                  // AC 自动机的状态结点
    int  cnt
    int  state;
    node*  fail;
    node*  go[dsize];
    vector<string> output;
} tnode;
```

其中，state 是结点编号，fail 是指向失败转移结点的指针，go 是指向转向结点的指针。也就是说，当结点编号 state=i 时，fail 指向结点 $f(i)$，且对于 $\sigma \in \Sigma$，go(σ)指向转向结点 $g(i,\sigma)$。go 指针数组的大小为 dsize=$|\Sigma|$，是一个与 m 和 n 无关的常数。

output 用于存储结点的输出字符串集合。为了便于说明算法思想，这里用数组来存储结点的输出字符串集合。cnt 是 output 中字符串个数。

在算法的第一部分中，依次将 p_i（$1 \leqslant i \leqslant k$），插入初始时只有开始结点 0 的关键词树 T，并构建状态结点和转向函数。

```
void insert(const string& word) {       // 插入关键词树
    tnode*  cur = root;
    for(int i=0; i < word.length(); ++i) {
        if(!cur->go[idx[word[i]]])
            cur->go[idx[word[i]]] = newnode();
        cur = cur->go[idx[word[i]]];
    }
    cur->output.push_back(word);
    cur->cnt = 1;
}
```

其中，待处理字符串为 word，它的第 i 个字符 word[i]用函数 idx 映射为非负整数 $0 \leqslant \text{idx}(\sigma) \leqslant |\Sigma|-1$，$\sigma \in \Sigma$。例如，如果 $\Sigma=\{a, b, \cdots, z\}$，则可以预先计算 idx 为：

```
void index() {                          // 预先计算 idx
    for(int i=0; i < dsize; ++i)
        idx['a'+i] = i;
}
```

函数 newnode()用于建立一个新的状态结点。

```
tnode* newnode() {                      // 建立新的状态结点
    nmap[size].cnt = 0;
    nmap[size].fail = root;
    return &nmap[size++];
}
```

其中，nmap 是状态结点池，size 是已经建立的结点数。

插入算法对待处理的字符串为 word 的每个字符进行处理，遇到新状态，就建立新的状态结点和新的转向指针。字符串 word 处理循环结束后，将 word 保存到输出函数集 output 中。对于字符串 p_i（$1 \leqslant i \leqslant k$），插入字符串算法 insert 所需计算时间显然为 $O(m_i)$。因此，算法的第一部分耗时

$$O\left(\sum_{i=1}^{k} m_i\right) = O(m)$$

在算法的第二部分，根据已经构建的转向函数来计算失败函数。

按广度优先的方式遍历关键词树 T，依层序计算失败函数。

首先对所有第一层结点 s，计算出失败函数值 $f(s)=0$。在所有小于 d 层结点的失败函数值均已计算出的前提下，计算 d 层结点的失败函数值。

具体算法是，对于 $d-1$ 层的每个结点 r 和每个字符 $\sigma \in \Sigma$，且 $g(r,\sigma) \geqslant 0$：

① 取 state=$f(r)$。

② 执行 state←f(state)若干次，直至 g(state,σ)$\geqslant 0$（由于 $g(0,\sigma) \geqslant 0$ 总成立，所以总能找到这样的 state）。

③ 取 s 的失败函数值为 $f(s)=g$(state,σ)。

④ 将 output($f(s)$)中字符串加入 output(s)中。

考察图 9-5 中的关键词树 T。计算失败函数的算法先取第 1 层结点 1、7、10 和 13，并置 $f(1)=f(7)=f(10)=f(13)=0$。

然后，依次计算第 2 层结点 2、8、11 和 14 的失败函数值。

要计算 $f(2)$，先取 state=$f(1)$=0。由于 $g(0,r)$=7，可得 $f(2)$=0。

要计算 $f(8)$，先取 state=$f(7)$=0。由于 $g(0,o)$=0，可得 $f(8)$=0。

要计算 $f(11)$，先取 state=$f(10)$=0。由于 $g(0,u)$=13，可得 $f(11)$=13。

要计算 $f(14)$，先取 state=$f(13)$=0。由于 $g(0,n)$=0，可得 $f(14)$=0。

依此方式继续，最后可以计算出所有结点的失败函数值，如图 9-6 所示。

在计算失败函数的过程中，还同时修改输出函数 output。一旦确定 $f(s)=s'$，就将 s'的输出合并到 s 的输出中。例如，在确定 $f(5)=9$ 后，就将结点 9 的输出 {row} 合并到结点 5 的输出中。由于结点 5 原来的输出为空，合并后结点 5 的输出就改变成 {row}。

计算失败函数的算法可具体描述如下。

```
1    void build_failure() {                           // 计算失败函数
2        queue<tnode*> q;
3        root->fail = NULL;
4        q.push(root);
5        while(!q.empty()) {
6            tnode*  cur = q.front();
7            q.pop();
8            for(int i=0; i < dsize; ++i) {
9                if(cur->go[i]) {
10                   tnode* p = cur->fail;
11                   while(p && !p->go[i])
12                       p = p->fail;
13                   if(p) {
14                       cur->go[i]->fail = p->go[i];
15                       cur->go[i]->cnt = addout(cur->go[i], p->go[i]);
16                   }
17                   q.push(cur->go[i]);
18               }
19               else
```

```
20                cur->go[i] = cur == root ? root : cur->fail->go[i];
21        }
22    }
23 }
```

算法中用一个队列 q 来完成对关键词树 T 的广度优先的方式遍历。开始时，q 中只有一个根结点 0。在 while 循环中，每次取队首结点 cur，执行前面所述步骤 1~4。当 go[i] 为空指针时，将其赋值为 fail->go[i]，这样在后续搜索时就可以直接转向失败转向结点。addout(p, q) 用于合并两结点 p 和 q 的 output 字符串集合。

```
int addout(tnode* p, tnode* q) {              // 合并两结点 p 和 q 的 output
    p->output.insert(p->output.begin(), q->output.begin(), q->output.end());
    return p->output.size();
}
```

如果用链表来存储字符串集合，合并字符串集合的运算则可以在 $O(1)$ 时间内通过修改链表指针来完成。

算法 build_failure 的主要计算时间耗费在算法的 for 循环中。在 for 循环体的每个结点 cur 处，第 11 行做了若干次失败转向，然后在第 17 行做了 1 次 goto 转向。

如果结点 cur 在关键词树 T 中的层次为 d，则第 11 行做的失败转向次数不会超过 d。从而，算法的 for 循环中的所有失败转向次数不会超过 P 中全体字符串长度之和，算法的 for 循环中的所有 goto 转向次数同样不会超过 P 中全体字符串长度之和。因此，算法 build_failure 的 for 循环中指针转向次数不超过 $2m$。除此之外，完成转向后的计算时间为 $O(1)$（假设用链表来存储输出集合 output）。由此可见，算法 build_failure 所需的计算时间为 $O(m)$。

建立了字符串集合 P 的 AC 自动机后，就可以利用它有效地搜索在给定主字符串 t 中，P 中字符串出现的位置。

开始时搜索指针位于初始状态 0。依次输入 t[0]、t[1]、…、t[n-1]，并按照自动机转向函数变换结点状态。首先根据 $g(0, t[0])=z_0$ 变换到结点 z_0。在当前状态结点 state，且输入字符为 t[i] 时，根据 $g(0, t[i])=z_i$ 的值将状态变换到结点 z_i，并输出 output(z_i)。以此类推，直至处理完输入字符串 t。

当给定主字符串 t={bcarrowsug} 时，在图 9-6 的 AC 自动机中做多子串搜索的状态变化如图 9-7 所示。

图 9-7　多子串搜索的状态变化

例如，当搜索状态变换到结点 4，且当前字符为 w 时，由于 $g(4, w)=5$，自动机将状态变换到结点 5，前进到下一字符 s，并输出 output(5)={row}。也就是说，在 t[6] 处找到 P 中字符串 row。接着在状态结点 5，当前字符为 s。由于 $g(5, s)=6$，自动机将状态变换到结点 6，前进到下一字符 u，并输出 output(6)={arrows}。此时，在 t[7] 处找到 P 中的字符串 arrows。接着自动机将状态变换到结点 11，无输出。

用 AC 自动机做多子串搜索的算法可描述如下。

```
int mult_search(const string& text) {              // AC 自动机多子串搜索
```

```
    int  cnt = 0;
    tnode  *cur = root;
    for(int i=0; i < text.length(); ++i) {
      if(cur->go[idx[text[i]]] != root){
        cur=cur->go[idx[text[i]]];
        if(cur->cnt)
          cnt += cur->cnt, outout(cur);
      }
    }
    return cnt;
}
```

算法 mult_search 的主要计算时间耗费在算法的 for 循环中。在 for 循环体的每个结点 cur 处，outout 输出该结点处的输出字符串集合。如果 P 中字符串在 t 中出现的次数的次数是 z，则算法输出这些字符串总共耗费计算时间 $O(z)$。for 循环体内其他计算时间显然为 $O(1)$，因而总共耗时 $O(n)$。由此可见，算法 mult_search 需要的计算时间为 $O(n+z)$。其中 z 是 P 中的字符串在 t 中出现的次数。

综上所述，建立字符串集合 P 的 AC 自动机需要 $O(m)$ 时间。对主串 t 做多子串搜索需要的计算时间为 $O(n+z)$。因此，用 AC 自动机完成多子串搜索需要的计算时间为 $O(m+n+z)$，其中，z 是 P 中字符串在 t 中出现的次数。

建立字符串集合 P 的 AC 自动机所需空间是状态结点池 nmap 所占用的空间。每个状态结点需要 $O(1)$ 空间。最坏情况下的结点个数为 $m+1$。因此建立字符串集合 P 的 AC 自动机所需空间是 $O(m)$。对主串 t 做多子串搜索需要的空间为 $O(n)$。用 AC 自动机完成多子串搜索需要的空间为 $O(m+n)$。

9.2 后缀数组与最长公共字串

9.2.1 后缀数组的基本概念

后缀数组是将一个字符串的所有后缀按照字典序排序的字符串数组。确切地说，后缀数组的输入是一个文本串 t[0..n-1]。记 t 的第 i 个后缀为 S_i=t[i..n-1]。后缀数组的输出是一个数组 sa[0..n-1]，其中元素是 0、1、…、n-1 的一个排列，满足 $S_{sa[0]} < S_{sa[1]} < \cdots < S_{sa[n-1]}$。其中" < "是按字典序比较字符串。由于 t 的任何两个不同的后缀不会相等，因此上述排序可以看作严格递减的。例如，设文本串是 t[0..n-1]=AACAAAAC，则 t 的全部后缀如图 9-8 所示。将全部后缀排序后得到后缀数组 sa，如图 9-9 所示，构造出的后缀数组 sa={3, 4, 5, 0, 6, 1, 7, 2}。

对于任意有序集中元素组成的数组 s[0, n-1]，其数组元素 s[i]（0≤i<n）的秩 rank[i] 定义为 $|s[j]| s[j] < s[i], 0 \leq j < n|$，即 rank[i] 是数组 s[0, n-1] 中比数组元素 s[i] 小的元素个数。对于与后缀数组 sa 相应的秩数组有 rank=sa^{-1}，即若 sa[i]=j，则 rank[j]=i。对于上面的例子有 rank=[3, 5, 7, 0, 6, 1, 2, 4, 6]。

按照后缀数组的定义，显然可以用字符串排序算法将 t 的 n 个后缀排序后再构造出后缀数组 sa。由此可建立一个后缀数组类 suffix 如下。

S_0	A	A	C	A	A	A	A	C
S_1	A	C	A	A	A	A	C	
S_2	C	A	A	A	A	C		
S_3	A	A	A	A	C			
S_4	A	A	A	C				
S_5	A	A	C					
S_6	A	C						
S_7	C							

图 9-8　t 的全部后缀

$sa[0]=3$	A	A	A	A	C			
$sa[1]=4$	A	A	A	C				
$sa[2]=5$	A	A	C					
$sa[3]=0$	A	A	C	A	A	A	A	C
$sa[4]=6$	A	C						
$sa[5]=1$	A	C	A	A	A	A	C	
$sa[6]=7$	C							
$sa[7]=2$	C	A	A	A	A	C		

图 9-9　t 的后缀数组

```cpp
class suffix {                                    // 后缀数组类
private:
    string *t, *suff;
    int  n, *sa;
public:
    suffix(string txt) {
        n = txt.length();
        t = new string[n];
        suff = new string[n];
        sa = new int[n];
        for(int i=0; i < n; i++)
            t[i] = txt[i];
        for(int i=0; i < n; i++)
            sa[i] = i;
    }

    void build() {
        for(int i=0; i < n; i++) {
            string  text="";
            for(int j=i; j < n; j++)
                text += t[j];
                suff[i] = text;
        }
        for(int i=1,j; i < n; i++) {
            string  key = suff[i];
            int  idx = sa[i];
            for(j=i-1; j >= 0; j--) {
                if(suff[j].compare(key)>0) {
                    suff[j+1] = suff[j];
                    sa[j+1] = sa[j];
                }
                else
                    break;
                suff[j+1] = key;
                sa[j+1]=idx;
            }
        }
    }
};
```

其中，build 按照插入排序算法建立输入字符串的后缀数组 sa。由于全部后缀的长度之和是 $O(n^2)$，因此按此法构造后缀数组需要 $O(n^2)$ 计算时间。

9.2.2　构造后缀数组的倍前缀算法

本节要介绍的构造后缀数组的倍前缀（Prefix Doubling）算法是 Karp、Miller 和 Rosenberg 提出的一个巧妙算法，也称为 KMR 倍前缀算法。此算法的效率高，且易于实现。倍前缀算法的基本思想是，计算 t 的所有位置处长度为 2 的幂次的前缀的秩。长度为 $2h$ 的前缀的秩可以依据长度为 h 的前缀的秩，并利用基数排序算法来计算。每次前缀长 h 加倍，因此最多有 $\log h$ 步。

首先，对于任一字符串 w 定义其长度为 h 的前缀 $f_h(w)$ 为

$$f_h(w) = \begin{cases} w[0..h-1] & h < |w| \\ w & \text{otherwise} \end{cases} \tag{9.5}$$

依此定义，对于 t 的所有后缀 S_i（$0 \leq i < n$），可以定义其 h 秩 $r_h(i)$ 为 $f_h(S_i)$ 在 n 个字符串 $f_h(S_0)$、$f_h(S_1)$、$\cdots$、$f_h(S_{n-1})$ 中的秩。

按照 S_i（$0 \leq i < n$）的 h 秩定义的序称为它的 h 序。当 $h < n$ 时，h 序不一定是唯一的。Karp、Miller 和 Rosenberg 证明了 h 序具有如下性质。

定理 9.1　对于 t 的所有后缀 S_i（$0 \leq i < n$），如果以 $(r_h(i), r_h(i+h))$ 为关键词排序，可以得到 S_i 的 $2h$ 序。

根据这个性质，倍前缀算法按照以下步骤构造 t 的后缀数组 sa。

（1）取 $h=0$，对 $f_1(S_0)$、$f_1(S_1)$、$\cdots$、$f_1(S_{n-1})$ 排序，并计算出 $r_1(i)$（$0 \leq i < n$）。

（2）取 $h=1$，对序列 $(r_1(0), r_1(1)), (r_1(1), r_1(2)), \cdots, (r_1(n-1), r_1(n))$ 排序，并计算 $r_2(i)$（$0 \leq i < n$）。

（3）在一般情况下，对序列 $(r_h(0), r_h(h)), (r_h(1), r_h(1+h)), \cdots, (r_h(n-1), r_h(n-1+h))$ 排序，并计算出 $r_{2h}(i)$（$0 \leq i < n$）。当 $i+h \geq n$ 时，令 $r_h(i+h) = -1$。此时 S_i 的前 h 个字符可确定其秩。

（4）当 $h \geq n$ 时，按照定义有 $r_h(i) = \text{rank}(i)$（$0 \leq i < n$），从而 $\text{sa}(i) = \text{rank}^{-1}(i)$（$0 \leq i < n$）。

例如，设文本串是 $t[0..n-1] = \text{AACAAAAC}$。用倍前缀算法构造其后缀数组的过程如下。

（1）取 $h=0$，对 $f_1(S_0)f_1(S_1)\cdots f_1(S_7) = \text{AACAAAAC}$ 排序，并计算 $r_1 = (0,0,1,0,0,0,0,1)$。

（2）取 $h=1$，对 $(r_1(0), r_1(1)), (r_1(1), r_1(2)), \cdots, (r_1(n-1), r_1(n)) = ((0,0), (0,1), (1,0), (0,0), (0,0), (0,0), (0,1), (1,-1))$ 排序，并计算 $r_2 = (0,1,3,0,0,0,1,2)$。

（3）取 $h=2$，对 $(r_2(0), r_2(2)), (r_2(1), r_2(3)), \cdots, (r_2(n-1), r_2(n+1)) = ((0,3), (1,0), (3,0), (0,0), (0,1), (0,2), (1,-1), (2,-1))$ 排序，并计算 $r_4 = (3,5,7,0,1,2,4,6)$。

（4）取 $h=4$，对 $(r_4(0), r_4(4)), (r_4(1), r_4(5)), \cdots, (r_4(n-1), r_4(n+3)) = ((3,1), (5,2), (7,4), (0,6), (1,-1), (2,-1), (4,-1), (6,-1))$ 排序，并计算 $r_8 = (3,5,7,0,1,2,4,6)$。

（5）$\text{sa} = (r_8)^{-1} = (3,4,5,0,6,1,7,2)$。

构造后缀数组的倍前缀算法可具体描述如下。

```
1    void doubling(int *t) {                      // 构造后缀数组的倍前缀算法
2        int *x = a, *y = b;
3        for(int i=0; i < n; i++)
4            x[i] = t[i], y[i] = i;
5        radix(x, y, sa, n, m);
6        for(int h=1; h < n; h*=2) {
```

```
7        sort2(x, y, h);
8        swap(x, y);
9        x[sa[0]] = 0;
10       m = 1;
11       for(int i=1; i < n; i++)
12         x[sa[i]] = cmp(y, sa[i-1], sa[i], h) ? m-1 : m++;
13     }
14   }
```

其中，a 和 b 是 2 个工作数组。x 和 y 是分别指向 a 和 b 的首址指针。变量 n 是 t 的长度，m 是数组 x 和 y 的长度中最大值。

算法的第 3～4 行完成算法步骤 1 的工作。其中的 radix() 是计数排序算法。第 6～12 行的循环是算法的主体。在第 7 行由 sort2 完成步骤 3 的工作。在第 8 行交换数组 x 和 y，前缀长度加倍。在第 11～12 行依据排序结果计算 h 秩。其中用 cmp 来比较 h 前缀元素对。

```
int cmp(int *t,int u,int v,int l) {              // 比较 h 前缀元素对
  return t[u] == t[v] && u+l<n && v+l<n && t[u+l] == t[v+l];
}
```

radix 是根据数组 y 指定次序对数组 x 做单轮基数排序的算法。

```
void radix(int *x, int *y, int *z, int n, int m) {   // 根据 y 的序将 x 排序为 z
  for(int i=0; i < m; i++)
    cnt[i]=0;
  for(int i=0; i < n; i++)
    cnt[x[y[i]]]++;                                   // 出现次数
  for(int i=1; i < m; i++)
    cnt[i] += cnt[i-1];
  for(int i=n-1; i >= 0; i--)
    z[--cnt[x[y[i]]]]=y[i];                           // 排序
}
```

在单轮基数排序算法 radix 中，数组 x、y、z 分别存储本轮待排序关键词，上一轮已经排好序的关键词和本轮排好序的关键词。当 y 是单位排列时，单轮基数排序算法 radix 就是计数排序算法。其中 cnt 是计数器，对本轮待排序关键词计数。然后根据计数结果从小到大输出排好序的关键词。

sort2 完成步骤 3 的工作，即对二元序列对序列 $(r_h(0), r_h(h)), (r_h(1), r_h(1+h)), \cdots, (r_h(n-1), r_h(n-1+h))$ 排序。

```
1    void sort2(int *x, int *y, int h) {             // 对 2 元序列对序列排序
2      int  t = 0;
3      for(int i=n-h; i < n; i++)
4        y[t++] = i;
5      for(int i=0; i < n; i++)
6        if(sa[i] >= h)
7          y[t++] = sa[i]-h;
8      radix(x, y, sa, n, m);
9    }
```

其中第 3～7 行根据上一次排序结果提取第 2 关键词 $r_h(h), r_h(1+h), \cdots, r_h(n-1+h)$ 的序，

并存储于 y 中。在第 6 行用计数排序算法根据数组 y 指定次序对数组 x 排序。算法结束后，在数组 sa 中返回 t 的后缀数组。

由于算法 radix 需要 $O(n)$ 计算时间，因此算法 sort2 所需计算时间也是 $O(n)$。从算法 doubling 的主循环可以看到，每次循环使 h 值加倍，因此主循环体最多执行了 $\log n$ 次。由此可见，在最坏情况下，算法所需计算时间是 $O(n\log n)$。算法所需的空间显然是 $O(n)$。

9.2.3 构造后缀数组的 DC3 分治法

构造后缀数组的 DC3 分治法是一个非对称分割的分治算法。它的基本思想是，将 t 的所有后缀划分为 3 组 R_0、R_1、R_2。先对 R_1、R_2 中的后缀递归地用同样的分治算法排序。然后根据排序结果对 R_0 中的后缀排序。最后将两部分排好序的结果合并得到最终的排序结果。

根据这个基本思想，DC3 分治法按照以下步骤构造 t 的后缀数组 sa。

（1）全体后缀的非对称分割

对于 $k=0, 1, 2$，定义

$$B_k = \{i \mid i \bmod 3 = k, 0 \leqslant i < n-1\} \tag{9.6}$$

并取 $D = B_1 \cup B_2$。将 t 的后缀按照其开始位置分成两部分 B_0 和 D。其中，B_0 中位置是 3 的倍数，D 中位置不是 3 的倍数。对于 $0 \leqslant k \leqslant 2$，$B_k$ 中的元素个数为

$$\alpha_k = |B_k| = (n+2-k)/3 \tag{9.7}$$

（2）构造 D 中 3 元组字符串。对 $k=1, 2$，构造字符串

$$R_k = (t_k t_{k+1} t_{k+2})(t_{k+3} t_{k+4} t_{k+5}) \cdots (t_{\max B_k} t_{\max B_k+1} t_{\max B_k+2}) \tag{9.8}$$

字符串 R_k 中的每个 3 元组 $t_i t_{i+1} t_{i+2}$ 看作一个字符。当 3 元组 $t_i t_{i+1} t_{i+2}$ 长度不足 3 时，即当 $i > n-3$ 时，不足部分用一个不在 Σ 中的字符，如$来补足，且其秩为最小。

对字符串 $R = R_1 R_2$ 后缀排序得到的结果与 $\{S_i \mid i \in D\}$ 排序结果相同。这是因为 $(t_i t_{i+1} t_{i+2})$ $(t_{i+3} t_{i+4} t_{i+5}) \cdots$ 与 S_i 一一对应。

要对 $R = R_1 R_2$ 的后缀排序，先将 R 中全体 3 元组按其字典序排序，并将每个 3 元组 $t_i t_{i+1} t_{i+2}$ 转换为它在 R 中的秩，用 $\text{rank}(t_i t_{i+1} t_{i+2})$ 替换 $t_i t_{i+1} t_{i+2}$，得到与 R 相应的数字字符串 R'。R' 的后缀数组与 R 的后缀数组完全相同。

（3）递归后缀排序。用 DC3 算法递归地对 R' 后缀排序，并计算出 $\{S_i \mid i \in C\}$ 中后缀的秩。

（4）对 B_0 中后缀排序。将 B_0 中后缀表示为 $(t_i, \text{rank}(i+1))$。对于任意 $i \in B_0$，$\text{rank}(i+1)$ 均已经计算出。而且对任何 $i, j \in B_0$，均有

$$S_i \leqslant S_j \quad \Leftrightarrow \quad (t_i, \text{rank}(i+1)) \leqslant (t_j, \text{rank}(j+1)) \tag{9.9}$$

对此序列用基数排序就可以完成对 B_0 中后缀的排序。

（5）合并。将已经排好序的 $D = B_1 \cup B_2$ 中后缀，与 B_0 中后缀合并，就可以得到所有后缀的排序。合并时需要比较 S_i 和 S_j（$i \in D$，$j \in B_0$）。这可以在 $O(1)$ 时间完成，因为

$$\begin{cases} S_i \leqslant S_j \iff (t_i, \text{rank}(i+1)) \leqslant (t_j, \text{rank}(j+1)) & i \in B_1 \\ S_i \leqslant S_j \iff (t_i, t_{i+1} \text{rank}(i+2)) \leqslant (t_j, t_{j+1} \text{rank}(j+2)) & i \in B_2 \end{cases} \tag{9.10}$$

下面以 $t[0..n-1] = \text{AACAAAAC}$ 为例来说明 DC3 算法构造 t 的后缀数组 sa 的具体步骤。

（1）非对称分割。按照分割定义取

$$\begin{cases} B_0 = \{0,3,6\} \\ B_1 = \{1,4,7\} \\ B_2 = \{2,5\} \\ D = B_1 \cup B_2 = \{1,4,7,2,5\} \end{cases}$$

（2）构造 D 中 3 元组字符串。构造字符串

$$\begin{cases} R_1 = (ACA)(AAA)(C\$\$) \\ R_2 = (CAA)(AAC) \\ R = R_1 R_2 = (ACA)(AAA)(C\$\$)(CAA)(AAC) \end{cases}$$

用基数排序算法将 R 中全体 3 元组按其字典序排序。先对 R 中 3 元组的第 3 关键词 A,A,\$,A,C，按其在 R 中的编号 1,4,7,2,5 排序，得到 7,1,2,4,5。再根据第 3 关键词排序结果，对第 2 关键词 CA,AA,\$\$,AA,AC 排序，得到 7,2,4,5,1。最后根据前两次排序结果对 R 中 3 元组排序得到 4,5,1,7,2。

因此，1,4,7,2,5 的秩为 2,0,3,4,1。

将 R 中每个 3 元组 $t_i t_{i+1} t_{i+2}$ 转换为它的秩，得到与之相应的数字字符串 R'=20341。

（3）递归后缀排序。用 DC3 算法递归地对 R'后缀排序，并计算出 $\{S_i | i \in D\}$ 中后缀的秩。R'的后缀数组为 1,4,0,2,3，则相应的后缀的秩为 2,0,3,4,1。相应的 $\{S_i | i \in D\}$ 排序结果为 $S_4 < S_5 < S_1 < S_7 < S_2$。

（4）对 B_0 中后缀排序。将 B_0 中后缀表示为 $(t_0, rank(1)), (t_3, rank(4)), (t_6, rank(7)) = (A,2)$, (A,0), (A,3)，排序后有 (A,0)<(A,2)<(A,3)。因此，$S_3 < S_0 < S_6$。

（5）合并。将已经排好序的 B_0 和 $D = B_1 \cup B_2$ 中后缀 $S_3 < S_0 < S_6$ 和 $S_4 < S_5 < S_1 < S_7 < S_2$ 合并，就可以得到所有后缀的排序。

合并所用方法与合并排序中的合并步骤所用方法相同。合并时，需要比较 S_i 和 S_j（$i \in D$，$j \in B_0$）。按公式（9.10），每次比较可以在 $O(1)$ 时间完成。例如，由 $(t_4, rank(5)) = (A,1) > (t_3, rank(4)) = (A,0)$，可知，$S_4 > S_3$。依次比较两个队列中队首元素，可以得到排好序的后缀：$S_3 < S_4 < S_5 < S_0 < S_6 < S_1 < S_7 < S_2$。

构造后缀数组的 DC3 分治法可具体描述如下。

```
void dc3(int *t,int *sa,int n,int m) {              // 构造后缀数组的 DC3 分治法
    int  *t12 = t+n, *sa12 = sa+n, a0 = (n+2)/3, a1 = (n+1)/3, a12 = a1+n/3;
    t[n] = t[n+1] = 0;
    int  p = divide(t,sa, t12, n, m, a1, a12);
    conquer(t, sa12, t12, n, m, p, a1, a12);
    merge(t, sa, sa12, n, m, a0, a1, a12);
    return;
}
```

在算法 dc3 中，数组 t 存储待排序字符串，sa 是后缀数组。变量 n 是输入字符串长度，m 是单个字符最大值。数组 t12 用于保存要递归处理的新字符串 R'，sa12 是相应的后缀数组。变量 a0、a1、a12 分别表示 α_0、α_1 和 $\alpha_1 + \alpha_2$。为了表示字符 \$，置 t[n] 和 t[n+1] 为 0。

算法采用分治策略，其 3 个主要步骤是：① 非对称分割 divide；② 递归后缀排序 conquer；③ 合并 merge。

```
1   int divide(int *t, int *sa, int *t12, int n, int m, int a1, int a12) {     // 非对称分割
2       int  d = 0;
```

```
3       for(int i=0; i < n; i++)
4         if(i%3 != 0)
5           a[d++] = i;
6       radix(t+2, a, b, a12, m);
7       radix(t+1, b, a, a12, m);
8       radix(t, a ,b, a12, m);
9       d = 1;
10      t12[add1(b[0])] = 0;
11      for(int i=1; i < a12; i++)
12        t12[add1(b[i])] = cmp(t, b[i-1], b[i]) ? d-1 : d++;
13      return d;
14  }
```

在算法 divide 中，第 3～5 行构造 $B_1 \cup B_2$。第 6～8 行对 R 中 3 元组做基数排序。第 9～12 行将 R 转换成相应的数字字符串 R'。返回的数字 d 是 R 中 3 元组的最大秩。在转换时，如果两个 3 元组的 3 个字符都相等，则它们的秩相同。比较函数 cmp() 用于此目的。

```
int cmp(int *t, int u, int v) {                    // 比较函数
  return t[u] == t[v] && t[u+1] == t[v+1] && t[u+2] == t[v+2];
}
```

转换后的数字字符串 R' 存储于数组 t12 中。R 中 3 元组 $t_i t_{i+1} t_{i+2}$ 对应 $\{S_i \mid i \in D\} = B_1 \cup B_2$。

对任一 $i \in B_1$，有 $i=3k+1$（$0 \leq k \leq \alpha_1 - 1$）。

对任一 $i \in B_2$，有 $i=3k+2$（$0 \leq k \leq \alpha_2 - 1$），则在数组 t12 中将 3 元组 $\{t_i t_{i+1} t_{i+2} \mid i \in B_1\}$ 的秩存储于 t12[i/3] 中，3 元组 $\{t_i t_{i+1} t_{i+2} \mid i \in B_2\}$ 的秩存储于 t12[$\alpha_1 + i$/3] 中。地址函数 add1() 用于计算 3 元组 $t_i t_{i+1} t_{i+2}$ 在数组 t12 中的存储位置。

```
#define    add1(p)((p)/3+((p)%3 == 1 ? 0 : a1))
```

非对称分割算法对 3 元组做基数排序时分别对每个关键词用单轮基数排序算法 radix 来排序。算法 conquer 对分割后的字符串递归地进行后缀排序。

```
1   void conquer(int *t, int *sa12, int *t12, int n, int m, int p, int a1, int a12) { // 递归后缀排序
2       int  i, a0 = 0;
3       if(p < a12)
4         dc3(t12, sa12, a12, p);
5       else
6         for(i=0; i < a12; i++)
7           sa12[t12[i]] = i;
8       for(i=0; i < a12; i++)
9         if(sa12[i] < a1)
10          b[a0++] = sa12[i]*3;
11      if(n%3 == 1)
12        b[a0++] = n-1;
13      radix(t, b, a, a0, m);
14  }
```

在算法 conquer 的第 3 行，当 p<a12 时，字符串 R' 中还有相同的秩。此时用算法 dc3 对字符串 R' 递归计算其后缀数组。当 p=a12 时，表明字符串 R' 中没有相同的秩，此时可以直接输出其后缀数组。接着在第 6～8 行对 B_0 中 2 元组 $(t_i, \text{rank}(i+1))$（$i \in B_0$）做后缀排序。2 元

组的第 2 关键词已排好序，由数组 sa12 给出。在第 7 行中设 $k=$sa12$[i]$，则相应的 $i=3k\in B_0$。在第 8 行对第 1 关键词 t_i 排序。在 S_i（$i\in B_0$）和 S_i（$i\in B_1\cup B_2$）排好序后，算法 merge 将它们合并成所有后缀的排序。

```
1    void merge(int *t, int *sa, int *sa12, int n, int m, int a0, int a1, int a12) {   // 后缀合并
2        int i, j, p;
3        for(i=0; i < a12; i++)
4            b[i] = add2(sa12[i]);
5        for(i=0; i < a12; i++)
6            c[b[i]] = i;
7        for(i=0, j=0, p=0; i < a0 && j < a12; p++)
8            sa[p] = cmp2(b[j]%3, t, a[i], b[j]) ? a[i++] : b[j++];
9        for(; i < a0; p++)
10           sa[p] = a[i++];
11       for(; j < a12; p++)
12           sa[p] = b[j++];
13   }
```

在算法 merge 的第 3～4 行，add2 根据后缀数组 sa12 中的秩返回它在原字符串中地址。例如，若 $k=$sa12$[i]$，则根据地址 add1 存放规则有

$$\begin{cases} i=3k+1\in B_1 & k<\alpha_1 \\ i=3k+2\in B_2 & k\geqslant\alpha_1 \end{cases}$$

```
#define add2(p)((p)<a1 ? (p)*3+1 : ((p)-a1)*3+2)
```

算法 merge 的第 5 行在数组 c 中保存后缀数组 sa$[i]$（$i\in B_1\cup B_2$）的值。

然后在第 7～8 行，cmp2 按照公式（9.10）比较两个队列中队首元素，合并排序。

```
int cmp2(int k, int *t, int u, int v) {                    // 比较两个队列中队首元素
    if(k == 2)
        return t[u]<t[v]||t[u] == t[v] && cmp2(1, t, u+1, v+1);
    else
        return t[u]<t[v]||t[u] == t[v] && c[u+1] < c[v+1];
}
```

如果在最坏情况下算法 dc3 所需计算时间是 $f(n)$，则容易看出 $f(n)=O(n)$。

算法 dc3 中，除了算法 conquer 需要的计算时间，算法 divide 和算法 merge 需要的计算时间均为 $O(n)$。字符串 R 的长度为 $2n/3$，因此算法 conquer 需要的计算时间为 $f(2n/3)+O(n)$。由此可知，$f(n)$ 满足递归方程：

$$f(n)=\begin{cases} O(1) & n\leqslant 3 \\ f(2n/3)+O(n) & n>3 \end{cases}$$

递归方程的解是 $f(n)=O(n)$。

9.2.4 最长公共前缀数组与最长公共扩展算法

（1）最长公共前缀数组

与后缀数组关系密切的最长公共前缀数组（Longest Common Prefix，LCP）定义如下。

对于给定的字符串 t[0..n-1]及其后缀数组 sa[0..n-1]，t 的最长公共前缀数组 lcp[1..n-1]的值 lcp$[i]$（$0\leqslant i\leqslant n-2$）定义为 t 的后缀 $S_{sa[i]}$ 和 $S_{sa[i+1]}$ 的**最长公共前缀的长度**。

例如，当t[0..n-1]=AACAAAAC且sa=[3,4,5,0,6,1,7,2]时，sa[0]=3，sa[1]=4，S_3=AAAAC，S_4=AAAC，S_3和S_4的最长公共前缀的长度为3，因此，lcp[0]=3。

如果依次计算lcp[i]（$0 \leq i \leq n-2$），最坏情况下需要$O(n^2)$计算时间。如果改变计算次序，按照$sa^{-1}[i]$（$0 \leq i \leq n-1$）的次序来计算h[i]=lcp[$sa^{-1}[i]$]（$0 \leq i \leq n-2$），就可以大大节省需要的计算时间。

对于上面的例子，容易看到$sa^{-1}[i]$=[3,5,7,0,1,2,4,6]。按照此次序计算，得到h[i]=lcp[$sa^{-1}[i]$]=[1,0,0,3,2,3,2,1]。

由此注意到h[i]具有如下重要性质：

$$h[i+1] \geqslant h[i]-1 \tag{9.11}$$

换句话说，如果已知h[i]=k，接着计算h[i+1]时，就已知相应的最长公共前缀的长度至少是k-1。因此无须比较前k-1个字符，所以大大节省了比较字符的时间。

按照此思想，可以设计构造最长公共前缀数组lcp的高效算法如下。

```
1    void kasai(int *t, int *sa, int n) {        // 构造最长公共前缀数组lcp
2      int k = 0;
3      sa[n] = n;
4      for(int i=0; i < n; i++)
5        rank[sa[i]] = i;
6      for(int i=0; i < n; i++) {
7        int j = sa[rank[i]+1];
8        while(i+k < n && j+k < n && t[i+k] == t[j+k])
9          k++;
10       lcp[rank[i]] = k;
11       if(k > 0)
12         k--;
13     }
14   }
```

用数组rank存储sa^{-1}。第8～9行跳过了已知相等字符的比较。第11～12行置k=h[i]-1。

考察k值的变化。开始时k=0。在第8～9行中k值增加，第10行中k值减1。在第i次循环k值最多增加h[i]-h[i-1]+1，因此第8～9的k值增加量不超过

$$\sum_{i=1}^{n-1}(h[i]-h[i-1]+1) = h[n-1]-h[0]+n-1 \leqslant 2n$$

第10行中的k值最多减少n-1次。由此可见，算法的主循环需要的计算时间为$O(n)$。算法的其他计算时间显然为$O(n)$。

（2）最长公共扩展问题

对于给定字符串t[0..n-1]，最长公共扩展问题是对于非负整数$0 \leq l \leq r$，计算t的后缀S_l和S_r的最长前缀的长度lce(l, r)。例如，t[0..n-1]=AACAAAAC，l=1，r=6时，S_1=ACAAAAC，S_6=AC，S_1和S_6的最长前缀是AC。因此，lce(1,6)=2。

借助输入字符串t的后缀数组sa、最长公共前缀数组lcp，可以设计出计算t的最长公共扩展lce(l, r)的高效算法。对于非负整数$0 \leq l \leq r$，设x=$sa^{-1}[l]$，z=$sa^{-1}[l]$，则sa[x]=l，sa[z]=r。不失一般性，可设x<z。lce(l, r)具有如下性质。

$$lce(l,r) = \min_{x \leq y < z}\{lce(sa[y], sa[y+1])\} = \min_{x \leq y < z}\{lcp[y]\} \tag{9.12}$$

由此可知,最长公共扩展问题转换为对于最长公共前缀数组的区间最小查询问题(Range Minimum Query)。借助最长公共前缀数组 lcp 及其区间最小查询算法 RMQ,设计最长公共扩展算法如下。

```
int lce(int l, int r, int n) {                    // 最长公共扩展
  if(l == r)
    return(n-1);
  return rmq(min(rank[l], rank[r]), max(rank[l], rank[r]));
}
```

其中,rmq(low, high)用于查询最长公共前缀数组 lcp 在区间[low, high)中的最小值。

```
int rmq(int low, int high) {                      // 区间最小查询
  int  v = lcp[low];
  for(int i=low+1; i < high; i++)
    if(lcp[i] < v)
      v = lcp[i];
  return v;
}
```

简单 RMQ 算法需要 $O(\text{high-low})$ 时间,因而最长公共扩展查询在最坏情况下需要 $O(n)$ 时间。如果对最长公共前缀数组 lcp 做适当预处理,RMQ 算法的响应时间可以降低到 $O(1)$。

9.2.5 最长公共子串算法

对于给定的两个长度分别为 m 和 n 的字符串 s1 和 s2,最长公共子串问题就是要找出 s1 和 s2 的长度最长的公共子串。字符串 s1 的任一子串都是它的某个后缀的前缀,因此要找出 s1 和 s2 的长度最长的公共子串等价于计算 s1 的后缀和 s2 的后缀的公共前缀的最大值。通过比较 s1 和 s2 的所有的后缀,就可以找出它们的最长的公共子串。但这样的效率不够高。利用后缀数组这一有效工具,可以设计出高效算法。

算法的基本思想是,用一个新的字符串 s=s1 $ s2 来表示两个输入字符串。其中,$是不在 s1 和 s2 中出现的字符。计算 s 的后缀数组 sa 和最长公共前缀数组 lcp。最长公共前缀数组 lcp 中的最大值就是 s 的所有后缀中的公共前缀的最大值。当然,这两个后缀有可能同属于 s1 或 s2。排除两个后缀同属于 s1 或 s2 的情形,就找到了 s 中分别属于 s1 和 s2 后缀中的公共前缀的最大值。这就是要找的 s1 和 s2 最长的公共子串的长度。按照这个思路,可以设计出最长公共子串算法如下。

```
1    int lcss(string s1,string s2) {              // 最长公共子串算法
2      int *sa, *lcp, m, n, ans=0;
3      string  t;
4      m = s1.length();
5      n = s1.length()+s2.length();
6      change(s1, s2, t);
7      suffix  suf(t);
8      sa = suf.sa;
9      lcp = suf.lcp;
10     for(int i=0; i < n-1; i++)
11       if(lcp[i]>ans && diff(sa, m, i))
```

```
12        ans = lcp[i];
13     return ans;
14  }
```

change()函数将两个输入字符串 s1 和 s2 变换成一个新的字符串 t=s1 $ s2。

```
void change(string s1, string s2, string& t) {        // 字符串变换
    int  m = s1.length(), n = s2.length();
    t.resize(n+m+1);
    for(int i=0; i < m; i++)
        t[i] = s1[i];
    for(int i=0; i < n; i++)
        t[m+i+1] = s2[i];
    n = m+n+1;
    t[m] = t[n] = 0;
}
```

第 7～9 行计算字符串 t 的后缀数组 sa 和最长公共前缀数组 lcp，接着计算所有后缀中的公共前缀的最大值（第 10～12 行）。其中，用 diff 来判断相邻的两个后缀是否属于同一输入字符串。

```
bool diff(int *sa, int m, int i) {                    // 相邻两个后缀判断
    return (m<sa[i] && m>sa[i+1]) || (m>sa[i] && m<sa[i+1]);
}
```

上述算法的主要计算量在于构造字符串 t 的后缀数组 sa 和最长公共前缀数组 lcp。这需要 $O(m+n)$ 计算时间。由此可见，用字符串的后缀数组这一工具，可以在 $O(m+n)$ 时间找出 s1 和 s2 的最长的公共子串。

9.3 序列比较算法

本节所用的术语"序列"实际上就是串，它们的主要不同在于子串和子序列的定义。

对于两个串 x 和 y，如果存在 $|x|+1$ 个串 $w_0, w_1, \cdots, w_{|x|}$ 使得 $y = w_0 x[0] w_1 x[1] \cdots x[|x|-1] w_{|x|}$，则称 x 是 y 的一个子序列。也就是说，x 是从串 y 中删去 $|y|-|x|$ 个字符得到的串。当 $x \neq y$ 时，则称 x 是 y 的一个真子序列。特别地，在子序列的定义中，当 $w_1 = \cdots = w_{|x|-1} = \epsilon$ 时，x 就是 y 的一个子串。

9.3.1 编辑距离算法

两个给定序列 $x[0..n-1]$ 和 $y[0..m-1]$ 之间的编辑距离是指将一个序列转换成另一个序列所需的最少编辑操作次数。编辑操作包括：将序列中一个字符替换成另一个字符，插入一个字符，删除一个字符。一般来说，两个字符串之间的编辑距离越小，它们的相似度就越大。

用记号 $(u \to v)$ 表示将序列中一个字符 u 替换成另一个字符 v；$(u \to \varepsilon)$ 表示将序列中一个字符 u 删除；$(\varepsilon \to v)$ 表示在序列中插入一个字符 v。这些编辑操作的费用可以用 γ 来度量。函数 γ 通常满足三角不等式

$$\gamma(u \to v) + \gamma(v \to w) \geqslant \gamma(u \to w)$$

最常用的是 Levenshtein 度量：

$$\gamma(u \to v) = \delta(u,v) = \begin{cases} 0 & u = v \\ 1 & u \neq v \end{cases} \qquad (9.13)$$

对于任何 (i,j)（$0 \leqslant i \leqslant n-1$，$0 \leqslant j \leqslant m-1$），将 $x[0..i]$ 与 $y[0..j]$ 之间的编辑距离记为 $d(i,j)$，则 $d(i,j)$ 满足如下动态规划递归式。

$$d(i,j) = \begin{cases} 0 & i = j = -1 \\ d(i-1,-1)+1 & i \geqslant 0 \wedge j = -1 \\ d(-1,j-1)+1 & i = -1 \wedge j \geqslant 0 \\ \min \begin{cases} d(i-1,j)+1 \\ d(i,j-1)+1 \\ d(i-1,j-1)+\delta(x[i],y[j]) \end{cases} & \text{otherwise.} \end{cases} \qquad (9.14)$$

其中，当 $i=-1$ 时 $x[0..i]$ 为空串，$j=-1$ 时 $y[0..j]$ 为空串。

当 $x[0..i]$ 为空串时，将 $x[0..i]$ 变换为 $y[0..j]$ 的唯一方式是插入相应字符，而当 $y[0..j]$ 为空串时，将 $x[0..i]$ 变换为 $y[0..j]$ 的唯一方式是删除相应字符。因此，式（9.14）在 $i=-1$ 和 $j=-1$ 时显然是正确的。当 $i,j \geqslant 0$ 时，首先注意到

$$d(i,j) \geqslant \min \begin{cases} d(i-1,j)+1 \\ d(i,j-1)+1 \\ d(i-1,j-1)+\delta(x[i],y[j]) \end{cases} \qquad (9.15)$$

考察 $x[0..i]$ 如何变换为 $y[0..j]$。

① 当 $x[i]=y[j]$ 时，$x[0..i-1]$ 已经用 $d(i-1,j-1)$ 个操作变换为 $y[0..j-1]$。因此，$x[0..i]$ 可以用 $d(i-1,j-1)+\delta(x[i],y[j])$ 个操作变换为 $y[0..j]$。

② 当 $x[i] \neq y[j]$ 时，考察最小编辑距离的最后一次的操作。

[2.1]　如果最后一次的操作是插入操作（$\varepsilon \to y[j]$），即插入 $y[j]$，则可以确定 $x[0..i]$ 已经用 $d(i,j-1)$ 个操作变换为 $y[0..j-1]$。由此可知，在这种情况下，用了 $d(i,j-1)+1$ 个操作。

[2.2]　如果最后一次的操作是删除操作（$x[i] \to \varepsilon$），即删除 $x[i]$，则可以确定 $x[0..i-1]$ 已经用 $d(i-1,j)$ 个操作变换为 $y[0..j]$。由此可知，在这种情况下，用了 $d(i-1,j)+1$ 个操作。

[2.3]　如果最后一次的操作是替换操作（$x[i] \to y[j]$），即将 $x[i]$ 替换为 $y[j]$，则可以确定 $x[0..i-1]$ 已经用 $d(i-1,j-1)$ 个操作变换为 $y[0..j-1]$。由此可知，在这种情况下，用了 $d(i-1,j-1)+\delta(x[i],y[j])$ 个操作。

综合以上情形即知式（9.15）成立。

另一方面，总可以用 $d(i,j-1)$ 个操作将 $x[0..i]$ 变换为 $y[0..j-1]$，然后用插入操作（$\varepsilon \to y[j]$）插入 $y[j]$ 后，将 $x[0..i]$ 变换为 $y[0..j]$。因此有

$$d(i,j) \leqslant d(i,j-1)+1 \qquad (9.16)$$

类似地，总可以用 $d(i-1,j)$ 个操作将 $x[0..i-1]$ 变换为 $y[0..j]$，然后用删除操作（$x[i] \to \varepsilon$）删除 $x[i]$ 后将 $x[0..i]$ 变换为 $y[0..j]$。因此有

$$d(i,j) \leqslant d(i-1,j)+1 \qquad (9.17)$$

同理，可用 $d(i-1,j-1)$ 个操作将 $x[0..i-1]$ 变换为 $y[0..j-1]$，再用替换操作（$x[i] \to y[j]$），将 $x[i]$ 替换为 $y[j]$ 后，将 $x[0..i]$ 变换为 $y[0..j]$。因此有

$$d(i,j) \leqslant d(i-1,j-1)+\delta(x[i],y[j]) \qquad (9.18)$$

综合式（9.16）、式（9.17）和式（9.18）可知

$$d(i,j) \leqslant \min \begin{cases} d(i-1,j)+1 \\ d(i,j-1)+1 \\ d(i-1,j-1)+\delta(x[i],y[j]) \end{cases} \tag{9.19}$$

结合式（9.15）和式（9.19），即知式（9.14）正确。

据此可以设计计算给定序列 $x[0..n-1]$ 和 $y[0..m-1]$ 之间的编辑距离的动态规划算法如下。

```
1    int ed() {                            // 编辑距离的动态规划算法
2        for(int i=0; i <= n; i++)
3            d[i][0] = i;
4        for(int i=0; i <= m; i++)
5            d[0][i] = i;
6        for(int i=0; i < n; i++)
7            for(int j=0; j < m; j++)
8                if (x[i] == y[j])
9                    d[i+1][j+1] = d[i][j];
10               else
11               d[i+1][j+1] = min(d[i][j]+dt, min(d[i][j+1], d[i+1][j])+1);
12       return d[n][m];
13   }
```

在上面的算法描述中，为了便于表示 $i,j=-1$ 的情形，用数组单元 $d[i+1][j+1]$ 来存储式（9.14）中的 $d(i,j)$。从算法的双重 for 循环容易看出，算法需要的计算时间和空间均为 $O(nm)$。根据数组 d 存储的信息，用下面的算法 back，可以用 $O(\max\{n,m\})$ 时间构造出最优编辑序列。

```
void back(int i, int j) {                  // 构造最优编辑序列
   if(i==0 || j==0)
      return;
   if(x[i-1] == y[j-1])
      back(i-1, j-1);
   else if(d[i-1][j-1]+dt < min(d[i-1][j], d[i][j-1])+1) {
      back(i-1, j-1);
      cout<<"r("<<i-1<<","<<j-1<<")"<<endl;
    }
   else if(d[i-1][j] < d[i][j-1]) {
      back(i-1, j);
      cout<<"d("<<i-1<<")"<<endl;
   }
   else{
      back(i, j-1);
      cout<<"i("<<j-1<<")"<<endl;
   }
}
```

输出最优编辑序列时，用 $r(i,j)$ 表示替换操作 $(x[i] \to y[j])$；用 $d(i)$ 表示删除操作 $(x[i] \to \varepsilon)$；用 $i(j)$ 表示插入操作 $(\varepsilon \to y[j])$。在用动态规划算法计算编辑距离时，第 4 行的 for 循环中对每个确定的 i 值，循环体内只用到数组 d 的第 i 和 $i+1$ 行的值。利用这一点可以将算法所需的空间进一步减小到 $O(\min\{n,m\})$。

```
int edn() {                                      // O(n)空间算法
  memset(d1, 0, sizeof d1);
  int oldd, newd;
  for(int i=0; i<=n; i++) {
    for(int j=0; j<=m; j++) {
      if(i==0)
        oldd = d1[j], d1[j] = j;
      else if(j==0)
        oldd = d1[j], d1[j] = i;
      else {
        if(x[i-1] == y[j-1])
          newd = oldd;
        else
          newd = min(oldd+dt, min(d1[j-1], d1[j])+1);
        oldd = d1[j], d1[j] = newd;
      }
    }
  }
  return d1[m];
}
```

算法中用一维数组 d1 来存储原数组 d 的第 i 和 $i+1$ 行的值。第 6～7 行的 for 循环对每个确定的 i,j 的值，d1$[0..j-1]$ 存储 d$[i-1][0..j-1]$ 的值，而 d1$[j..m]$ 存储 d$[i][j..m]$ 的值。oldd 和 newd 用于存储新老交替时 d$[i][j]$ 的值。

9.3.2 最长公共单调子序列

最长公共单调子序列问题源于两个经典的序列比较问题，即最长公共子序列（LCS）问题和最长递增子序列（LIS）问题。

对于给定的两个序列 $x[0..n-1]$ 和 $y[0..m-1]$，最长公共单调子序列问题就是要找到 x 和 y 的公共子序列 z，使得 z 是一个单调子序列且长度最长。这里所说的单调是指序列单调递增或单调递减。为了叙述方便，后续讨论均指序列严格递增。其他情形的讨论是类似的。

例如，设 $x=(3,5,1,2,7,5,7)$ 和 $y=(3,5,2,1,5,7)$，则 $n=7$ 且 $m=6$。$z=(3,1,2,5)$ 是 x 的一个子序列，它在 x 中相应的下标序列是 $(1,3,4,6)$。序列 $(3,5,1)$ 和 $(3,5,7)$ 都是 x 和 y 的公共子序列，且 $(3,5,7)$ 是 x 和 y 的最长递增子序列。

对任何 (i,j)（$0 \leq i \leq n$，$0 \leq j \leq m$），$x[0..i]$ 与 $y[0..j]$ 的以 $y[j]$ 结尾的最长公共递增子序列组成的集合记为 LCIS(i,j)。集合 LCIS(i,j) 中的最长公共递增子序列的长度记为 $f(i,j)$。

当 $x[i]=y[j]$（$0 \leq i < n$，$0 \leq j < m$）时，称 x 和 y 在 (i,j) 处匹配。

对任何 (i,j)（$0 \leq i < n$，$0 \leq j < m$），如果 x 和 y 在 (i,j) 处匹配，则其特殊的下标集 $\beta(i,j)$ 定义为

$$\beta(i,j) = \{t | 1 \leq t < j, \ y_t < x_i\} \tag{9.20}$$

与最长公共子序列问题类似，可以用动态规划算法求解最长公共递增子序列问题。

定理 9.2 设 $x[0..n-1]$ 和 $y[0..m-1]$ 是两个给定的长度分别为 n 和 m 的序列。对任何 (i,j)（$0 \leq i < n$，$0 \leq j < m$），$x[0..i]$ 与 $y[0..j]$ 的以 $y[j]$ 结尾的最长公共递增子序列的长度 $f(i,j)$ 满足如

下动态规划递归式：

$$f(i,j)=\begin{cases}0 & i<0\vee j<0\\f(i-1,j) & i,j\geqslant 0\wedge x[i]\neq y[j]\\1+\max\limits_{t\in\beta(i,j)}f(i-1,t) & i,j\geqslant 0\wedge x_i=y_j\end{cases}\qquad(9.21)$$

证明：

（1） $x[i]\neq y[j]$ 的情形

此时有 $z\in\text{LCIS}(i,j)$ 当且仅当 $z\in\text{LCIS}(i-1,j)$ ，即 $\text{LCIS}(i,j)=\text{LCIS}(i-1,j)$ 。因此， $f(i,j)=f(i-1,j)$ 。

（2） $x[i]=y[j]$ 的情形

设 $z[0..k]\in\text{LCIS}(i,j)$ 是 $x[0..i]$ 与 $y[0..j]$ 的以 $y[j]$ 结尾的最长公共递增子序列。此时有 $f(i,j)=k+1$ 且 $z[0..k-1]$ 是 $x[0..i-1]$ 与 $y[0..t]$ 的公共递增子序列，其中， $0\leqslant t<j$ 且 $z[k-1]=y[t]<y[j]$ 。因此， $k-1\leqslant f(i-1,t)$ 。

由此可知

$$f(i,j)\leqslant 1+\max\limits_{t\in\beta(i,j)}f(i-1,t)\qquad(9.22)$$

另一方面，对于 $0\leqslant t<j$ ，设 $z[0..k]\in\text{LCIS}(i-1,t)$ 且 $z[k]=y[t]<y[j]$ ，则 $zy[j]$ 是 $x[0..i]$ 与 $y[0..j]$ 的一个以 $y[j]$ 结尾的公共递增子序列。

因此， $k+2\leqslant f(i,j)$ ，也就是说， $f(i-1,t)+1\leqslant f(i,j)$ 。由此可知

$$f(i,j)\geqslant 1+\max\limits_{t\in\beta(i,j)}f(i-1,t)\qquad(9.23)$$

结合式（9.22）与式（9.23）即知 $f(i,j)=1+\max\limits_{t\in\beta(i,j)}f(i-1,t)$ 。

最后，要求的 $x[0..n-1]$ 和 $y[0..m-1]$ 的最长公共递增子序列的长度就是 $\max\limits_{0\leqslant j<m}\{f(n-1,j)\}$ 。

根据式（9.21）可以设计求解最长公共递增子序列问题的动态规划算法如下。

```
int lcis() {                        // 最长公共递增子序列
  memset(f, 0, sizeof(f));
  for(int i=1; i <= n; i++) {
    int  max = 0;
    for(int j=1; j <= m; j++) {
      f[i][j] = f[i-1][j];
      if(x[i-1]>y[j-1] && max<f[i-1][j])
        max = f[i-1][j];
      if(x[i-1] == y[j-1])
        f[i][j] = max+1;
    }
  }
  int  ret = 0;
  for(int i=1; i <= m; i++)
    if(ret < f[n][i])
      ret = f[n][i];
  return ret;
}
```

算法需要的时间显然是 $O(nm)$ 。

9.3.3　有约束最长公共子序列

最长公共子序列问题是生物信息学中序列比对问题的一个特例。这类问题在数学、分子生物学、语音识别、气相色谱和模式识别等众多领域具有广泛应用，其中最主要的应用是测量基因序列的相似性。近年来，有约束最长公共子序列问题成为分子生物学中的研究热点。在演化分子生物学的研究中发现，某个重要的 DNA 序列片段常出现在不同的物种中。在测量基因序列的相似性时，如果需要特别关注一个具体的 DNA 序列片段，就要考察带有子串包含约束的最长公共子序列问题。这个问题可以具体表述如下。

给定 2 个长度分别为 n 和 m 的序列 $x[0..n-1]$ 和 $y[0..m-1]$，以及一个长度为 p 的约束字符串 $s[0..p-1]$。带有子串包含约束的最长公共子序列问题就是要找出 x 和 y 的包含 s 为其子串的最长公共子序列。

例如，如果给定的序列 x 和 y 分别为 $x = \text{AATGCCTAGGC}$，$y = \text{CGATCTGGAC}$，字符串 $s = \text{GTA}$ 时，子序列 ATCTGGC 是 x 和 y 的一个无约束的最长公共子序列，而包含 s 为其子串的最长公共子序列是 GTAC。

首先考察一个特殊的带有子串包含约束的最长公共子序列问题，即约束字符串是最长公共子序列的后缀的情形。对于任何 (i,j,k)，$0 \leq i \leq n-1$，$0 \leq j \leq m-1$，$0 \leq k \leq p-1$，将 $x[0..i]$ 与 $y[0..j]$ 的包含 $y[0..k]$ 为其后缀的最长公共子序列的长度记为 $f(i,j,k)$，则 $f(i,j,k)$ 满足如下动态规划递归式：

$$f(i,j,k) = \begin{cases} f(i-1,j-1,k-1)+1 & x[i]=y[j]=s[k] \\ f(i-1,j-1,k)+1 & x[i]=y[j] \wedge k=-1 \\ \max\{f(i-1,j,k), f(i,j-1,k)\} & x[i] \neq y[j] \end{cases} \quad (9.24)$$

其中，当 $i=-1$ 时 $x[0..i]$ 为空串，$j=-1$ 时 $y[0..j]$ 为空串，$k=-1$ 时 $s[0..k]$ 为空串。

式（9.24）的边界条件是对任何 (i,j,k)，$-1 \leq i \leq n-1$，$-1 \leq j \leq m-1$，$0 \leq k \leq p-1$，有

$$\begin{cases} f(i,-1,-1) = f(-1,j,-1) = 0 \\ f(-1,j,k) = f(i,-1,k) = -\infty \end{cases} \quad (9.25)$$

事实上，设 $f(i,j,k)=l$，且 $z[0..l-1]$ 是 $x[0..i]$ 与 $y[0..j]$ 的包含 $s[0..k]$ 为其后缀的一个最长公共子序列，则有：

① 当 $x[i]=y[j]=s[k]$ 时，由于 $s[0..k]$ 是 $z[0..l-1]$ 的后缀，故 $s[k]=z[l-1]$。由此可知，$z[0..l-2]$ 是 $x[0..i-1]$ 与 $y[0..j-1]$ 的包含 $s[0..k-1]$ 为其后缀的一个最长公共子序列，即 $f(i,j,k)=f(i-1,j-1,k-1)+1$。

② 当 $x[i]=y[j]$ 且 $x[i] \neq s[k]$ 时，若 $x[i]=z[l-1]$，则 $s[0..k]$ 不是 $z[0..l-1]$ 的后缀。由此可知，$x[i] \neq z[l-1]$，且 $z[0..l-2]$ 是 $x[0..i-1]$ 与 $y[0..j-1]$ 的包含 $s[0..k]$ 为其后缀的一个最长公共子序列，即 $f(i,j,k)=f(i-1,j-1,k)$。

③ 当 $x[i]=y[j]$ 且 $k=-1$ 时，问题等价于无约束的最长公共子序列问题，因此有 $f(i,j,k)=f(i-1,j-1,k)+1$。

④ 当 $x[i] \neq y[j]$ 时，若 $x[i] \neq z[l-1]$，则 $z[0..l-1]$ 是 $x[0..i-1]$ 与 $y[0..j]$ 的包含 $s[0..k]$ 为其后缀的一个最长公共子序列，即 $f(i,j,k)=f(i-1,j,k)$；类似地，当 $x[i] \neq y[j]$ 时，若 $y[j] \neq z[l-1]$，则 $z[0..l-1]$ 是 $x[0..i]$ 与 $y[0..j-1]$ 的包含 $s[0..k]$ 为其后缀的一个最长公共子序列，即 $f(i,j,k)=f(i,j-1,k)$。综合上述这两种情形即有 $f(i,j,k)=\max\{f(i-1,j,k), f(i,j-1,k)\}$。

在一般情况下，若将 $x[0..n-1]$ 与 $y[0..m-1]$ 的包含 $s[0..p-1]$ 为其子串的最长公共子序列的长度记为 l，且 $z[0..l-1]$ 是 $x[0..n-1]$ 与 $y[0..m-1]$ 的包含 $s[0..p-1]$ 为其子串的一个最长公共子序列，且 $z[l'-p+1..l'] = s[0..p-1]$，则 $z[0..l-1]$ 可以分成两段 $z[0..l']$ 和 $z[l'+1..l-1]$。相应地，x 和 y 也分别可以分成两段 $x[0..i]$ 和 $x[i+1..n-1]$，以及 $y[0..j]$ 和 $y[j+1..m-1]$，使得 $z[0..l']$ 是 $x[0..i]$ 与 $y[0..j]$ 的包含 $s[0..p-1]$ 为其后缀的一个最长公共子序列，且 $z[l'+1..l-1]$ 是 $x[i+1..n-1]$ 与 $y[j+1..m-1]$ 的一个无约束最长公共子序列。因此，如果将 $x[i..n-1]$ 与 $y[j..m-1]$ 的无约束最长公共子序列长度记为 $g(i,j)$，则显然有

$$l = \max_{0 \leq i < n, 0 \leq j < m} \{f(i,j,p) + g(i+1,j+1)\} \qquad (9.26)$$

按照式（9.24），式（9.25）和式（9.26）可以计算出 $x[0..n-1]$ 与 $y[0..m-1]$ 的包含 $s[0..p-1]$ 为其子串的最长公共子序列的长度。

从递归式（9.24）可以看出，计算 $f(i,j,k)$，$0 \leq i \leq n-1$，$0 \leq j \leq m-1$，$0 \leq k \leq p-1$，需要 $O(nmp)$ 时间。计算 $x[i..n-1]$ 与 $y[j..m-1]$ 的无约束最长公共子序列长度 $g(i,j)$ 需要 $O(nm)$ 时间。根据已经计算出的 $f(i,j,k)$ 和 $g(i,j)$ 的值，按照式（9.26）来计算最优值 l 需要 $O(nm)$ 时间。因此，整个算法所需的计算时间是 $O(nmp)$。

与带有子串包含约束的最长公共子序列问题的对偶问题是带有子串排斥约束的最长公共子序列问题。给定两个长度分别为 n 和 m 的序列 $x[0..n-1]$ 和 $y[0..m-1]$，以及一个长度为 p 的约束字符串 $s[0..p-1]$。带有子串排斥约束的最长公共子序列问题就是要找出 x 和 y 的不含 s 为其子串的最长公共子序列。

例如，如果给定的序列 x 和 y 分别为 $x = \text{AATGCCTAGGC}$，$y = \text{CGATCTGGAC}$，字符串 $s = \text{TG}$ 时，子序列 ATCTGGC 是 x 和 y 的一个无约束的最长公共子序列，而不含 s 为其子串的最长公共子序列是 ATCGGC。

在下面的讨论中用到一个关于两个字符串的有用的函数 σ，定义如下。对于如何字符串 z 和约束字符串 s，将 z 的既是其后缀又是 s 的前缀的最长字符串的长度记为 $\sigma(z,s)$。由于约束串 s 是不变的，因此在不会引起混淆的情况下，将 $\sigma(z,s)$ 简记为 $\sigma(z)$。

对于任何 (i,j,k)，$0 \leq i \leq n-1$，$0 \leq j \leq m-1$，$0 \leq k \leq p-1$，用 $Z(i,j,k)$ 来表示 $x[0..i]$ 与 $y[0..j]$ 的不含 s 为其子串的，且对任何 $z \in Z(i,j,k)$ 有 $\sigma(z) = k$ 的最长公共子序列组成的集合。$Z(i,j,k)$ 中最长公共子序列的长度记为 $f(i,j,k)$。$x[0..n-1]$ 和 $y[0..m-1]$ 的不含 s 为其子串的最长公共子序列的长度记为 l。显而易见，如果已经计算出 $f(i,j,k)$，则

$$l = \max_{0 \leq k < p} f(n-1,m-1,k) \qquad (9.27)$$

设

$$\alpha(i,j,k) = \max_{0 \leq t < p} \{f(i-1,j-1,t) \mid \sigma(s[0..t]x[i]) = k\} \qquad (9.28)$$

则 $f(i,j,k)$ 满足如下动态规划递归式：

$$f(i,j,k) = \begin{cases} \max\{f(i-1,j,k), f(i,j-1,k)\} & x_i \neq y_j \\ \max\{f(i-1,j-1,k), 1+\alpha(i,j,k)\} & x_i = y_j \end{cases} \qquad (9.29)$$

式（9.29）的边界条件是对任何 (i,j,k)，$-1 \leq i \leq n-1$，$-1 \leq j \leq m-1$，$0 \leq k \leq p$，有

$$f(i,-1,k) = f(-1,j,k) = 0 \qquad (9.30)$$

事实上，设 $f(i,j,k) = t$ 且 $z[0..t-1] \in Z(i,j,k)$，则对任何 $0 \leq i' \leq i$，$0 \leq j' \leq j$ 均有

$f(i',j',k) \le f(i,j,k)$。这是因为，如果 z' 是 $x[0..i']$ 与 $y[0..j']$ 的不含 s 为其子串，且 $\sigma(z')=k$ 的公共子序列，则 z' 也是 $x[0..i]$ 与 $y[0..j]$ 的不含 s 为其子串，且 $\sigma(z')=k$ 的公共子序列。

（1）当 $x[i] \ne y[j]$ 时有，$x[i] \ne z[t-1]$ 或 $y[j] \ne z[t-1]$

如果 $x[i] \ne z[t-1]$，则 $z[0..t-1]$ 是 $x[0..i-1]$ 与 $y[0..j]$ 的不含 s 为其子串，且 $\sigma(z)=k$ 的公共子序列。因此有 $f(i-1,j,k) \ge t$。另一方面，$f(i-1,j,k) \le f(i,j,k)=t$。由此可知，$f(i,j,k)=f(i-1,j,k)$。

如果 $y[j] \ne z[t-1]$，则类似地可以得到 $f(i,j,k)=f(i,j-1,k)$。

（2）当 $x[i]=y[j]$ 时，要考察 $x[i]=y[j]=z[t-1]$ 和 $x[i]=y[j] \ne z[t-1]$ 两种情况

如果 $x[i]=y[j] \ne z[t-1]$，则 $z[0..t-1]$ 也是 $x[0..i-1]$ 与 $y[0..j-1]$ 的不含 s 为其子串，且 $\sigma(z)=k$ 的公共子序列。因此有 $f(i-1,j-1,k) \ge t$。

另一方面，$f(i-1,j-1,k) \le f(i,j,k)=t$。由此可知，$f(i,j,k)=f(i-1,j-1,k)$。

如果 $x[i]=y[j]=z[t-1]$，则 $f(i,j,k)=t>0$ 且 $z[0..t-1]$ 是 $x[0..i]$ 与 $y[0..j]$ 的不含 s 为其子串，且 $\sigma(z)=k$ 的最长公共子序列。因而，$z[0..t-1]$ 也是 $x[0..i-1]$ 与 $y[0..j-1]$ 的不含 s 为其子串的公共子序列。

设 $\sigma(z[0..t-2])=q$ 且 $f(i-1,j-1,q)=r$，则 $z[0..t-2]$ 是 $x[0..i-1]$ 与 $y[0..j-1]$ 的不含 s 为其子串，且 $\sigma(z[0..t-2])=q$ 的公共子序列，因此

$$f(i-1,j-1,q)=r \ge t-1 \qquad (9.31)$$

设 $v[0..r-1] \in Z(i-1,j-1,q)$ 是 $x[0..i-1]$ 与 $y[0..j-1]$ 的不含 s 为其子串，且 $\sigma(v[0..r-1])=q$ 的一个最长公共子序列，则 $\sigma((v[0..r-1])x[i])=\sigma(s[0..q-1]x[i])=k$。因此 $v[0..r-1]x[i]$ 是 $x[0..i]$ 与 $y[0..j]$ 的不含 s 为其子串，且 $\sigma(v[0..r-1]x[i])=k$ 的一个公共子序列。所以

$$f(i,j,k)=t \ge r+1 \qquad (9.32)$$

结合式（9.31）和式（9.32）可知 $r=t-1$。因此，$z[0..t-2]$ 是 $x[0..i-1]$ 与 $y[0..j-1]$ 的不含 s 为其子串，且 $\sigma(z[0..t-2])=q$ 的最长公共子序列。也就是说

$$f(i,j,k) \le 1 + \max_{0 \le t < p} \left\{ f(i-1,j-1,t) \mid \sigma(s[0..t]x[i])=k \right\} \qquad (9.33)$$

另一方面，对任意 $0 \le t < p$，若 $f(i-1,j-1,t)=r$ 且 $\sigma(s[0..t]x[i])=k$，则对任意 $v[0..r-1] \in Z(i-1,j-1,t)$，$v[0..r-1]x[i]$ 是 $x[0..i]$ 与 $y[0..j]$ 的公共子序列，且 $\sigma(v[0..r-1]x[i])=k$。$v[0..r-1]$ 不含 s 为其子串，且 $\sigma(v[0..r-1]x[i])=k<p$，所以 $v[0..r-1]x[i]$ 是 $x[0..i]$ 与 $y[0..j]$ 的不含 s 为其子串，且 $\sigma(v[0..r-1]x[i])=k$ 的最长公共子序列。因此，$f(i,j,k) \ge 1+r=1+f(i-1,j-1,t)$，即

$$f(i,j,k) \ge 1 + \max_{0 \le t < p} \left\{ f(i-1,j-1,t) \mid \sigma(s[0..t]x[i])=k \right\} \qquad (9.34)$$

由式（9.33）和式（9.34）即知

$$f(i,j,k)=1+\alpha(i,j,k) \qquad (9.35)$$

综合当 $x[i]=y[j]$ 时的两种情形可知

$$f(i,j,k)=\max\left\{ f(i-1,j-1,k), 1+\alpha(i,j,k) \right\} \qquad (9.36)$$

按照式（9.29）可以计算出 $x[0..n-1]$ 与 $y[0..m-1]$ 的不含 $s[0..p-1]$ 为其子串的最长公共子序列的长度，算法所需的计算时间是 $O(nmp)$。

算法分析题 9

9-1 简单子串搜索算法最坏情况复杂性。试说明简单子串搜索算法在最坏情况下的计算时间复杂性为 $O(m(n-m+1))$。

9-2 后缀重叠问题。设 x，y 和 z 是 3 个串，且满足 $x \sqsupset z$ 和 $y \sqsupset z$。试证明：

（1）若 $|x| \leqslant |y|$，则 $x \sqsupset y$。

（2）若 $|x| \geqslant |y|$，则 $y \sqsupset x$。

（3）若 $|x| = |y|$，则 $x = y$。

9-3 改进前缀函数。KMP 算法通过模式串的前缀函数，较好地利用了搜索过程中的部分匹配信息，从而提高了效率。然而在某些情况下，还可以更好地利用部分匹配信息。例如，考察图 9-10 中，KMP 算法对主串 aaabaaaab 和模式串 aaaab 的搜索过程。

在图 9-10(a)中匹配失败后，按前缀函数指示继续作了图(b)~(d)的比较后，最后在图(e)找到一个匹配。事实上，图(b)~(d)的比较都是多余的。因为模式串在位置 0、1、2 处的字符和位置 3 处的字符都相等，因此不需要再和主串中位置 3 处的字符比较，而可以将模式一次向右滑动 4 个字符，直接进入图(e)的比较。这就是说，在 KMP 算法中遇到 $p[j+1] \neq t[i]$，且 $p[j+1] = p[\text{next}[j]+1]$ 时，可一次向右滑动 $j - \text{next}[\text{next}[j]]$ 个字符，而不是 $j - \text{next}[j]$ 个字符。根据此观察，设计一个改进的前缀函数，使得遇到上述特殊情况时效率更高。

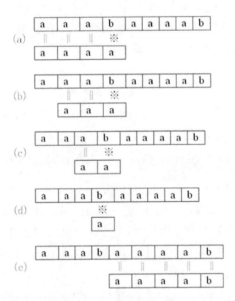

图 9-10　改进前缀函数

9-4 确定所有匹配位置的 KMP 算法。修改算法 KMP-Matcher，使其能找到模式串 p 在主串 t 中的所有匹配位置。

9-5 特殊情况下简单子串搜索算法的改进。假设模式串 p 中所有的字符均不相同。说明如何修改简单子串搜索算法，使其计算时间为 $O(n)$，其中 n 为主串 t 的长度。

9-6 简单子串搜索算法的平均性能。设主串 t 和模式串 p 分别是由 $d(d \geqslant 2)$ 元字符集 $\sum_d = \{0, 1, \cdots, d-1\}$ 中随机字符组成的长度为 n 和 m 的字符串。试证明简单子串搜索算法所做

比较次数的期望值为

$$(n-m+1)\frac{1-d^{-m}}{1-d^{-1}} \leqslant 2(n-m+1)$$

由此可见，对于随机选取的字符串，简单子串搜索算法还是十分有效的。

9-7 带间隙字符的模式串搜索。假设允许模式串 p 中可以出现能与任意字符串（包括长度为 0 的空串）匹配的间隙字符◇。例如，模式串 ab◇ba◇c，可在主串 cabccbacbacab 产生如图 9-11 所示的匹配。

间隙字符◇可在模式串中出现任意多次，但不允许在主串中出现。试设计一个多项式时间算法确定在主串中能否找到与模式串 p 匹配的子串，并分析算法的计算时间复杂性。

9-8 串接的前缀函数。设模式串 p 和主串 t 的串接为 pt。试说明如何利用 pt 的前缀函数来计算模式串 p 在主串 t 中出现的位置。

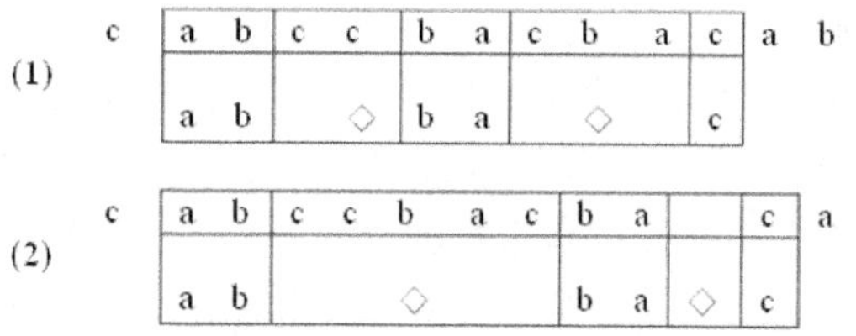

图 9-11 带间隙字符的模式串

9-9 串的循环旋转。试设计一个线性时间算法确定一个串 t 是否为另一串 t' 的循环旋转。例如，arc 与 car 互为循环旋转。

9-10 失败函数性质。在字符串集合 P 的 AC 自动机 T 中，状态结点 s 所表示的字符串是从根结点到 s 的路径上各边的字符依次连接组成的字符串 $\alpha(s)$。设 s 和 t 是 T 中两个结点，且 $u=\alpha(s)$，$v=\alpha(t)$。试证明，$f(s)=t$ 当且仅当 v 是字符串 p_i（$0 \leqslant i < k$）的所有前缀中 u 的最长真后缀。

9-11 输出函数性质。设 s 是字符串集合 P 的 AC 自动机中的状态结点，且 $u=\alpha(s)$。试证明，$v \in output(s)$ 当且仅当 $v \in P$ 且 v 是 u 的后缀。

9-12 后缀数组类。试设计一个后缀数组类。用倍前缀算法构造后缀数组，并支持以下运算：

（1）length()   返回后缀数组长度。

（2）select(int i)   返回 sa[i]。

（3）index(int i)   返回 rank[i]。

（4）llcp(int i)   返回 lcp[i]。

9-13 最长公共扩展查询。试说明如何对最长公共前缀数组 lcp 做适当预处理，使得最长公共扩展查询在最坏情况下需要 $O(1)$ 时间。

9-14 最长公共扩展性质。设字符串 t 的后缀数组和最长公共前缀数组分别为 sa 和 lcp。对于非负整数 $0 \leqslant l < r$，t 的后缀 S_l 和 S_r 的最长前缀的长度为 $lce(l,r)$。设 $x=sa^{-1}[l]$，$z=sa^{-1}[r]$，则 $sa[x]=l$，$sa[z]=r$。不失一般性，可设 $x<z$。试证明 $lce(l,r)$ 具有如下性质。

$$lce(l,r) = \min_{x \leqslant y < z}\{lce(sa[y],sa[y+1])\} = \min_{x \leqslant y < z}\{lcp[y]\} \tag{9.37}$$

9-15 后缀数组性质。设字符串 t 的后缀数组和最长公共前缀数组分别为 sa 和 lcp。数

组 h 定义为 h[i]=lcp[sa^{-1}[i]]。试证明，如果 $h[i] > 1$，则

$$h[i+1] \geq h[i] - 1 \tag{9.38}$$

9-16 后缀数组搜索。设字符串 t 和 p 的长度分别为 m 和 n。t 的后缀数组为 sa。请说明如何利用 t 的后缀数组搜索给定字符串 p 在 t 中出现的所有位置。要求算法在最坏情况下的时间复杂性为 $O(m \log n)$。

9-17 后缀数组快速搜索。设字符串 t 和 p 的长度分别为 m 和 n。t 的后缀数组和最长公共前缀数组分别为 sa 和 lcp。请说明如何利用 t 的后缀数组和最长公共前缀数组搜索给定字符串 p 在 t 中出现的所有位置。要求算法在最坏情况下的时间复杂性为 $O(m + \log n)$。

算法实现题 9

9-1 安全基因序列问题。

问题描述：基因序列是用字符串表示的携带基因信息的 DNA 分子的一级结构。基因序列的字符集是 $\Sigma = \{A, C, G, T\}$。其中字符分别代表组成 DNA 的 4 种核苷酸：腺嘌呤、胞嘧啶、鸟嘌呤、胸腺嘧啶。许多疾病往往是由基因突变引起的。这种基因突变是从一个正常的基因序列通过几代人的遗传而产生的。对于基因片段的分析有助于了解基因突变导致的遗传疾病。例如，如果一个基因序列中含有基因片段 ATG，则可能含有某种遗传疾病。生物科学家们已经发现许多这类基因片段。对于已知的不安全的基因片段集合 P，如果一个基因序列中含有 P 中基因片段，则称该基因序列为不安全的基因序列，否则称该基因序列为安全的基因序列。

算法设计：对于给定的不安全的基因片段集合 P 和一个正整数 n，计算长度为 n 的安全的基因序列个数。

数据输入：由文件 input.txt 提供输入数据。文件的第 1 行有两个正整数 n（$1 \leq n \leq 2000000000$）和 $m(0 \leq m \leq 10)$。n 是基因序列长度，m 是不安全的基因片段个数。接下来的 m 行中，每行是一个长度不超过 10 的不安全的基因片段。每个文件可能有多个测试数据。

结果输出：将计算出的长度为 n 的安全的基因序列个数 mod 100000，输出到文件 output.txt 中。

输入文件示例	输出文件示例
input.txt	output.txt
3 4	36
AT	
AC	
AG	
AA	

9-2 最长重复子串问题。

问题描述：最长重复子串问题在分子生物学和模式识别中有广泛应用，可以具体表述如下。给定 1 个长度为 n 的 DNA 序列 X，最长重复子串问题就是要找出在 X 中出现 2 次以上且长度最长的子串。例如，给定的 DNA 序列为 X=AGCATGCATGCAT，则子串 GCATGCAT 是 X 的一个最长重复子串，它在 X 的位置 1 和 5 处出现（第 1 个字符的位置为 0）。

算法设计：设计一个算法，找出给定字符串 X 的最长重复子串。

数据输入：由文件 input.txt 提供输入数据。文件的第 1 行中给出字符串 X。

结果输出：将计算出的字符串 X 的最长重复子串输出到文件 output.txt 中。文件的第 1 行是最长重复子串的长度。文件的第 2 行是最长重复子串。

输入文件示例	输出文件示例
input.txt	output.txt
AGCATGCATGCAT	8
	GCATGCAT

9-3　最长回文子串问题。

问题描述：如果一个字符串正读和反读相同，则称此字符串为回文。如果字符串 X 的一个子串 Y 是回文，则称子串 Y 是字符串 X 的一个回文子串。最长回文子串问题可以具体表述如下。给定 1 个长度为 n 的字符串 X，最长回文子串问题就是要找出 X 中长度最长的回文子串。例如，如果给定的字符串 $X=$bbacababa，则子串 bacab 是 X 的一个最长的回文子串，它的长度是 5。

算法设计：设计一个算法，找出给定字符串 X 的最长回文子串。

数据输入：由文件 input.txt 提供输入数据。文件的第 1 行中给出字符串 X。

结果输出：将计算出的字符串 X 的最长回文子串输出到文件 output.txt 中。文件的第 1 行是最长回文子串的长度。文件的第 2 行是最长回文子串。

输入文件示例	输出文件示例
input.txt	output.txt
bbacababa	5
	bacab

9-4　相似基因序列性问题。

问题描述：最长公共子序列问题是生物信息学中序列比对问题的一个特例。这类问题在分子生物学和模式识别中有广泛应用。其中最主要的应用是测量基因序列的相似性。在演化分子生物学的研究中发现，某个重要的 DNA 序列片段常出现在不同的物种中。在测量基因序列的相似性时，如果需要特别关注一个具体的 DNA 序列片段，就要考察带有子串排斥约束的最长公共子序列问题。这个问题可以具体表述如下。给定两个长度分别为 n 和 m 的序列 $x[0..n-1]$ 和 $y[0..m-1]$，以及一个长度为 p 的约束字符串 $s[0..p-1]$。带有子串排斥约束的最长公共子序列问题就是要找出 x 和 y 的不包含 s 为其子串的最长公共子序列。例如，如果给定的序列 x 和 y 分别为 $x=$AATGCCTAGGC，$y=$CGATCTGGAC，字符串 $s=$TG 时，子序列 ATCTGGC 是 x 和 y 的一个无约束的最长公共子序列，而不包含 s 为其子串的最长公共子序列是 ATCGGC。

算法设计：设计一个算法，找出给定序列 x 和 y 的不包含 s 为其子串的最长公共子序列。

数据输入：由文件 input.txt 提供输入数据。文件的第 1 行中给出正整数，分别表示给定序列 x 和 y 及约束字符串 s 的长度。接下来的 3 行分别给出序列 x、y 和约束字符串 s。

结果输出：将计算出的 x 和 y 的不包含 s 为其子串的最长公共子序列的长度输出到文件 output.txt 中。

输入文件示例	输出文件示例
input.txt	output.txt
11 10 2	6
AATGCCTAGGC	

CGATCTGGAC
TG

9-5 计算机病毒问题。

问题描述：计算机病毒是黑客在计算机程序中插入的破坏计算机功能或者数据的一组计算机指令或者程序代码。计算机病毒不仅能影响计算机使用，还能自我复制。就像生物病毒一样，它具有自我繁殖、互相传染及激活再生等生物病毒特征。计算机病毒的独特的复制能力，使它们能够快速蔓延，又常常难以根除。它们能把自身附着在各种类型的文件上，当文件被复制或从一个用户传送到另一个用户时，它们随文件一起蔓延。杀除计算机病毒的一个有效方法是找出特定计算机病毒的代码特征。对于给定的带有某种病毒的程序代码段集合，通过寻找程序代码段集合中所包含的公共特征，可以快速确定计算机病毒的代码特征。

算法设计：给定带有某种病毒的程序代码段集合，寻找程序代码段集合中每个代码段都包含的最长字符串。

数据输入：由文件 input.txt 提供输入数据。文件第一行有一个正整数 n（$1 \leq n \leq 100$），表示程序代码段集合中代码段数。接下来的 n 行中，每行是一个程序代码段。每个程序代码段已经转换成由英文大小写字母组成的长度不超过 1000 的字符串。

结果输出：将找到的程序代码段集合中最长公共字符串输出到文件 output.txt 中。

文件的第 1 行输出最长公共字符串的长度。文件的第 2 行输出最长公共字符串。

输入文件示例	输出文件示例
input.txt	output.txt
3	6
abcdefgi	bcdefg
cbcdefghc	
cdefgibcdefghe	

9-6 带有子串包含约束的最长公共子序列问题。

问题描述：给定 2 个长度分别为 n 和 m 的序列 $x[0..n-1]$ 和 $y[0..m-1]$，以及一个长度为 p 的约束字符串 $s[0..p-1]$。带有子串包含约束的最长公共子序列问题就是要找出 x 和 y 的包含 s 为其子串的最长公共子序列。例如，如果给定的序列 x 和 y 分别为 $x = $ AATGCCTAGGC，$y = $ CGATCTGGAC，字符串 $s = $ GTA 时，子序列 ATCTGGC 是 x 和 y 的一个无约束的最长公共子序列，而包含 s 为其子串的最长公共子序列是 GTAC。

算法设计：设计一个算法，找出给定序列 x 和 y 的包含 s 为其子串的最长公共子序列。

数据输入：由文件 input.txt 提供输入数据。文件的第 1 行中给出正整数，分别表示给定序列 x、y 和约束字符串 s 的长度。接下来的 3 行分别给出序列 x、y 和约束字符串 s。

结果输出：将计算出的 x、y 的包含 s 为其子串的最长公共子序列的长度输出到文件 output.txt 中。

输入文件示例	输出文件示例
input.txt	output.txt
11 10 3	4
AATGCCTAGGC	
CGATCTGGAC	
GTA	

9-7 多子串排斥约束的最长公共子序列问题。

问题描述：给定 2 个长度分别为 n 和 m 的序列 $x[0..n-1]$ 和 $y[0..m-1]$，以及 d 个约束字符串 $s_1, s_2, \cdots, s_d$。多子串排斥约束的最长公共子序列问题就是要找出 x 和 y 的不含 $s_1, s_2, \cdots, s_d$ 为其子串的最长公共子序列。

算法设计：设计一个算法，找出给定序列 x、y 的不含 $s_1, s_2, \cdots, s_d$ 为其子串的最长公共子序列。

数据输入：由文件 input.txt 提供输入数据。文件的第 1 行中给出正整数 d，表示约束字符串个数。接下来的 2 行分别给出序列 x、y。最后 d 行的每行给出一个约束字符串。

结果输出：将计算出的 x 和 y 的不含 $s_1, s_2, \cdots, s_d$ 为其子串的最长公共子序列输出到文件 output.txt 中。文件的第 1 行输出最长公共子序列。第 2 行输出最长公共子序列的长度。

输入文件示例	输出文件示例
input.txt	output.txt
4	CCC
AATGCCTAGGC	3
TG	
A	
G	
TC	

附录A C++概要

1. 变量、指针和引用

（1）变量。

变量是程序设计语言对存储单元的抽象。它具有以下属性：

变量名（name）变量名是用于标识变量的符号。

地址（address）地址是变量所占据的存储单元的地址。变量的地址属性也称为左值。

大小（size）变量的大小指该变量所占据的存储空间的数量（以字节数来衡量）。

类型（type）变量的类型指变量所取的值域及对变量所能执行的运算集。

值（value）变量的值是指变量所占据的存储单元中的内容。这些内容的意义由变量的类型决定。变量的值属性也称为右值。

生命期（lifetime）变量的生命期是指在执行程序期间变量存在的时段。

作用域（scope）变量的作用域是指在程序中变量被引用的语句范围。

（2）指针变量。指针变量是一个 Type*类型的变量。其中 Type 为任一已定义的类型。指针变量用于存放对象的存储地址。例如：

```
int  n = 8;
int  *p;
p = &n;
int  k = *p;
```

其中，p 是一个指向 int 类型的指针。通过间接引用指针存取指针所指向的变量。

（3）引用。

引用是变量的一个替代名。引用的定义与变量的定义相似，但引用不是变量。

Type &表示对一个类型为 Type 的变量的引用。例如：

```
int  i = 5;
int  &j = i;
i = 7;
cout<<i<<endl;
cout<<j<<endl;
```

其中，j 是对变量 i 的一个引用。当 i 的值改变时，j 的值也跟着改变。因此，上面的输出语句输出的 i 和 j 的值都是 7。

2. 函数与参数传递

（1）函数

C++有两种函数：常规函数和成员函数。不论哪种函数，其定义都包括4部分：函数名、形式参数表、返回类型和函数体。函数的使用者通过函数名来调用该函数。调用函数时，将实际参数传递给形式参数作为函数的输入。函数体中的处理程序实现该函数的功能。最后将得到的结果作为返回值输出。例如，下面的函数 max 是一个简单函数的例子。

```
int max(int x, int y) {
    return x>y ? x : y;
}
```

其中，max 是函数名；函数名后圆括号中的 int x 和 int y 是形式参数；函数名前面的 int 是返回值类型；花括号内是函数体，它实现函数的具体功能。

C++函数一般都有一个返回值，用来表示函数的计算结果或函数的执行状态。如果所定义的函数不需要返回值，可使用 void 来表示它的返回类型。函数的返回值通过函数体中的 return 语句获得。return 语句的作用是返回一个与返回类型相同的值，并中止函数的执行。

（2）参数传递

在 C++中调用函数时，传递给形参表的实参必须与形参在类型、个数、顺序上保持一致。参数传递有如下两种方式：

① 按值传递方式。在该方式下，把实参的值传递到函数局部工作区相应的副本中，函数使用副本执行必要的计算。因此函数实际修改的是副本的值，实参的值不变。

② 按引用传递参数。在该方式下，需将形参声明为引用类型，即在参数名前加上符号"&"。当一个实参与一个引用类型结合时，被传递的不是实参的值，而是实参的地址。函数通过地址存取被引用的实参。执行函数调用后，实参的值将发生改变。例如：函数调用 Swap(x,y)交换变量 x 和 y 的值。

```
void Swap(int &x, int &y) {
    int  temp = x;
    x = y;
    y = temp;
}
```

在 C++中，数组参数的传递属特殊情形。数组作为形参可按值传递方式声明，但事实上采用引用方式传递。实际传递的是数组第一个元素的地址。因此在函数体内对形参数组所做的任何改变都会在实参数组中反映出来。

若传递给函数的实参是一个对象（作为类的实例），在函数中就创建了该对象的一个副本。在创建这个副本时不调用该对象的构造函数，但在函数调用结束前要调用该副本的析构函数撤销这个副本。若采用引用方式传递对象，在函数中不创建该对象的副本，因而也不需撤销副本。但函数将改变引用传递的对象。

3．C++的类

C++的类（class）体现了抽象数据类型（ADT）的思想，它将说明与实现分离。

C++的类由 4 部分组成：类名、数据成员、函数成员（也称成员函数）、访问级别。对类成员的访问有 3 种级别：公有（public）、私有（private）和保护（protected）级别。在 public 域中声明的数据成员和函数成员可以在程序的任何部分访问；在 private 和 protected 域中声明的数据成员和函数成员构成类的私有部分，只能由该类的对象和成员函数，以及被声明为友员（friend）的函数或类的对象对它们进行访问。此外，在 protected 域中声明的数据成员和函数成员还允许该类的子类访问它们。下面是 C++中定义的矩形类 Rectangle 的例子。

```
class Rectangle {
public:
```

```
    Rectangle(int, int, int, int);                    // 构造函数
    ~Rectangle();                                     // 析构函数
    int GetHeight();                                  // 矩形的高
    int GetWidth();                                   // 矩形的宽
private:
    int  x1, y1, h, w;
    // (x1, y1)是矩形左下角点的坐标;
    // h是矩形的高; w是矩形的宽。
};
Rectangle::GetHeight() {  return h;  }                // 返回矩形的高
Rectangle::GetWidth() {  return w;  }                 // 返回矩形的宽
```

4．类的对象

下面的代码段说明了如何声明类 Rectangle 的对象，以及如何调用其成员函数。

```
Rectangle r(0, 0, 2, 3);
Rectangle s(0, 0, 3, 4);
Rectangle  *t = &s;
if (r.GetHeight()*r.GetWidth() > t->GetHeight()*t->GetWidth())
    cout<< "矩形 r ";
else
    cout<< "矩形 s ";
cout<< "的面积较大。"<<endl;
```

类对象的声明与创建方式类似于变量的声明与创建方式。对一个对象成员进行访问或调用可采用直接选择（·）或间接选择（->）来实现。

5．构造函数与析构函数

C++类的构造函数（constructor）用于初始化一个对象的数据成员。构造函数名与它所在的类名相同。构造函数必须声明为类的公有成员函数。构造函数不可有返回值也不得指明返回类型。例如，类 Rectangle 的构造函数可定义如下：

```
Rectangle::Rectangle(int x=0, int y=0, int height=0, int width=0) : x1 (x), y1 (y), h (height), w (width){}
```

可用如下方式声明 Rectangle 的对象 r，s 和 t：

```
Rectangle r(0, 0, 2, 3);
Rectangle  *s = new Rectangle(0, 0, 3, 4);
Rectangle  t;
```

析构函数（destructor）用于在一个对象被撤销时删除其数据成员。析构函数名也与它的类名相同，并在前面加上符号"~"。

6．运算符重载

C++允许为用户定义的数据类型重载运算符。下面的代码段实现对类 Rectangle 的运算符"=="的重载。

```
bool Rectangle::operator==(const Rectangle &s) {
    if (this == &s)
        return true;
    if ((x1==s.x1) && (y1==s.y1) && (h==s.h) && (w==s.w))
```

```
        return true;
    else
        return false;
}
```

其中，this 是 C++的保留字。在类的成员函数内部，this 表示一个指向调用该成员函数的对象的指针，因此该对象也可用*this 来表示。

经重载运算符"=="后，即可用运算符"=="来判定两个 Rectangle 对象是否相同。

7. 友元函数

在类的声明中可使用保留字 friend 来定义友元函数。它实际上并不是这个类的成员函数。它可以是一个常规函数或另一个类的成员函数。如果想通过这个函数来存取类的私有成员和保护成员，就必须在类的声明中给出该函数的原型，并在前面加上 friend。

8. 内联函数

在函数定义前加上一个 inline 前缀，该函数就被定义成一个内联函数。C++保留字 inline 告诉编译器在任何调用该内联函数的地方直接插入内联函数的函数体。

9. 结构

在 C++中，结构（struct）与类的区别是，在结构中默认的访问级别是 public，而在类中默认的访问级别是 private。除此之外，struct 与 class 是等价的。

10. 联合

联合（union）是一种结构。在 C++中，联合可以包含变量和函数，还可以包含构造函数与析构函数。因此，可以用联合来定义类。C++的联合保留了所有 C 的特性，其中最重要的是让所有数据成员共享相同的存储地址。与结构类似，联合的默认访问级别是 public。

在使用 C++的联合时应注意，联合不能继承其他任何类型的类；联合不能是基类，不能包含虚成员函数；联合不能含有静态变量；如果一个对象有构造函数与析构函数，那么它不能成为联合的成员；如果一个对象重载了运算符"="，它也不能成为联合的成员。

11. 异常

异常（exception）提供了一种处理错误的简捷方法。当程序发现一个错误时，就引发一个异常，以便在程序最合适的地方捕获异常并进行处理。在 C++中，异常是一个对象，它是从基类 exception 派生出来的。程序通过 throw 来引发异常。例如：

```
class error {};
void f(void) {
    //......
    throw error();
}
```

throw 语句类似于 return 语句，但它描述函数的异常终止。异常处理程序通常用一个 try 块来定义。在引发异常之前，程序一直执行 try 块体。在 try 块体之后有一个或多个异常处理程序。每一个异常处理程序由一个 catch 语句组成，该语句指明欲捕获的异常以及出现该异常时要执行的代码块。当 try 引发了一个已定义的异常时，控制就转移到相应的异常处理程序中。

```
void g(void) {
  try{
    f();
  }
  catch (error){
    异常处理程序;
  }
  catch (error1){
    异常处理程序;
  }
}
```

12. 模板

模板（template）是 C++提供的一种新机制，用于增强类和函数的可重用性。

在前面讨论的函数 max 中，有两个 int 类型的参数 a 和 b。函数 max 返回 a，b 二者中较大者。如果还要求两个 double 类型对象中的较大者，就需要重新定义函数 max。通过使用模板，可以如下定义一个通用的函数 max：

```
template <class Type>
Type max(Type x,Type y) {
  return x>y ? x : y;
}
```

上述模板定义了 max()函数的家族系列，它们分别对应于不同的类型 Type。编译器根据需要创建适当的 max()函数。例如，下面的语句

```
int  i = max(1, 2);
double  x = max(1.0, 2.0);
```

将创建两个 max()函数。其中一个参数类型为 int，另一个为 double。

除了定义通用函数，用模板还可定义通用类。例如：

```
class Stack {
public:
  void Push(int x);
  int *Pop(int& x);
private:
  int  top;
  int  *stack;
  int  MaxSize;
};
```

上述 Stack 类描述了一个整数栈，其成员函数 Push()和 Pop()分别用于从栈中压入和弹出一个 int 类型的对象。如果要求使用不同元素类型的栈，就必须写一个不同的 Stack 类。通过使用模板，可以如下定义一个通用的栈类：

```
template <class Type>
class Stack {
public:
```

```cpp
        Stack(int MaxStackSize=100);
        bool IsFull();
        bool IsEmpty();
        void Push(const Type& x);
        Type *Pop(Type& x);
    private:
        int top;
        Type  *stack;
        int  MaxSize;
    };
    template <class Type>
    Stack<Type>::Stack(int MaxStackSize):MaxSize(MaxStackSize) {
        stack = new Type[MaxSize];
        top = -1;
    }
    template <class Type>
    inline bool Stack<Type>::IsFull() {
        if (top == MaxSize-1)
            return true;
        else
            return false;
    }
    template <class Type>
    inline bool Stack<Type>::IsEmpty() {
        if (top == -1)
            return true;
        else
            return false;
    }
    template <class Type>
    void Stack<Type>::Push(const Type& x) {
        if (IsFull())
            StackFull();
        else
            stack[++top]=x;
    }
    template <class Type>
    Type* Stack<Type>::Pop(Type& x) {
        if (IsEmpty()) {
            StackEmpty();
            return 0;
        }
        x = stack[top--];
        return &x;
    }
```

下面的语句创建两个栈类 Stack<int>和 Stack<double>：

```cpp
Stack<int> S(1000);
Stack<double> T(1000);
```

13. 动态存储分配

（1）运算符 new。它可用于动态存储分配，返回一个指向所分配空间的指针。例如，要为一个整数动态分配存储空间，可以用如下语句说明一个整型指针变量 int [ ]x；当需要使用该整数时，用下列语句为它分配存储空间：

```
y=new int;
```

为了在刚分配的空间中存储一个整数值 10，用下列语句实现：

```
*y=10;
```

上述各语句的 3 种等价表达方式如下：

```
        int  *y = new int;
        *y=10;
或      int  *y = new int(10);
或      int  *y;
        y=new int(10);
```

（2）一维数组。为了在运行时创建一个大小可动态变化的一维浮点数组 x，可先将 x 声明为一个 float 类型的指针。然后用 new 为数组动态地分配存储空间。例如：

```
        float  *x = new float[n];
```

将创建一个大小为 n 的一维浮点数组。运算符 new 分配 n 个浮点数所需的空间，并返回指向第一个浮点数的指针。然后可用 x[0]，x[1]，…，x[$n-1$]访问每个数组元素。

（3）运算符 delete。当动态分配的存储空间已不再需要时，应及时释放所占用的空间。在 C++中，用 delete 释放由 new 分配的空间。例如：

```
        delete y;
        delete []x;
```

分别释放分配给*y 的空间和分配给一维数组 x 的空间。

（4）二维数组。C++提供了多种声明二维数组的机制。当形式参数是一个二维数组时，必须指定其第二维的大小。例如，a[][10]是一个合法的形式参数，而 a[ ][ ]则不是。为了打破这种限制，可以使用动态分配的二维数组。例如，下列代码创建一个类型为 Type 的动态数组，该数组有 rows 行 cols 列。

```
template <class Type>
void Make2DArray(Type** &x,int rows, int cols) {
  x = new Type*[rows];
  for (int i=0; i<rows; i++)
    x[i] = new Type[cols];
}
```

当不再需要动态分配的二维数组时，可按以下步骤释放它所占用的空间。首先释放在 for 循环中为每行所分配的空间，然后释放为行指针分配的空间。具体实现可描述如下：

```
template <class Type>
void Delete2DArray(Type** &x,int rows) {
  for (int i=0; i<rows; i++)
    delete []x[i];
  delete []x;
  x=0;
}
```

注意，在释放空间后将 x 置为 0，以防止用户继续访问已被释放的空间。

参 考 文 献

[1] Alfred V.Aho, John E.Hopcroft, and Jeffrey D, Ullman. The Design and Analysis of Computer Algorithms. Addison-Wesley, 1974.

[2] Alfred V.Aho, John E.Hopcroft, and Jeffrey D, Ullman. Data Structures and Algorithms. Addison-Wesley, 1983.

[3] Sara Baase. Computer Algorithms: Introduction to Design and Analysis(third edition). Addison-Wesley, 2001.

[4] Michael Ben-Or. Lower bounds for algebraic computation trees. In Proceedings of the Fifteenth Annual ACM Symposium on Theory of Computing, 80-86, 1983.

[5] J. L.Bently. Writing Efficient Programs. Prentice-Hall, 1982.

[6] J. L.Bently. Programming Pearls. Addison-Wesley, Reading, 1982.

[7] T.H.Cormen, C.E.Leisersen, R.L.Rivest and C.Stein. Introduction to Algorithms(3rd Edition). MIT Press, 2009.

[8] Michael R.Garey and David S. Johnson. Computers and Intractability : A Guide to the Theory of NP-Completeness. W.H. Freeman, 1979.

[9] Michael T.Goodrich and Roberto Tamassia. Algorithm Design: Foundations, Analysis, and Internet Examples. Wiley, 2001.

[10] E.Horowitz, S.Sahni.and S.Rajasekeran. Computer Algorithms/C++. Computer Science Press, 1996.

[11] Jon Kleinberg, Va Tardos. Algorithm Design. Pearson Education, 2013.

[12] Donald E. Knuth. Sorting and Searching, volume 3 of The Art of Computer Programming. Addison-Wesley, 1973.

[13] K. Mehlhorn, St.Naher. LEDA A Platform of Combinatorial and Geometric Computing. Cambridge University Press, 1999.

[14] Tim Roughgarden. Algorithms Illuminated : Part 1: The Basics. Soundlikeyourself Publishing, 2017.

[15] Robert Sedgewick. Algorithms in C, Parts 1-5 (Bundle) : Fundamentals, Data Structures, Sorting, Searching, and Graph Algorithms, 3rd Edition. Addison-Wesley Professional, 2001.

[16] Steven S Skiena. The Algorithm Design Manual, 2nd Edition. Springer, 2011.

[17] Robert E.Tarjan. Data Structures and Network Algorithms. Society for Industrial and Applied Mathematics, 1983.

反侵权盗版声明

　　电子工业出版社依法对本作品享有专有出版权。任何未经权利人书面许可，复制、销售或通过信息网络传播本作品的行为；歪曲、篡改、剽窃本作品的行为，均违反《中华人民共和国著作权法》，其行为人应承担相应的民事责任和行政责任，构成犯罪的，将被依法追究刑事责任。

　　为了维护市场秩序，保护权利人的合法权益，我社将依法查处和打击侵权盗版的单位和个人。欢迎社会各界人士积极举报侵权盗版行为，本社将奖励举报有功人员，并保证举报人的信息不被泄露。

举报电话：（010）88254396；（010）88258888

传　　真：（010）88254397

E-mail：　dbqq@phei.com.cn

通信地址：北京市万寿路 173 信箱

　　　　　电子工业出版社总编办公室

邮　　编：100036